Systemführung

Karl Friedrich Schäfer

Systemführung

Betrieb elektrischer Energieübertragungsnetze

2., Auflage

Karl Friedrich Schäfer
Universität Wuppertal
Wuppertal, Deutschland

ISBN 978-3-658-47005-0 ISBN 978-3-658-47006-7 (eBook)
https://doi.org/10.1007/978-3-658-47006-7

Die Deutsche Nationalbibliothek verzeichnet diese Publikation in der Deutschen Nationalbibliografie; detaillierte bibliografische Daten sind im Internet über https://portal.dnb.de abrufbar.

Springer Vieweg ist ein Imprint der eingetragenen Gesellschaft Springer Fachmedien Wiesbaden GmbH und ist ein Teil von Springer Nature.
Die Anschrift der Gesellschaft ist: Abraham-Lincoln-Str. 46, 65189 Wiesbaden, Germany

„Wir müssen das deutsche Netz um jeden
Preis halten,
um die West-Ost-Verbindungen nicht auch noch zu
unterbrechen“,
erklärte Jochen Pewalski, Leiter der
Systemführung in Brauweiler,
laut, aber ruhig.

(Marc Elsberg, Blackout)

für
Aaron, Kiran und Maira

Vorwort zur zweiten Auflage

Die elektrischen Energieversorgungssysteme sind einem ständigen Wandel unterworfen. Sowohl technologisch und wirtschaftlich als auch politisch werden sie permanent mit Veränderungen konfrontiert. Dies gilt seit dem Beginn der elektrischen Energieversorgung vor mehr als hundertfünfzig Jahren. Durch die Transformation des elektrischen Energieversorgungssystems im Rahmen der Energiewende wird dieser Prozess weiter beschleunigt.

Auch auf die Systemführung elektrischer Energieübertagungssysteme haben diese Veränderungen großen Einfluss. Die Erzeugungsstruktur verändert sich immer mehr in Richtung volatiler und kleinteiliger Erzeugungsanlagen. Die Netze werden häufiger bis zu ihren technischen Grenzen ausgelastet. Instabile Systemzustände werden dadurch immer wahrscheinlicher. Diesen Herausforderungen begegnen die europäischen Übertragungsnetzbetreiber u. a. durch die Einrichtung von Sicherheitszentren, in denen länderübergreifend der Systemzustand der Übertragungsnetze überwacht wird.

In der zweiten Auflage dieses Buches sind daher auch einige Aktualisierungen, die sich seit der Erstausgabe aus den veränderten Rahmenbedingungen ergaben, berücksichtigt. So wurde vom Gesetzgeber die Organisation des bisherigen Einspeisemanagements regenerativer Energien und das Redispatch neugestaltet. Mit der Abschaffung der EEG-Umlage wurde die Abwicklung der EEG-Bewirtschaftung geändert und die Finanzierung der Förderung erneuerbarer Energien mit Steuermitteln abgesichert.

Ich wünsche Ihnen viel Spaß beim Lesen und hoffe, Ihnen mit diesem Buch Anregungen für Ihre Arbeit geben zu können.

Dem Springer-Verlag danke ich für die wieder gute Zusammenarbeit.

Wuppertal, Deutschland
Sommer 2024

Karl Friedrich Schäfer

Vorwort zur ersten Auflage

Die Energieversorgung erfährt aktuell einen dramatischen Transformationsprozess, der als Energiewende bezeichnet wird. Die Nachfrage nach elektrischer Energie wird in den nächsten Jahren durch neue Anwendungen wie beispielsweise im Verkehrsbereich (Elektromobilität) und in der Wärmeversorgung (Wärmepumpen) deutlich ansteigen. Die bisher durch die fossilen und nuklearen Erzeugungsanlagen geprägte Versorgungsstruktur soll mit der Energiewende in eine CO_2-freie Energieversorgung überführt werden. Elektrische Energie wird dann zukünftig im Wesentlichen durch volatile Erzeugungsanlagen wie Photovoltaik- und Windkraftwerke bereitgestellt. Die Standorte zwischen den Erzeugungsanlagen (z. B. große Windparks im Meer) und den Verbrauchern elektrischer Energie werden künftig deutlich weiter auseinanderliegen als bisher üblich.

Eine entscheidende Rolle in diesem Transformationsprozess haben die Übertragungsnetzbetreiber, die mit ihrer Infrastruktur die zentralen Komponenten für den großräumigen und überregionalen Transport bereitstellen. Sie sind für die Systembilanz und für die Bereitstellung von sogenannten Systemdienstleistungen verantwortlich. Die Übertragungsnetze bilden damit das Rückgrat der elektrischen Energieversorgung und sind von der Energiewende zentral betroffen.

Die Übertragungsnetzbetreiber sind gemäß dem Energiewirtschaftsgesetz verpflichtet, mit ihrem Netz zu einem sicheren und zuverlässigen Elektrizitätsversorgungssystem in ihrer Regelzone und damit zu einer sicheren Energieversorgung beizutragen. Die zentrale Überwachung und Führung des Übertragungsnetzes ist die Aufgabe der Systemführung, mit der neben der Sicherstellung der normalen Betriebsabläufe Gefährdungen oder Störungen der Systemsicherheit durch geeignete Maßnahmen verhindert werden sollen. Hierfür halten sowohl die deutschen Übertragungsnetzbetreiber als auch die europäischen Partner im europäischen Synchronverbund entsprechende Maßnahmen vor.

Dieses Buch gibt zunächst einen Überblick über den Aufbau und die Struktur von Übertragungsnetzen sowie über deren geschichtliche Entwicklung. Anschließend werden die wesentlichen Aufgaben der Systemführung von Übertragungsnetzen zur Netzführung und Einhaltung der Systembilanz beschrieben. Die Einbindung der nationalen Übertragungsnetze in die europäische Verbundsystemführung und die Sicherheitszentren ist ebenfalls Bestandteil dieses Buches. Es werden der Aufbau und die Aufgaben von

Schaltleitungen beschrieben. Die künftige Entwicklung im Bereich der Systemführung wird an den Beispielen neuer Visualisierungskonzepte und kurativem Engpassmanagement skizziert. Im Fokus dieses Buches steht die Betriebsführung von elektrischen Energieübertragungsnetzen. Ergänzend werden aber auch einige Themen angesprochen, die eigentlich dem Netzausbau zuzuordnen sind, aber eng mit der Systemführung verbunden sind.

Viele der Beiträge sind aus den gemeinsamen Arbeiten in zahlreichen Projekten mit den Kolleginnen und Kollegen aus der Energieversorgungsbranche entstanden. Vielen Dank für die stets hilfreiche und freundliche Zusammenarbeit. Aufgrund des beruflichen Hintergrunds des Autors wird die Systemführung in diesem Buch im Wesentlichen aus der Perspektive der Übertragungsnetze aus betrachtet. Viele der behandelten Themen finden sich natürlich auch bei der Systemführung von Verteilnetzen, in denen die Herausforderungen aus dem Transformationsprozess der Energiewende ebenfalls sehr anspruchsvoll sind, wieder.

Herrn Reinhard Dapper und dem Springer-Verlag danke ich für die vielseitige Unterstützung dieses Buchprojektes.

Mein besonderer Dank gilt meiner Familie für die Geduld und das Verständnis, die sie mir während der Entstehung dieses Buches entgegengebracht hat.

Wuppertal, Deutschland
Sommer 2021

Karl Friedrich Schäfer

Formaler Hinweis

Der Autor hat nach bestem Wissen versucht, alle Rechte Dritter für Grafiken und Bilder einzuholen. Sollte ein Quellennachweis nicht korrekt oder unvollständig sein, ist dies nicht beabsichtigt. Bilder, Grafiken und Texte stammen aus eigenen Aufnahmen oder öffentlich zugänglichen Quellen. Die Texte und Bilder sind nur dann für Veröffentlichungen freigegeben, wenn dies zuvor schriftlich vom Autor bestätigt wurde.

Inhaltsverzeichnis

Abkürzungsverzeichnis

AC	Alternating Current (Wechselstrom)
ACE	Area Control Error
AEK	Automatische Entlastungskontrolle
Alegro	Aachen Lüttich Electricity Grid Overlay
APG	Austrian Power Grid AG
ATC	Available Transfer Capacity
BCE	Base Case Exchange
BDEW	Bundesverband der Energie- und Wasserwirtschaft
BKV	Bilanzkreisverantwortlicher
bnBm	besondere netztechnische Betriebsmittel
BNetzA	Bundesnetzagentur
BSI	Bundesamt für Sicherheit in der Informationstechnik
CE	Central Europe
CEA	Certified Energy Auditor
CEER	Council of European Energy Regulators
CIGRE	Conseil International des Grands Réseaux Électriques
CMM	Capacity Management Module
CWE	Central Western Europe
DACF	Day Ahead Congenstion Forecast
DAS	Dynamic System Assessment
DC	Direct Current (Gleichstrom)
DIN EN	DIN-Norm Europäische Norm (DIN – Deutsches Institut für Normung e. V.)
DSO	Distribution System Operator
DVG	DVG Deutsche Verbundgesellschaft e. V.
EAS	European Awareness System
EDM	Energiedatenmanagement
EE	Erneuerbare Energien
EEG	Erneuerbare-Energien-Gesetz
EEX	European Energy Exchange

EIA	Energy Information Administration
EIC	Energy Identification Code
EnLAG	Energieleitungsausbaugesetz
Entso-E	European Network of Transmission System Operators for Electricity
EnWG	Energiewirtschaftsgesetz
EPC	Emergency Power Control
EPEX SPOT	European Power Exchange
ESB	Ersatzschaltbild
EU	Europäische Union
FACTS	Flexible AC Transmission System
FBMC	Flow-Based Market Coupling
FCR	Frequency Containment Reserve
FLM	Freileitungsmonitoring
FNN	Forum Netztechnik/Netzbetrieb im VDE
FWT	Fernwirktechnik
GIL	Gasisolierter Rohrleiter
GKK	Gleichstrom-Kurz-Kupplung
GPS	Global Positioning System
GTO	Gate Turn Off
GUI	Graphic User Interface
HEO	Höhere Entscheidungs- und Optimierungsfunktionen
HGÜ	Hochspannungs-Gleichstrom-Übertragung
HS	Hochspannung
HöS	Höchstspannung
IEC	International Electrotechnical Commission
IGBT	Insulated Gate Bipolar Transistor
IKT	Informations- und Kommunikationstechnologien
IPS/UPS	Integrated Power System/Unified Power System of Russia
KI	Künstliche Intelligenz
KNN	Künstliche Neuronale Netze
KraftNAV	Kraftwerks-Netzanschlussverordnung
KWK	Kraft-Wärme-Kopplung
KWKG	Kraft-Wärme-Kopplungsgesetz
LCC	Line Commutated Converter
LSTM	Long-Short-Term-Memories
MCCS	Modular Control Center System
MCP	Market-Clearing-Price
MMI	Mensch-Maschine-Interface
MOE	Merrit-Order-Effect
MPP	Maximum Power Point
MRL	Minutenreserveleistung
MS	Mittelspannung

NABEG	Netzausbaubeschleunigungsgesetz
NLS	Netzleitsystem
NORDEL	Verbundsystem der skandinavischen Staaten
NS	Niederspannung
NTC	Net Transfer Capacity
NTF	Notified Transmission Flow
NZK	Netzzustandskorrektur
OPF	Optimal Power Flow
OS	Oberspannung
OTC	Over the Counter
PATL	Permanently Admissible Transmission Loading
PCR	Price Coupling of Regions
PE	Polyethylen
PE-X	Vernetztes Polyethylen
PFCD	Power Flow Controlling Devices
PMU	Phasor Measurement Unit
PRL	Primärregelleistung
PST	Phasenschiebertransformator
RAS	Remedial Action Schemes (automatisierte Ausführung kurativer Maßnahmen)
RCC	Regionale Koordinierungszentren
RDF	Resource Description Framework
REMIT	Regulation on Wholesale Energy Market Integrity and Transparency
RG	Regionalgruppe der Entso-E
RPSA	Rotierende Phasenschieberanlagen
RSC	Regional Security Coordinators
RTU	Remote Terminal Unit
RZF	Regelzonenführer
SAIDI	System Average Interruption Duration Index
SBO	Spannungs-Blindleistungs-Optimierung
SCADA	Supervisory Control and Data Acquisition
SDL	Systemdienstleistungen
SF	Schaltfeld
SGAM	Smart Grid Architecture Model
SK	Stromkreis
SM	Shipping Module
SNN	Signifikante Netznutzer
SOB	Standard-Order-Book
SPS	Special Protection Scheme
SRL	Sekundärregelleistung
SSch	Sammelschiene
SYNOP	Synoptische Observation (Wettermeldung)

TATL Temporarily Admissible Transmission Loading
TRM Transmission Reliability Margin
TSO Transmission System Operator
TTC Total Transfer Capacity
TYNDP Ten-Year Network Development Plan
UCTE Union for the Coordination of Transmission of Electricity (Teil der Entso-E)
ÜNB Übertragungsnetzbetreiber
US Unterspannung
VDE Verband der Elektrotechnik Elektronik Informationstechnik e. V.
VDEW Verband der Elektrizitätswirtschaft e. V. (heute in BDEW)
VDN Verband der Netzbetreiber e. V.
VNB Verteilnetzbetreiber
VSC Voltage-Sourced Converter
WAFB Witterungsabhängiger Freileitungsbetrieb
WHV Wilhelmshaven
XBID Cross-Border Intraday Project

1 Elektrische Energieversorgung

Seit mehr als hundert Jahren sind die modernen Zivilisationen in großem Maße abhängig von elektrischer Energie. Die sichere Versorgung mit elektrischer Energie ist für das reibungslose Funktionieren der meisten technischen Prozesse im öffentlichen, privaten und industriellen Bereich unverzichtbar. Die elektrische Energie wird eingesetzt, um Wärme und Licht zu erzeugen, Motoren anzutreiben und Informationen zu übermitteln.

Bereits ein Stromausfall von nur wenigen Tagen hätte katastrophale Auswirkungen auf die Wirtschaft sowie auf die öffentliche Ordnung. Die in [1] zwar romanhaft überzeichnete, aber nicht unrealistische Darstellung eines großräumigen Ausfalls der elektrischen Energieversorgung in Europa für nur wenige Wochen verdeutlicht die extreme Abhängigkeit unserer Gesellschaft von einer sicheren und ausreichenden Energieversorgung [2, 3]. Die dramatischen Überschwemmungen im Ahrtal im Sommer 2021 haben gezeigt, wie real diese Bedrohung ist.

Durch einen großräumigen Stromausfall (Blackout) wäre bereits nach wenigen Tagen die flächendeckende und bedarfsgerechte Versorgung der Bevölkerung mit lebensnotwendigen Gütern und Dienstleistungen nicht mehr sichergestellt, und es würde zu dramatischen Auswirkungen auf unsere Gesellschaft und die öffentliche Sicherheit kommen [19]. Die Stromversorgung ist heute eminent wichtig für den Betrieb und die Funktion fast aller kritischen Infrastrukturen in den Sektoren Gesundheit, Wasserversorgung und Abfallentsorgung, Informations- und Telekommunikationstechnik, Transport und Verkehr (Abb. 1.1).

An die technische Qualität, die Zuverlässigkeit, die Resilienz, die Wirtschaftlichkeit sowie die Umweltverträglichkeit der elektrischen Energieversorgung werden daher sehr hohe Anforderungen gestellt. Dabei spielen die elektrischen Netze eine zentrale Rolle. Sie sind in einem Energieversorgungssystem diejenigen Komponenten, die die Verbraucher mit den Erzeugern elektrischer Energie verbinden. Die elektrischen Netze sind damit ein wesentlicher Bestandteil der Infrastruktur, von der die Daseinsvorsorge und das wirtschaft-

K. F. Schäfer, *Systemführung*, https://doi.org/10.1007/978-3-658-47006-7_1

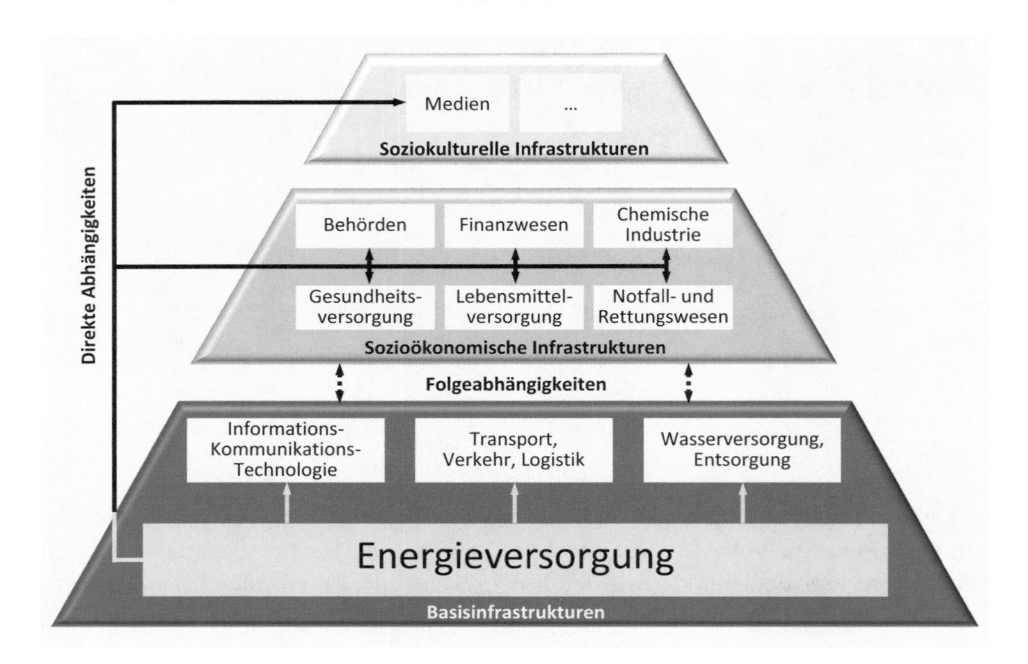

Abb. 1.1 Bedarfspyramide der Daseinsvorsorge

liche und gesellschaftliche Wohlergehen der modernen Zivilisationen entscheidend abhängen. Neben der Transportkapazität stellen die elektrischen Netze auch eine Flexibilität bei der Versorgung mit elektrischer Energie bereit. So kann beispielsweise über das elektrische Netz ein spontaner Energieausgleich stattfinden, falls in einer Region die Leistungseinspeisung durch Photovoltaikanlagen aufgrund von Witterungsbedingungen unvorhergesehen gering ausfällt und an räumlich weit davon entfernten Stellen zum Ausgleich andere Leistungseinspeisungen (z. B. Gaskraftwerke) aktiviert werden [4].

Bedingt durch die klima- und energiepolitischen Zielsetzungen der Bundesrepublik findet zurzeit eine Transformation bei der Stromerzeugung von den bisher mehrheitlich dafür eingesetzten fossilen kohlenstoffbasierten Energieträgern (Braun- sowie Steinkohle, Erdgas und zu einem geringeren Anteil auch Erdöl) hin zu erneuerbaren Energieträgern [5, 6] statt.

Die zuletzt noch in Betrieb befindlichen deutschen Kernkraftwerksanlagen wurden im April 2023 abgeschaltet. Die Stromerzeugung aus Braunkohle soll bis spätestens 2038 vollständig eingestellt werden. Zur Erreichung der politisch vereinbarten Klimaziele ist ein massiver Ausbau der erneuerbaren Energien erforderlich. Abb. 1.2 zeigt den bisher erfolgten und bis 2030 geplanten Ausbau von Windkraft- und Photovoltaik-Anlagen. Eine Förderung des Einsatzes erneuerbarer Energien findet durch das Erneuerbare-Energien-Gesetz (EEG) [7] statt.

Zusätzlich werden neue Verbraucher im Verkehrssektor (E-Mobility) sowie im Wärmemarkt (Wärmepumpen) die Nachfrage nach elektrischer Energie künftig noch deutlich erhöhen. Dieser Prozess wird auch als Energiewende bzw. als Verkehrs- und Wärmewende

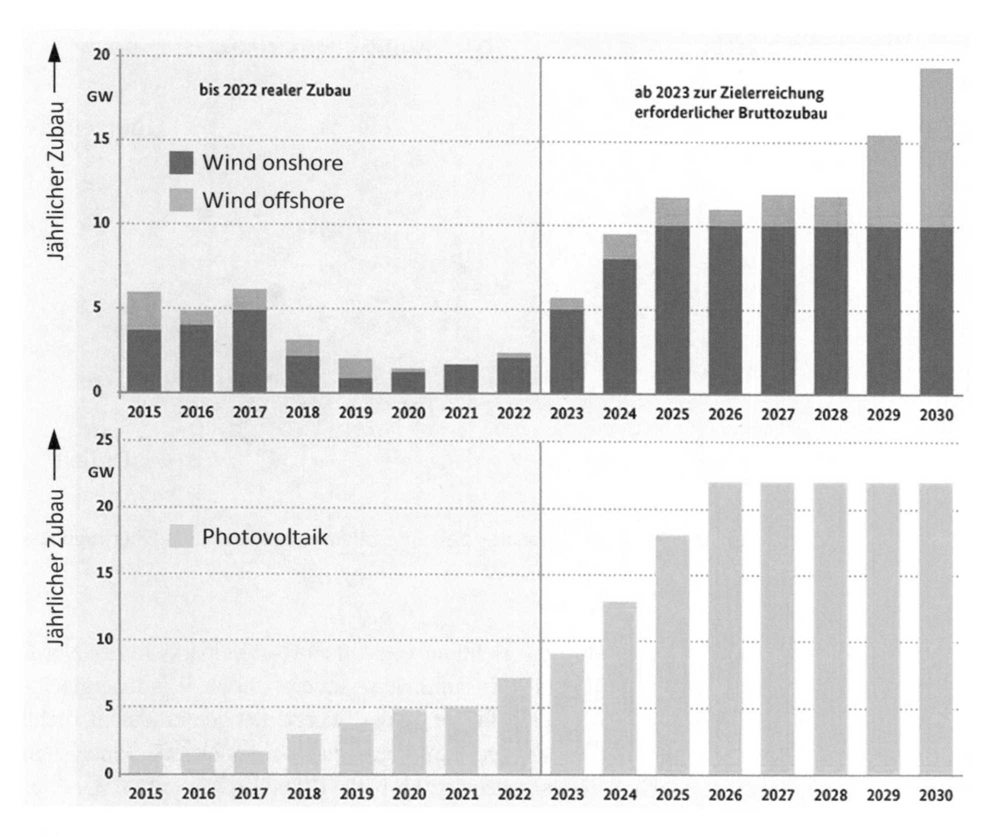

Abb. 1.2 Erforderlicher Ausbau von Windkraft und Photovoltaik. (Quelle: BMWK)

bezeichnet und in der Gesellschaft intensiv und durchaus kontrovers diskutiert. Der wesentliche Anteil der erneuerbaren Energien wird durch Windenergie- und Photovoltaikanlagen bereitgestellt. Die verfügbare Stromerzeugung aus diesen Anlagen orientiert sich jedoch nicht nach den Anforderungen der Verbraucher von elektrischer Energie, sondern ist abhängig von der Tages- bzw. Jahreszeit sowie von den Wetterbedingungen und ist damit starken Schwankungen unterworfen.

Eine weitere wesentliche Entwicklung, die auch mit der Veränderung bei der Verfügbarkeit der Primärenergieträger zusammenhängt, ist die fortschreitende Ausweitung des europäischen Binnenmarkts auch im Strombereich. Dies bewirkt einen zusätzlichen starken Anstieg der im europäischen Verbundsystem gehandelten und schlussendlich auch physikalisch zu übertragenen Energiemengen [8].

Die hohe Konzentration von Windenergieanlagen in Regionen mit geringem Bedarf an elektrischer Energie in Nord- und Ostdeutschland führt infolge der Vorrangeinspeisung bereits heute zu Leistungsüberschüssen in diesen Gebieten, wodurch hohe Nord-Süd-Transite auftreten (Abb. 1.3). Dieser Effekt wird aufgrund der politisch motivierten Stilllegung der deutschen Kernkraftwerke, die sich überwiegend im süddeutschen Raum befinden, durch den

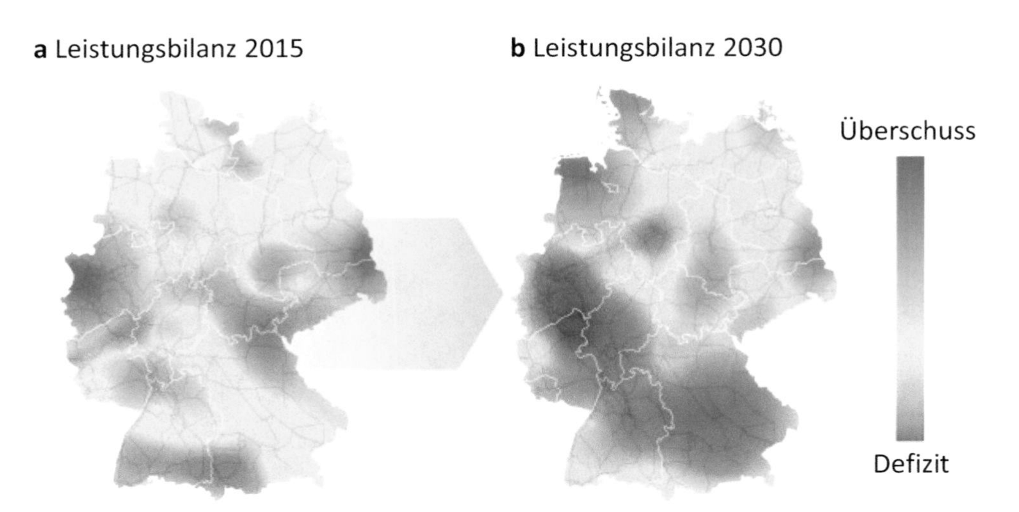

Abb. 1.3 Schematische Darstellung der regionalen Leistungsbilanzen im deutschen Übertragungsnetz für die Jahre 2015 und 2030 [9]

geplanten Kohleausstieg, sowie durch die Errichtung von Offshore-Windparks in der Nord- und Ostsee nochmals verschärft [10, 11]. Zusammen resultieren hohe Windenergieeinspeisung sowie der weiträumige europäische Handel großer Energiemengen in veränderliche Leistungsflusssituationen mit hohen Belastungen im Übertragungsnetz. Das Gesamtsystem wird dadurch häufiger an seine Sicherheitsgrenzen geführt [11, 12] und es kommt immer öfter zu grenzwertigen physikalischen Leistungsflüssen im Übertragungsnetz [12].

Überwacht und gesteuert werden die im europäischen Verbundsystem zusammengeschalteten Übertragungsnetze von zentralen Leitstellen, die jeweils für ein bestimmtes Netzgebiet zuständig sind. Eine wesentliche Funktion dieser Leitstellen ist die sogenannte Systemführung. Die zentralen Aufgaben der Systemführung sind

- die Sicherstellung einer ausgeglichenen Systembilanz, d. h. die Systemführung sorgt dafür, dass sich Stromerzeugung und -verbrauch im Gleichgewicht befinden. Dafür nutzt sie unterschiedliche Werkzeuge, unter anderem durch den Einsatz der sogenannten Regelleistung.
- die Gewährleistung der Systemsicherheit durch die Überwachung der Auslastung des Übertragungsnetzes. Auch für den Fall, dass Netzelemente ausfallen, sollen Netzengpässe vermieden oder Leitungsüberlastungen behoben werden. Dafür stehen der Systemführung verschiedene Instrumente zur Verfügung.
- die Koordinierung und die Überwachung der aus dem Stromhandel resultierenden Stromflüsse zwischen den Übertragungsnetzen des europäischen Verbundsystems.
- die Vermarktung der Einspeisung aus erneuerbaren Energiequellen gem. EEG.

Die aktuellen und zukünftigen strukturellen Veränderungen der elektrischen Energieversorgung stellen die Systemführung elektrischer Energieversorgungsnetze vor große Herausforderungen, um jederzeit einen sicheren Netzbetrieb gewährleisten zu können. So kommt es beispielsweise durch den steigenden Anteil dargebotsabhängiger, volatiler Einspeisungen in den elektrischen Energieversorgungsnetzen zu einer wachsenden Unsicherheit und zu häufig wechselnden sowie neuartigen Netzsituationen.

Die wesentliche Aufgabe des Übertragungsnetzes ist es, den Austausch von elektrischer Energie zwischen den verschiedenen Netzregionen unter Einhaltung der Versorgungssicherheit zu ermöglichen [13] und so die Entwicklung des europäischen Elektrizitätsbinnenmarktes zu fördern [14].

Insgesamt ist zu erkennen, dass die Interdependenzen zwischen den Übertragungsnetzbetreibern innerhalb eines Synchrongebietes immens zugenommen haben und die Interoperabilität zwischen den verschiedenen Synchrongebieten eine immer wichtigere Rolle spielt [15–17]. Mit der Entwicklung der Energiemärkte sind in der Systemführung eine Vielzahl neuer und wechselnder Tätigkeiten und damit eine wachsende Anzahl von Schnittstellen entstanden, die die Schaltingenieure (i.e. Systemführer) in den Netzleitstellen in Echtzeit und häufig mit kurzer Reaktionszeit bewältigen müssen.

Die Anforderungen an die Systemführung elektrischer Energieversorgungsnetze werden durch die zuvor aufgezeigten Entwicklungen immer komplexer und umfänglicher. Durch die Entwicklung und zunehmende Liquidität des untertägigen Energiehandels, der sogenannte „Intraday-Handel", kann sich die Leistungsflusssituation häufig ändern. Die Systemführung elektrischer Übertragungsnetze muss die stetig wechselnden Leistungsflusssituationen und die daraus resultierende Belastung der Betriebsmittel permanent überwachen, um frühzeitig drohende Überlastungen und Netzengpässe zu erkennen. Nur so können rechtzeitig Gegenmaßnahmen ergriffen und die Systemsicherheit aufrechterhalten werden [13, 18].

Literatur

1. M. Elsberg, BLACKOUT – Morgen ist es zu spät, Blanvalet Taschenbuch Verlag, 2013.
2. T. Petermann, H. Bradtke, A. Lüllmann, M. Poetzsch und U. Riehm, Was bei einem Blackout geschieht: Folgen eines langandauernden und großflächigen Stromausfalls, edition sigma Hrsg., Bd. 2. Aufl., Nomos Verlag, 2013.
3. Büro für Technikfolgen-Abschätzung beim Deutschen Bundestag, Gefährdung und Verletzbarkeit moderner Gesellschaften – am Beispiel eines großräumigen Ausfalls der Stromversorgung, Berlin, 2010.
4. R. Grünwald, Moderne Stromnetze als Schlüsselelement einer nachhaltigen Energieversorgung, Berlin: TAB, 2014.
5. Fraunhofer Institut für Windenergie und Energiesystemtechnik – IWES, „Windmonitor," 2013. [Online]. Available: http://windmonitor.iwes.fraunhofer.de.
6. Bundesnetzagentur, „Photovoltaikanlagen: Datenmeldungen sowie EEG-Vergütungssätze," 2013. [Online]. Available: http://www.bundesnetzagentur.de.
7. Deutscher Bundestag, Gesetz für den Ausbau erneuerbarer Energien (Erneuerbare-Energien-Gesetz – EEG), Berlin, 2023.

8. Deutscher Bundestag, Moderne Stromnetze als Schlüsselelement einer nachhaltigen Stromversorgung – Drucksache 18/5948, Berlin, 2015.
9. Amprion, „Netzausbau,“ [Online]. Available: https://www.amprion.net/Netzausbau/. [Zugriff am 13.11.2020].
10. Bundesnetzagentur, „Auswirkung des Kernkraftwerk-Moratoriums auf die Übertragungsnetze und die Versorgungssicherheit,“ 2011. [Online]. Available: http://www.bundesnetzagentur.de. [Zugriff am 10.6.2024].
11. Bundesnetzagentur, „Bericht zum Zustand der leitungsgebundenen Energieversorgung im Winter 2011/12,“ 2012. [Online]. Available: http://www.bundesnetzagentur.de. [Zugriff am 10.6.2024].
12. K. Kleinekorte, J. Vanzetta und C. Schneiders, „Wird die Systemführung zum Krisenmanagement? Kritische Netzsituationen im Winter,“ *ew – Magazin für die Energiewirtschaft,* Bd. 111, pp. 50–56, 2012.
13. J. Vanzetta, „Der europäische Strommarkt,“ *BWK,* Nr. 11, pp. 6–8, 2006.
14. Europäisches Parlament, Verordnung (EG) 714/2009 des Europäischen Parlamentes und des Rates vom 13. Juli 2009 über die Netzzugangsbedingungen für den grenzüberschreitenden Stromhandel, Amtsblatt der Europäischen Union Nr. L211/15, 2009.
15. UCTE, „Final Report System Disturbance on 4 November 2006,“ 2007. [Online]. Available: https://www.entsoe.eu. [Zugriff am 10.6.2024].
16. ACER, „Framework Guidelines on System Operation,“ 2011. [Online]. Available: http://www.acer.europa.eu. [Zugriff am 11.8.2020].
17. Deutscher Bundestag, Gesetz über die Elektrizitäts- und Gasversorgung (Energiewirtschaftsgesetz – EnWG), Berlin, 2023.
18. Bundesministerium für Wirtschaft und Klimaschutz, Roadmap Systemstabilität, Berlin, 2023.
19. K.F. Schäfer, Blackout, Wiesbaden: Springer-Vieweg, 2024.

Elektrische Energieversorgungsnetze 2

2.1 Elektrische Energieversorgung in Deutschland

Die elektrischen Netze sind die zentralen Komponenten der Energieversorgungssysteme. Sie stellen die Verbindung zwischen den Verbrauchern elektrischer Energie (Lasten) und den Einspeisern (Erzeugern, wie z. B. thermische Kraftwerke, Windkraft- und Photovoltaikanlagen) her. Für Deutschland ergibt sich aufgrund der Nachfrage nach elektrischer Energie die in Abb. 2.1 dargestellte Lastganglinie eines Jahres. Gut ist die charakteristische Abfolge des Wochenrhythmus' zu erkennen, mit einem deutlichen Rückgang der Lasten an den Wochenenden sowie an den Feiertagen. So kann in der Lastganglinie auch ohne die Zeitachse leicht das Oster- und das Pfingstwochenende sowie der Zeitraum zwischen Weihnachten und Neujahr identifiziert werden. Erwartungsgemäß ist die elektrische Verbraucherlast im Winter aufgrund von Heizung und Beleuchtung gegenüber den anderen Jahreszeiten deutlich höher. Die bereitzuhaltende Erzeugerleistung muss daher mindestens der maximal auftretenden Last zuzüglich Reserven für Ausfälle etc. entsprechen. Die maximale Last beträgt ca. 78 GW und das Lastminimum liegt bei ca. 34 GW. In der Abbildung ist aufgrund der Darstellung eines ganzen Jahres und der damit verbundenen geringen Auflösung die untertägige Schwankung der Last nicht erkennbar.

Die Deckung der Nachfrage nach elektrischer Energie erfolgt aus der Einspeisung der an das elektrische Energieversorgungsnetz angeschlossenen Kraftwerke (Strommix). Waren bisher die lastorientiert einspeisenden thermischen Kraftwerke die Basis der elektrischen Energieversorgung, so gewinnt der volatile, von der Nachfrage unabhängige Anteil der Erzeugung vor allem aus Windkraft- und Photovoltaik(PV)-Anlagen zunehmend an Bedeutung (Abb. 2.2). Die installierte Leistung ist aktuell etwa dreimal so hoch wie die maximal auftretende Lastspitze. Dies ist zum Teil dadurch begründet, dass auch im Fall der Nichtverfügbarkeit von Kraftwerken (Revision, Windstille, Dunkelheit etc.) immer noch genügend Leistung zur vollständigen Lastdeckung vorhanden sein muss. Die Differenz zwischen Last und dem Anteil der fluktuierenden Einspeisung aus dargebotsabhängigen

K. F. Schäfer, *Systemführung*, https://doi.org/10.1007/978-3-658-47006-7_2

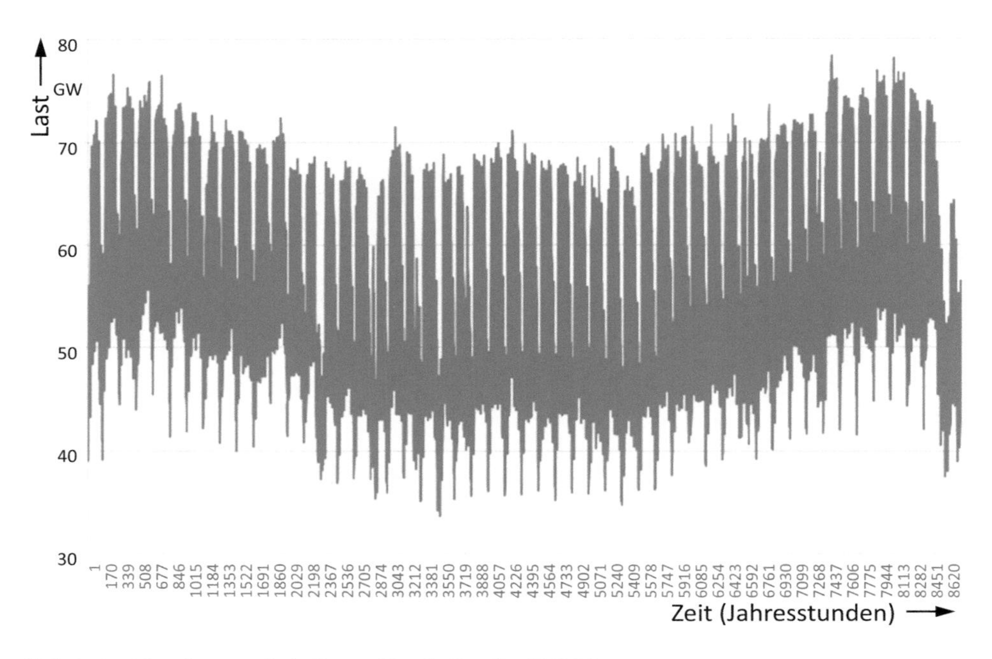

Abb. 2.1 Jahreslastganglinie Deutschland. (Quelle: UCTE)

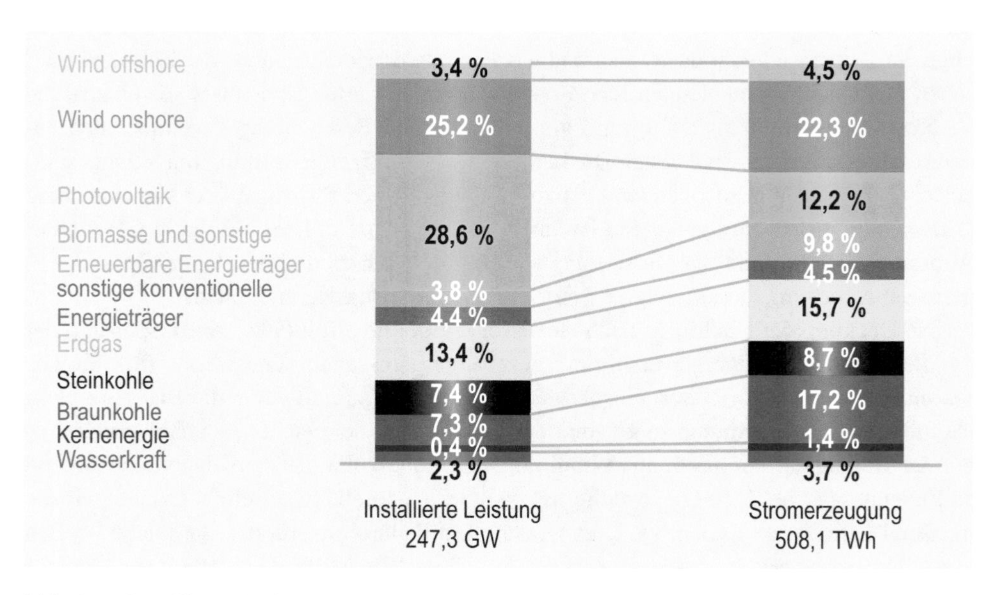

Abb. 2.2 Installierte Kraftwerksleistung und Nettostromerzeugung in Deutschland aufgeteilt nach Energieträgern im Jahr 2023. (Quelle: BDEW)

Erzeugern (PV- und Windkraftanlagen) wird als Residuallast bezeichnet. Im deutschen Netz können innerhalb eines Tages die Residuallastwerte um bis zu 70 GW pendeln.

Elektrische Energieversorgungsnetze sind geografisch weit ausgedehnte Netzwerke. Sie werden gebildet aus elektrischen Stromleitungen wie Freileitungen und Erdkabeln und den dazugehörigen Einrichtungen wie Schaltanlagen und Umspannwerken mit Transformatoren. Die elektrischen Energieversorgungsnetze umfassen üblicherweise mehrere Spannungsebenen, damit die Netzverluste bei der Übertragung und der Verteilung der elektrischen Energie insgesamt möglichst gering bleiben. Aufgrund ihrer Ausdehnung, der Anzahl von Einzelkomponenten sowie der physikalischen Vorgänge sind elektrische Energieversorgungsnetze komplexe technische Systeme. Die Sicherstellung eines störungsfreien Betriebs ist eine große Herausforderung für die Systemführung dieser Netze.

2.2 Öffentliche Energieversorgungsnetze

Zur allgemeinen elektrischen Energieversorgung werden in Deutschland öffentliche elektrische Netze mit Drehstrom in vier unterschiedlichen Spannungsebenen und einer Nennfrequenz von 50 Hz betrieben. Andere Stromarten als Drehstrom werden aktuell nur für Sonderfälle eingesetzt. Beispiele hierfür sind die Bahnstromnetze, die in Deutschland Wechselstrom mit einer Frequenz von 16,7 Hz verwenden, sowie Straßenbahnen oder längere Kabelverbindungen, die mit Gleichstrom betrieben werden. Gleichstromleitungen werden auch für die Kupplung asynchron verbundener Netze und die Anbindung von Inseln an das öffentliche Netz eingesetzt.

Das öffentliche Energieversorgungsnetz wird in sieben Funktionsebenen unterteilt. Dies sind die vier Spannungsebenen sowie die drei Transformierungsebenen zwischen den einzelnen Spannungsebenen. Bei den Spannungsebenen werden die Übertragungsnetze der Höchstspannungsebene (HöS, Nennspannung $U_n > 125$ kV) und die Verteilnetze der Hochspannungsebene (HS, $60 \text{ kV} \leq U_n \leq 125 \text{ kV}$), der Mittelspannungsebene (MS, $1 \text{ kV} < U_n < 60 \text{ kV}$) und der Niederspannungsebene (NS, $U_n \leq 1$ kV) unterschieden [1]. Abb. 2.3 zeigt die Funktionsebenen der öffentlichen elektrischen Energieversorgungsnetze in Deutschland.

Bislang erfolgt der Wirkleistungstransport üblicherweise aus Richtung der Netzebene mit der höheren Nennspannung (überlagerte Spannungsebene) in Richtung der Netzebene mit der geringeren Nennspannung (unterlagerte Spannungsebene). Bedingt durch die Veränderungen aufgrund der Energiewende kann sich bei hohen Einspeiseleistungen in der Niederspannungsebene (z. B. durch Photovoltaikanlagen) diese Leistungsflussrichtung allerdings auch umkehren.

Elektrische Energieversorgungsnetze sind ökonomisch gesehen natürliche Monopole [2, 3]. Diese zeichnen sich durch die sog. Subadditivität der Kosten aus. Mit anderen Worten, ein großes Unternehmen ist in der Lage, eine bestimmte Gütermenge zu geringeren Kosten zu produzieren als mehrere kleinere Unternehmen. Es wäre somit ökonomisch

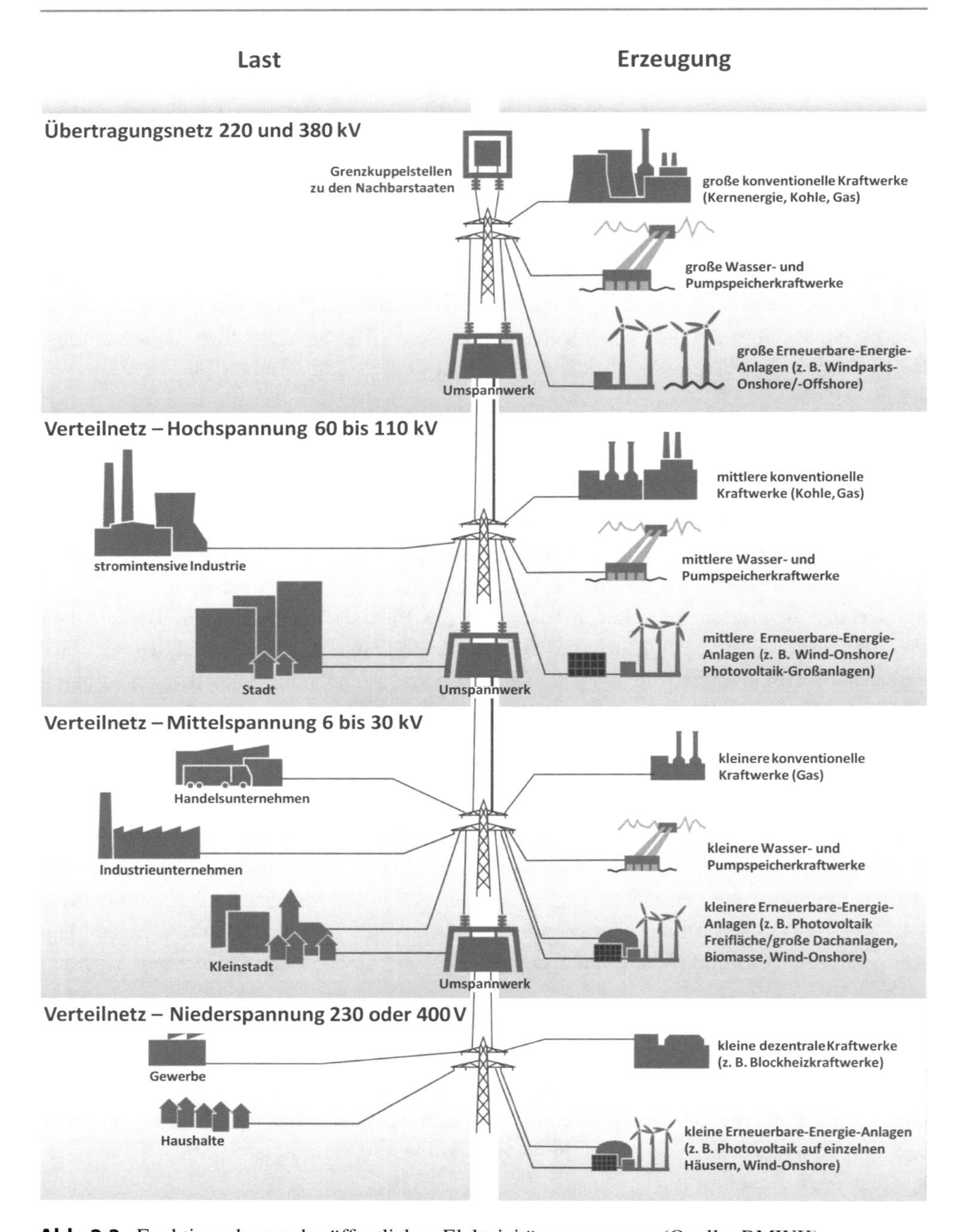

Abb. 2.3 Funktionsebenen der öffentlichen Elektrizitätsversorgung. (Quelle: BMWK)

ineffizient, in einem Gebiet mehrere parallele Netzstrukturen zu unterhalten, da dies zu unnötig hohen Kosten führen würde. Eine Monopollösung ist aus Kostensicht somit ökonomisch effizient. Allerdings sollen die mit einem Monopol und dessen Marktmacht verbundenen möglichen Ineffizienzen und Monopolrenditen vermieden werden. Aus diesem Grund werden Netze, nicht nur in Deutschland, reguliert. Im Rahmen dessen muss der Netzbetreiber einen allgemeinen und diskriminierungsfreien Zugang und die freie Benutzung seines Netzes gewährleisten. Die dabei zu entrichtenden Entgelte werden behördlich genehmigt [4]. In Deutschland unterstehen die elektrischen Energieversorgungsnetze der Aufsicht der Bundesnetzagentur oder den entsprechenden Landesregulierungsbehörden.

2.2.1 Übertragungsnetze

2.2.1.1 Höchstspannungsnetze

2.2.1.1.1 Übertragungsnetze in Deutschland

Die Aufgabe des Übertragungsnetzes der Höchstspannungsebene besteht darin, die elektrische Energie mit möglichst geringen Verlusten über große Entfernungen hinweg zu transportieren. An das Übertragungsnetz sind die leistungsstarken Einspeiser (konventionelle Kraftwerke, Offshore-Windparks), große Einzelverbraucher (Industrieparks, Fabriken mit hoher Last) und die Verteilnetze der Hochspannungsebene angeschlossen. Das deutsche Übertragungsnetz wird in zwei Spannungsstufen mit 220 bzw. 380 kV betrieben. Diese beiden Netzebenen sind galvanisch gekoppelt, da die 220/380-kV-Netzkuppeltransformatoren in der Regel als Spartransformatoren (siehe Abschn. 2.2.3.3.2.1) ausgeführt sind.

Abb. 2.4 zeigt die vereinfachte Struktur des deutschen Übertragungsnetzes. Zu beachten ist, dass in dieser Abbildung nur die wichtigsten Leitungsverbindungen dargestellt sind. Es fehlen etliche Nebenstrecken. Das Übertragungsnetz stellt weitmaschige Verbindungen von großen Stationen mit leistungsstarken Leitungen zwischen den Kraftwerksstandorten und den Lastzentren, dies sind Regionen mit hoher Lastdichte (z. B. das Rhein-Main-Gebiet), her.

In der Vergangenheit wurden die großen Kraftwerke überwiegend in der Nähe der Lastzentren errichtet, um die elektrische Energie möglichst lastnah zu erzeugen. Im Höchstspannungsnetz betrug dadurch die mittlere Transportentfernung bei der Energieübertragung zu den Lastzentren bisher ca. 60 km [81]. Diese Distanz vergrößert sich durch die Veränderungen der Energiewende deutlich. Die Lage der großen Lastzentren im Westen und im Süden Deutschlands bleibt unverändert. Durch die Abschaltung der verbrauchsnahen thermischen Kraftwerke und durch die zunehmende Einspeisung der im Wesentlichen in Norddeutschland platzierten Windkraftwerke wird sich die mittlere Transportentfernung auf bis zu 300 km erhöhen [5]. Dies bedeutet eine erhebliche Änderung im Betrieb des Übertragungsnetzes, da dadurch die großräumigen Leistungstransporte deutlich ansteigen und die Netzbelastung erhöht wird.

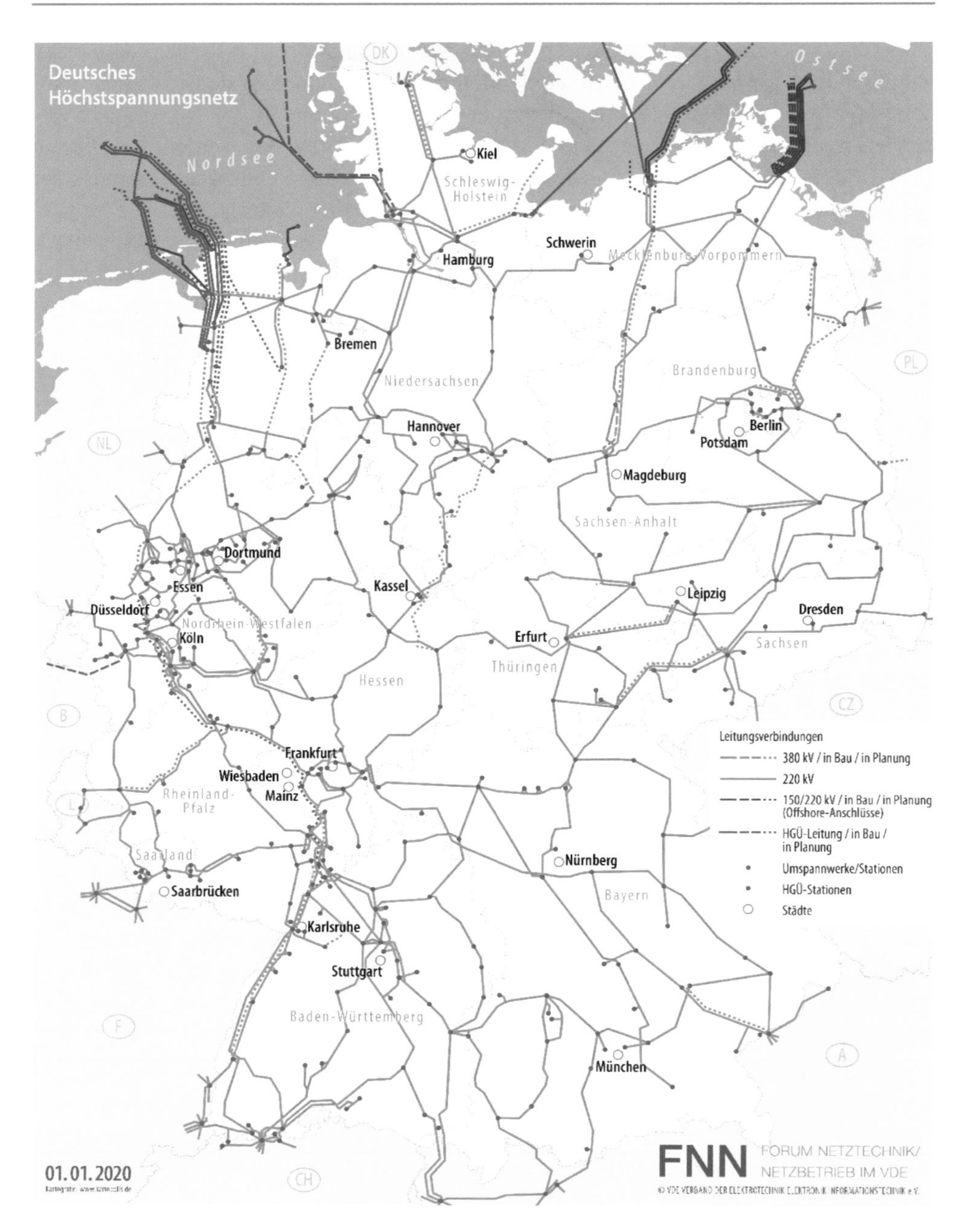

Abb. 2.4 Deutsches Höchstspannungsnetz. (Quelle: VDE Verband der Elektrotechnik Elektronik Informationstechnik e. V., Forum Netztechnik/Netzbetrieb im VDE (FNN))

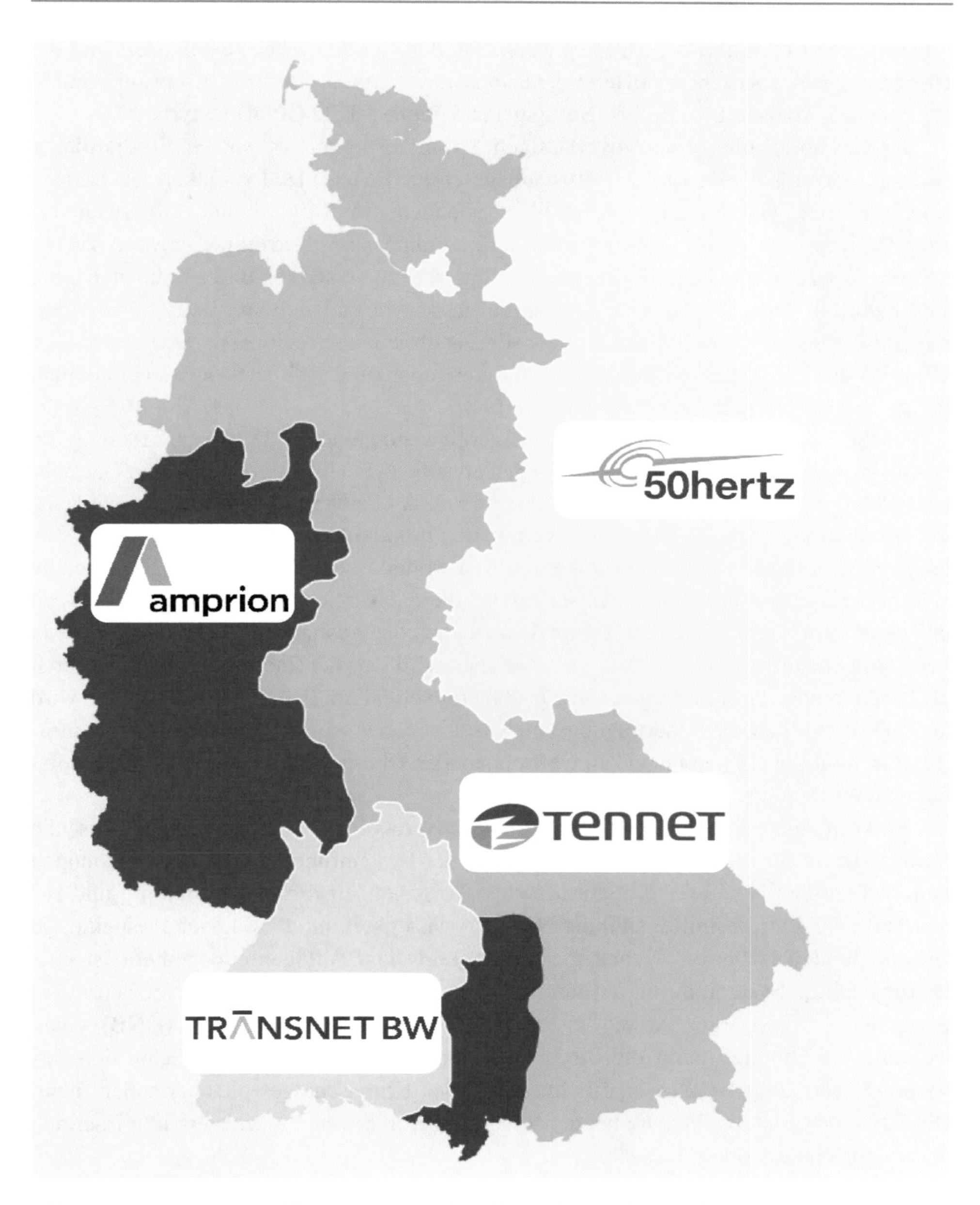

Abb. 2.5 Regelzonen der Übertragungsnetzbetreiber in Deutschland. (Quelle: Amprion GmbH)

Das deutsche Übertragungsnetz bildet einen in vier Regelzonen unterteilten Regelblock (Abb. 2.5). Als Regelzone wird ein geografisch festgelegter Verbund von Hoch- bzw. Höchstspannungsnetzen bezeichnet, dessen Stabilität von dem für die jeweilige Regelzone zuständigen Übertragungsnetzbetreiber (Transmission System Operator, TSO) organisiert wird. Verantwortlich für jeweils eine der vier deutschen Regelzonen sind die Übertragungsnetzbetreiber 50Hertz Transmission GmbH (Berlin), Amprion GmbH (Dortmund), TransnetBW GmbH (Stuttgart) und TenneT TSO GmbH (Bayreuth).

Die Gewährleistung einer zuverlässigen Stromversorgung ist ein gesellschaftlicher Auftrag, der in § 11 des Energiewirtschaftsgesetzes (EnWG) [83] verankert ist. Danach sind die vier Übertragungsnetzbetreiber gehalten, in Deutschland ein „sicheres, zuverlässiges und leistungsfähiges Energieversorgungsnetz diskriminierungsfrei zu betreiben, zu warten und bedarfsgerecht zu optimieren, zu verstärken und auszubauen“. Sie sind damit als Dienstleister u. a. für den zuverlässigen und sicheren Betrieb des Übertragungsnetzes, für einen stabilen und störungsfreien überregionalen Stromaustausch sowie für den unmittelbaren Ausgleich von Erzeugungs- und Verbrauchsleistung innerhalb ihrer jeweiligen Regelzone verantwortlich [6–8].

Für die Höchstspannungsnetze ist die Energiewende eine große Herausforderung, da beispielsweise der aus Windkraftanlagen gewonnene Strom in einigen Regionen Deutschlands die dort vorhandenen Netzkapazitäten deutlich übersteigt. Diese Energie wird oftmals weit entfernt von Verbrauchsschwerpunkten produziert und muss entsprechend verteilt werden. Gleiches gilt auch für die aus Photovoltaik- oder Biomasseanlagen erzeugte elektrische Energie. Der Anteil des aus erneuerbaren Energien gewonnenen Stroms wird in Zukunft noch größer werden. Dadurch wird auch der Ausbaubedarf der Stromnetze in den kommenden Jahren stark ansteigen. Folglich wird sich die Energieinfrastruktur durch die Maßnahmen aus der Energiewende nachhaltig verändern. In den nächsten Jahren wird die zentrale Aufgabe der Übertragungsnetzbetreiber daher sein, die deutsche Energieinfrastruktur mit ihren effizienten und umweltschonenden Übertragungstechnologien zukunftsfähig zu machen [9].

Die Vorhaltung eines leistungsfähigen und zuverlässigen Übertragungsnetzes ist die Voraussetzung für die Erfüllung der Aufgaben der Systemführung. Bei allen Planungen zum Netzausbau sowie für die strategischen Vorgaben für die Instandhaltung und Erneuerung der Betriebsmittel sind die Netzzuverlässigkeit und ökologische Aspekte die entscheidenden Kriterien. Neben diesem strategischen Anlagenmanagement ist eine leistungsfähige Systemführung erforderlich, um jederzeit einen sicheren Netzbetrieb zu gewährleisten. Mit ihrer Arbeit leisten die Übertragungsnetzbetreiber (ÜNB) einen wesentlichen Beitrag, damit die Stromversorgung auch zukünftig den Zielen der Versorgungssicherheit, der Wirtschaftlichkeit und des Klimaschutzes gleichermaßen dient. Die ÜNB sind zentrale Akteure bei der Integration von Strom aus erneuerbaren Energien in die deutsche Energieinfrastruktur.

Die erfolgreiche Entwicklung hin zu einer modernen und zukunftsfähigen Energieinfrastruktur durch die ÜNB kann nur als gesamtgesellschaftliches Projekt mit weitreichender Unterstützung von Politik, Wirtschaft, Wissenschaft und Bürgern gelingen, um auch die erforderliche gesellschaftliche Akzeptanz zu erlangen. Die Übertragungsnetzbetreiber tragen auf diesem Weg eine besondere Verantwortung. Während des Planungsprozesses soll bspw. durch entsprechende Bürgerinformations- und Bürgerkonsultationsveranstaltungen größtmögliche Transparenz, Information und Beteiligung gewährleistet werden.

Die Abgrenzung zwischen den einzelnen Regelzonen ist ausschließlich rechtlich und unternehmerisch definiert. Die Regelzonen sind technisch nicht isoliert, sondern über Kuppelleitungen miteinander verbunden. Über diese findet ein permanenter Energieaustausch zwischen den Regelzonen statt. Das deutsche 380/220-kV-Übertragungsnetz hat insgesamt eine Leitungslänge von über 35.200 km. Die Leitungen sind überwiegend als Freileitungen ausgeführt. Der Anteil der Kabelstrecken beträgt nur ca. 2000 km. Dazu zählen hauptsächlich die Anbindungen der Offshore-Windparks an die Übertragungsnetze von Amprion, TenneT TSO und 50Hertz Transmission. Die Verbindung der Leitungen erfolgt im deutschen Übertragungsnetz in 435 Schaltanlagen. In der Höchstspannungsebene werden ca. 1100 Transformatoren betrieben [10]. Die Höchstspannungsnetze bilden eine zusammenhängende Netzstruktur (Topologie) und weisen einen sehr hohen Vermaschungsgrad auf. Dadurch existiert zu praktisch jedem Netzzweig eine alternative Leitungsverbindung. Der Ausfall eines Netzzweiges führt demnach auch nicht unmittelbar zu einer Nichtversorgung von Kunden. Der Netzbetrieb wird durch diese Netzstruktur allerdings sehr aufwendig, der Netzschutz muss entsprechend komplex aufgebaut sein.

2.2.1.1.1.1 50Hertz Transmission GmbH

Im Netzgebiet von 50Hertz Transmission (50Hertz) [https://www.50hertz.com] sind mehr als 40 % der deutschen Windenergieleistung installiert. Das Unternehmen ist damit verantwortlich für eine der größten Stromexportregionen Europas.

Bei 50Hertz sind an zehn Standorten rund 1800 Mitarbeiter beschäftigt. Das Netzgebiet von 50Hertz erstreckt sich mit 109.715 km^2 über die Bundesländer Berlin, Brandenburg, Hamburg, Mecklenburg-Vorpommern, Sachsen, Sachsen-Anhalt und Thüringen und versorgt mehr als 18 Mio. Menschen mit Strom.

Vom Transmission Control Centre (TCC) in Neuenhagen bei Berlin aus wird das 10.658 km (Kabelanteil 6 %) lange Höchstspannungsnetz gesteuert und überwacht. 50Hertz ist verantwortlich für den Netzanschluss der deutschen Windparks in der Ostsee.

Hauptanteilseigner von 50Hertz ist die börsennotierte belgische Holding Elia Group (80 %). Der deutsche Staat ist über die KfW Bankengruppe mit 20 % an 50Hertz beteiligt.

2.2.1.1.1.2 Amprion GmbH

Die Amprion GmbH [https://www.amprion.net] betreibt in einem 79.200 km^2 großen Netzgebiet, das von Niedersachsen bis zum Saarland und weiter bis an die Grenze zu Österreich und der Schweiz reicht, mit 10.809 km das längste Höchstspannungsnetz Deutschlands. Amprion versorgt mit seinen rund 2300 Mitarbeitern in über 30 Betriebsstandorten 29 Mio. Einwohner mit Energie.

Amprion übernimmt als Regelblockführer mit ihrer zentralen Leitstelle („Systemführung“) in Brauweiler bei Köln (Abb. 2.6) eine nationale, regelzonenübergreifende Rolle im Bereich des internationalen Stromtransports. Amprion koordiniert die Stromflüsse zwischen den vier deutschen Regelzonen und zu den benachbarten Übertragungsnetzen im Ausland. Amprion unterhält Kuppelleitungen zu neun ausländischen Übertragungsnetzbetreibern.

Abb. 2.6 Netzwarte der Amprion GmbH in Brauweiler. (Quelle: Amprion GmbH/@livrozet.photography)

Innerhalb des europäischen Verbundes der Übertragungsnetzbetreiber Entso-E koordiniert Amprion den Verbundbetrieb für den nördlichen Teil des europäischen Übertragungsnetzes (Continental Europe North, CE North).

Als Tochterunternehmen organisiert die Amprion Offshore GmbH die Netzanbindungssysteme der Offshore-Windparks in der Nordsee, für die Amprion entsprechend dem EnWG zuständig ist.

Hauptanteilseigner (74,9 %) von Amprion ist die M31 Beteiligungsgesellschaft mbH & Co. Energie KG. Dabei handelt es sich um ein Konsortium von überwiegend deutschen institutionellen Finanzinvestoren aus der Versicherungswirtschaft und von Versorgungswerken. Dazu zählen etwa die MEAG MUNICH ERGO, Swiss Life und Talanx sowie ärztliche Versorgungswerke, Pensionskassen und kirchliche Versorgungswerke. Diese Anleger sind mittelbar oder unmittelbar an der M31 beteiligt. Einen Minderheitsanteil (25,1 %) hält die RWE AG.

2.2.1.1.1.3 TenneT TSO GmbH

Zur Versorgung von mehr als 20 Mio. Einwohner mit elektrischer Energie betreibt die TenneT TSO GmbH [https://www.tennet.eu] auf einem Netzgebiet von 140.000 km^2, das von Schleswig-Holstein, über Niedersachsen und Hessen bis nach Bayern reicht, ein 10.700 km langes Höchstspannungsnetz. Seit Oktober 2010 ist die TenneT TSO GmbH die deutsche Tochter des niederländischen Energieversorgungsunternehmens TenneT Holding B.V, das vollständig im Besitz des niederländischen Staates ist. Als erster grenzüberschreitender Übertragungsnetzbetreiber Europas betreibt der Konzern Höchstspannungsnetze in Deutschland und in den Niederlanden.

Die TenneT TSO hat rund 1700 Mitarbeiter. Die Stromnetze der Tennet TSO werden in den beiden Schaltleitungen Lehrte bei Hannover und Dachau, nahe München überwacht und gesteuert.

Die TenneT Offshore GmbH befasst sich als Schwesterunternehmen mit allen Belangen der Anschlussleitungen auf See, während die TenneT TSO die Übertragung auf dem Land sichert.

2.2.1.1.1.4 TransnetBW GmbH

Mit rund 1270 Mitarbeitern betreibt die TransnetBW GmbH [https://www.transnetbw.de] ein 3047 km langes Höchstspannungsnetz, das sich in Baden-Württemberg über ein Netzgebiet von über 34.600 km^2 erstreckt. TransnetBW ist für die Energieversorgung von mehr als 11 Mio. Menschen verantwortlich. Das Übertragungsnetz der TransnetBW ist über zahlreiche Kuppelstellen in das nationale und europäische Verbundnetz integriert. An den Regelzonengrenzen ist es direkt mit den Netzen innerhalb Deutschlands sowie mit Frankreich, Österreich und der Schweiz verbunden und spielt damit eine wesentliche Rolle im europäischen Stromtransport.

Die Hauptschaltleitung der TransnetBW in Wendlingen ist eine der modernsten Leitstellen Europas. Das Unternehmen ist mehrheitlich im Besitz des EnBW-Energie-Konzerns, Stuttgart. Die Südwest Konsortium Holding, in der Sparkassen, Banken und Versicherungen aus Baden-Württemberg zusammengeschlossen sind, hält 24,95 % der Firmenanteile. Ebenfalls 24,95 % der Aktien hält die staatliche KfW-Bank.

2.2.1.1.2 Übertragungsnetze in Österreich und in der Schweiz

Exemplarisch werden zwei der an Deutschland angrenzenden ausländischen Übertragungsnetze beschrieben. Die Höchstspannungsnetze in Österreich und in der Schweiz bilden jeweils eine Regelzone in diesen Ländern.

Die Austrian Power Grid AG (APG) [https://www.apg.at] betreibt mit ca. 600 Mitarbeitern das österreichische Übertragungsnetz mit 6965 km Leitungslänge (Abb. 2.7) auf einer Fläche von 83.879 km^2 für die 8,9 Mio. Einwohner von Österreich. Die APG-Steuerzentrale (Power Grid Control) befindet sich im Südosten von Wien.

Verantwortlich für das Schweizer Übertragungsnetz ist die Swissgrid AG [https://www.swissgrid.ch]. Sie betreibt auf einer Fläche von 41.285 km^2 für 8,6 Mio. Einwohner das schweizerische Höchstspannungsnetz mit einer Leitungslänge von rund 6543 km (Abb. 2.8). Überwacht und gesteuert wird das schweizerische Übertragungsnetz von den beiden Netzleitstellen in Aarau und Prilly mit insgesamt 550 Mitarbeitern.

2.2.1.2 Verbundnetze

Als Verbundnetze werden große, räumlich benachbarte und elektrisch verbundene elektrische Energieversorgungsnetze bezeichnet, die eine Vielzahl von Kraftwerken und

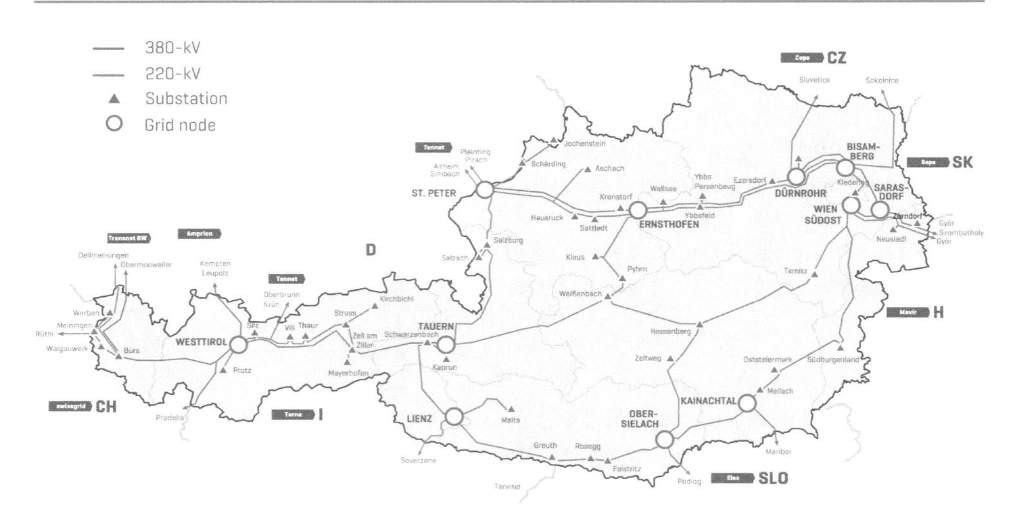

Abb. 2.7 Österreichisches Höchstspannungsnetz. (Quelle: APG AG)

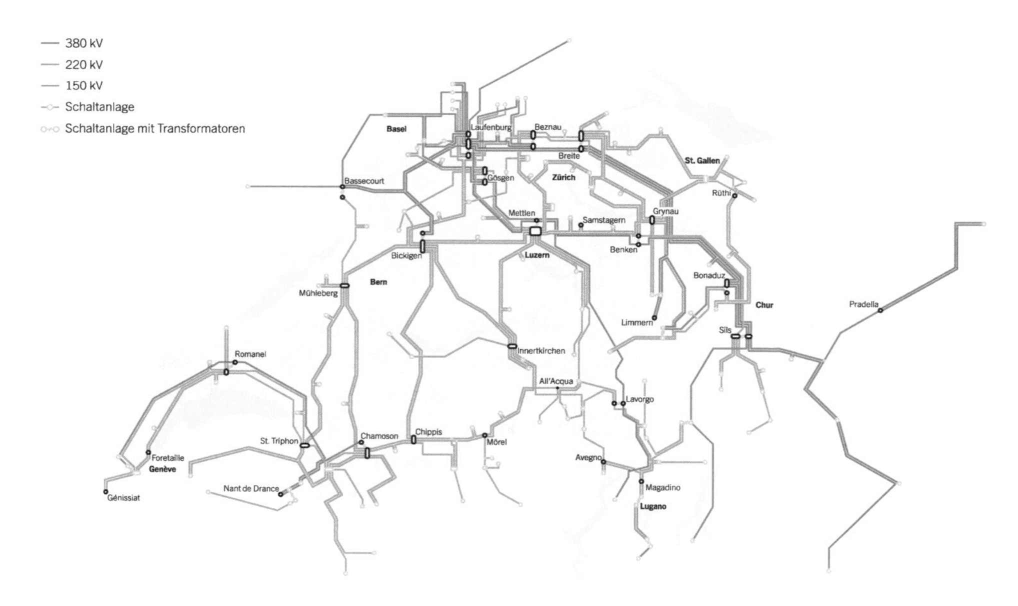

Abb. 2.8 Schweizer Höchstspannungsnetz. (Quelle: Swissgrid AG)

Verbrauchern umfassen. Mit der Zusammenschaltung von Übertragungsnetzen zu einem Verbundnetz wird das Energiesystem stabiler, da so Über- und Unterkapazitäten leichter ausgeglichen werden können. Durch den Leistungsaustausch können Leistungsschwankungen kurzfristig besser ausgeregelt werden als nur durch die Regelung der Kraftwerke. Bezogen auf die gesamte installierte Leistung muss in einem Verbundnetz weniger Regelleistung vorgehalten werden, da die Differenz zwischen Angebot und Nachfrage von

Momentanleistung in einem Verbundnetz besser ausgeglichen werden kann. Die Betriebszuverlässigkeit des Netzes wird durch systemimmanente Redundanzen gesteigert. Der Betrieb eines Verbundnetzes erfordert allerdings von den Systemführungen der beteiligten Einzelnetze einen im Umfang und in der Komplexität gesteigerten Aufwand für die Koordination und Regelung des gesamten Verbundes.

Die Verbindungen zwischen den einzelnen Übertragungsnetzen eines Verbundsystems werden Kuppelleitungen genannt. In der Regel sind Kuppelleitungen auch tatsächlich Leitungen im eigentlichen Sinn. In Einzelfällen können auch Transformatoren die Funktion einer Kuppelleitung übernehmen (z. B. Phasenschiebertransformatoren, siehe Abschn. 3.6.2.2). Die zwischen Erzeugern und Verbrauchern aufgrund von Energielieferverträgen planmäßig ausgetauschte Leistung zwischen verschiedenen Übertragungsnetzen, die über die Kuppelleitungen übertragen werden muss, wird als Austauschleistung bezeichnet.

Für die Durchführung eines umfassenden Verbundbetriebes zwischen mehreren leistungsstarken Übertragungsnetzen ist neben einer ausreichenden Übertragungskapazität der Kuppelleitungen auch der Einsatz eines geeigneten Regelverfahrens, mit dem die Netzfrequenz und die Austauschleistungen zwischen den Verbundpartnern automatisch auf die hierfür vereinbarten Werte gehalten werden können, von entscheidender Bedeutung. Im europäischen Verbundnetz wird hierfür ein mehrstufiges Regelverfahren verwendet (siehe Abschn. 3.5.2).

Können einzelne Netze nicht frequenzsynchron zu einem Verbundnetz zusammengeschaltet werden, weil bspw. die dazu nötige Regelungstechnik in den Kraftwerken und in der Leitebene in Form von geeigneten Datennetzen fehlt, kann der elektrische Energieaustausch zwischen diesen Stromnetzen nur in kleinerem Umfang und mit deutlich höherem Aufwand über asynchrone Verbindungen zwischen den beteiligten Netzen durchgeführt werden. Diese Verbindungen sind in der Regel leistungselektronische Betriebsmittel wie Hochspannungs-Gleichstrom-Übertragungen (HGÜ) bzw. HGÜ-Kurzkupplungen.

2.2.1.2.1 Europäische Verbundnetze

Das deutsche Übertragungsnetz ist über zahlreiche Kuppelleitungen in das kontinentaleuropäische Verbundnetz (ehemals UCTE) eingebunden und wird mit diesem frequenzsynchron betrieben. In der Regel beträgt im kontinentaleuropäischen Verbundnetz die Nennspannung 380 kV. Ausnahmen hiervon sind zwei 750-kV-Leitungen von der Ukraine nach Polen bzw. nach Ungarn sowie die 525-kV-DC-Leitungen des z. Z. im Aufbau befindlichen Overlaynetzes (siehe Abschn. 2.2.1.4).

Neben dem kontinentaleuropäischen Verbundnetz existieren in Europa weitere Verbundsysteme, deren Mitglieder jeweils untereinander frequenzsynchron verbunden sind. Abb. 2.9 zeigt die in Regionalgruppen (RG) strukturierten und im Verband der Entso-E organisierten, europäischen Übertragungsnetze [8, 11]. Die Stromkreislänge dieser Netze beträgt insgesamt über 425.000 km (Tab. 2.1). Außer in Deutschland, Großbritannien und Österreich gibt es in Europa jeweils nur einen Übertragungsnetzbetreiber pro Land. Die Übertragungsnetze in Island und auf Zypern sind nicht mit dem übrigen europäischen

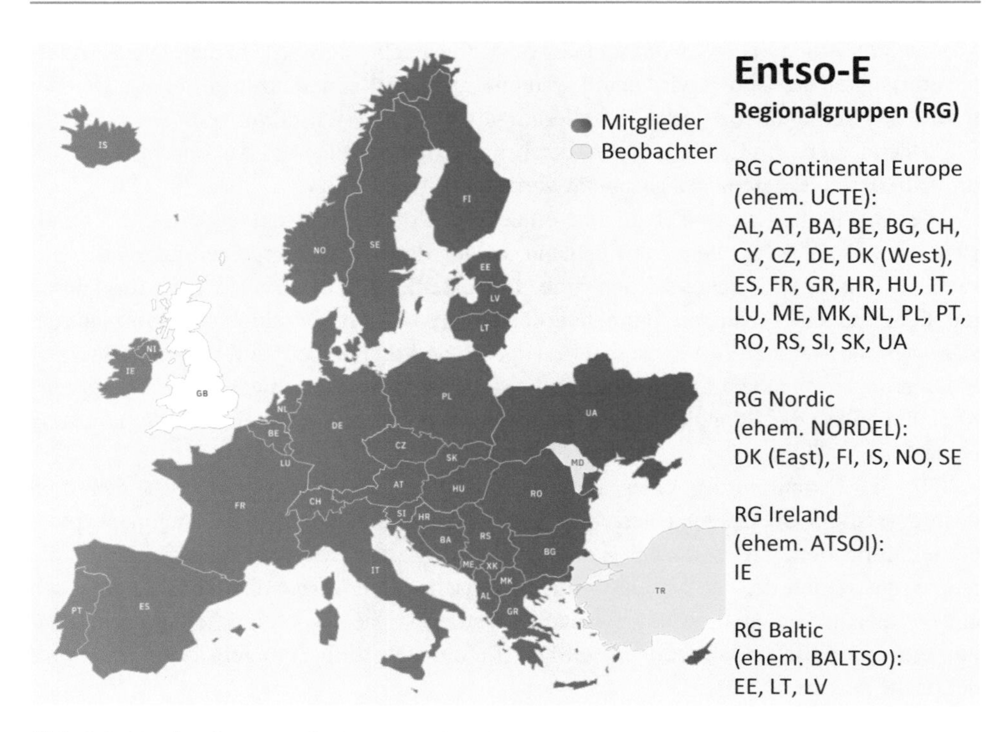

Abb. 2.9 Regionalgruppen der Entso-E. (Quelle: Entso-E)

Netz verbunden. Diese Netze werden als Inselnetze betrieben. Frequenzsynchrone Verbindungen gibt es zwischen dem kontinentaleuropäischen Verbundnetz und dem türkischen sowie dem marokkanischen Übertragungsnetz.

Mit dem Brexit 2021 sind die drei Betreiber des National Grid von Großbritannien (National Grid Electricity Transmission (NGET), Scottish Hydro Electric Transmission (SSE), Scottish Power Transmission (SPT)) ausgeschieden. Nur der nordirische Übertragungsnetzbetreiber SONI (System Operator for Northern Ireland) ist in der Entso-E verblieben. Die Türkei (Turkish Electricity Transmission Corporation, TEIAS) und Moldawien (Moldelectrica) sind sogenannte Beobachter-Mitglieder der Entso-E. Die Regionalgruppen innerhalb Entso-E sind nicht in Form eines einzigen gesamteuropäischen Verbundsystems unmittelbar miteinander verbunden. Die einzelnen Teilsysteme wie die kontinentaleuropäische oder die skandinavische (ehemals NORDEL) Regionalgruppe können ebenso wie das russische Verbundnetz IPS/UPS aus technischen Gründen nicht frequenzsynchron, sondern müssen asynchron zusammengeschaltet werden. Zwischen den einzelnen asynchron verbundenen Regionalgruppen bestehen Gleichstromkupplungen, sogenannte Interkonnektoren in Form von Frequenz entkoppelnden Kurzkupplungen (GKK) oder Hochspannungs-Gleichstrom-Übertragungen (HGÜ).

Eine besondere und derzeit weltweit einzigartige Form eines Interkonnektors ist seit Herbst 2020 zwischen dem nordöstlichen Teil des dänischen Übertragungsnetzes und dem

Tab. 2.1 Übertragungsnetze innerhalb der Entso-E. (Quelle: Entso-E)

Land	Abkürzung	Übertragungsnetzbetreiber	Stromkreislänge in km
Albanien	AL	Operatori i Sistemit te Transmetimit (OST)	3336
Belgien	BE	Elia System Operator	5345
Bosnien-Herzegowina	BA	Nezavisni Operator Sustava u Bosni i Hercegovini (NOS BiH)	6338
Bulgarien	BG	Electroenergien Sistemen Operator (ESO)	15.236
Dänemark	DK	Energinet.dk	5491
Deutschland	DE	Amprion TenneT TSO TransnetBW 50Hertz Transmission	35.214
Estland	EE	Elering	5306
Finnland	FI	Fingrid	14.398
Frankreich	FR	Réseau de Transport d'Electricité (RTE)	50.207
Griechenland	GR	Independent Power Transmission Operator (ADMIE/IPTO)	17.168
Irland	IE	EirGrid	7116
Island	IS	Landsnet	2992
Italien	IT	Terna – Rete Elettrica Nazionale	68.041
Kroatien	HR	Hrvatski Operator Prijenosnog Sustava (HOPS)	7305
Lettland	LV	Augstsprieguma Tïkls (AST)	5251
Litauen	LT	Litgrid	7003
Luxemburg	LU	Creos Luxembourg	130
Mazedonien	MK	Macedonian Transmission System Operator (MEPSO)	2122
Montenegro	ME	Crnogorski Elektroprenosni Sistem (CGES)	835
Niederlande	NL	TenneT	8594
Norwegen	NO	Statnett	12.302
Österreich	AT	Austrian Power Grid (APG) Vorarlberger Übertragungsnetz (VÜN)	6965
Polen	PL	Polskie Sieci Elektroenergetyczne (PSE)	14.550
Portugal	PT	Rede Eléctrica Nacional (REN)	8908
Rumänien	RO	Transelectrica	9888
Schweden	SE	Svenska kraftnät	15.482
Schweiz	CH	Swissgrid	6543
Serbien	RS	Elektromreža Srbije (EMS)	3869
Slowakei	SK	Slovenská Elektrizačná Prenosová Sústava (SEPS)	2465
Slowenien	SI	Sistemski Operater Prenosnega Elektroenergetskega Omrežja (ELES)	2893
Spanien	ES	Red Eléctrica (REE)	40.635
Tschechien	CZ	Česká Energetická Přenosová Soustava (ČEPS)	5728
Ukraine	UA	National Power Company Ukrenergo (Ukrenergo)	22.256
Ungarn	HU	Magyar Villamosenergia-ipari Átviteli Rendszerirányító Zártkörűen Működő Részvénytársaság (MAVIR)	4645
Zypern	CY	Cyprus TSO	973

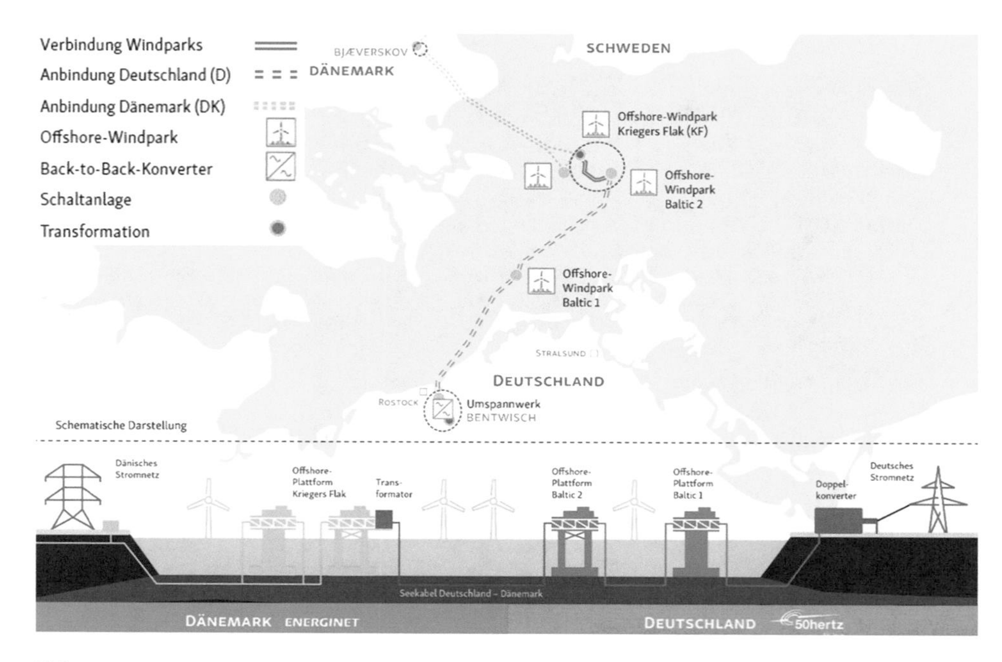

Abb. 2.10 Hybrider Interkonnektor zwischen Dänemark und Deutschland [12]

Netz der 50Hertz Transmission GmbH in Betrieb. Dabei wird die Verbindung der beiden Übertragungsnetze mitten in der Ostsee zwischen den beiden Offshore-Windparks Baltic2 und Kriegers Flak hergestellt (Abb. 2.10). Aufgrund der mit Gleichstrom betriebenen Kabelteilstrecken erfolgt die Verbindung der beiden Netze dabei nicht frequenzsynchron (hybrider Interkonnektor). Die dabei eingesetzten Kabel dienen primär der Anbindung der Windparks an das deutsche bzw. dänische Übertragungsnetz. Sie sind entsprechend der installierten Leistung der beiden Windparks dimensioniert. Bei einer Teilauslastung dieser Kabel durch die Windparks bei geringen Windgeschwindigkeiten wird die noch verfügbare Übertragungskapazität für den Stromaustausch zwischen dem nördlichen und dem zentralen europäischen Verbundsystem genutzt [12].

Für den grenzüberschreitenden Stromhandel im europäischen Strommarkt werden ausreichende Transitkapazitäten für den internationalen Stromhandel benötigt. Die grenzüberschreitenden Kuppelleitungen (Grenzkuppelstellen) ermöglichen den Übertragungsnetzbetreibern auf internationaler Ebene, Strom von einem nationalen Netz in das andere zu transferieren. Die maximale Übertragungsfähigkeit der Kuppelleitungen zwischen den Regelzonen definiert die für die physikalischen Stromlieferungen verfügbaren Transitkapazitäten. Da diese nur in begrenzter Höhe zur Verfügung stehen, wird hierdurch eine obere Grenze für die bilanziellen Stromhandelsgeschäfte vorgegeben.

Der Ausbau der grenzüberschreitenden Transitkapazitäten sowie der Aufbau neuer Grenzkuppelstellen ist eine der dringlichsten Aufgaben der Übertragungsnetzbetreiber, um den stetig ansteigenden internationalen Stromhandel zu ermöglichen. Ist die Transitkapazität zu klein, kann die an der Börse gehandelte Energiemenge nicht tatsächlich geliefert werden. Es kommt dann durch die Differenz (Unscheduled Flows) zwischen kontrahiertem (Scheduled Flows) und tatsächlich physikalisch übertragenem Strom zu Marktverzerrungen.

Aufgrund zu geringer Transitkapazitäten kann es durch die physikalische Leistungsflussverteilung entsprechend den Kirchhoff'schen Gesetzen zu ungewollten Leistungsflüssen in anderen Netzen kommen. Ein Sonderfall der Unscheduled Flows sind Loop Flows (Ringflüsse). Bei diesem Phänomen fließt der Strom aus einem Land in ein anderes Land und von dort an anderer Stelle wieder zurück ins Ursprungsland. Der innerhalb eines Landes produzierte Strom wird also im gleichen Land verbraucht, beansprucht aber in der Zwischenzeit ausländische Leitungen und reduziert in Flussrichtung die Übertragungskapazitäten, die dem Stromhandel zur Verfügung stehen. Für Länder wie Belgien, die zur Deckung ihrer Last auf Importe angewiesen sind, könnte eine Beschränkung des grenzüberschreitenden Stromhandels im Extremfall zu Knappheitssituationen führen. Loop Flows schränken die Importmöglichkeiten eines Landes allerdings nicht zwingend ein. Fließen Loop Flows etwa von Norddeutschland über die Niederlande, Belgien und Frankreich nach Süddeutschland, begegnen sie aufgrund belgischer Importe aus Frankreich häufig gegenläufigen Leistungsflüssen. Dadurch, dass sich diese Leistungsflüsse teilweise gegenseitig ausgleichen, erhöhen sie die Importkapazitäten von Belgien aus Frankreich.

Wie stark das deutsche Übertragungsnetz in das kontinentaleuropäische Netz eingebunden ist, zeigt die Abb. 2.11. Es sind die mit den Nachbarländern ausgetauschten Mengen an elektrischer Energie für das Jahr 2022 angegeben. Dabei wird deutlich, dass mit einigen Ländern ein intensiver gegenseitiger Stromhandel mit Lieferung und Bezug in

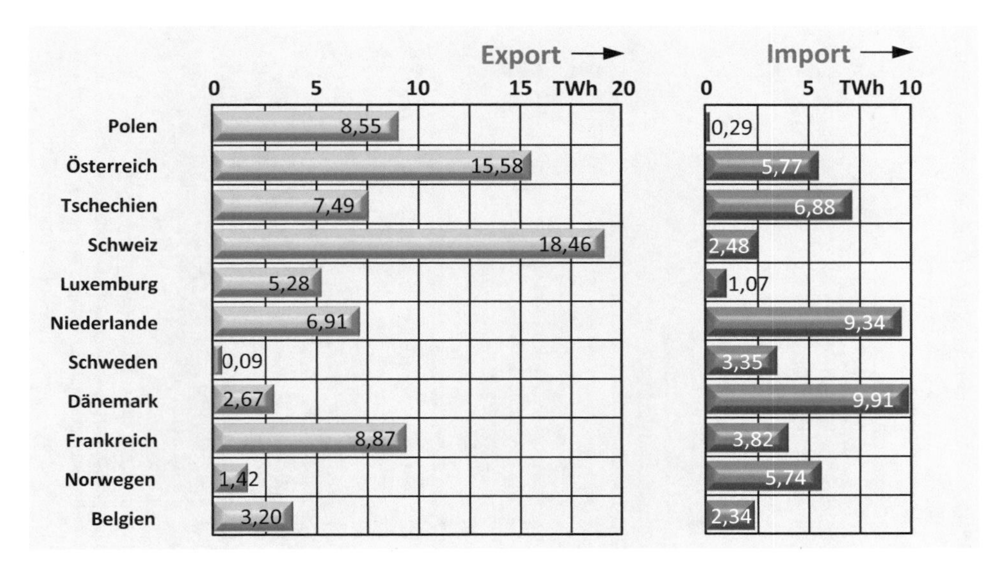

Abb. 2.11 Physikalische Stromflüsse von Deutschland ins Inland bzw. aus dem Ausland in 2022. (Quelle: Statista GmbH)

etwa gleichgroßem Umfang stattfindet. Aus anderen Ländern wird überwiegend elektrische Energie importiert (z. B. Dänemark) oder es wird überwiegend elektrische Energie exportiert (z. B. Österreich, Polen, Schweiz). In den Exportmengen nach Österreich und in die Schweiz sind in nicht unerheblichem Umfang auch die Anteile der Transitleistungen nach Italien enthalten, die durch das österreichische und schweizerische Übertragungsnetz fließen.

Betrachtet man die Entwicklung des jährlich saldierten physikalischen Stromaustauschs von Deutschland mit seinen Nachbarländern (Abb. 2.12), so fällt auf, dass der summarische Export seit etwa zwanzig Jahren deutlich ansteigt. Während der Import elektrischer Energie auf relativ gleichbleibendem Niveau bleibt, wird zunehmend mehr elektrische Energie exportiert. Dieser Anstieg ist damit zu erklären, dass durch den Ausbau dargebotsabhängiger Energieerzeugungsanlagen (z. B. Photovoltaik, Windkraftanlagen) auch immer mehr überschüssige bzw. nicht mehr im Markt platzierbare Energie vorhanden ist, die dann notgedrungen ins Ausland abgegeben werden muss. Bei dem geplanten Anstieg der Einspeisung aus erneuerbaren Energien wird dieser Exportüberschuss künftig noch weiter ansteigen.

Parallel zum europäischen, öffentlichen Verbundnetz wird aus den Bahnstromnetzen Deutschlands, Österreichs und der Schweiz ein weiteres eigenständiges multinationales Verbundsystem exklusiv für den Bahnbetrieb in diesen Ländern gebildet. Dieses System wird mit einer Nennspannung von 110 kV und mit einer Netznennfrequenz von 16,7 Hz betrieben. Kopplungen zwischen dem Bahnnetz und dem öffentlichen Verbundnetz sind wegen der unterschiedlichen Frequenzen allerdings nur über aufwändige Umformer- bzw. Umrichterstationen möglich [13, 14].

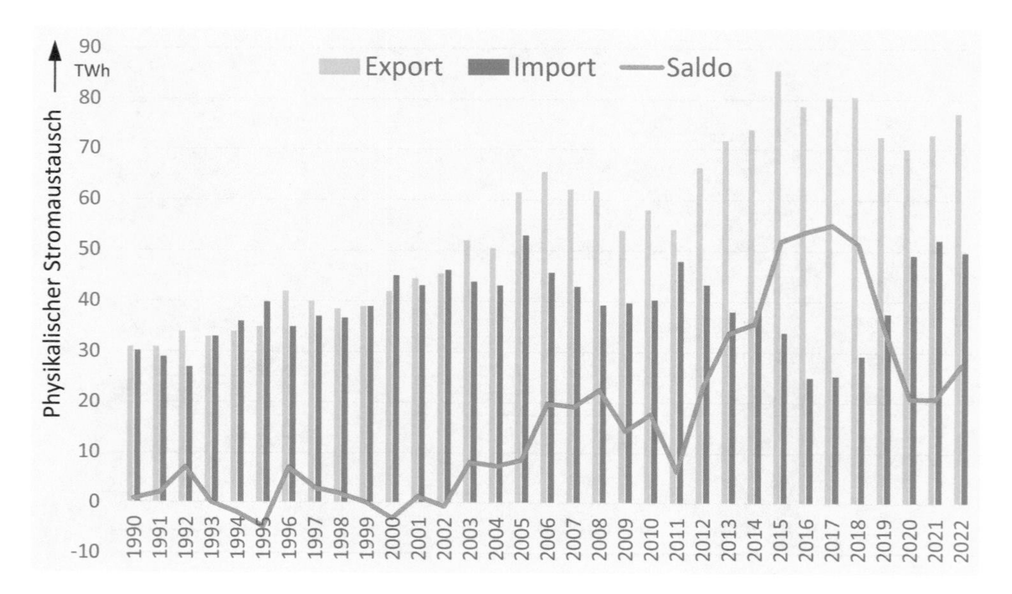

Abb. 2.12 Physikalischer Stromaustausch Deutschlands mit seinen Nachbarländern. (Quelle: BDEW)

2.2.1.2.2 Außereuropäische Verbundnetze

Die weltweiten Verbundsysteme sind sehr unterschiedlich hinsichtlich ihrer Größe und ihrer Struktur. Die Gründe hierfür sind sehr vielschichtig und wirtschaftlich, technisch historisch und politisch begründet. Einige Beispiele werden im Folgenden aufgeführt.

Die Federalnaja Setevaja Kompanija/Federal Grid Company FGC betreibt in Russland und einigen angrenzenden Ländern als Teil der Rosseti Group ein Verbundnetz mit ca. 150.000 km Leitungslänge (Abb. 2.13) [15]. Dieses Netz wird mit Nennspannungen zwischen 220 und 750 kV betrieben.

Das leistungsmäßig stärkste Verbundnetz der Welt, das über 80 % des chinesischen Staatsgebiets umfasst, betreibt die State Grid Corporation in China. Der zweitgrößte chinesische Verbundsystembetreiber ist die China Southern Power Grid Corporation [17]. In diesem System sind neben den fünf südchinesischen Provinzen Guangdong, Guangxi, Yunnan, Guizhou und Hainan auch Hongkong und Macao eingebunden [18, 19]. Die gesamte installierte Erzeugungsleistung in diesen beiden Systemen (Stand 2022) beträgt ca. 2600 GW [16, 86]. Die höchste Übertragungsspannung ist 1000 kV [8].

Eine Besonderheit bildet das Verbundsystem in Japan (Abb. 2.14). Hierbei handelt es sich um ein westliches, das mit einer Frequenz von 60 Hz, sowie um ein östliches Verbundnetz, das mit 50 Hz betrieben wird. Die beiden Verbundnetze sind über HGÜ-Verbindungen miteinander gekuppelt. Sieben bzw. drei Übertragungsnetze sind jeweils zu einem der beiden japanischen Verbundnetze zusammengeschaltet.

In Indien gibt es nur ein landesweites Verbundnetz, das von der Power Grid Corporation of India unter dem Motto *One Nation, One Grid, One Frequency* betrieben wird.

In den USA und Kanada gibt es die vier Verbundnetze Eastern Interconnection, Western Interconnection, Québec Interconnection und Texas Interconnection, die alle mit

Abb. 2.13 Netzgebiete der PJSC Rosseti. (Quelle: PJSC Rosseti)

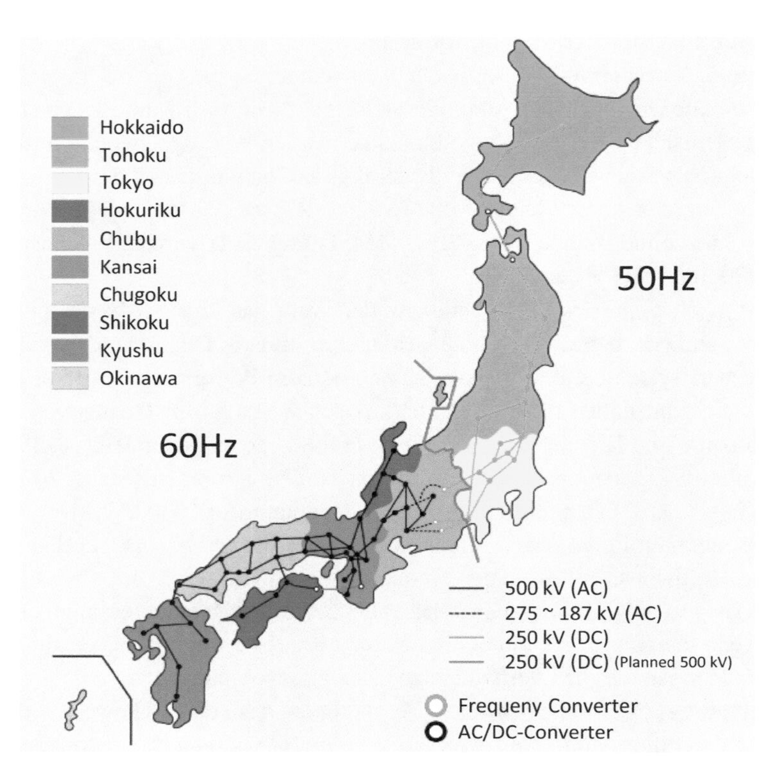

Abb. 2.14 Verbundnetze und Übertragungsnetzbetreiber in Japan. (Quelle: Wikimedia/Callum Aitchison, CC BY-SA 3.0)

derselben Netzfrequenz von 60 Hz arbeiten. Sie werden allerdings nicht frequenzsynchron betrieben. Sie sind nur an wenigen Stellen durch HGÜ-Verbindungen miteinander gekoppelt (Abb. 2.15). Insbesondere das texanische Verbundnetz arbeitet weitgehend autark. Dies kann in besonderen Netzsituationen zu extremen Leistungsdefiziten führen [20].

Die größten der bisher realisierten Verbundsysteme umfassen große Staaten, Subkontinente oder Teile von Kontinenten. Für einen welt- und damit zeitzonenumspannenden Ausgleich dargebotsabhängiger Energie, wie Photovoltaik oder Windenergie, wird intensiv über die Konzeption eines interkontinentalen Weltstromnetzes nachgedacht (Abb. 2.16). Ausgehend von kontinentalen Verbundnetzclustern, die etwa den derzeitigen größten Verbundsystemen entsprechen, soll durch leistungsstarke Interkonnektoren ein weltumspannendes Verbundsystem realisiert werden. Da diese Interkonnektoren dann über sehr große Entfernungen geführt und auch als ozeanüberbrückende Kabelstrecken ausgeführt werden, müssen diese Verbindungen in HGÜ-Technologie ausgeführt werden [21]. Ein solches System böte die Möglichkeit eines umfassenden tages- und sogar jahreszeitlichen Ausgleichs zwischen dem Verbrauch und der Erzeugung elektrischer Energie [22–26]. Neben des sicher beträchtlichen Investitionsumfangs, den ein solches System er-

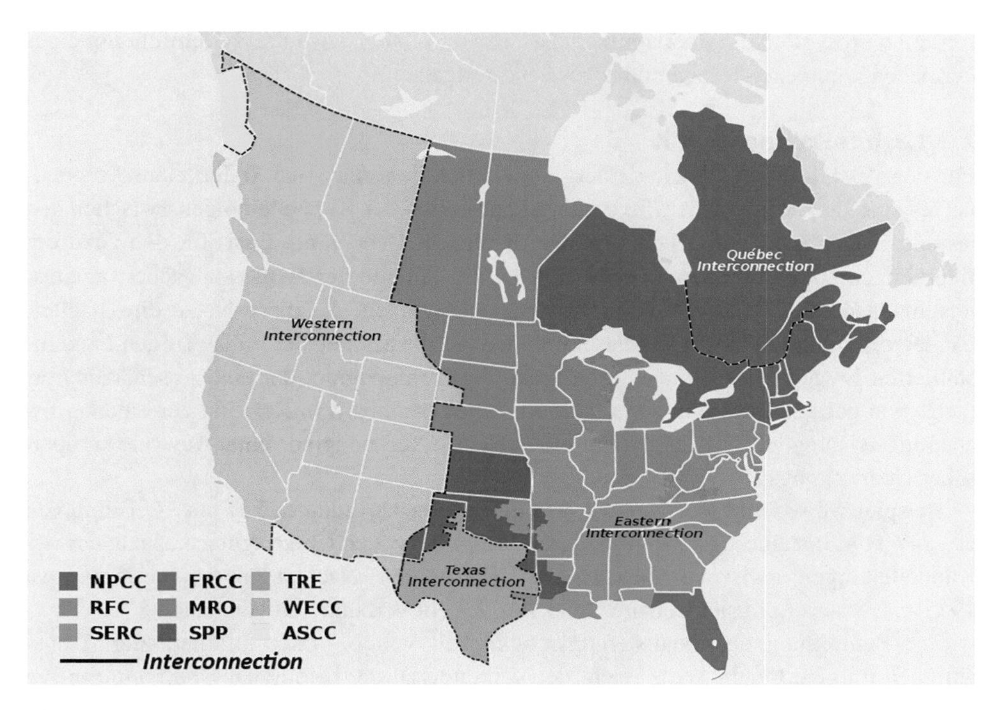

Abb. 2.15 Verbundnetze in USA und Kanada. (Quelle: Wikimedia/Bouchecl, CC BY-SA 3.0)

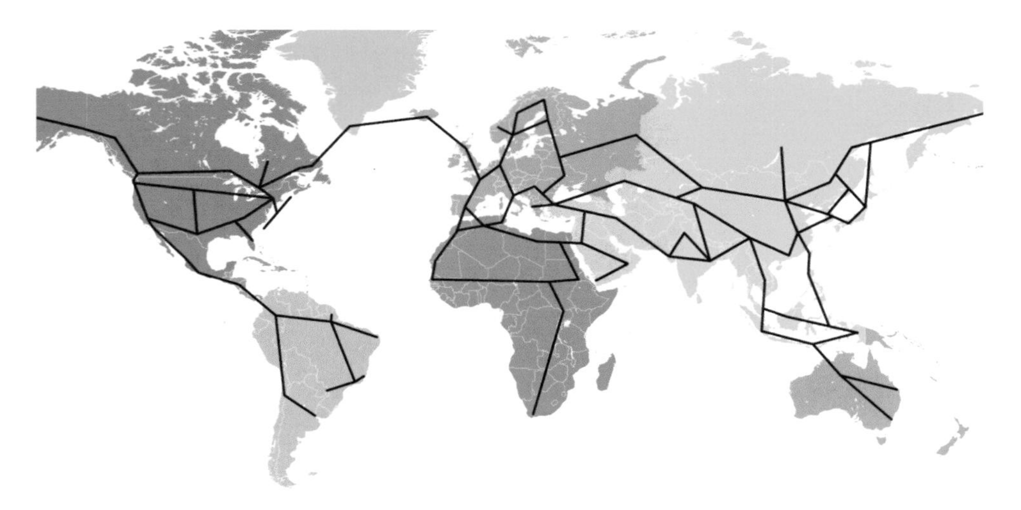

Abb. 2.16 Konzept eines interkontinentalen Verbundsystems [21]

fordern würde, stellt ein interkontinentales Verbundsystem auch die Systemführung eines dermaßen komplexen Netzgebildes vor neue Aufgaben.

2.2.1.3 Interkonnektivität

Für den Austausch elektrischer Energie zwischen den einzelnen Teilen eines Verbundnetzes sind die verfügbaren Übertragungskapazitäten der Kuppelleitungen zwischen den jeweils benachbarten Teilnetzen von entscheidender Bedeutung. Basis für den Grad der Interkonnektivität zwischen zwei Netzen ist die Summe der Bemessungsübertragungsleistungen der im Betrieb befindlichen Kuppelleitungen, die diese Netze direkt miteinander verbinden. Bezieht man diese Summen auf die Summe der im jeweiligen Land installierten Erzeugungsleistungen erhält man den Verbundgrad, der eine Abschätzung erlaubt, wie gut ein Land mit seinen unmittelbaren Nachbarn in Relation zur eigenen Erzeugungsleistung vernetzt ist [27]. Tab. 2.2 zeigt die Verbundgrade einer Auswahl europäischer Übertragungsnetze [28].

Beispielsweise ist in Deutschland eine Erzeugungskapazität elektrischer Leistung von ca. 247 GW installiert (siehe Abb. 2.2). Die Summe der Übertragungskapazitäten der Kuppelleitungen zwischen Deutschland und seinen Nachbarländern beträgt etwa 19 GW. Daraus ergibt sich entsprechend Tab. 2.2 ein Verbundgrad von knapp 8 %.

Zur Beurteilung der Realisierungsmöglichkeit von bi- oder multilateralen Transaktionen im Übertragungsnetz reicht der Verbundgrad der beteiligten Überragungsnetze allerdings nicht aus. Die tatsächlich verfügbare Übertragungskapazität ist von der Vorbe-

Tab. 2.2 Verbundgrade europäischer Übertragungsnetze

Land	Verbundgrad in %	Land	Verbundgrad in %
Belgien	19	Bulgarien	11
Dänemark	44	Deutschland	8
Estland	4	Frankreich	10
Finnland	30	Griechenland	11
Irland	9	Italien	7
Kroatien	69	Lettland	4
Litauen	4	Niederlande	17
Österreich	29	Polen	2
Portugal	7	Rumänien	7
Schweden	26	Slowakei	61
Slowenien	65	Spanien	3
Ungarn	29	Tschechien	17

lastung, d. h. dem aktuell vorhandenen Leistungsfluss über die Kuppelleitungen sowie den internen Übertragungsfähigkeiten der beteiligten Netze abhängig. Im europäischen Verbundsystem werden die den Strommärkten im Day-Ahead-Markt zur Verfügung gestellten Übertragungskapazitäten mittels der „Net Transfer Capacity (NTC)"-Berechnung oder durch den „Flow-Based Market Coupling (FBMC)"-Algorithmus bestimmt [29–32].

Net Transfer Capacity (NTC)
Beim NTC-Verfahren stimmen die ÜNB die zur Verfügung stehenden Handelskapazitäten -insbesondere für längerfristig bestehende Kapazitäten- beidseitig grenzüberschreitend untereinander ab. Die Seite mit der geringeren Höhe bestimmt dabei die Gesamthöhe der Handelskapazität an der Grenze. Prägend sind dabei Erfahrungswerte für die Belastbarkeit des zur Grenze hinführenden Teils des jeweiligen nationalen Netzes. Dieses Verfahren wird in der aus den Ländern Dänemark, Deutschland, Niederlande, Schweden und Polen bestehenden „Region Hansa" verwendet [33].

Die Net Transfer Capacity (NTC) stellt die bestmöglich abgeschätzte Grenze für den physikalischen Leistungsfluss zwischen zwei benachbarten Netzzonen dar. Sie ist definiert als Differenz zwischen der Total Transfer Capacity (TTC), mit der die maximal dauernd zwischen zwei Zonen austauschbare Leistung beschrieben wird, und der Transmission Reliability Margin (TRM), mit der ein z. B. für Systemdienstleistungen notwendiger Sicherheits- und Zuverlässigkeitsaufschlag berücksichtigt wird. Die tatsächlich verfügbare Übertragungsfähigkeit (Available Transfer Capacity, ATC) bestimmt sich dann aus der Differenz zwischen der NTC und dem physikalischen Leistungsfluss P_{phys}, der sich aus der Summe geplanter und gesicherter Übertragungen im untersuchten Zeitrahmen und den für den nächsten Tag aktuell bestätigten Geschäfte ergibt. Abb. 2.17 zeigt die Systematik zur Bestimmung dieser Kenngrößen [34].

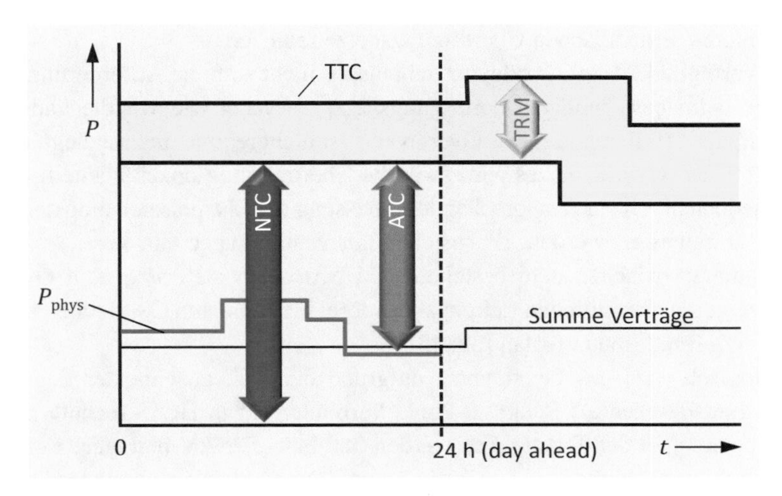

Abb. 2.17 Kenngrößen zur Bestimmung der Übertragungsfähigkeit

Flow-Based Market Coupling (FBMC)

Im gemeinsamen Flow-Based Market Coupling von Zentralwesteuropa (engl. CWE: Belgien, Deutschland, Frankreich, Luxemburg, Niederlande und Österreich) wird die Day-Ahead-Übertragungskapazität algorithmisch berechnet. Anhand eines Netzmodells und des Handelsergebnisses wird eine wohlfahrtsoptimierte Kapazitätsverteilung erreicht. Dabei wird nicht nur eine einzelne Grenze berücksichtigt, sondern es werden alle sich im betrachteten Bereich ergebenden Stromflüsse unter Berücksichtigung der für den Handel relevanten Leitungen mit einbezogen [30].

2.2.1.4 Overlaynetze

Um das bestehende deutsche Übertragungsnetz vor allem von den großräumigen Nord-Süd-Leistungstransporten durch die Einspeisungen aus großen Offshore-Windparks zu entlasten und damit Engpässe zu vermeiden, wird neben dem strukturellen Ausbau des bestehenden Übertragungsnetzes ein weiteres großräumiges, überregionales Höchstspannungstransportnetz (Overlaynetz) errichtet [35–38]. Mit dem Overlaynetz soll Strom parallel zum vorhandenen Netz über weite Strecken möglichst verlustarm transportiert werden. Die Auswirkungen der Einspeisefluktuationen aus erneuerbaren Energien sollen damit reduziert, notwendige Speicherkapazitäten gemindert und vorhandene Speicherkapazitäten besser ausgenutzt werden. Zusätzlich profitiert auch der europäische Strombinnenmarkt von einer Verbindung der Märkte durch die zusätzlichen Leitungen [39, 40].

Charakteristisch für ein Overlaynetz ist, dass es über nur wenige, aber sehr leistungsstarke Leitungsverbindungen („Stromautobahnen“) verfügt, die an den zu erwartenden Hauptleistungsflüssen ausgerichtet sind. Es werden damit möglichst auf direktem Weg Regionen, in denen große Einspeisungen konzentriert sind (z. B. Sammeleinspeisungen von Offshore-Windparks mit einigen GW Leistung), mit den nationalen Lastzentren verbunden. Das Overlaynetz ist daher nicht oder nur sehr gering vermascht. Mit dem geplanten Overlaynetz werden auch die bisher immer wieder auftretenden Ringflüsse über die benachbarten ausländischen Übertragungsnetze reduziert.

An die Verfügbarkeit des Overlaynetzes müssen nicht so hohe Anforderungen gestellt werden wie beim bestehenden Übertragungsnetz, das nach wie vor die nationale Versorgungsaufgabe erfüllen muss. Das Overlaynetz ist nicht redundant ausgelegt. Beim Ausfall eines Teils des Overlaynetzes wird zwar die Übertragungskapazität anteilig reduziert. Dies kann jedoch durch eine entsprechende Anpassung der Einspeiseleistung der Offshore-Windparks kompensiert werden. Es bestehen nur wenige, aber sehr leistungsstarke Verknüpfungspunkte zwischen dem bestehenden Übertragungsnetz und dem Overlaynetz. Abb. 2.18 zeigt die wesentlichen Leitungskorridore des geplanten Overlaynetzes [41] entsprechend dem Bundesbedarfsplan [38, 43].

Technologisch wird das Overlaynetz aufgrund der weit auseinander liegenden Anfangs- und Endstationen als Punkt-zu-Punkt Verbindungen in HGÜ-Technik ausgeführt. Die Nennspannungen der Teilstrecken werden 380 bzw. 525 kV betragen. Entsprechend dem Bundesbedarfsplangesetz [38] sind fünf Nord-Süd-Verbindungen mit sechs

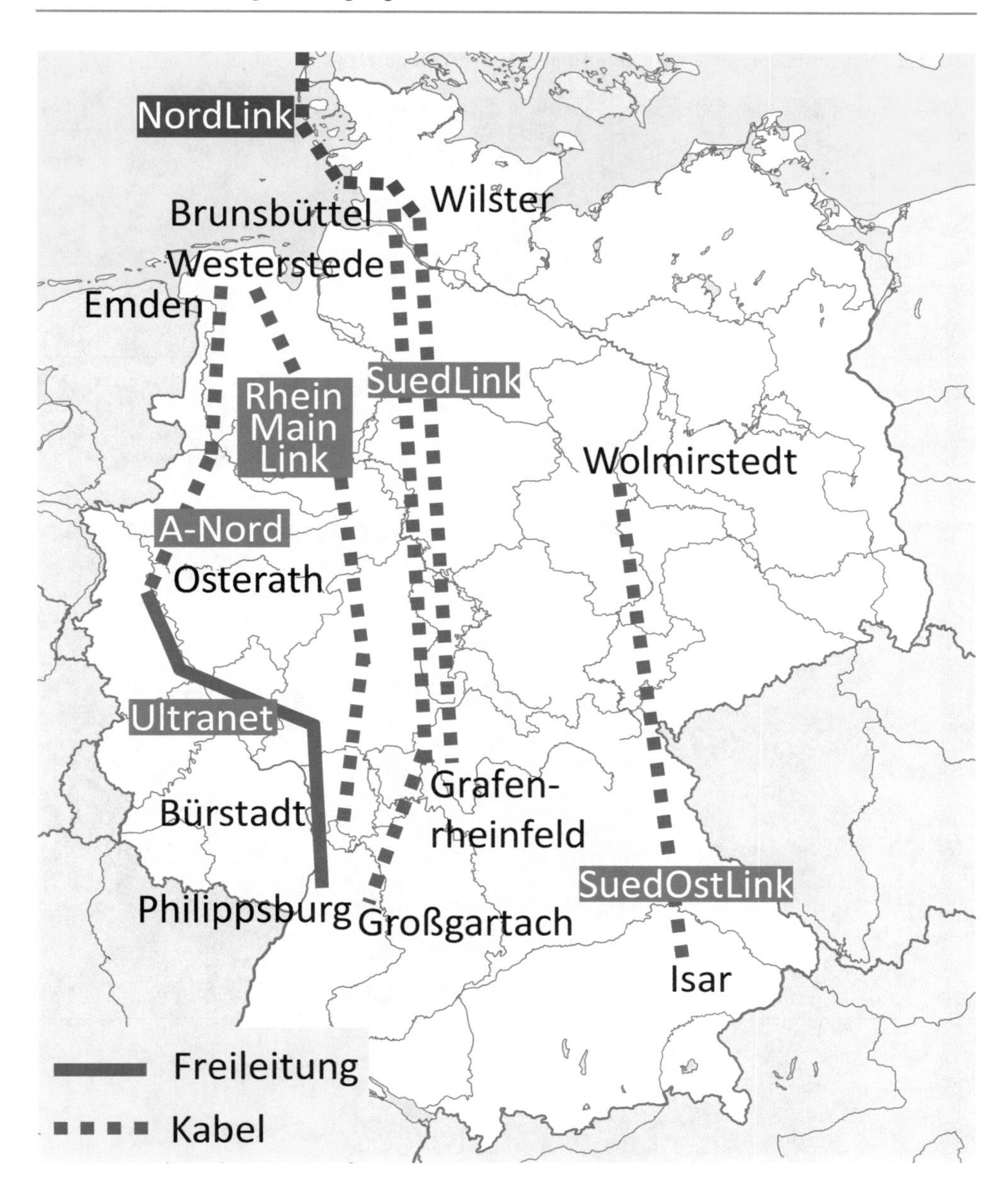

Abb. 2.18 Einige Leitungsvorhaben entsprechend dem Bundesbedarfsplangesetz. (Quelle: BNetzA, VDE, ÜNB)

Streckenabschnitten vorgesehen (Tab. 2.3). Aufgrund der politischen Vorgaben werden fünf Abschnitte des Overlaynetzes als Kabelstrecke ausgeführt [7].

Eine Weiterführung der innerdeutschen SuedLink-Leitung ist die bereits seit 2021 bestehende 623 km lange HGÜ-Verbindung nach Norwegen (NordLink) zum Austausch von deutscher Windenergie mit norwegischer Wasserkraft. Diese Verbindung wird mit einer

Tab. 2.3 Netzausbauprojekte nach dem Bundesbedarfsplangesetz [43]

Vorhaben BBPlG	Name	ÜNB	Technologie	Leistung in GW	Nennspannung in kV	Ausführung	Länge in km
1	A-Nord	Amprion	DC	2	525	Kabel	300
2	Ultranet	Amprion TransnetBW	DC	2	380	Freileitung	340
3	SuedLink	TenneT TransnetBW	DC	2	525	Kabel	531
4	SuedLink	TenneT TransnetBW	DC	2	525	Kabel	680
5	SuedOstLink	50Hertz TenneT	DC	2	525	Kabel	534
82c	RheinMain Link	Amprion TenneT	DC	8	525	Kabel	600

Abb. 2.19 Konverterstation in Wilster/Schleswig-Holstein. (Quelle: TenneT TSO GmbH)

Spannung von ±525 kV betrieben und verfügt über eine Übertragungskapazität von 1400 MW. Sie verbindet asynchron das kontinentaleuropäische mit dem nordischen Verbundsystem der Entso-E. Die Verbindung von Wilster in Schleswig-Holstein bis Tonstad in Norwegen setzt sich aus einem 54 km langen Erdkabelabschnitt, einem 516 km langen Seekabelabschnitt und einem 53 km langen Freileitungsabschnitt zusammen. Abb. 2.19 zeigt die Konverterstation der NordLink-Verbindung in Wilster mit der Schaltanlage, den

Transformatoren und den Konverterhallen. Im Hintergrund befindet sich das Umspannwerk Wilster-West, in dem die HGÜ-Verbindung an das deutsche Übertragungsnetz angeschlossen ist.

2.2.2 Verteilnetze

2.2.2.1 Aufgabe der Verteilnetze

Im Gegensatz zu den überregional und international agierenden Übertragungsnetzen sind die Verteilnetze zur regionalen und örtlichen Verteilung elektrischer Energie an Endverbraucher zuständig. Die Verteilnetze untergliedern sich auf verschiedenen Spannungsebenen unterhalb der Höchstspannungsebene in eine Vielzahl von Netzen, die innerhalb einer Spannungsebene nicht direkt miteinander verbunden sind. Einzelne Verbindungsmöglichkeiten existieren, um im Störungsfall eine Versorgung eines Verteilnetzes oder Teilen davon aus benachbarten Netzen wiederherzustellen. Abb. 2.20 zeigt die hierarchische Struktur der elektrischen Energieversorgungsnetze bis zur Mittelspannungsebene. An die einzelnen Mittelspannungsnetze sind in der Regel jeweils wieder mehrere, voneinander getrennte Niederspannungsnetze angeschlossen.

In Deutschland gibt es ca. 900 Verteilnetzbetreiber (Distribution System Operator, DSO), die in der Hoch-, Mittel- und Niederspannungsebene Netze mit einer Stromkreislänge von insgesamt ca. 1,8 Mio. km betreiben [10]. Die Bandbreite der Versorgungsgebiete der in der Hoch- und Mittelspannung in Deutschland tätigen Verteilnetzbetreiber reicht von sehr kleinen (z. B. nur kleinere Ortschaften umfassende) bis hin zu flächen- und leistungsmäßig sehr großen Netzgebieten, die nahezu die Größe eines Bundeslandes haben können.

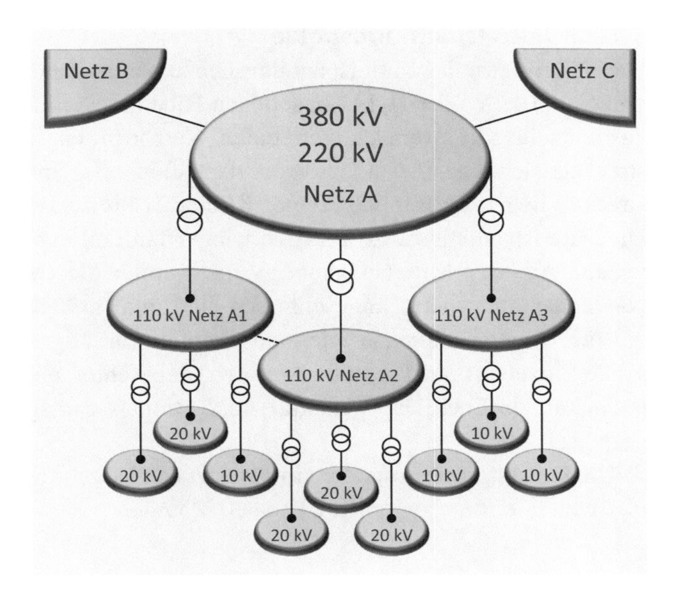

Abb. 2.20 Hierarchische Struktur der elektrischen Energieversorgungsnetze

Mit dem Begriff Verteilnetz wird die in diesen Netzebenen bisher gültige Energieflussrichtung von den höheren hin zu den niedrigeren Spannungsebenen beschrieben. Zunehmend werden jedoch auch in den unteren Spannungsebenen Erzeugungsanlagen (z. B. Photovoltaik in der Niederspannungsebene) in beträchtlichem Umfang installiert und betrieben. Dadurch treten immer öfter Energieflüsse als Rückspeisungen in die höheren Spannungsebenen auf. Der gebräuchliche Begriff Verteilnetz wird allerdings auch weiterhin für diesen Bereich der Energieversorgungsnetze verwendet.

2.2.2.2 Hochspannungsnetze

Die Verteilnetze der Hochspannungsebene mit einer Nennspannung U_n = 110 kV bestehen aus einzelnen, galvanisch getrennten Netzgruppen. Diese Netzgruppen umfassen jeweils eine Region oder eine Großstadt. Die Hochspannungsnetze werden überwiegend vermascht betrieben. In dieser Spannungsebene speisen kleine und mittelgroße Kraftwerksblöcke (bis ca. 300 MW) sowie große Windparks und Photovoltaikanlagen ein. Die Großindustrie betreibt ebenfalls eigene Netze in dieser Spannungsebene zur Versorgung der Betriebsanlagen (z. B. Chemieparks) und einzelner Großverbraucher (z. B. Lichtbogenöfen). Aus der Hochspannungsebene werden die unterlagerten Mittelspannungsnetze versorgt.

Die Stromkreislänge der Hochspannungsebene beträgt ca. 95.000 km in ca. 100 Netzen [9]. Die eingesetzten Betriebsmittel sind in der Hochspannungsebene außerhalb der Städte und in städtischen Randbereichen überwiegend Freileitungen, im innerstädtischen Bereich meist Kabel. In der Hochspannungsebene werden ca. 7500 Transformatoren betrieben [45]. Versorgt wird eine Netzgruppe in der Regel aus mehreren Einspeisepunkten, die sich gegenseitig Reserve stellen und aus Gründen der Versorgungszuverlässigkeit räumlich auseinander liegen.

2.2.2.3 Mittelspannungsnetze

Die Verteilnetze der Mittelspannungsebene werden in der Regel mit Nennspannungen von U_n = 10 kV oder 20 kV, in seltenen Fällen auch mit 30 kV betrieben. Sie bestehen aus einzelnen, galvanisch getrennten Netzbezirken. Die Mittelspannungsnetze erstrecken sich über Stadtbezirke, Ortschaften oder Industriebetriebe. Die Leitungsstrecken liegen im Bereich einiger Kilometer bis zu 100 km in ländlichen Bereichen. Die Mittelspannungsnetze sind überwiegend mit offen betriebenen Ringstrukturen aufgebaut. Aus der Mittelspannungsebene werden die Ortsnetzstationen, an denen die Niederspannungsnetze angeschlossen sind, und größere Gebäudekomplexe versorgt. An die Mittelspannungsebene sind ebenfalls mittelgroße Industrieunternehmen und große Einzelverbraucher (z. B. Motoren) angeschlossen. Ein Großteil der Leistung aus regenerativen Energien (Windkraft- und Biomasseanlagen) wird in dieser Ebene eingespeist.

Die Leistungstransformatoren zwischen den Mittel- und Hochspannungsnetzen haben meist eine Leistung zwischen 20 und 60 MVA.

Die Stromkreislänge der Mittelspannungsebene beträgt ca. 520.000 km in ca. 4500 Netzen [44]. In den ländlichen Bereichen der Mittelspannungsnetze werden überwiegend Freileitungen, in den Städten und Ortschaften dagegen meist Kabel eingesetzt. In der Mittelspannungsebene werden ca. 560.000 Transformatoren betrieben.

2.2.2.4 Niederspannungsnetze

Die Verteilnetze der Niederspannungsebene bilden die öffentliche Versorgung der Haushalte, Handwerksbetriebe, öffentlicher Einrichtungen und Dienstleistungsbetriebe. Die sogenannten Ortsnetze dehnen sich über kleinere Ortschaften, in Straßenzügen oder Gebäudekomplexen aus. Die Nennspannung der Niederspannungsnetze beträgt $U_n = 0{,}4$ kV. Die Bemessungsleistungen einzelner Ortsnetztransformatoren sind typischerweise 250, 400, 630 oder 1000 kVA. Mit Netzen dieser Spannungsebene ist auch die innerbetriebliche Versorgung von größeren Industriebetrieben (hier auch mit $U_n = 660$ V oder 1 V) aufgebaut. In der Niederspannungsebene ist die überwiegende Anzahl der Photovoltaikanlagen angeschlossen [44].

Die Stromkreislänge der Niederspannungsebene beträgt ca. 1.193.000 km in ca. 500.000 Netzen [44]. In den Niederspannungsnetzen finden sich nur noch in abgelegenen Bereichen Freileitungen, ansonsten werden ausschließlich Kabel eingesetzt.

Die Niederspannungsnetze sind in galvanisch getrennten Gruppen und überwiegend als Strahlennetze aufgebaut. Damit ist ein einfacher, schutztechnisch mit geringem Aufwand zu betreibender Netzbetrieb gegeben. Allerdings ist im Fehlerfall unmittelbar mit Versorgungsunterbrechungen zu rechnen, die erst von Monteuren vor Ort durch ggf. verfügbare Umschaltungen behoben werden können. Da die Nichtversorgung in diesen Fällen aufgrund der geringen Netzgröße immer nur eine vergleichsweise geringe Anzahl von Kunden betrifft, ist dies für die Niederspannungsnetze der beste Kompromiss aus Aufwand und Verfügbarkeit.

Abb. 2.21 zeigt exemplarisch die Versorgungsgebiete der in der Niederspannungsebene in Deutschland tätigen Verteilnetzbetreiber. Zusätzlich sind in diesem Bild die Regelzonen der vier deutschen Übertragungsnetzbetreiber farblich gekennzeichnet.

2.2.3 Netzkomponenten

2.2.3.1 Betriebsmittel

Ein elektrisches Energieversorgungsnetz besteht aus einer Vielzahl von Komponenten. Betriebsmittel, die direkt für den Transport und die Verteilung der elektrischen Energie genutzt werden, werden unter dem Begriff Primärtechnik zusammengefasst. Jede dieser Komponenten besteht wiederum aus vielen einzelnen Bestandteilen. So ist beispielsweise eine Freileitung aus Leiterseilen, Erdseil, Masten, Isolatoren, Montageelementen (Klemmen), Schwingungsdämpfern, Abstandhaltern bei Bündelleitern etc. aufgebaut. Im Folgenden werden die für die Systemführung wesentlichen Netzkomponenten erläutert.

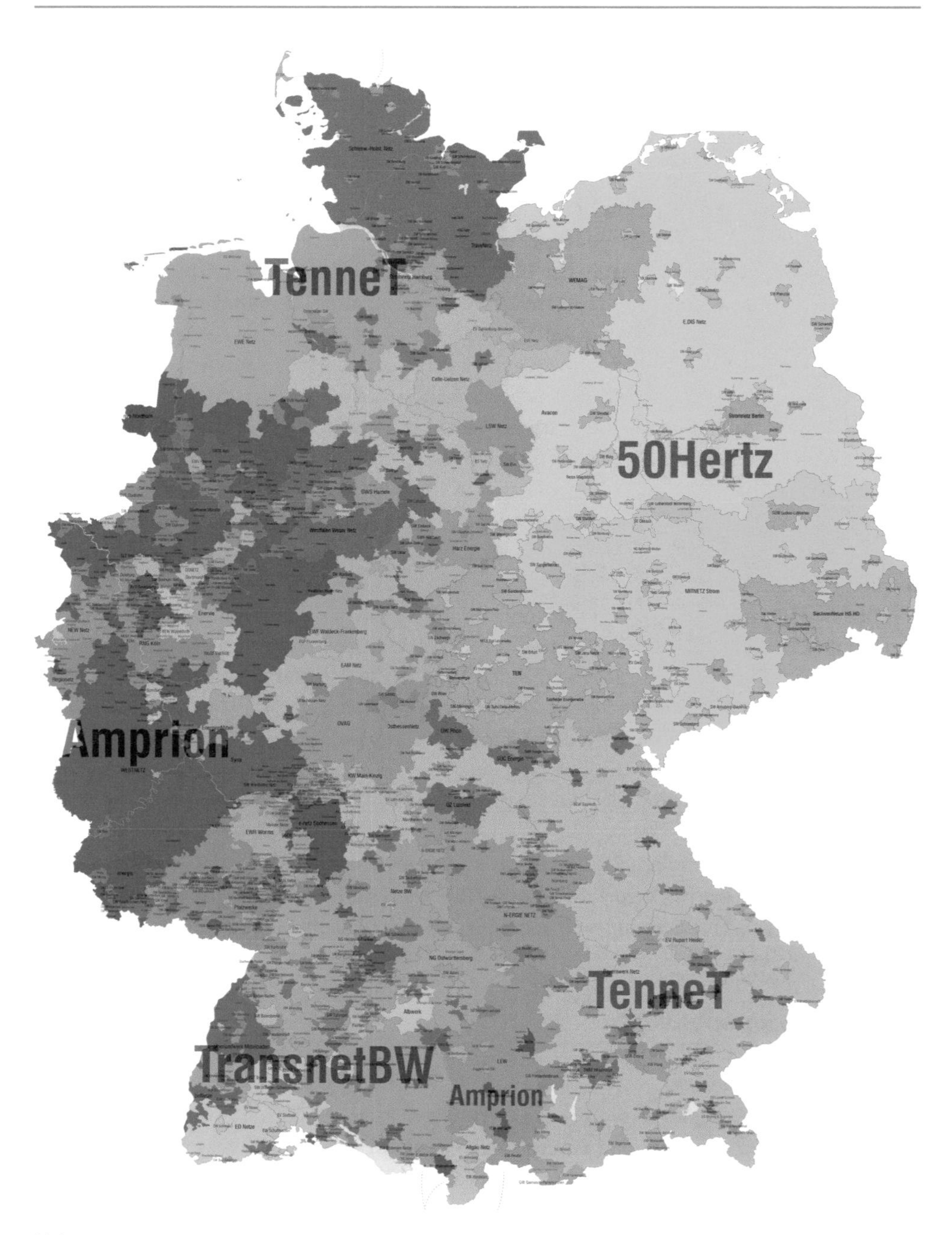

Abb. 2.21 Verteilnetzbetreiber in der Niederspannungsebene 2021. (Quelle: ene't GmbH)

2.2.3.2 Schaltanlagen

In einer Schaltanlage werden die ankommenden und abgehenden Netzelemente (Abzweige) des Netzes (Leitungen, Transformatoren, Einspeisungen, Abgänge und Kupplungen) über Schaltgeräte (Leistungsschalter, Trennschalter) bedarfsgerecht ein- oder ausgeschaltet und ggf. miteinander verknüpft. Die Vielzahl der Zweigelemente und die großen Leitungsquerschnitte erfordern einen entsprechend großen Anschlussraum. Die Zweigelemente werden daher an Sammelschienen zusammengeschaltet. Diese bilden somit die Knoten des elektrischen Energieversorgungsnetzes, in denen die eigentliche Stromverteilung und das Zusammenfassen von Lasten bzw. Verbrauchern erfolgt. Schaltanlagen werden in Abhängigkeit der zur Verfügung stehenden Fläche als Freiluftanlagen (Abb. 2.22) oder als gasisolierte Anlagen ausgeführt (Abb. 2.23). Wesentliche Komponenten einer Schaltanlage sind Sammelschienen, Leitungsportale, Leistungsschalter, Trennschalter, Spannungs- und Stromwandler, Ableiter, Erdungstrennschalter, Überspannungsableiter sowie Hilfseinrichtungen (Schutz- und Sicherungseinrichtungen etc.) [46, 47].

Durch die flexible Verschaltung der Leitungen lässt sich der Leistungsfluss im Höchstspannungsnetz steuern. Mit geeigneten, durch das Betriebspersonal durchgeführten Topologieänderungen können beispielsweise Engpässe oder einzelne Überlastungen effektiv behoben werden. Aufgrund ihrer weitreichenden Auswirkungen können durch die Topologieänderungen aber auch unbeabsichtigte Nebeneffekte (neue Überlastungen und Engpässe) an anderen Stellen im Netz hervorgerufen werden. Vor der Durchführung von Topologiemaßnahmen muss daher ihre Zulässigkeit überprüft werden. Hierzu gehört

Abb. 2.22 Freiluftschaltanlage im Übertragungsnetz. (Quelle: Amprion GmbH/Schumann)

Abb. 2.23 Gasisolierte 380-kV-Schaltanlage der Swissgrid AG in Romanel. (Quelle: Swissgrid AG)

beispielsweise, dass beim Trennen von Sammelschienen die Winkel der Spannungen nicht unzulässig groß werden, da sonst die Sammelschienen nicht wieder zusammengeschaltet werden können.

Neben den betrieblich geplanten Schalthandlungen ermöglichen die Schaltanlagen durch geeignete, über den Netzschutz automatisiert durchgeführte Änderungen der Netztopologie, um bei Störungen fehlerhafte Netzelemente selektiv, d. h. beschränkt auf die Fehlerstelle, aus dem Netz herauszutrennen, damit das übrige Netz weiter betrieben werden kann, und das betriebsbedingte Freischalten und Erden von Betriebsmitteln für Wartungsarbeiten.

Der in den höheren Spannungsebenen am häufigsten eingesetzte Schaltanlagentyp ist die Mehrfachsammelschienenanlage, die in der Regel über zwei oder drei Sammelschienen verfügt. Diese Anlagen sind zwar in ihrem Aufbau aufwendig, sie bieten dafür allerdings auch ein hohes Maß an Kupplungsvariationen der angeschlossenen Betriebsmittel. Sie sind dadurch sehr zuverlässig und bieten eine hohe Sicherheit bei Arbeiten in der Anlage.

Abb. 2.24 zeigt das Beispiel einer typischen Schaltanlage im Übertragungsnetz mit zwei Sammelschienen mit Längstrennung, mit denen die Sammelschienen jeweils in zwei Teilen betrieben werden können. Die zu einem Abgang (Leitung, Transformator, Kupplung o. ä.)

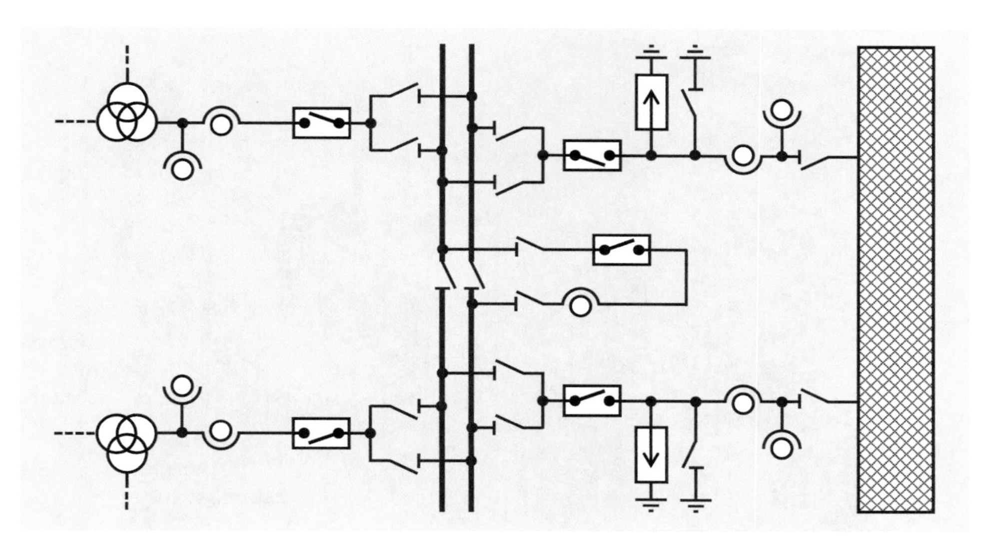

Abb. 2.24 Beispiel einer typischen Umspannanlage mit zwei Sammelschienen

zugehörigen Betriebsmittel werden in einem sogenannten Schaltfeld zusammengefasst. Die abgebildete Schaltanlage verfügt damit über zwei Leitungsfelder, zwei Transformatorfelder und ein Kuppelfeld, mit dem die beiden Sammelschienen miteinander verbunden werden können. Da in der Anlage zwei Spannungsebenen vorhanden sind, spricht man auch von einer Umspannanlage (Abb. 2.25).

Am Beispiel einer größeren realen 380-kV-Schaltanlage des deutschen Übertragungsnetzes wird die Anzahl der Kombinationsmöglichkeiten bestimmt, die sich für die Systemführung durch die verschiedenen Verschaltungsmöglichkeiten ergibt. Die betrachtete Anlage hat drei Sammelschienen und eine Umgehungsschiene (i.e. zusätzliche (Hilfs-) Sammelschiene zur Freischaltung von Betriebsmitteln im laufenden Betrieb), die über Sammelschienenkuppelschalter miteinander verbunden werden können. Insgesamt kommen acht Leitungen von anderen Schaltanlagen und sechs Kraftwerksableitungen in der Schaltanlage an. Zwei 380/220-kV-Transformatoren stellen die Verbindung der 380-kV-Schaltanlage zur 220-kV-Ebene her. Allein aus den drei Sammelschienen und den acht Leitungen ergeben sich in der Schaltanlage $3^8 = 6561$ verschiedene Topologievarianten. Selbst wenn man berücksichtigt, dass einige dieser Varianten für das Netz wirkungsgleich sind bzw. aufgrund von Nebenbedingungen ausgeschlossen werden, bleibt noch eine sehr große Anzahl von Schaltungsmöglichkeiten übrig, mit denen die Systemführung den Leistungsfluss im Übertragungsnetz beeinflussen kann. Entsprechende Kombinationsmöglichkeiten ergeben sich für alle Schaltanlagen im Übertragungsnetz, da diese in der Regel mehr als eine Sammelschiene haben. Damit ergeben sich für das Gesamtnetz zwar sehr viele Topologievarianten, die jedoch aufgrund ihrer Vielfalt und für verschiedene Belastungssituationen nicht mehr alle vom Betriebspersonal überblickt werden können. Deshalb werden aufgrund der Betriebserfahrung und aus den Ergebnissen umfangreicher Netzberechnungen

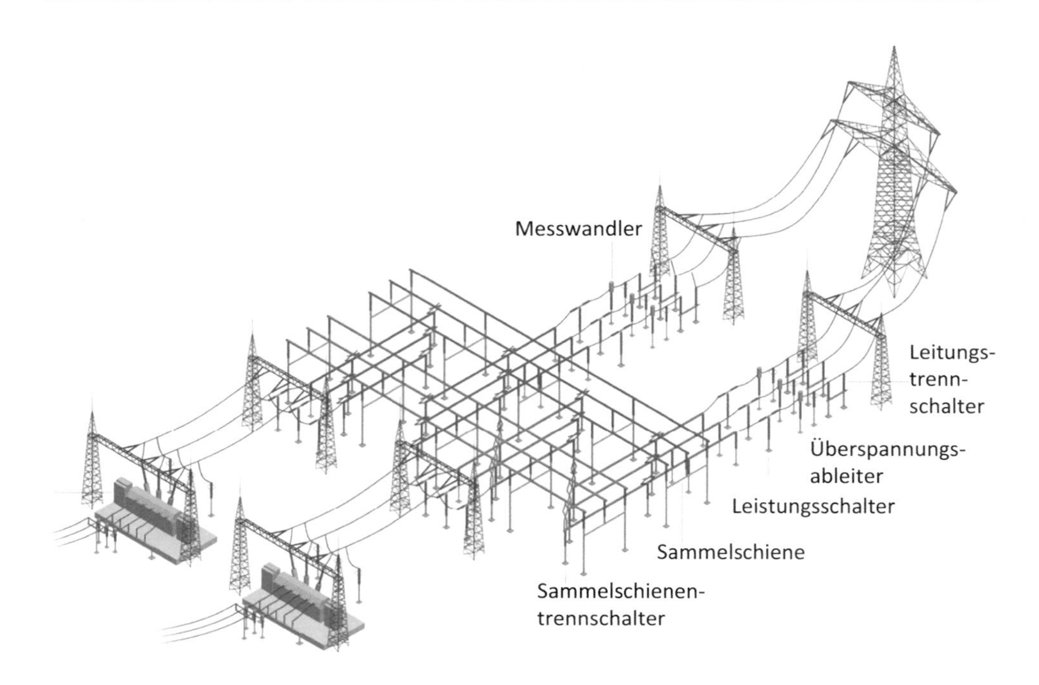

Abb. 2.25 Schematischer Aufbau einer Freiluft-Umspannanlage. (Quelle: Amprion GmbH)

sogenannte Netznormalschaltungen definiert, die für die üblicherweise vorherrschenden Lastsituationen gelten.

Besondere Schaltanlagen sind Stromrichterstationen für die Kopplung von Netzteilen, die mit Dreh- bzw. Gleichstrom (HGÜ) betrieben werden, und Kabelüberführungsstationen. Eine Stromrichterstation besteht außer einer üblichen Drehstromschaltanlage noch aus weiteren, HGÜ-spezifischen Bereichen. Dies sind im wesentlichen Gleichstromschaltanlage, Stromrichterhalle, Stromrichtertransformatoren und Oberschwingungsfilter. Stromrichterstationen beanspruchen daher eine deutlich größere Fläche als einfache Drehstromschaltanlagen. In Höchstspannungsnetzen erfolgt der ebenerdige Übergang von Freileitungs- zu Kabelabschnitten einer Leitung generell über eine eigene Kabelüberführungsstation (auch Kabelübergabestation oder Kabelgarten). Kabelüberführungsstationen umfassen im Regelfall neben Überspannungsableitern und den speziell ausgeführten Kabelenden (Kabelendverschlüsse) je nach konkreter Station auch zusätzliche Trenner (selten Leistungsschalter) sowie Strom- und Spannungswandler. Häufig werden in den Kabelüberführungsstationen auch Drosselspulen zur Kompensation der Kabelkapazitäten installiert. Kabelüberführungsstationen müssen stets umzäunt sein, da sich bei ihnen hochspannungsführende Teile in weniger als sechs Metern Bodenhöhe befinden. Abb. 2.26 zeigt die Kabelüberführungsstation im dänischen Übertragungsnetz in der Nähe von Fredericia für eine zweisystemige Leitung. Zusätzlich zur üblichen Umzäunung wird hier der Übergangsbereich von Freileitung auf Kabel jeweils mit einem speziellen Gittergehäuse geschützt.

Abb. 2.26 Kabelübergabestation im dänischen Übertragungsnetz. (Quelle: K.F. Schäfer)

2.2.3.3 Leitungen und Transformatoren

In elektrischen Energieversorgungsnetzen bilden die Leitungen (Freileitungen, Kabel, Sammelschienenkupplungen) und die Transformatoren die impedanzbehafteten Zweigverbindungen zwischen den Knoten des Netzes. Damit ist ihre primäre Aufgabe die Übertragung der elektrischen Energie von Knoten zu Knoten. Gleichzeitig sind sie aufgrund ihrer elektrischen Eigenschaften für die Systemführung wichtige Instrumente, um den Leistungsfluss im Netz gezielt zu beeinflussen. Dies kann durch eine entsprechende Zusammenschaltung der Betriebsmittel (Topologieänderung) erreicht werden. Aufgrund der dadurch veränderten Netzimpedanzen wird sich auch eine andere Leistungsflussverteilung einstellen. Transformatoren bieten zusätzlich die Möglichkeit, über verstellbare bzw. regelbare Stufenschalter den Leistungsfluss im Netz zu verändern.

2.2.3.3.1 Leitungen

Leitung ist der Oberbegriff für die Betriebsmittel Freileitungen und Kabel. Sie sind die am häufigsten im elektrischen Netz vorkommenden Betriebsmittel. Im Übertragungsnetz ist der Anteil von Kabeln aus Wirtschaftlichkeitsgründen und aufgrund der erforderlichen großen Leitungslängen nur sehr gering.

Im weitesten Sinn gehören auch Sammelschienen-Kupplungen zu den Leitungen, da sie ebenfalls galvanische Verbindungen zwischen zwei Knoten des Netzes herstellen. Allerdings haben Sammelschienen-Kupplungen nur eine sehr geringe Impedanz. Ihre Wirkung im Netz ist daher ausschließlich topologisch.

2.2.3.3.1.1 Freileitungen

In der Höchstspannungsebene sind Freileitungen der häufigste Leitungstyp. Sie ermöglichen eine wirtschaftliche und verlustarme Energieübertragung und sind seit Langem Stand der Technik. In Deutschland werden Freileitungen seit Ende des 19. Jahrhunderts in der Mittelspannungsebene eingesetzt. Die Hochspannungsebene mit einer Nennspannung von

110 kV nahm im Jahr 1912, die 220-kV-Ebene im Jahr 1922 und die 380-kV-Ebene im Jahr 1957 ihren jeweiligen Betrieb mit Freileitungen auf (siehe Abschn. 2.3).

Üblicherweise werden Freileitungen mit Stahlfachwerkmasten errichtet. Je nach Funktion im Leitungsverlauf wird hier zwischen Tragmasten, Abspannmasten, Winkelabspannmasten und Endmasten unterschieden. Die blanken, stromführenden Leiter werden oberirdisch über Isolatoren aus Glas, Porzellan oder Kunststoff an den Masten aufgehängt.

Für die Leiter werden blanke Drähte oder Seile verwendet. Dazu werden Aluminiumdrähte um einen Stahlkern zu einem Seil gelegt (siehe Abb. 3.75). Die Stahlseele übernimmt die mechanische Zugspannung der Leiterseile. Die Stromleitung erfolgt praktisch ausschließlich in den Aluminiumadern. In der Höchstspannungsebene werden die Leiter zur Reduzierung der Randfeldstärke meist aus zwei oder vier einzelnen Leiterseilen zusammengefügten Bündelleitern gebildet.

Als Isolationsmedium bzw. als Dielektrikum auf der freien Strecke wirkt hier die atmosphärische Luft. Die Isolationseigenschaften sind daher von den Umgebungsparametern der Freileitung wie beispielsweise Luftdruck, Feuchtigkeit, Temperatur und Verschmutzungspartikel abhängig. Durch die ständige Erneuerung der umgebenden Luft besteht bei diesem Isoliermedium quasi ein Selbstheilungseffekt, z. B. nach einem Überschlag oder einem Blitzeinschlag. Die Isolationsfestigkeit des Dielektrikums ist nach sehr kurzer Zeit wieder vollständig hergestellt. Die in den Leiterseilen entstehende Wärme kann gut über die umgebende Luft abgeführt werden. Freileitungsleitungen können daher auch in einem begrenzten Umfang (zeitlich, leistungsmäßig) über ihre Nennbelastung hinaus betrieben werden.

In Abhängigkeit von der Leiterspannung muss ein Sicherheitsabstand nicht nur zum Boden, sondern auch zu Gebäuden, Bäumen etc. und zu anderen Leitern eingehalten werden. Bei einer Nennspannung von 110 kV beträgt der einzuhaltende Abstand abhängig von den Umständen des Einzelfalls zwischen drei und elf Metern, bei einer Nennspannung von 380 kV hingegen sind zwischen fünf und dreizehn Meter Sicherheitsabstand einzuhalten [48]. Die Leiterseile müssen so angebracht sein, dass sie auch bei starkem Wind nicht zusammenschlagen oder sich zu nahekommen können, da dies sonst zu einem Kurzschluss oder zu einem Lichtbogen führen könnte.

Bei höherer Strombelastung und entsprechenden Umgebungsbedingungen erwärmen sich die Leiter. Bei Belastung mit der Bemessungsleistung werden Leitertemperaturen von ca. 80 °C, bei Hochtemperaturseilen auch bis zu 150 °C erreicht. Der Durchhang der Leiter erhöht sich dadurch, der Abstand zum Erdboden verringert sich. Auch für diesen Fall muss der Mindestabstand zwischen Leiterseil und Erdboden eingehalten werden.

Die Leiterseile werden durch die Umgebungsluft gekühlt. Die Erwärmung führt zu einer Ausdehnung des Leitermaterials und somit zu einem stärkeren Durchhängen der Leitung. Die mit einer Leitung übertragbare Leistung wird durch den erforderlichen Mindestabstand zum Boden begrenzt. Unter Umständen muss die Leitung durch entsprechende Maßnahmen der Systemführung entlastet werden. Beispielsweise kann im Rahmen des Freileitungsmonitorings (FLM) die maximale Belastung der überwachten

Leitungen der aktuellen Umgebungstemperatur und den Windverhältnissen angepasst werden, um die verfügbaren Übertragungskapazitäten maximal ausnutzen zu können. Dies bedeutet beispielsweise, dass bei gegenüber den Normbedingungen 35 °C und 0,6 m/s) geringeren Temperaturen oder höheren Windgeschwindigkeiten die Leiter stärker belastet werden können, ohne dass der zulässige Durchhang überschritten wird, da das Leiterseil besser gekühlt wird (siehe Abschn. 3.6.3.1).

Ein entscheidender Vorteil von Freileitungen ist, dass sie leicht zu warten sind. Bei Ausfällen und Beschädigungen lassen sich Freileitungen im Gegensatz zu den in der Erde verlegten Kabeln in der Regel vergleichsweise schnell reparieren und wieder in Betrieb nehmen. Die mittlere Aus-Dauer bei Freileitungsschäden beträgt im deutschen Übertragungsnetz weniger als fünf Stunden [1].

In Abb. 2.27 ist ein Mehrsystemwinkelabspannmast im Höchstspannungsnetz mit jeweils zwei 220- und 380-kV-Leitungen abgebildet. Die 220-kV-Leitungen sind mit Zweier-Bündelleitern und die 380-kV-Leitungen sind mit Vierer-Bündelleitern zur Reduzierung der Randfeldstärke beseilt.

2.2.3.3.1.2 Erdkabel

Kabel sind Leitungen mit einem durchgehend mit Feststoff isolierten Leiter, die meist unterirdisch verlegt werden. Als Isolation (Dielektrikum) kommen sehr unterschiedliche Materialien wie ölgetränktes Papier oder Kunststoffe, wie Polyethylen (PE) oder vernetztes Polyethylen (PE-X), zum Einsatz (Abb. 2.28).

Gegenüber Freileitungen haben Erdkabel den Vorteil, dass sie im Landschaftsbild praktisch nicht sichtbar sind und deshalb von der Bevölkerung eher akzeptiert wird. Allerdings muss die Kabeltrasse unbebaut und zugänglich bleiben, um im Störungsfall möglichst schnell Reparaturarbeiten durchführen zu können. Bedingt durch die gegenüber Freileitungen deutlich schwierigere Fehlerortung, durch die in der Regel erforderlichen Erdarbeiten sowie durch die komplexe Kabeltechnik (Isolation, Muffen) kann die Reparatur eines defekten Kabels durchaus einige Tage beanspruchen [1]. Gegenüber atmosphärischen Störungen wie Blitzeinschläge, Hagel und Sturm sind Kabel weitgehend unempfindlich.

Andererseits sind Erdkabel in der Übertragungsebene um ein Mehrfaches teurer als Freileitungen mit vergleichbarer Übertragungsleistung. Dies beschränkt ihren Einsatz meist auf besonders sensible Gebiete. Auch die Verlegung von Erdkabeln ist nicht ohne Beeinträchtigungen der Landschaft möglich. Es entstehen massive Eingriffe in den Erdboden und im Betrieb wird das Erdreich um das Kabel ausgetrocknet. Bei längeren Kabelstrecken sind zugängliche Muffenbauwerke erforderlich.

Aufgrund ihres geometrischen Aufbaus und des Feststoffdielektrikums haben Kabel eine gegenüber Freileitungen deutlich größere elektrische Kapazität. Dies kann den Einsatz von Kompensationsanlagen zur Deckung der Kabelblindleistungsverluste erfordern. Aufgrund der längenabhängigen kapazitiven Ladeströme können Kabel ohne weitere zusätzliche Maßnahmen nur bis zu einer bestimmten Länge eingesetzt werden, da sonst die Ladeströme die maximal zulässigen Betriebsströme übersteigen würden und das Kabel

Abb. 2.27 Freileitungsmast im Übertragungsnetz. (Quelle: K. F. Schäfer)

Abb. 2.28 Einphasiges Kabel für das Höchstspannungsnetz. (Quelle: Brugg Cables AG)

u. U. dadurch beschädigt werden könnte. Im deutschen Höchstspannungsnetz sind aus diesen Gründen bisher nur auf einigen kurzen Abschnitten die Leitungen als Kabel ausgeführt. Aufgrund massiver Widerstände aus der Bevölkerung werden durch entsprechende politische Vorgaben die meisten Abschnitte des geplanten Overlaynetzes als Kabelstrecken ausgeführt.

Eine erhebliche Steigerung der Übertragungsleistung von Kabelsystemen kann durch keramische Supraleiterkabel erreicht werden. Gerade in Ballungszentren könnte diese, z. Z. allerdings noch sehr teure Technologie, zum Einsatz kommen [65].

2.2.3.3.1.3 Gasisolierte Rohrleiter

Eine relativ neue Leitungstechnologie im Bereich der elektrischen Energieversorgungstechnik sind gasisolierte Rohrleiter (GIL) für Übertragungsleitungen in der Höchstspannungsebene. Sie sind in bestimmten Situationen eine interessante Alternative zu Freileitungen und auch zu konventionellen Erdkabeln in dieser Spannungsebene. Durch ihre spezifische Konstruktion kann mit GIL elektrische Leistung mit hohen Spannungen und hohen Strömen mit sehr kleinen geometrischen Abmessungen übertragen werden. Daher finden GIL unter anderem Anwendung bei Ausleitungen z. B. aus Innenräumen von Schaltanlagen. Ein wesentlicher Vorteil von GIL ist die insbesondere bei räumlich engen Verhältnissen wesentliche Eigensicherheit vor Bränden, die sich immanent durch den Aufbau der GIL ergibt.

Ein gasisolierter Rohrleiter besteht aus einem dünneren Rohr, das konzentrisch innerhalb eines dickeren Rohrs wie bei einer Koaxialleitung geführt wird und das auf Höchstspannungspotenzial liegt. Die beiden Rohre sind gegeneinander elektrisch isoliert. Die Aufhängung des Innenrohrs erfolgt mit Isolatoren, der Hohlraum zwischen den beiden

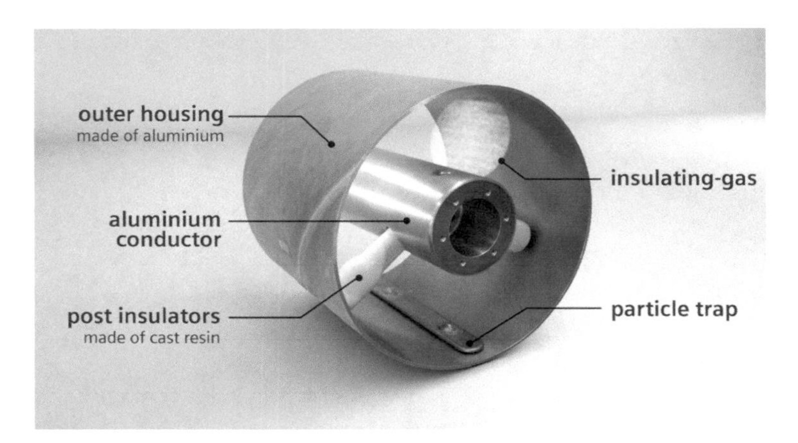

Abb. 2.29 Aufbau eines gasisolierten Rohrleiters. (Quelle: Siemens AG)

Rohren wird mit einer Isoliergasmischung aus Stickstoff und einem geringen Anteil von Schwefelhexafluorid (SF_6) gefüllt (Abb. 2.29). Für sehr große Übertragungsleistungen kann das hohle Innenrohr aktiv gekühlt werden. Das äußere Rohr ist im Betrieb starr geerdet und liegt auf Erdpotenzial, sodass eine Berührung der GIL von außen ungefährlich ist. Gasisolierte Rohrleiter können oberirdisch, in der Erde oder in einem Tunnel verlegt werden. Die ohmschen Widerstandsverluste von GIL sind niedriger als bei Kabeln oder Freileitungen. Die dielektrischen Verluste von GIL sind vernachlässigbar gering.

GIL werden wegen der im Vergleich zu Freileitungen deutlich höheren Investitionskosten bislang nur in besonderen Netzsituationen eingesetzt. Die größte im europäischen Übertragungsnetz betriebene GIL befindet sich in Kelsterbach und hat eine Länge von knapp einem Kilometer. Das Rohrsystem besteht aus zwei separaten, dreiphasigen Systemen mit einer Nennspannung von 380 kV. Die unterirdisch verlegte GIL wurde als Ersatz für einen Abschnitt einer bestehenden 380-kV-Freileitung errichtet, um Platz für eine weitere Landebahn am Frankfurter Flughafen zu schaffen [49].

2.2.3.3.1.4 Natürliche Leistung

Aufgrund ihrer elektrischen Eigenschaften wirkt auch eine Leitung als Verbraucher im Netz. Sie verursacht ohmsche Verluste in ihrem Leiterwiderstand und Ableitungsverluste im Dielektrikum. Zusätzlich treten noch kapazitive und induktive Blindleistungsverluste auf. Die kapazitiven Verluste sind spannungsabhängig und in erster Näherung für eine bestimmte Leitung konstant. Die induktiven Verluste sind stromabhängig und ändern sich entsprechend mit der Belastung. Ob eine Leitung insgesamt, d. h. aus der Summe von kapazitiven und induktiven Blindleistungsverlusten wie eine Kapazität oder wie eine Induktivität wirkt, hängt vom Belastungszustand der Leitung ab. Ein besonders ausgewiesener Betriebspunkt ist, wenn die kapazitiven und induktiven Blindleistungsverluste einer Leitung gleich groß sind und sich damit gegenseitig aufheben. Die Belastung in diesem Zustand wird natürliche Leistung genannt.

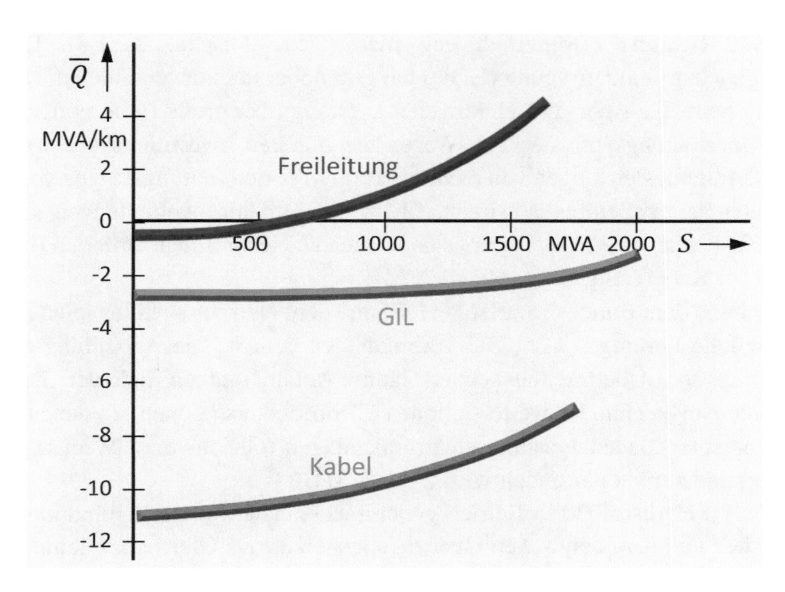

Abb. 2.30 Betriebsverhalten von verschiedenen Leitungsarten

Bei Freileitungen liegt die natürliche Leistung deutlich unterhalb der maximal zulässigen Leistung. Aus diesem Grund werden sie oft im übernatürlichen Bereich betrieben, wo sie induktive Blindleistungsverluste verursachen. Deren Ausgleich ist mit entsprechenden Anlagen zur Blindleistungskompensation möglich. Sind Freileitungen sehr schwach belastet, wirken sie wie eine Kapazität. Erdkabel und gasisolierte Rohrleiter werden immer im unternatürlichen Bereich betrieben. Die natürliche Leistung liegt dabei immer über der Betriebsleistung. Daher erzeugen Erdkabel und gasisolierte Rohrleiter stets kapazitive Blindleistung. Bei einem gasisolierten Rohrleiter ist diese jedoch wesentlich geringer als bei einem mit Feststoffen isolierten Erdkabel.

Abb. 2.30 zeigt vergleichend den Blindleistungsbedarf Q für jeweils einen Kilometer Länge einer 380-kV-Freileitung, eines Erdkabels und einer GIL in Abhängigkeit von der Übertragungsleistung S. Bei induktiver Blindleistung ist $Q > 0$, bei kapazitiver Blindleistung ist $Q < 0$. Aus der Grafik wird deutlich, dass vor allem Kabel aufgrund ihres Aufbaus einen erheblichen kapazitiven Blindleistungsbedarf haben und damit entsprechend leistungsfähige Kompensationsanlagen benötigen. Die Leitungslänge von Kabeln ist aufgrund der hohen kapazitiven Ladeströme sehr begrenzt. Freileitung haben bei Belastungen unterhalb der sogenannten natürlichen Leistung einen kapazitiven Blindleistungsbedarf. Bei Belastungen oberhalb der natürlichen Leistung ist der Blindleistungsbedarf von Freileitungen induktiv.

2.2.3.3.1.5 Gleichstromverbindungen

Aufgrund des Zubaus von Offshore-Windenergieanlagen im Norden und von Photovoltaikanlagen im Süden Deutschlands ist ein deutlicher Ausbau der Übertragungskapazität in Nord-Süd-Richtung erforderlich geworden (siehe Abschn. 2.2.1.4). Die Hochspannungsgleichstromübertragung (HGÜ) hat gegenüber der konventionellen Drehstromübertragung beim Transport von elektrischer Leistung über große Entfernungen deutlich geringere Übertragungsverluste [21]. Wegen der höheren Investitionskosten sind HGÜ erst bei Übertragungsleistungen von mehr als 1000 MW und Leitungslängen von mehr als 700 km auch bei Freileitungen wirtschaftlich. Bei Offshore-Anbindungen mit Kabeln werden HGÜ bereits ab 80 km Leitungslänge auch aus technischen Gründen (kapazitiver Ladestrom der Kabel) eingesetzt [50].

Entsprechend dem Bundesbedarfsplan [38] und dem Netzentwicklungsplan [9] werden dazu zusätzliche Leitungen als HGÜ-Verbindungen gebaut. Die Anbindung an das bestehende Drehstrom-Übertragungsnetz erfolgt am Anfang und am Ende der Gleichstromleitungen über sogenannte Konverterstationen (Stromrichterstationen), in denen der Drehstrom mit entsprechenden Leistungselektronikanlagen (Gleich- bzw. Wechselrichter) in Gleichstrom und zurück gewandelt wird (Abb. 2.31).

Auch die im Herbst 2020 in Betrieb genommene, erste direkte Verbindung zwischen dem deutschen und dem belgischen Übertragungsnetz ist als Gleichstromleitung entsprechend dem Konzept nach Abb. 2.31 aufgebaut (Projekt Alegro). Neben der Bereitstellung einer zusätzlichen, grenzüberschreitenden Netzkapazität von 1000 MW kann mit dieser Leitung bzw. mit den Konvertern der HGÜ-Verbindung der Leistungsfluss im zentralen Bereich des kontinentaleuropäischen Übertragungsnetzes gezielt beeinflusst werden. Die insgesamt etwa 90 km lange Leitung, die als Kabelstrecke ausgeführt ist, verbindet die 380-kV-Schaltanlagen Oberzier (Amprion) und Lixhe (Elia).

Konventionelle netzgeführte Konverteranlagen (LCC, Line Commutated Converter) basieren auf Thyristortechnik und benötigen für den Kommutierungsvorgang induktive Blindleistung in Höhe von bis zu 50 % der Nennleistung, weshalb für diese Anlagen umfangreiche Kompensationsanlagen erforderlich sind [6, 51]. Die notwendigen Filteranlagen zur Glättung der erzeugten Spannung können so ausgelegt werden, dass diese die benötigte Blindleistung liefern können [51]. Diese Technologie eignet sich besonders für

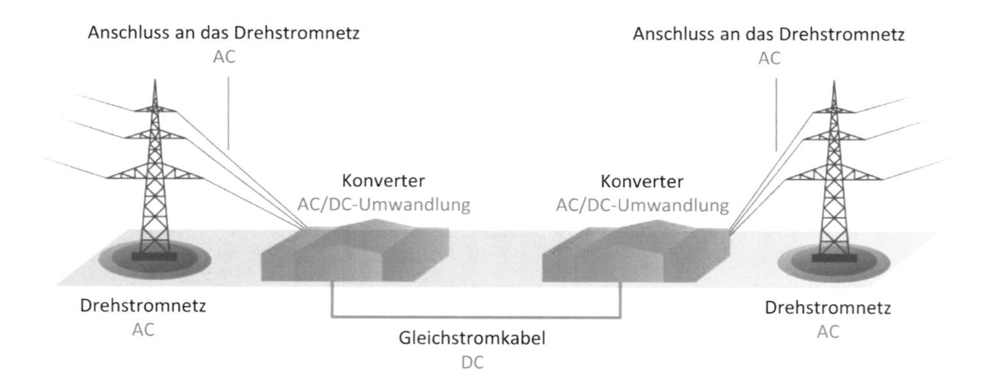

Abb. 2.31 Einbindung einer Gleichstromleitung in das Drehstromnetz. (Quelle: Amprion GmbH)

reine Punkt-zu-Punkt-Verbindungen über große Entfernungen, da hier deren Vorteile größerer Ausgereiftheit, höherer Zuverlässigkeit und geringerer Kosten im Vergleich zu VSC am besten zum Tragen kommen.

Für ein verzweigtes Overlaynetz ist dagegen die neuere VSC-Technologie (Voltage-Sourced Converter) besser geeignet, da die hier eingesetzten IGBT (Insulated Gate Bipolar Transistor) oder GTO (Gate Turn Off)-Thyristoren aktiv gesteuert und sowohl als Wechselrichter als auch als Schalter eingesetzt werden können. IGBT finden auch Anwendung in FACTS-Lösungen [52, 53]. Mit der VSC-Technologie kann sehr flexibel die Wirk- und die Blindleistung unabhängig beeinflusst werden [6]. Damit kann die Spannung und Frequenz im Drehstromnetz in weiten Bereichen stabilisiert werden. VSC verfügen über einen Spannungs-Zwischenkreis [51]. Sie sind schwarzstartfähig und können den Netzwiederaufbau nach einer Netzstörung unterstützen [6, 51].

Der Flächenbedarf von VSC-Konverterstationen ist deutlich geringer als bei Umrichterstationen mit LCC-Technologie [54]. Die für das deutsche Overlaynetz (siehe Abschn. 2.2.1.4) vorgesehenen HGÜ-Leitungen sollen mit VSC-Konverterstationen ausgestattet werden [9]. Auf einigen Leitungsabschnitten werden HGÜ- und Drehstromleiterseile parallel über dieselben Masten geführt (Hybridleitung). Dieser Abschnitt des Overlaynetzes wird „Ultranet" genannt und verläuft als südlicher Teil des Ausbauvorhabens „Korridor A" aus dem Netzentwicklungsplan zwischen Osterath und Philippsburg [9].

Abb. 2.32 zeigt die Innenansicht der Konverter-Ventilhalle in Wilster für die erste direkte Stromverbindung zwischen Deutschland und Norwegen (NordLink).

Abb. 2.32 Ventilhalle der NordLink-Konverteranlage in Wilster. (Quelle: TenneT TSO GmbH)

Bei einer sogenannten HGÜ-Kurzkupplung werden die beiden Konverter der HGÜ-Verbindung nahe beieinander, meist sogar innerhalb desselben Gebäudes, aufgebaut. Die Länge der Gleichstromleitung beträgt daher nur wenige Meter. Eine HGÜ-Kurzkupplung wird daher auch als Back-to-Back-HGÜ (B2B-HGÜ) bezeichnet. Bei HGÜ-Kurzkupplungen kann im Unterschied zu HGÜ-Fernleitungen wegen der kurzen Leitungslänge die Gleichspannung im Zwischenkreis niedriger gewählt werden. HGÜ-Kurzkupplungen werden zur asynchronen Verbindung von verschiedenen Drehstromsystemen oder zur Leistungsflusssteuerung in einem Netzgebiet eingesetzt. Eine weitere Verwendung von HGÜ-Kurzkupplungssystemen findet sich bei der Kupplung von Netzen mit verschiedener Frequenz und Phasenzahl. Dies ist beispielsweise beim Drehstromsystem und dem Bahnstromnetz in Deutschland der Fall. Hier werden HGÜ-Kurzkupplungen als Ersatz für Umformerwerke mit rotierenden Maschinen verwendet.

2.2.3.3.2 Transformatoren

2.2.3.3.2.1 Leistungstransformatoren

Die in Energieversorgungsnetzen eingesetzten Leistungstransformatoren werden für die Leistungsübertragung zwischen Netzen mit in der Regel unterschiedlichen Nennspannungen eingesetzt bzw. zur Leistungsflusssteuerung innerhalb einer Nennspannungsebene. Die Leistungstransformatoren sind meist als Dreiphasenwechselstrom-Transformatoren ausgeführt. Abb. 2.33 zeigt einen solchen Transformator mit einer Leistung von 350 MVA und einem Spannungsübersetzungsverhältnis von 380/110 kV. Bei größeren Leistungen werden auch drei separate einphasige Transformatoren zu einer sogenannten Transformatorbank zusammengeschaltet, die dann wie ein Dreiphasenwechselstrom-Transformator arbeiten. Im Höchstspannungsnetz kommen zwischen den beiden Spannungsebenen 220 und 380 kV auch sogenannte Spartransformatoren zum Einsatz. Hierbei handelt es sich um Transformatoren, die nur über eine Wicklung mit entsprechender Anzapfung verfügen. Dadurch sind diese beiden Spannungsebenen nicht galvanisch getrennt.

Im Übertragungsnetz werden in der Regel nur Transformatoren mit veränderbarem Übersetzungsverhältnis (Regeltransformatoren, Stelltransformatoren) eingesetzt. Mit ihrer Hilfe ist es möglich, die Spannungen und die Leistungsverteilung im Netz gezielt zu beeinflussen.

Stelltransformatoren werden beispielsweise als Maschinentransformatoren zwischen Generator und Netz sowie als Netzkuppeltransformatoren zwischen zwei Netzspannungsebenen eingesetzt. Die Änderung des Übersetzungsverhältnisses wird mit einem Stufenschalter durch Zuschalten einer Zusatzspannung $\underline{U}_Z$ zur Primärspannung (Hauptspannung) $\underline{U}_1$ in diskreten Schaltstufen s realisiert. Je nach Bauart des Stelltransformators kann zwischen der Primärspannung und der Zusatzspannung ein bestimmter Spannungswinkel ϕ vorhanden sein. Es wird immer nur eine Seite gestellt. In der Regel ist dies die Seite mit der höheren Spannung, da dort die kleineren Ströme fließen. Bei Netzkuppeltransformatoren gibt es bauartbedingte Unterschiede. Eine Sonderform sind Stelltrans-

Abb. 2.33 Leistungstransformator. (Quelle: K.F. Schäfer)

formatoren, die innerhalb einer Spannungsebene eingesetzt werden. Sie dienen nicht zur Spannungstransformation, sondern zur gezielten Leistungsflusssteuerung.

Je nach Phasenlage ϕ der Zusatzspannung unterscheidet man

- längs stellbare Transformatoren (Längssteller, Längsregler) mit $\phi = 0°$ zur phasengleichen Beeinflussung des Spannungsbetrags (Abb. 2.34a)
- quer stellbare Transformatoren (Quersteller, Querregler) mit $\phi = \pm 90°$ (Abb. 2.34b), mit denen näherungsweise nur die Phasenlage der Ausgangsspannung (Sekundärspannung) gegenüber der Primärspannung gedreht wird (Phasenschiebertransformatoren). Die Spannungsbeträge werden damit nur unwesentlich und häufig vernachlässigbar verändert.
- schräg stellbare Transformatoren (Schrägsteller, Schrägregler) ($\phi \neq 0°$ bzw. $90°$) mit festem Winkel der Zusatzspannung (z. B. $\phi = \pm 60°$) (Abb. 2.34c)
- Transformatoren mit beliebig kombinierbarer Längs- und Querstellbarkeit ($0° \leq \phi \leq 360°$) (Abb. 2.34d)

Im Übertragungsnetz haben die Leitungen in der Regel ein großes X/R-Verhältnis. Damit werden durch die Längsstellung hauptsächlich der Spannungsbetrag und damit die Blindleistung beeinflusst. Die Wirkleistung wird überwiegend durch die Querstellung

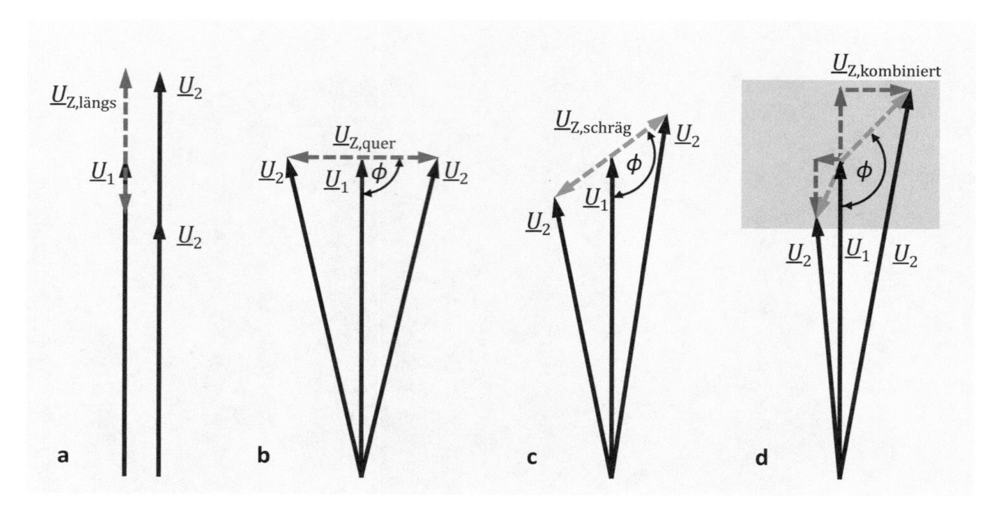

Abb. 2.34 Spannungszeigerdiagramme der Zusatzspannung

beeinflusst. Mit einem Schrägsteller kann man gleichzeitig sowohl Wirk- als auch Blindleistung beeinflussen. Üblich sind Schrägsteller mit einem Zusatzspannungswinkel von ± 60°.

Die größte Einflussmöglichkeit auf den Leistungsfluss erreicht man mit kombinierten Längs-Querstellern, mit denen nahezu beliebige Zusatzspannungswinkel eingestellt werden können. Abb. 2.35 zeigt einen 1500-MVA-Transformator mit kombinierter Längs- und Querstellung. Der Transformatorsatz besteht aus den beiden miteinander verbundenen Teilen Erreger- und Zusatztransformator [55], die in zwei separaten Kesseln mit jeweils eigenem Eisenkreis eingebaut sind. Die Möglichkeiten, mit diesem Transformator gezielt auf den natürlichen, durch die Leitungsimpedanzen vorgegebenen Leistungsfluss in einem Netz einzuwirken, sind in dem Beispiel in Abb. 2.35b gezeigt.

Aus dem Prinzipschaltbild (Abb. 2.36) ergibt sich die Verschaltung der Wicklungen der beiden Transformatorteile sowie der Anschluss des Transformators an die Netzknoten A und B. Wie man aus dem Prinzipschaltbild erkennt, wird die Zusatzspannung nicht aus den zu einer der drei Phasen in Längs- oder Querrichtung liegenden Spannungsanteilen bestimmt, wie man nach der Benennung des Transformators vermuten könnte, sondern aus im Erregertransformator jeweils über Stufenschalter gebildeten Anteilen der jeweils beiden anderen Phasenspannungen. Damit lassen sich in einer Matrix Zusatzspannungen mit nahezu beliebigem Winkel generieren. Die beiden Anteile werden dann im Zusatztransformator auf die betroffene Phasenspannung aufgeprägt.

Beispielsweise sind im niederländischen Übertragungsnetz zur Vermeidung ungewollter Leistungstransite an den Kuppelleitungen zu den benachbarten Übertragungsnetzen leistungsregelnde Transformatoren eingebunden. Damit sollen ungewollte Leistungstransite durch das niederländische Netz vermieden werden. Diese treten regelmäßig auf, wenn eine hohe Überschussleistung aus deutschen Windkraftanlagen nach

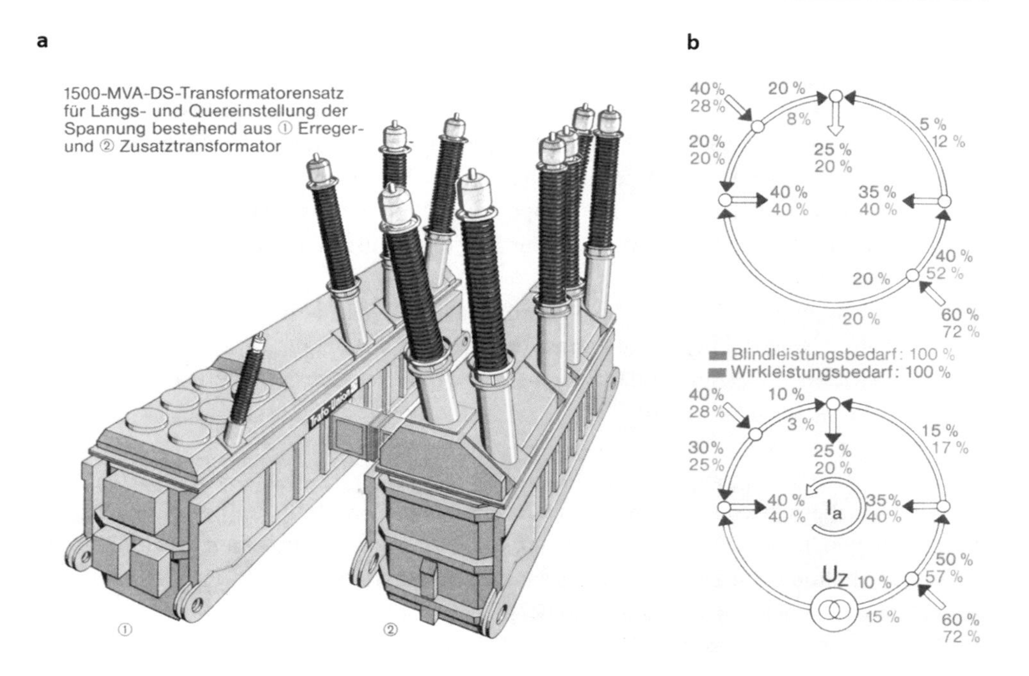

Abb. 2.35 Kombinierter Längs-Querstellung. (Quelle: Trafo-Union AG)

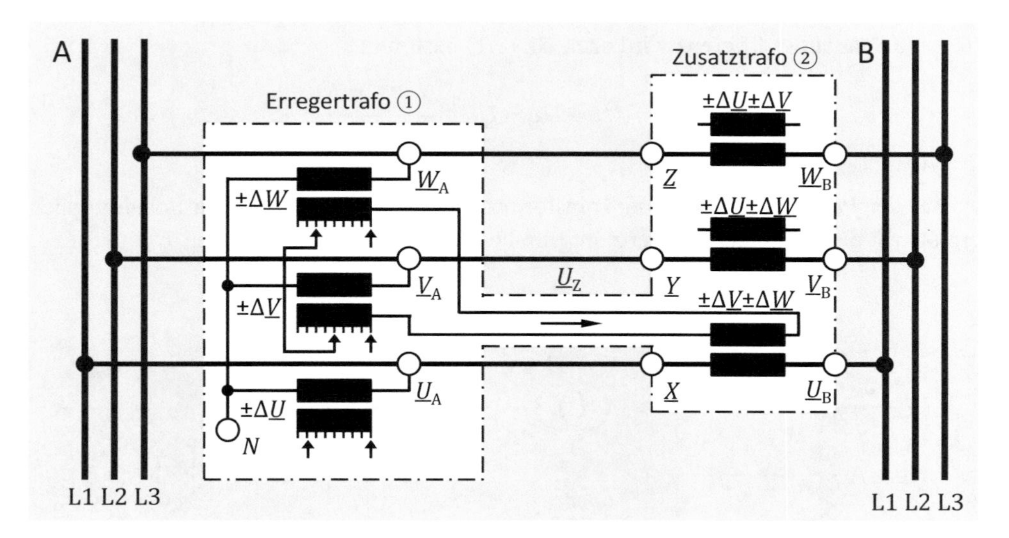

Abb. 2.36 Prinzipschaltbild des kombinierten Längs-Querstellers. (Quelle: Trafo-Union AG)

Frankreich exportiert werden soll. Aufgrund der Impedanzverhältnisse im europäischen Übertragungsnetz würde ohne weitere Eingriffe ein erheblicher Teil dieser Leistung über das niederländische und belgische Netz nach Frankreich fließen (Ringflüsse). Für diese hohen Leistungen ist das niederländische Netz nicht ausgelegt. Um Überlastungen auszuschließen, wird mit den leistungsregelnden Transformatoren in die natürliche Leistungsaufteilung eingegriffen. Im europäischen Verbundnetz sind an vielen weiteren Stellen Phasenschiebertransformatoren zur Leistungsflusssteuerung im Einsatz (siehe Abschn. 3.6.2.2).

Die Veränderung der Wirkleistungs- bzw. Blindleistungsflüsse durch Quer- bzw. Längsstellung kann als betriebliche Maßnahme der Systemführung zur Beseitigung von Engpässen, wie z. B. Verletzungen der Spannungsgrenzwerte oder der Überlastung von Betriebsmitteln angewendet werden.

2.2.3.3.2.2 Parallelschaltung von Transformatoren

Beim Parallelbetrieb von nicht baugleichen Transformatoren müssen bestimmte Bedingungen eingehalten werden, um eine unzulässige Belastung zu vermeiden. Abb. 2.37 zeigt die Ersatzschaltung von zwei parallel geschalteten Transformatoren T1 und T2 mit unterschiedlichen Übersetzungsverhältnissen [27].

Der Unterschied zwischen den beiden Übersetzungsverhältnissen der parallel geschalteten Transformatoren kann beispielsweise durch verschiedene Leerlaufübersetzungsverhältnisse, Kurzschlussspannungen oder Schaltgruppen entstehen. Die beispielsweise aus unterschiedlichen Leerlaufübersetzungsverhältnissen $\underline{\ddot{u}}_{T1}$ und $\underline{\ddot{u}}_{T2}$ resultierende Spannungsdifferenz wird nach Gl. (2.1) bestimmt.

$$\underline{U}_Z = \underline{U}_{21} - \underline{U}_{22} = \underline{U}_1 \cdot \left(\frac{1}{\underline{\ddot{u}}_{T1}} - \frac{1}{\underline{\ddot{u}}_{T2}} \right) \qquad (2.1)$$

Bei der Parallelschaltung von Transformatoren mit unterschiedlichen Schaltgruppen ergibt sich die Spannungsdifferenz aufgrund der Winkeldifferenz zwischen $\underline{U}_{21}$ und $\underline{U}_{22}$.

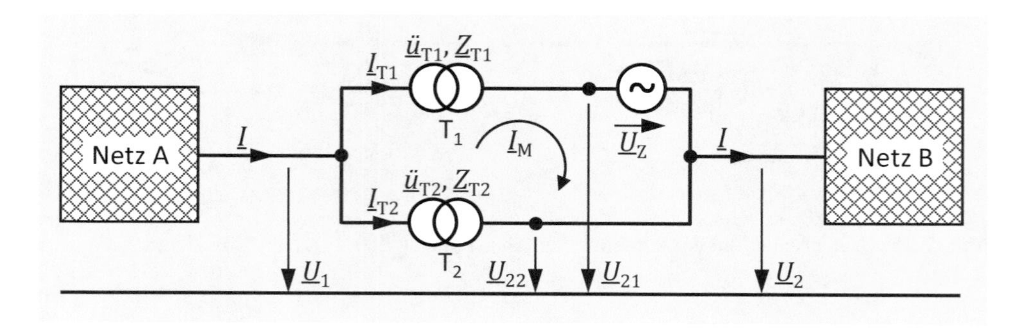

Abb. 2.37 Parallelbetrieb von Transformatoren

Schon bei einer Abweichung um eine Schaltgruppe bedeutet dies einen Winkel von 30 Grad zwischen den beiden Spannungen. Die Zusatzspannung ergibt sich damit für eine Abweichung um *n* Schaltgruppen zu

$$\underline{U}_{Z} = \underline{U}_{21} - \underline{U}_{22} \cdot e^{n \cdot 30^\circ} \tag{2.2}$$

Der Betrag der Zusatzspannung $\underline{U}_{Z}$ liegt damit in einem Bereich von 0,5 · U_{21} bis 2 · U_{21} bei möglichen Schaltgruppendifferenzen von eins bis sechs.

Die Spannungsdifferenz $\underline{U}_{Z}$ bewirkt einen Stromfluss durch die von den beiden Transformatoren gebildete Masche. Die Impedanz dieser Masche ergibt sich aus der Reihenschaltung der beiden Transformatorlängsimpedanzen $\underline{Z}_{T1}$ und $\underline{Z}_{T2}$. Die Berechnung des Maschenstroms $\underline{I}_{M}$ erfolgt entsprechend Abb. 2.37 nach Gl. (2.3).

$$\underline{I}_{M} = \frac{\underline{U}_{Z}}{\underline{Z}_{M}} = \frac{\underline{U}_{Z}}{\underline{Z}_{T1} + \underline{Z}_{T2}} \tag{2.3}$$

Die Belastung der beiden Transformatoren ergibt sich aus der Aufteilung des Gesamtstromes *I* entsprechend den Impedanzen $\underline{Z}_{T1}$ und $\underline{Z}_{T2}$ sowie dem Maschenstrom $\underline{I}_{M}$ nach Gl. (2.4).

$$\begin{aligned} \underline{I}_{T1} &= \frac{\underline{Z}_{T2}}{\underline{Z}_{T1} + \underline{Z}_{T2}} \cdot \underline{I} + \underline{I}_{M} \\ \underline{I}_{T2} &= \frac{\underline{Z}_{T1}}{\underline{Z}_{T1} + \underline{Z}_{T2}} \cdot \underline{I} - \underline{I}_{M} \end{aligned} \tag{2.4}$$

Der Maschenstrom wird nur durch die sehr kleinen Längsimpedanzen der Transformatoren begrenzt und erreicht dadurch schon bei relativ kleinen Spannungsdifferenzen unzulässig große Werte. Die Systemführung muss beim Betrieb parallel geschalteter Transformatoren daher die fünf nachfolgenden Bedingungen einhalten:

1. Gleiches Leerlaufübersetzungsverhältnis (Abweichung bis zu 5 % ist zulässig)
2. Gleiche Spannungen auf der Ober- und Unterspannungsseite
3. Gleiche relative Kurzschlussspannung (Abweichung bis 10 % ist zulässig)
4. Gleiche Schaltgruppenkennzahlen
5. Bemessungsleistungsunterschied zwischen den Transformatoren nicht größer als Faktor 3

Nur bei Einhaltung der Bedingungen 1 bis 4 ist garantiert, dass im Leerlauf keine Ausgleichsströme fließen und dass sich unter Last die Ströme der Größe nach prozentual richtig auf beide Transformatoren aufteilen. Die Einhaltung der Bedingung 5 verhindert, dass der leistungsschwächere der beiden Transformatoren überlastet wird.

2.2.3.3.2.3 Dreiwicklungstransformatoren
Im Übertragungsnetz werden in bestimmten Fällen Dreiwicklungstransformatoren als Kuppeltransformatoren zwischen zwei Netzebenen eingesetzt. Die Tertiärwicklung dieser Transformatoren dient dann zur Spannungsverstellung und zum Anschluss von Kompensationseinrichtungen (Abb. 2.38a). Dreiwicklungstransformatoren werden auch zur Zusammenschaltung von drei Netzen mit unterschiedlichen Nennspannungen eingesetzt (Abb. 2.38b).

2.2.3.4 Kompensationseinrichtungen

Im Übertragungsnetz ergeben sich bei stark belasteten, langen Hoch- und Höchstspannungsleitungen aufgrund ihrer induktiven Leitungsreaktanzen große Blindleistungsverluste mit entsprechend hohen Spannungsabfällen. Durch den Einsatz von im Netz verteilt eingebauten stellbaren Reihenkondensatoren (Serienkondensatoren) können die Blindleistungsverluste belastungsabhängig teilweise kompensiert und damit eine ausgeglichene Spannungsverteilung erreicht werden.

Für den Betrieb eines elektrischen Energieversorgungsnetzes wäre es ideal, wenn die Verbraucher in Summe immer genau die natürliche Leistung $\underline{S}_{\text{nat}}$ abnähmen. In diesem Fall träten im Netz näherungsweise keine Blindleistungsverluste auf. Da dies nicht dem realen Verbrauchverhalten entspricht, wird die natürliche Leistung der Verbraucherleistung durch eine Blindleistungskompensation der Leitung angepasst. Dies entspricht im Prinzip einem Verändern des komplexen Widerstandes $\underline{Z}$ der Leitung. Dazu werden am Anfang bzw. am Ende einer Hochspannungsleitung entsprechende Spulen oder Kondensatoren (Querkompensation) eingebaut. In Hochspannungsnetzen werden in der Praxis allerdings fast ausschließlich an den Hochspannungstransformatoren über spezielle Wicklungen (Dreiwicklungstransformatoren) Kompensationsdrosseln zugeschaltet, um damit die Betriebskapazitäten der Hochspannungsleitung bei Bedarf entsprechend zu verringern (Abb. 2.38a).

Abb. 2.39 zeigt die Blindleistungskompensationsanlage in der 380-kV-Schaltanlage Engstlatt der TransnetBW GmbH. Im Vordergrund stehen die turmförmigen Kondensatoren

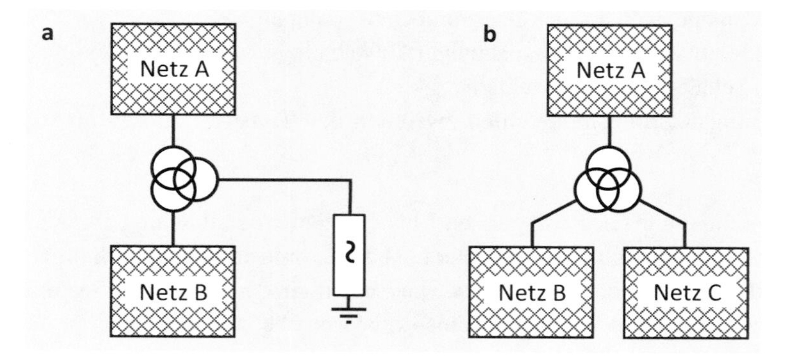

Abb. 2.38 Zusammenschaltung von Netzen über Dreiwicklungstransformatoren

Abb. 2.39 Blindleistungskompensationsanlage im Höchstspannungsnetz. (Quelle: TransnetBW GmbH)

der Kompensationsanlage. Etwas verdeckt sind dahinter die drei Drosselspulen zur Dämpfung von elektrischen Oberschwingungen erkennbar.

2.2.3.5 Sekundärtechnik

Alle Geräte und technischen Anlagen, die nicht direkt dem Transport oder der Wandlung elektrischer Energie dienen, werden unter dem Begriff Sekundärtechnik zusammengefasst. Diese Betriebsmittel stellen Funktionen bereit, die den Betrieb, die Überwachung und die Steuerung der Primärtechnik ermöglichen. Anlagen der Sekundärtechnik sind über alle Funktionsebenen des elektrischen Energieversorgungsnetzes verteilt. Die Sekundärtechnik gliedert sich in die Netzleittechnik, die Stationsleittechnik und die Feldleittechnik [85].

Auf der untersten, dem physikalischen Prozess am nächsten gelegenen Ebene, der Feldleitebene, werden grundlegende Funktionen realisiert. Wesentliche Bestandteile sind hier Messwandler und Geräte des Netzschutzes, die die Trennung im Fehlerfall realisieren (siehe Abschn. 3.2.4). In unteren Spannungsebenen können auch einfache Sicherungen zur Sekundärtechnik zählen.

Auf der Stationsleitebene werden erweiterte Funktionen realisiert, wie etwa die Sammlung und Konzentration von Messwerten sowie die Kommunikation mit der Netzleitstelle. Hier werden auch Schutzfunktionen realisiert, die mehrere Felder einbeziehen. Zudem werden hier sogenannte Verriegelungen vorgenommen. Damit wird beispielsweise verhindert, dass ein Betriebsmittel zugeschaltet wird, das aktuell geerdet ist, wodurch ein Erdschluss oder Erdkurzschluss entstehen würde [85].

In der Netzleitebene werden vornehmlich übergeordnete Funktionen wahrgenommen. Hierzu zählt etwa die Sammlung von Daten, deren Aufbereitung und Visualisierung. Umgekehrt werden auch Befehle des Leitstellenpersonals geprüft und an die entsprechenden Funktionen in Stationsleitebene und Feldleitebene weitergegeben [85].

2.2.4 Beobachtungsbereich, Netzmodell, Ersatznetz

2.2.4.1 Beobachtungsbereich

Die großen Netzstörungen in den USA in 2003 sowie in Kontinentaleuropa in 2006 [56, 57, 84] zeigen, dass die Wechselwirkungen zwischen den Übertragungsnetzen immer mehr zunehmen. Als Folge dieser Entwicklung wird die Zusammenarbeit zwischen den Übertragungsnetzbetreibern stark intensiviert. Durch die zunehmend höhere Auslastung der Übertragungsnetze sowie aufgrund der immer häufiger auftretenden kritischen Netzsituationen, die beispielsweise durch großräumige Energietransporte hervorgerufen werden, reicht es nicht mehr aus, die Überwachung nur auf das eigene Netzgebiet zu begrenzen. Um einen ausreichenden Überblick über die aktuelle Netzsituation zu erhalten, ist eine Erweiterung des Beobachtungsbereichs auf benachbarte, unternehmensfremde Netzbereiche erforderlich.

Die Übertragungsnetzbetreiber unterscheiden dabei zwischen der Responsibility Area, die dem eigenen Netzgebiet entspricht, und der Observability Area [58]. Die Responsibility Area wird vollständig und detailliert abgebildet, während die Elemente der fremden Netzgebiete (Observability Area) nur dann in das Datenmodell des Beobachtungsbereichs integriert und in Echtzeit überwacht werden, wenn der Einfluss von Veränderungen in diesen Netzgebieten auf den Systemzustand innerhalb des eigenen Netzgebiets eine bestimmte Relevanz übersteigt. Zur Observability Area gehören in erster Linie Netzteile benachbarter, in- und ausländischer Übertragungsnetzbetreiber und unterlagerte Netzebenen in der eigenen Regelzone des Übertragungsnetzbetreibers. Um einen entsprechenden Datenaustausch zu gewährleisten, werden die Leitsysteme der beteiligten Übertragungs- und Verteilnetzbetreiber gekoppelt [59].

In Abb. 2.40 ist der Beobachtungsbereich des Übertragungsnetzbetreibers Amprion abgebildet. Der Umfang der zur Bewertung der Netzsicherheit zu beobachtende Netzbereich vervielfacht sich im Vergleich zu seinem eigenen Netzgebiet. Entsprechend steigt damit natürlich auch die zu verarbeitende Informationsmenge deutlich an [42, 61–63].

Mit neuen Ansätzen wie dem „Wide Area View" [64] kann die Bewertung der Netzsicherheit signifikant verbessert werden. Zudem wurden verschiedene regionale Sicherheitsinitiativen gebildet [61, 62] (siehe Abschn. 4.2).

Nicht nur das Datenmodell wurde aufgrund der komplexer gewordenen Aufgaben der Systemführung auf benachbarte Netzteile ausgedehnt, auch der Beobachtungszeitraum wurde erweitert. Während früher eine sorgfältige Analyse der aktuellen Netzsituation ausreichend war, ist heute eine vorausschauende Systemführung zur präventiven Abwen-

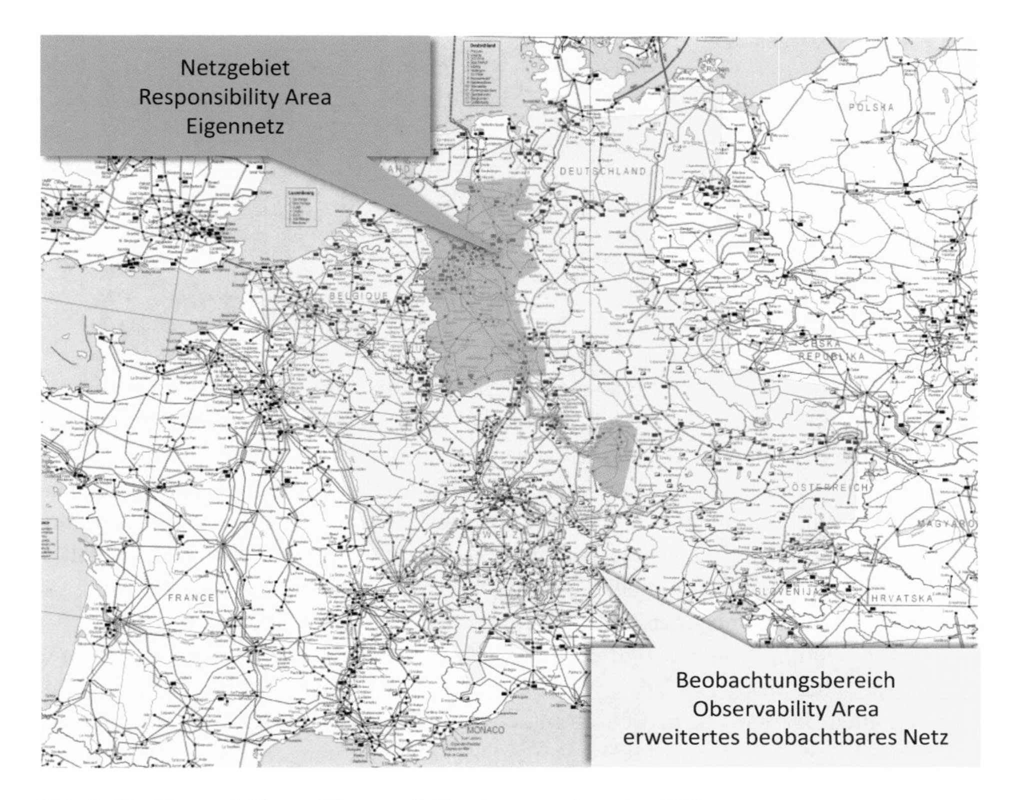

Abb. 2.40 Observability und Responsibility Area von Amprion [60]

dung einer Systemgefährdung erforderlich. Dafür wurden entsprechende Werkzeuge wie die vortägige Engpassvorschau „Day Ahead Congestion Forecast" (DACF) entwickelt [58, 65]. Aufgrund der immer kurzfristigeren Handelsaktivitäten auf dem Energiemarkt (Intraday) sowie durch den Einfluss der volatilen Einspeisung erneuerbarer Energien wird die vortägige Engpassprognose (DACF) untertägig fortlaufend aktualisiert „Intraday Congestion Forecast" (IDCF) [60, 65] (siehe auch Abschn. 3.1.1.7).

2.2.4.2 Modell des elektrischen Energieversorgungsnetzes

Das Verhalten elektrischer Energieversorgungsnetze wird durch ein für die jeweilige Anwendung geeignetes mathematisches Abbild des technischen Systems modelliert. Mit diesem Netzmodell werden die physikalischen Eigenschaften des Energieversorgungssystems möglichst genau nachgebildet („Digitaler Zwilling"). Die erforderliche Modellierungsgenauigkeit und der Detaillierungsgrad bei der Nachbildung der einzelnen

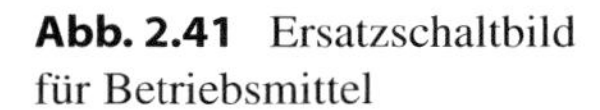

Abb. 2.41 Ersatzschaltbild für Betriebsmittel

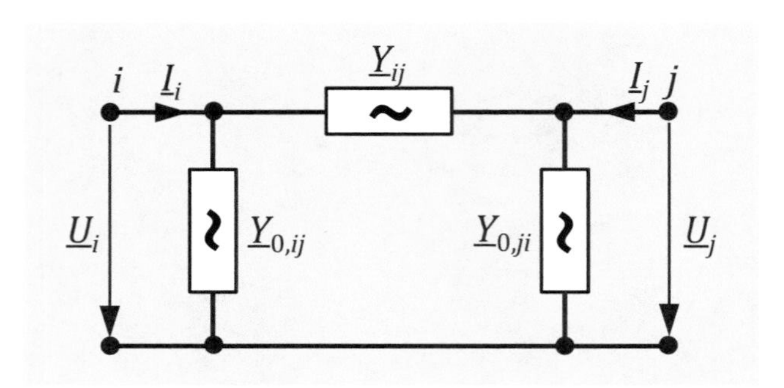

Betriebsmittel des elektrischen Energieversorgungsnetzes sind dabei von der jeweiligen Anwendung bzw. vom eingesetzten Berechnungsverfahren [27] und von den spezifischen Eigenschaften des betrachteten Systems abhängig.

Die elektrischen Eigenschaften von Freileitungen werden durch die primären, längenbezogenen Leitungsparameter $\overline{R}$ (Stromwärmeverluste), $\overline{L}$ (Schleifen- und Koppelinduktivitäten), $\overline{G}$ (Verluste im Dielektrikum, Koronaverluste) und $\overline{C}$ (Erd- und Koppelkapazitäten) beschrieben. Es wird bei der Modellbildung angenommen, dass die Leitungsparameter bei einer homogenen Leitung entlang der Leitungslänge s konstant sind.

Die Modellierung einzelner Betriebsmittel erfolgt üblicherweise durch das sogenannte Π(Pi)-Ersatzschaltbild (Abb. 2.41), mit dem die relevanten Eigenschaften sowie das Betriebsverhalten der jeweiligen Betriebsmittel bezüglich ihrer Anschlussknoten mit genügender Genauigkeit nachgebildet werden. Zur Minimierung der Knotenanzahl im Rechenmodell werden auch Transformatoren mit diesem Modell nachgebildet.

Das Gesamtsystem wird im mathematischen Modell (z. B. in der sogenannten Knotenpunktadmittanzmatrix) durch die topologierichtige Zusammenschaltung der Ersatzschaltbilder aller Systemkomponenten erstellt [27].

2.2.4.3 Ersatzdarstellung nicht unmittelbar modellierter Netzteile

Die außerhalb der Observability Area liegenden Netzteile werden nicht mehr explizit im Datenmodell abgebildet. Eine detaillierte Nachbildung dieser Netzteile ist für die Betrachtung der Responsibility Area allerdings in der Regel auch nicht nötig. Es genügt, das Verhalten der außerhalb des eigenen Netzbereichs liegenden Netzteile durch vereinfachte, wirkungsgleiche Netzäquivalente zu ersetzen und in einem sogenannten Ersatznetz nachzubilden [27].

2.2.5 Regulatorische Vorgaben

Gegen Ende des neunzehnten Jahrhunderts begann auch in Deutschland mit der Inbetriebnahme der ersten Straßenbeleuchtung die öffentliche Elektrizitätsversorgung. Ausgehend von sogenannten Kraftwerkszentralen wurden zunächst nur die in der unmittelbaren Umgebung liegenden Verbraucher versorgt. Verschiedene dieser Versorgungsinseln wuchsen dann zu zusammenhängenden Netzstrukturen zusammen, die erst die Städte und anschließend ganze Regionen umfassten. Erzeugung und Netzbetrieb waren in der Regel in einem gemeinsamen Energieversorgungsunternehmen organisiert, das dann die für die Infrastruktur und den Betrieb in einem bestimmten Gebiet verantwortlich war. Die Energieversorgungsunternehmen erhielten von den Provinzen des deutschen Kaiserreiches Konzessionen mit langen Laufzeiten. Dies führte zu Monopolstellungen dieser Unternehmen und strikt voneinander abgetrennten Versorgungszonen. Diese Struktur galt in Deutschland für einen Zeitraum von etwa hundert Jahren (siehe Abschn. 2.3). Damit diese regionale Monopolstellung nicht zu Lasten der Verbraucher über ein bestimmtes Maß hinaus ausgenutzt werden konnte (Monopolgewinne), unterlag die Preisgestaltung der Überwachung durch entsprechende Aufsichtsbehörden. Erhöhungen der Strompreistarife mussten entsprechend beantragt und genehmigt werden.

Um mehr Wettbewerb in der Versorgung mit elektrischer Energie zu ermöglichen und damit mittel- und langfristig zu günstigeren Strompreisen zu kommen, wurde durch die Europäische Kommission 1996 die Verordnung zur Strommarktliberalisierung [66] erlassen. Ein wesentlicher Bestandteil dieser Verordnung ist das sogenannte Unbundling. Damit wird die Entflechtung von Erzeugung elektrischer Energie und Netzbetrieb bezeichnet. Ab einer bestimmten Betriebsgröße (mehr als 100.000 Kunden) darf ein Energieversorgungsunternehmen nicht gleichzeitig Erzeuger elektrischer Energie und Netzbetreiber sein. Die jahrzehntelang geltenden, starren Strukturen sollten durch diese Maßnahmen flexibler und volkswirtschaftlicher werden.

Die Kraftwerksbetreiber müssen seitdem die von ihnen produzierte elektrische Energie im Wettbewerb gegen andere Energielieferanten am freien Markt (z. B. Energiehandelsbörse) anbieten und vermarkten. Ausnahmeregelungen gelten nur im Zusammenhang der Förderung von erneuerbaren Energien. Ebenso agiert der Stromvertrieb nach marktwirtschaftlichen Regeln.

Die elektrischen Energieversorgungsnetze hingegen unterliegen einer staatlichen Regulierung, da sie natürliche Monopole darstellen. Natürliche Monopole existieren immer dann, wenn der Aufbau paralleler Systeme volkswirtschaftlich nicht sinnvoll ist und damit die Kontrolle durch den Wettbewerb entfällt [3].

Der Betrieb von elektrischen Energieversorgungsnetzen muss seither unabhängig von den anderen Wertschöpfungsstufen erfolgen. Die Netzbetreiber müssen allen Produzenten, Importeuren und Händlern elektrischer Energie einen diskriminierungsfreien Zugang zu ihren Netzen ermöglichen. Mit dem so liberalisierten Handel wird ein effizienterer und optimierter Einsatz von Kraftwerken im Wettbewerb ermöglicht, der den Bedarf an Erzeugungskapazitäten und insgesamt die Erzeugungskosten elektrischer Energie reduzieren soll.

In Deutschland existieren zurzeit ca. 900 Netzbetreiber. Sie sind mit ihren Netzen für die physikalische Verbindung zwischen Stromproduktion und Stromverbrauch zuständig. Die vier Übertragungsnetzbetreiber (siehe Abschn. 2.2.1.1) sind für die überregionalen

Übertragungsnetze und die Verteilnetzbetreiber für die regionalen und lokalen Verteilnetze verantwortlich.

Damit der gewünschte Wettbewerb zwischen den Stromanbietern auch tatsächlich herrschen kann, muss sichergestellt sein, dass es innerhalb einer einheitlichen Gebotszone (z. B. eine einheitliche Preiszone bzw. ein Marktgebiet in Deutschland oder Österreich) nicht aufgrund mangelnder Netzkapazitäten zu Handelseinschränkungen kommt. Der Stromhandel innerhalb einer einheitlichen Gebotszone kennt keine physikalische Beschränkung durch das Stromnetz („Kupferplatte"). Der Handel geht davon aus, dass jeder Erzeuger unabhängig vom Standort jeden Nachfrager mit einer praktisch beliebigen Menge an elektrischer Energie beliefern kann. Ausreichend verfügbare Netzkapazitäten sind damit die Grundlage für ein freies Spiel der Märkte auf der Erzeugungsseite. Das betrifft die Netzinfrastruktur innerhalb Deutschlands, mit der angestrebten Vollendung des Energiebinnenmarktes aber in zunehmendem Maße auch die Netzanbindungen Deutschlands mit den Nachbarstaaten. Die Netzbetreiber sind durch entsprechende gesetzliche Vorgaben verpflichtet, mit dem Ausbau ihrer Netze sowie durch einen geeigneten Netzbetrieb die für den Handel erforderlichen Netzkapazitäten bereit zu stellen. Nur in Ausnahmefällen darf der Energiehandel durch sogenannte Netzrestriktionen eingeschränkt werden. Liegen strukturelle Engpässe vor, ist der jeweilige Netzbetreiber verpflichtet, diese in einem angemessenen Zeitraum zu beseitigen, z. B. durch den Ausbau seines Netzes.

Aufgrund des Monopolcharakters elektrischer Energieversorgungsnetze kontrollieren und regulieren die Bundesnetzagentur (BNetzA) oder die Landesregulierungsbehörden als staatliche Behörden den bundesdeutschen Netzbetrieb sowie die Festlegung der Netzentgelte, die von den Netznutzern zu tragen sind und aus denen die Netzbetreiber die Kosten für den Netzbetrieb, den Netzunterhalt sowie den Netzausbau finanzieren.

Das Netzentgelt setzt sich aus mehreren Bestandteilen zusammen. Im Einzelnen sind folgende Dienstleistungen bzw. Abgaben zu bezahlen:

- Nutzung der Netzinfrastruktur (z. B. Leitungen, Transformatoren, Schaltanlagen)
- Erbringung von Systemdienstleistungen (z. B. Frequenzhaltung, Spannungshaltung, Betriebsführung) zur Gewährleistung eines zuverlässigen und sicheren Netzbetriebes
- Deckung der beim Stromtransport auftretenden Verluste
- Messstellenbetrieb, Messung und Abrechnung
- Inanspruchnahme von Reserve
- Kommunale Konzessionsabgabe
- Mehrkosten nach dem Kraft-Wärme-Kopplungsgesetz [67]
- § 19 StromNEV-Umlage [68]
- Offshore-Haftungsumlage
- Umlage entsprechend der AbLaV [69]

Die Regulierung der Netzentgelte ist in der Anreizregulierungsverordnung (ARegV) [70] geregelt. In der ARegV sind die Erlösobergrenzen sowie die dafür zugrunde gelegte Kostenstruktur der Netzbetreiber definiert [71].

Ziel der Anreizregulierung ist es, durch die Definition von in der Regel jährlich sinkenden Erlösobergrenzen, Anreize zur Hebung von Effizienzpotenzialen bei den jeweiligen Netzbetreibern zu setzen. Damit soll verhindert werden, dass Netzentgelte künstlich überhöht angesetzt werden. Die den Netzbetreibern entstehenden Kosten werden in drei Kategorien eingeteilt, die jeweils den Grad der Kontrollierbarkeit seitens der Netzbetreiber abbilden [70]:

- **Permanent nicht beeinflussbare Kosten**
  Hierzu zählen Konzessionsabgaben, Betriebssteuern, genehmigte Investitionsmaßnahmen, Kosten aus der Inanspruchnahme vorgelagerter Netze, Kosten für den Einsatz von Erdkabeln sowie tariflich vereinbarte Zusatz und Versorgungsleistungen an die Belegschaft (§ 11 ARegV).
- **Temporär nicht beeinflussbare Kosten**
  Diese Kostenkomponente ergibt sich aus der Subtraktion der permanent nicht beeinflussbaren Kosten von den Gesamtkosten und der anschließenden Multiplikation mit einem Effizienzwert (§ 11 ARegV). Dieser Effizienzwert ist das Resultat eines bundesweiten Effizienzvergleichs, der für die Betreiber von Elektrizitätsversorgungsnetzen von der Bundesnetzagentur vor Beginn jeder Regulierungsperiode (§ 12 ARegV) durchgeführt wird. Grundlage dieses Effizienzvergleichs ist eine Kostenprüfung anhand des Jahresabschlusses im sogenannten Basisjahr („Fotojahr"). Das Basisjahr ist das Geschäftsjahr, das drei Jahre vor Beginn einer Regulierungsperiode liegt. Für die Kostenprüfung werden nur betriebsnotwendige Kosten des Netzbetriebs berücksichtigt, die denen eines effizienten und strukturell vergleichbaren Netzbetreibers entsprechen. Kosten, die auf Besonderheiten des Basisjahres beruhen, werden nicht berücksichtigt.
- **Beeinflussbare Kosten**
  Als beeinflussbare Kostenanteile gelten alle Kostenanteile, bei denen es sich nicht um permanent oder temporär nicht beeinflussbare Kostenanteile handelt (§ 11 ARegV). Hierunter fällt der verbleibende Anteil der zuvor genannten temporär nicht beeinflussbaren Kostenkomponenten.

2.3 Entwicklung des Verbundnetzes in Deutschland

2.3.1 Anfänge der elektrischen Energieversorgung

Am Anfang der heute üblichen, länderübergreifenden elektrischen Energieversorgung standen dezentrale Versorgungsinseln. In den Großstädten versorgten einzelne Kraftwerke einen eng abgegrenzten, isolierten Bereich in der unmittelbaren Umgebung mit einem Radius von nur einigen hundert Metern um das einspeisende Kraftwerk („Zentralen") mit elektrischer Energie. Zur Versorgung des ländlichen Raums entstanden neben den städtischen Zentralen die „Überlandzentralen". Die Übertragungsspannung in diesen Netzen betrug typischerweise zwischen 2 und 10 kV. In der Zeit von 1903 bis 1913 vervierfachte sich die Anzahl der Energieversorgungsunternehmen in Deutschland auf über 4000. Die Gesamtleistung der installierten Generatoren erhöhte sich im gleichen Zeitraum von 483 auf 2096 MW [72]. Durch die Vergrößerung der Übertragungsentfernung wurden auch höhere Spannungen erforderlich. Die erste 110-kV-Leitung in Europa ging 1910 zwischen von Lauchhammer und Riesa in Betrieb [82]. Abb. 2.42a zeigt einen Mast (a) dieser Leitung. Da man damals noch wenig Erfahrung mit so hohen Spannungen hatte, wurden vorsichtshalber dauerhaft Sicherungsgerüste bei der Querung von Bahntrassen oder anderen Verkehrswegen errichtet (Abb. 2.42b).

Erste Zusammenschaltungen von einzelnen dieser Versorgungsinseln ergaben sich aus dem Sachverhalt, dass nicht zu jedem Tageszeitpunkt gleichzeitig die maximale Leistung aller Kraftwerke benötigt wurde, sondern dass man für einen großen Teil des Tages einige Generatoren abschalten konnte, falls entsprechende Leitungsverbindungen verfügbar waren. Beispielsweise musste in jeder der beiden, damals in Berlin bestehenden Zentralen Markgrafenstraße und Mauerstraße auch in Zeiten mit geringem Strombedarf ein Maschinensatz laufen, obwohl zur Versorgung der beiden Netze ein einziger Maschinensatz ausgereicht hätte. So verband man bereits 1887 die beiden benachbarten Berliner Inselnetze miteinander und konnte zeitweise jeweils eines der Kraftwerke ganz abschalten. Aus weiteren solcher Verknüpfungen bildeten sich nach und nach immer größere Netzgebilde und es entstanden vor allem in den Zwanzigerjahren größere Regionalnetze.

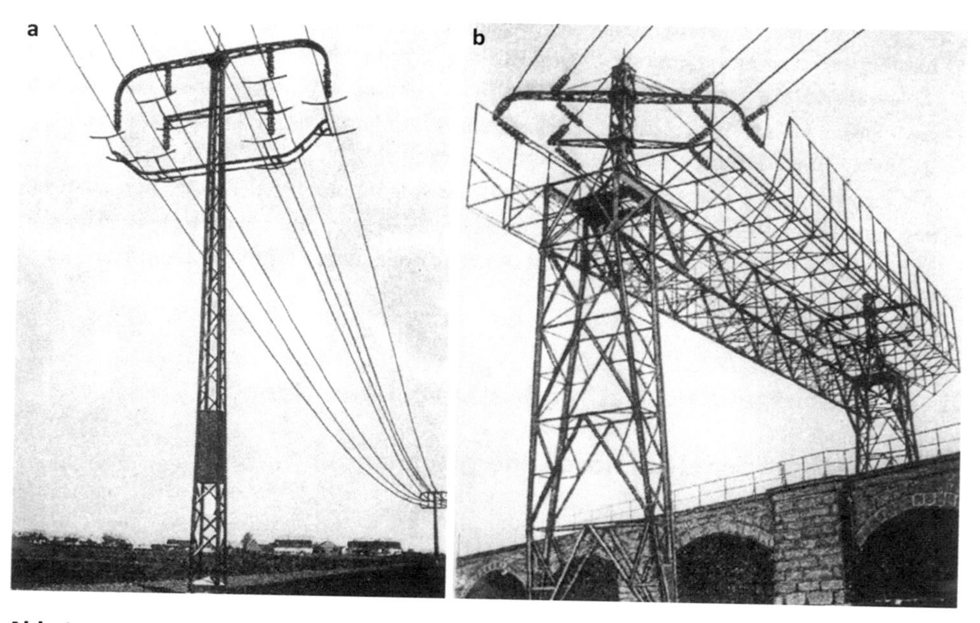

Abb. 2.42 Erste 110-kV-Leitung Europas von Lauchhammer nach Riesa [82]

Zum Ende des 19. und zu Beginn des 20. Jahrhunderts vergaben einige Länder bzw. Provinzen des damaligen Deutschen Reiches exklusiv Konzessionen an die Stromunternehmen. Damit war die Erlaubnis verbunden, innerhalb der jeweiligen Landes- bzw. Provinzgrenzen in den Leitungen zum Aufbau von Elektrizitätsnetzen zu verlegen. Als Gegenleistung erhielten die Länder bzw. Provinzen eine entsprechende Vergütung (Konzessionsabgabe) von den Energieunternehmen. Mit den Konzessionen, die Laufzeiten von bis zu 50 Jahren hatten, wurde in den jeweiligen Versorgungsgebieten eine Monopolstruktur geschaffen, die im Wesentlichen bis zum Jahr 1998 Bestand hatte [73].

Im Zuge dieses dynamischen Ausbaus der regionalen Versorgungsgebiete wurden die teilweise auch heute noch aktiven Energieversorgungsunternehmen gegründet. Es entstanden beispielsweise in den Ländern Bayern und Baden die Unternehmen Bayernwerk und Badenwerk. Auf dem Staatsgebiet von Preußen wurden aus diversen Elektrizitätsbeteiligungen die Preußische Elektrizitäts AG (Preag, später PreussenElektra) gebildet, um die Stromversorgung in staatlicher Regie voranzutreiben. Gleichzeitig hatten sich in der Rheinprovinz allerdings bereits die Rheinisch-Westfälisches Elektrizitätswerk AG (RWE) und im Osten die Elektrowerke AG (Ewag) etabliert. Der preußische Staat konnte sich deshalb zunächst nicht an der Energieversorgung der großen Wirtschaftszentren, wie der Hauptstadt Berlin, des Ruhrgebiets oder der Industrieregion in Schlesien beteiligen. Er musste sich auf die geografische Mitte Deutschlands beschränken. In einem langgezogenen Bereich zwischen Main und der Nordsee entstand mit der Preag ein weiterer großer Energieversorger. Aufgrund dieser Konstellation entbrannten in den 1920er-Jahren erbitterte Auseinandersetzungen zwischen den Stromlieferanten um die Versorgungshoheit. Insbesondere Preag und RWE stritten damals um die Versorgungsgebiete im heutigen Nordrhein-Westfalen und prägten damit den Begriff des „Elektrokriegs". Diese Auseinandersetzungen wurden in den Jahren 1927 und 1928 mit dem ersten Elektrofrieden beigelegt [73]. Mit einem Demarkationsvertrag wurde für eine Dauer von 50 Jahren im gegenseitigen Einvernehmen die Aufteilung des deutschen Strommarktes auf die beteiligten Versorger und Netzbetreiber festgelegt, die damit in ihren Gebieten wieder jeweils konkurrenzlos waren. Die Stromnetze bildeten dadurch natürliche Monopole [3, 72].

Die höchste Spannung in den damaligen Regionalnetzen betrug 110 kV. Die Regionalnetze in dieser Zeit wurden in der Regel auch aus technischen Gründen (z. B. Begrenzung des Erdschlussstromes) autark und unabhängig voneinander betrieben. Vereinzelt gab es allerdings Verbindungen zwischen den Regionalnetzen und sogar zu Kraftwerken im benachbarten Ausland (Österreich, Schweiz), um Energie zwischen den Netzen auszutauschen. Insgesamt blieb der Stromaustausch zwischen den Netzen jedoch sehr beschränkt.

2.3.2 Erste Ansätze eines Verbundbetriebs

Als weitere Etappe der Netzentwicklung und als Keimzellen eines überregionalen Verbundnetzes gelten die beiden in den 1920er-Jahren von der RWE AG in Betrieb genommenen ersten 220-kV-Leitungen in Deutschland [72]. Noch Versuchscharakter hatte dabei die 33 km lange Verbindung zwischen Wuppertal-Ronsdorf und Letmathe zum Koepchen-Pumpspeicherkraftwerk. Mit dieser Leitung wurden erste Erfahrungen im Betrieb mit der gegenüber der bisherigen höchsten Spannung von 110 kV nun doppelt so hohen Betriebsspannung gesammelt.

Die ursprünglich insgesamt ca. 600 km lange Nord-Süd-Leitung, auch Rheinschiene oder Südleitung genannt, kann dagegen als erste echte (und damit namensgebende) Verbundleitung bezeichnet werden. Sie verband die die Umspannanlage Brauweiler bei Köln mit dem Vermuntwerk der Vorarlberger Illwerke und dem Schluchseewerk im südlichen Schwarzwald. Diese Verbundleitung ermöglichte einen überregionalen Energieaustausch zwischen den rheinischen Braunkohlerevieren und den im Süden Deutschlands liegenden Wasserkraftwerken (Abb. 2.44a) [74].

Abb. 2.43a zeigt das für die Nord-Süd-Leitung charakteristische Mastbild vom Typ C1 auf dem Leitungsabschnitt nördlich von Mannheim. Zur Reduzierung von Koronaentladungen kam zuerst ein Kupfer-Hohlseil mit 42 mm Durchmesser zum Einsatz. Später wurde die Beseilung auf die heute üblichen Aluminium-Stahl-Bündelleiter umgerüstet.

Abb. 2.43 Mast vom Typ C1 und Kupfer-Hohlseil der 220-kV-Nord-Süd-Leitung. (Quelle a: Wikipedia/Kreuzschnabel CC BY-SA 3.0, Quelle b: K.F. Schäfer)

Abb. 2.43b zeigt ein Stück der originalen Kupfer-Hohlseile, die ursprünglich auf der Nord-Süd-Leitung zwischen Rheinau und Hoheneck verwendet wurden.

Der zweite Schwerpunkt der deutschen Stromerzeugung war das mitteldeutsche Braunkohlerevier. In den Dreißigerjahren wurde dieses Gebiet durch eine 220-kV-Leitung mit den Erzeugungsanlagen im Rheinland verbunden. Damit wurde ein Austausch von elektrischer Energie zwischen den Netzen von RWE, Preag und Ewag möglich. In den Jahren 1939 bis 1941 wurde durch die Elektrowerke AG eine weitere 220-kV-Leitung im Verbundbetrieb geführte Fernleitung von Mitteldeutschland nach Österreich errichtet. Sie sollte die Verbindung zwischen dem mitteldeutschen Braunkohlegebiet und den bayerischen und österreichischen Pumpspeicherkraftwerken in den Alpen (z. B. Kaprun) herstellen und bildete gewissermaßen das östliche Gegenstück zur Rheinschiene. Die sogenannte Reichssammelschiene führte von Helmstedt über Magdeburg, Halle und Nürnberg nach Ernsthofen in Niederösterreich (Abb. 2.44b). Bei der Planung und beim Entwurf der Trassenführung dieser Leitung wurden unter dem NS-Regime hauptsächlich militärische Gesichtspunkte berücksichtigt. Damit sollte bevorzugt die Versorgung der als kriegswichtig erachteten Industrieanlagen mit Strom in dieser Region sichergestellt werden [75].

So entstand bis Kriegsende zwischen dem rheinischen Braunkohlerevier, dem Ruhrgebiet, dem mitteldeutschen Revier und Süddeutschland ein weiträumiges 220-kV-Verbundnetz. Dieses Netz stellt die Verbindung zwischen den wichtigsten Kraftwerken her und verteilte den von ihnen erzeugten Strom auf die angeschlossenen Regionalnetze. In ähnlicher Weise intensivierten die Regionalnetze den Stromaustausch auf der 110-kV-Ebene. Durch die Kriegsereignisse wurde auch die Infrastruktur der Energieversorgung stark beschädigt und war bei Kriegsende nur noch sehr eingeschränkt funktionsfähig.

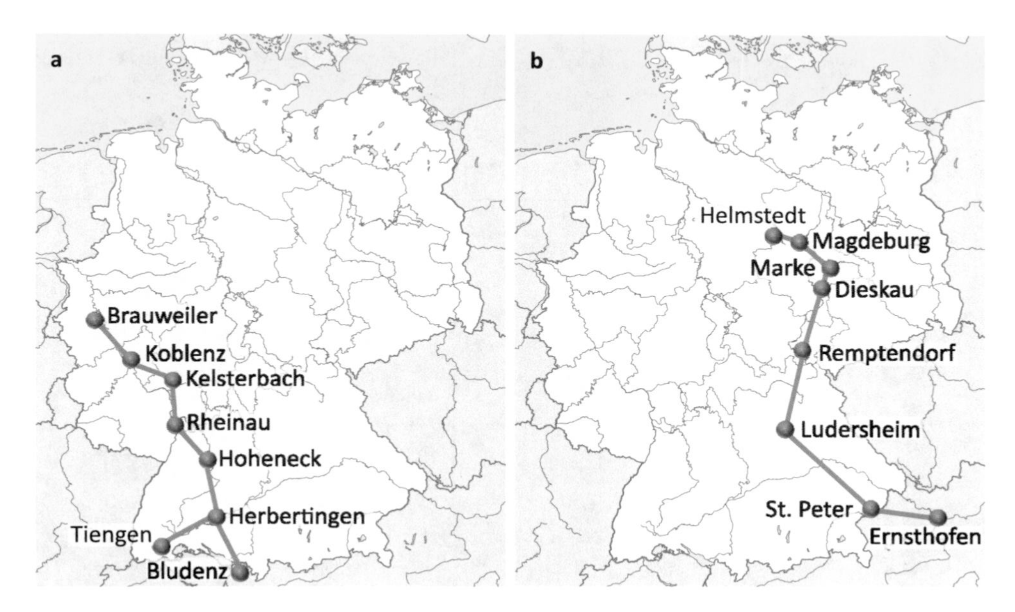

Abb. 2.44 Die ersten 220-kV-Leitungen in Deutschland [74]

2.3.3 Nach dem Zweiten Weltkrieg

Nach Ende des Zweiten Weltkriegs wurde vor allem in der von der Sowjetunion besetzten Zone Deutschlands wesentliche Teile der 220-kV-Netzebene als Reparationsleistungen demontiert. Die politische Teilung Deutschlands nach dem Kriegsende führte auch zu einer völligen Trennung der Stromversorgung. Es entstanden in jedem der beiden Teile Deutschlands eigene Verbundnetze, die ab Mitte der 1950er-Jahre schrittweise bis zur 380-kV-Ebene ausgebaut wurden [72]. Im Westen bildete die Rheinschiene vom rheinischen Revier nach Süddeutschland und im Osten das Höchstspannungsnetz der ehemaligen Ewag die Kerne der beiden Verbundnetze. Es bestand keine Verbindung mehr zwischen den östlichen und den westlichen Teilen des Verbundnetzes in Deutschland.

Westberlin bildete ein Inselnetz und versorgte sich ausschließlich aus eigenen Kraftwerken [76]. Wegen des Inselnetzbetriebs konnten im Westberliner Netz allerdings nur vergleichsweise kleine Erzeugungseinheiten eingesetzt werden, da bei einem Einspeisungsausfall nur sehr begrenzt Regelleistung zur Verfügung stand. Im Westberliner Netz traten aufgrund der insgesamt geringen installierten Leistung gegenüber dem Westeuropäischen Verbundsystem deutlich höhere Schwankungen der Netzfrequenz und der Netzspannung auf. Zur Einhaltung der Regelbandbreite von ±200 MHz wurde in den 1980er-Jahren in Berlin eine der zur damaligen Zeit weltgrößten Batterieanlagen errichtet. Diese Anlage hatte eine maximale Leistungsabgabe von 17 MW und einen maximalen Leistungsgradienten von 12 MW/s.

Im Westen Deutschlands gab es nach dem Zweiten Weltkrieg in der Höchstspannungsebene zunächst neun Betreiber von Übertragungsnetzen (Abb. 2.45), die von 1948 bis

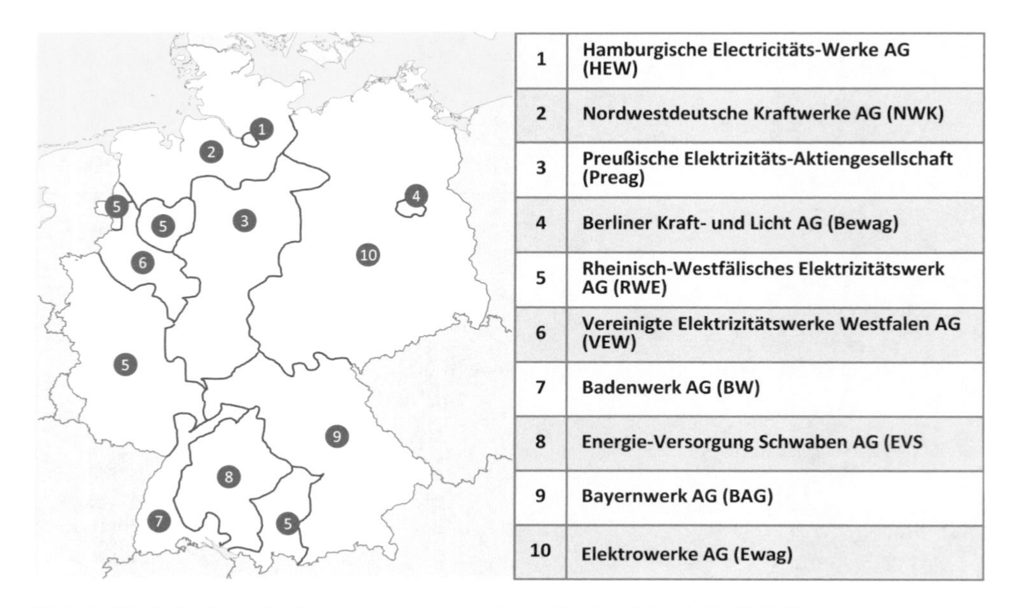

1	Hamburgische Electricitäts-Werke AG (HEW)
2	Nordwestdeutsche Kraftwerke AG (NWK)
3	Preußische Elektrizitäts-Aktiengesellschaft (Preag)
4	Berliner Kraft- und Licht AG (Bewag)
5	Rheinisch-Westfälisches Elektrizitätswerk AG (RWE)
6	Vereinigte Elektrizitätswerke Westfalen AG (VEW)
7	Badenwerk AG (BW)
8	Energie-Versorgung Schwaben AG (EVS
9	Bayernwerk AG (BAG)
10	Elektrowerke AG (Ewag)

Abb. 2.45 Aufteilung der Stromversorgung und des Netzbetriebs ab 1948 [73]

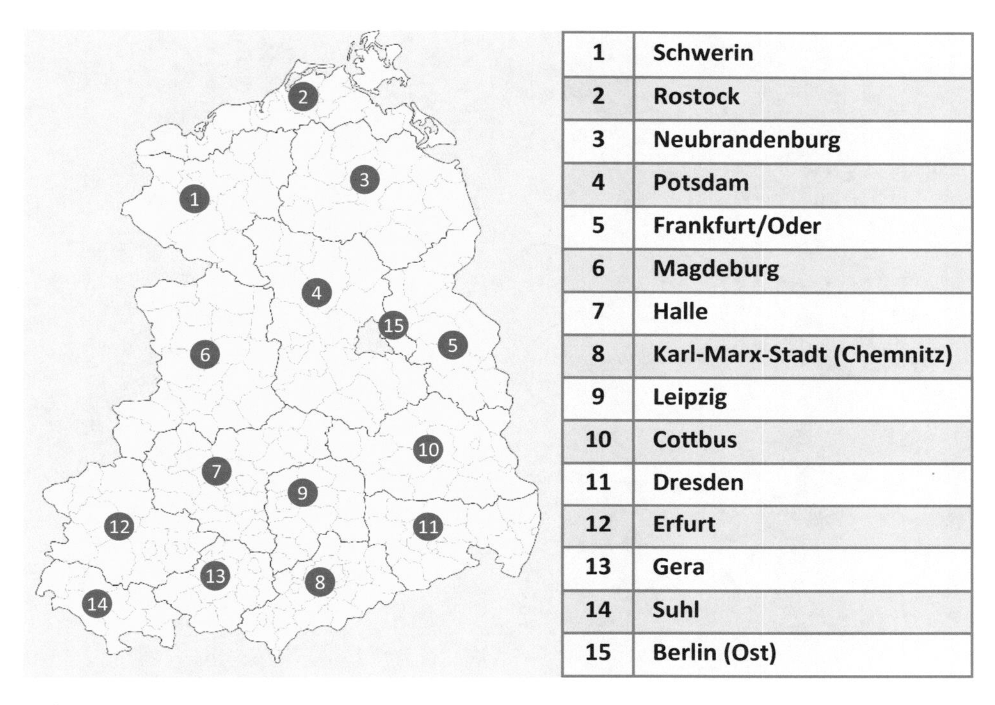

1	Schwerin
2	Rostock
3	Neubrandenburg
4	Potsdam
5	Frankfurt/Oder
6	Magdeburg
7	Halle
8	Karl-Marx-Stadt (Chemnitz)
9	Leipzig
10	Cottbus
11	Dresden
12	Erfurt
13	Gera
14	Suhl
15	Berlin (Ost)

Abb. 2.46 Aufteilung der Stromversorgung und des Netzbetriebs in der DDR [73]

2001 in der Deutschen Verbundgesellschaft e. V. mit Sitz in Heidelberg organisiert waren. Die Preag und die NWK fusionierten 1985 zur PreussenElektra AG.

Im Osten Deutschlands gab es nach dem Zweiten Weltkrieg die Elektrowerke AG (Ewag), die seit 1943 Teil der Vereinigten Industrieunternehmungen AG (Viag) war (Abb. 2.46). Nach der Gründung der DDR verlor die Ewag als Westberliner Unternehmen fast ihr gesamtes Versorgungsgebiet in der nun sowjetischen Besatzungszone und damit ihre Bedeutung als Energieversorger. Sie bestand aber zunächst formal weiter und ging mit der Viag-Veba-Fusion im Jahr 2000 im neu gegründeten Unternehmen E.ON auf. Die Energieversorgung in der DDR wurde durch 15 volkseigene Bezirkskombinate (VEB Energieversorgung) verantwortet. Der zentrale VEB Verbundnetz war für den Betrieb des gesamten Übertragungsnetzes auf dem Gebiet der DDR zuständig [73].

Zur Deckung des stetig ansteigenden Energieverbrauchs in der Wiederaufbauphase wurden in den 1950er-Jahren am Rand des rheinischen Braunkohlereviers (z. B. in Weisweiler und Frimmersdorf) zahlreiche Großkraftwerke errichtet. Weitere Einspeisungen aus den Wasserkraftwerken an Donau und Main brachten das bestehende 220-kV-Netz an die Grenzen seiner Übertragungskapazitäten, sodass die Einführung einer höheren Spannungsebene im Übertragungsnetz erforderlich wurde (Abb. 2.47). Die erste 380-kV-Leitung wurde im Jahre 1957 in Betrieb genommen. Die 341 km lange Leitung führte von Rommerskirchen über Bürstadt nach Hoheneck. Damit sind diese beiden

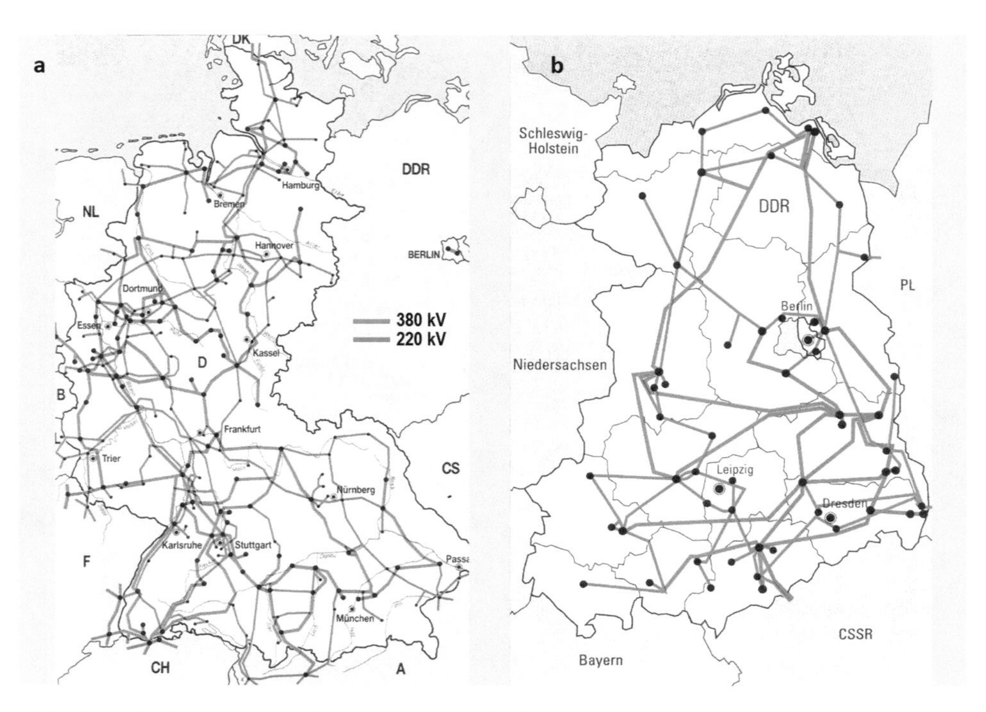

Abb. 2.47 Verbundnetze in der Bundesrepublik Deutschland (a) und in der DDR (b) (Stand 1988) [77]

Spannungsebenen nicht galvanisch getrennt. Langfristig wird die 220-kV-Ebene vollständig auf die Spannung 380 kV umgerüstet.

Abb. 2.47 zeigt den Ausbauzustand der Übertragungsnetze in der Bundesrepublik Deutschland und in der DDR für das Jahr 1988 kurz vor der Wiedervereinigung [77]. Aus dieser Abbildung ist erkennbar, in welche Verbundsysteme die beiden Netze jeweils eingebunden waren. Das Übertragungsnetz der Bundesrepublik Deutschland war mit etlichen Kuppelleitungen mit dem westeuropäischen Verbundsystem UCTE gekoppelt. Das Übertragungsnetz der DDR war Teil des osteuropäischen Verbundsystems VES/CENTREL. Zwischen den beiden deutschen Übertragungsnetzen bestand keine Verbindung. Allerdings war in den 1980er-Jahren ein vollwertiger bidirektionaler Energieaustausch über eine HGÜ-Kurzkupplung am Standort Wolmirstedt vorgesehen. Im Zuge der Wiedervereinigung wurde der Bau der HGÜ-Kurzkupplung Wolmirstedt im April 1990 eingestellt. Nach der Grenzöffnung wurde beschlossen, die Stromnetze Ost- und Westdeutschlands miteinander zu synchronisieren und entsprechende Leitungen zwischen den beiden Netzen zu bauen.

2.3.4 Nach der Wiedervereinigung

Nach der politischen Wiedervereinigung der beiden deutschen Staaten war zunächst noch keine gemeinsame Stromversorgung möglich. Die Netze in West und Ost gehörten weiterhin unterschiedlichen internationalen Verbundnetzen an [77]. Zuerst mussten die unterbrochenen Verbindungen zwischen dem mitteldeutschen Netz und dem Ruhrgebiet bzw. den süddeutschen Netzgebieten wiederhergestellt werden. Zusätzlich wurden zwei Querspangen in ost-westlicher Richtung eingefügt, um einen gesamtdeutschen Verbund zu ermöglichen [72]. Erst im Herbst 1995 waren diese Arbeiten abgeschlossen und das gesamtdeutsche Verbundnetz konnte in Betrieb genommen werden [78]. Zeitgleich musste eine elektrische Entkopplung (z. B. durch HGÜ-Leitungen oder HGÜ-Kurzkupplungen) an der östlichen Grenze zu den benachbarten Verbundsystemen erfolgen (Abb. 2.48).

Ebenfalls musste das nach über 40 Jahren als Insel betriebene Westberliner Netz in den kontinentaleuropäischen Verbund integriert werden [79]. Dazu wurde eine leistungsfähige 380-kV-Leitung über 170 km von Helmstedt bei Hannover bis nach Berlin gebaut. Am 7. Dezember 1994 wurde das Westberliner Netz mit dem westeuropäischen Verbundsystem synchronisiert. Abb. 2.49 zeigt den Frequenzverlauf unmittelbar vor und nach der Zusammenschaltung dieser beiden Netze. Es ist gut erkennbar, wie groß die Frequenzschwankungen im Westberliner Netz während des Inselnetzbetriebs im Gegensatz zum Frequenzverlauf im westeuropäischen Verbundsystem war.

Die westdeutschen Übertragungsnetzbetreiber PreussenElektra, RWE und Bayernwerk handelten im Zuge der Wiedervereinigung mit der DDR den sogenannten „Stromvertrag" aus und konnten dadurch ihre jeweiligen Marktgebiete deutlich ausweiten. Mit diesem Vertrag wurden im Jahr 1994 die ehemaligen Volkseigenen Bezirkskombinate in der Vereinigten Energiewerke AG (Veag) zusammengeschlossen. Ausgenommen von diesem Vertrag waren allerdings die Verteilnetze sowie die Versorgungseinheiten der Stadtwerke. 75 % der Veag-Anteile übernahmen PreussenElektra, RWE und Bayernwerk, die auch gemeinsam für die Geschäftsführung verantwortlich waren und die Versorgungssicherheit in den Ländern der ehemaligen DDR gewährleisten sollten. Die übrigen 25 % der Veag-Anteile wurden an die fünf kleineren westdeutschen Energieunternehmen Bewag, HEW, VEW, EVS und Badenwerk veräußert [73] (Abb. 2.50).

2.3.5 Liberalisierung und Unbundling

Entsprechend der EU-Richtlinie zur Strommarktliberalisierung von 1996 [66] wurde im Jahr 1998 der Strommarkt in Deutschland vollständig liberalisiert. Um sich für den wachsenden Wettbewerb nach der Strommarktliberalisierung zu rüsten, gingen die deutschen Stromkonzerne zwischen 1997 und 2002 eine Reihe von Fusionen ein, die mit der Bildung der vier auf der Übertragungsnetzebene tätigen Unternehmen RWE (aus RWE und VEW),

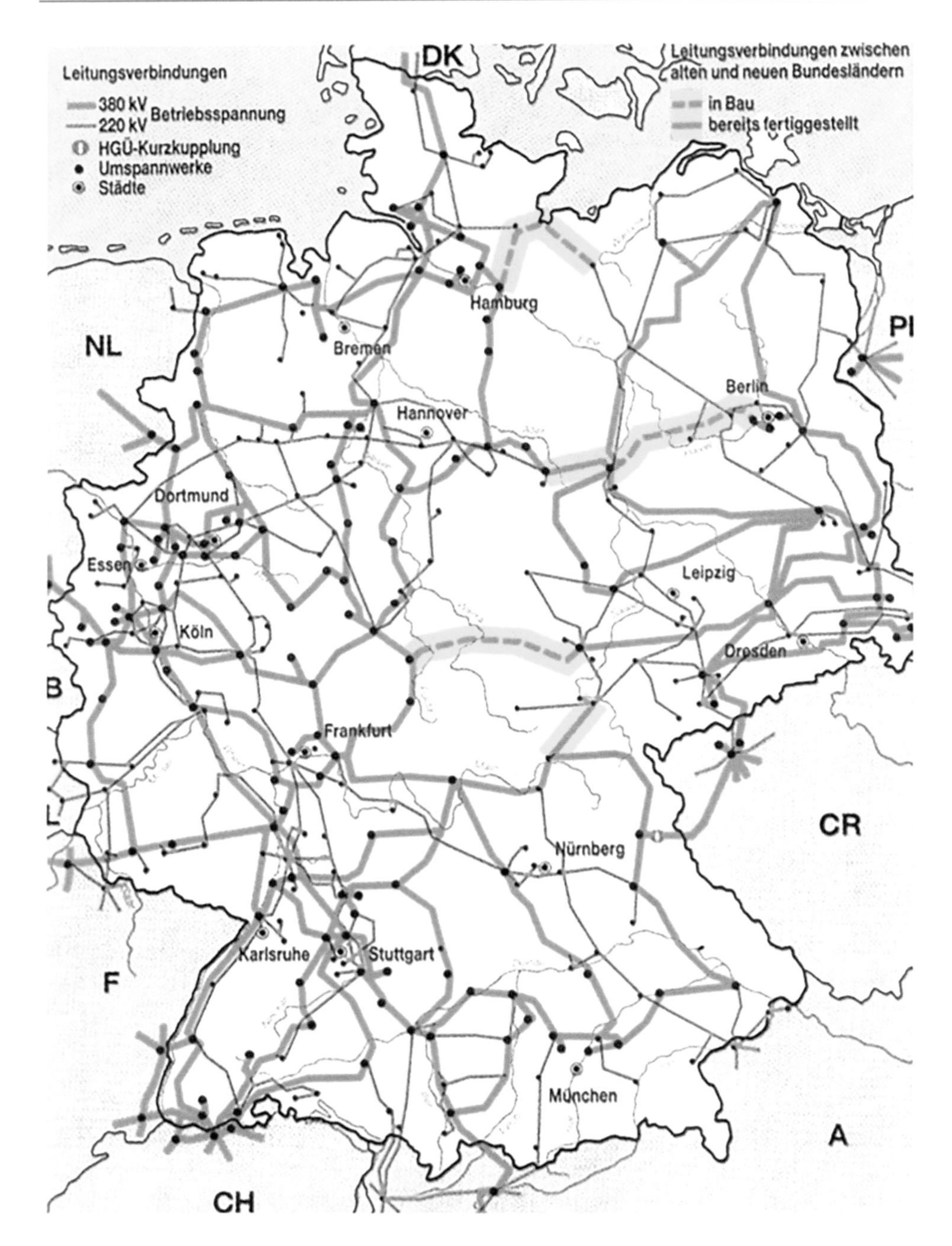

Abb. 2.48 Wiederherstellung der innerdeutschen Verbundnetzkupplungen [77]

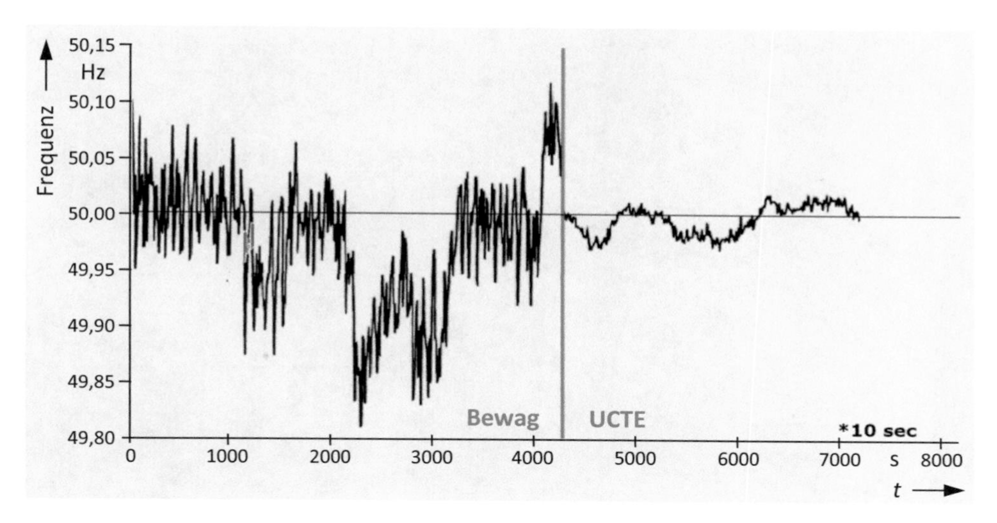

Abb. 2.49 Frequenzverlauf bei der Synchronisation von Bewag- und UCTE-Netz. (Quelle: Energie-Museum Berlin)

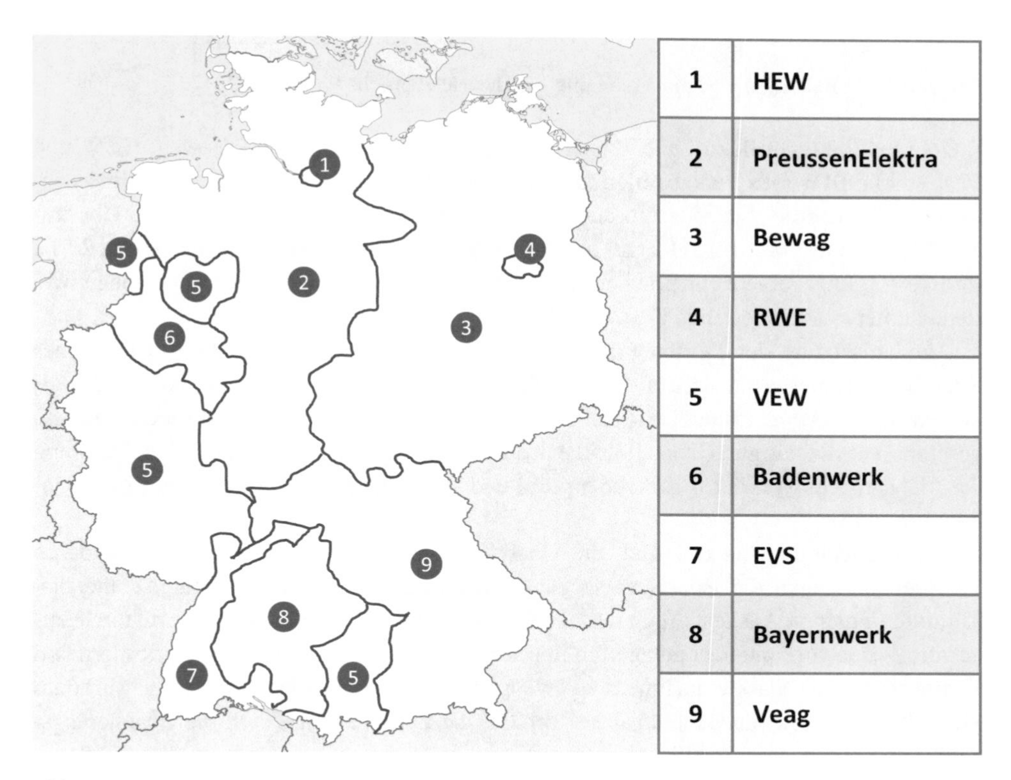

Abb. 2.50 Aufteilung der Stromversorgung und des Netzbetriebs im Jahr 1995 [73]

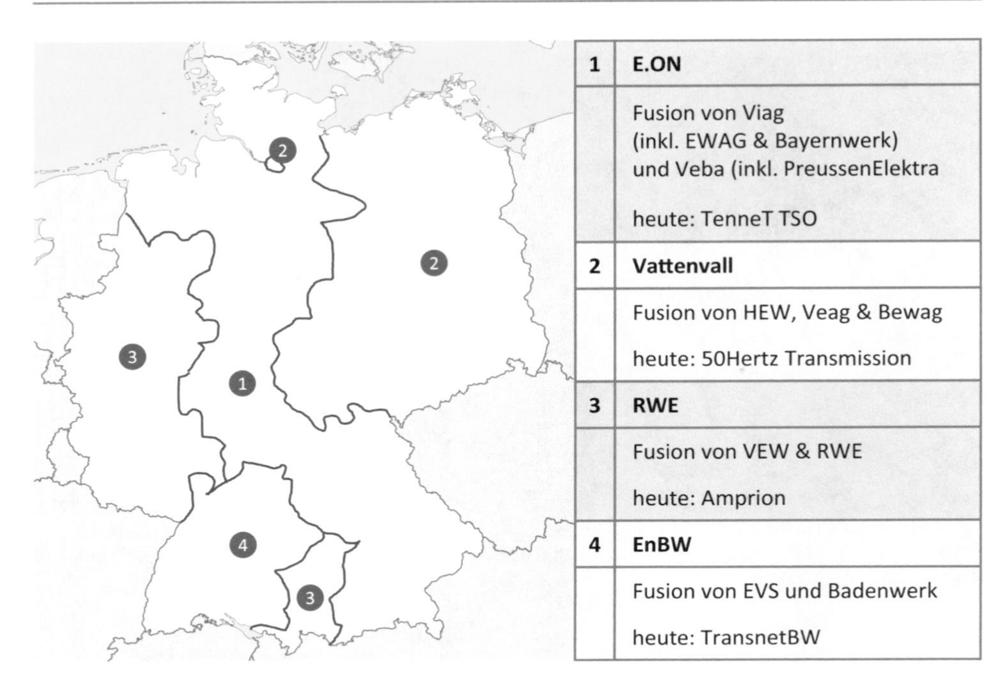

Abb. 2.51 Aufteilung der Stromversorgung und des Netzbetriebs im Jahr 2002 [73]

E.ON (aus PreussenElektra und Bayernwerk), Vattenfall Europe (aus Bewag, HEW und Veag) und EnBW (aus Badenwerk und EVS) abgeschlossen wurden. Diese vier Unternehmen waren neben der Produktion und der Verteilung nach wie vor auch für die Übertragung des Stroms durch ihre Höchst- und Hochspannungsnetze verantwortlich (Abb. 2.51). Ihre Versorgungsgebiete entsprachen schon damals den Grenzen der vier Regelzonen, wie sie auch heute noch bestehen [73].

Zur Umsetzung des Dritten Energiepakets der EU aus dem Jahr 2009 in deutsches Recht wurde am 4. August 2011 die Novelle des Energiewirtschaftsgesetzes (EnWG) [83] in Deutschland verabschiedet. Sie sah über die vormals mit der Strommarktliberalisierung beschlossene Beseitigung von Eintrittshürden in den Strommarkt hinaus eine Trennung des Netzbetriebs von der Stromversorgung und -erzeugung vor (Entflechtung bzw. Unbundling) [73].

Die Entflechtung hat das Ziel, die Unabhängigkeit des Netzbetreibers von anderen Tätigkeitsbereichen der Energieversorgung sicherzustellen. Denn Transparenz und diskriminierungsfreie Ausgestaltung des Netzbetriebs sind Grundvoraussetzungen, um Wettbewerb in den vor- und nachgelagerten Bereichen der Wertschöpfungskette zu fördern und Vertrauen bei den Marktteilnehmern zu erzeugen. Für Übertragungsnetzbetreiber wurde im Zuge des 3. Energiebinnenmarktpaketes der EU die Zertifizierung durch die Regulierungsbehörde geregelt. Die Zertifizierung dient dem Nachweis der Einhaltung der Entflechtungs- bzw. Organisationsvorgaben durch den Transportnetzbetreiber [80].

Entsprechend den Vorgaben der EU zur Umsetzung des Unbundling wurden von den Energiekonzernen EnBW, E.ON, RWE und Vattenfall Europe in den Jahren 2010 bis 2012 durch Verkauf oder Ausgliederung ihrer Übertragungsnetze die heutigen Übertragungsnetzbetreiber 50Hertz Transmission, Amprion, TenneT TSO und TransnetBW gegründet (siehe Abb. 2.5). Damit wurde die Stromübertragung formell von der Stromerzeugung und vom Stromvertrieb getrennt [6, 73, 77].

Die vier heute in Deutschland vorhandenen Übertragungsnetze mit ihren jeweiligen Regelzonen sind über viele Jahrzehnte oftmals nicht nach wirtschaftlich oder technisch effizienten Kriterien, sondern aus den jeweils gültigen geopolitischen Gegebenheiten entstanden. Eine Konzeption der Regelzonen quasi „auf der grünen Wiese" würde wahrscheinlich zu einem anderen Zuschnitt der Regelzone(n) in Deutschland führen.

Eine der wesentlichen Konsequenzen der Liberalisierung und des Unbundling ist, dass die Netze allen Benutzern diskriminierungsfrei zur Verfügung stehen. Als Gegenleistung erhält der Netzbetreiber ein Netzentgelt, das von der zuständigen Regulierungsbehörde festgelegt wird. Dieser freie Netzzugang ist die Voraussetzung für den unbeschränkten und stetig zunehmenden Handel mit elektrischer Energie. Vor der Liberalisierung wurden die Netze dagegen nur selten durch Dritte genutzt, wenn man vom Stromaustausch der Stromversorger untereinander absieht. Diese auch als „Durchleitung" bezeichneten Netznutzungsfälle beschränkten sich im Wesentlichen auf große Industriebetriebe, die ihren Strombedarf mit unternehmenseigenen Kraftwerken deckten. Wollte ein solches Industriekraftwerk auch andere Standorte desselben Unternehmens versorgen, musste es dafür das Netz der öffentlichen Stromversorgung benutzen und quasi die erzeugte Energie durch das öffentliche Netz durchleiten. Physikalisch ist dies allerdings nicht ganz zutreffend, da sich der tatsächliche Stromfluss niemals direkt, sondern entsprechend den vorhandenen Impedanzen im vermaschten Netz verteilt. Der Begriff „Durchleitung" umschrieb auch immer das Vorhandensein von in sich abgeschlossenen Versorgungsgebieten. Der Begriff „Netznutzung" beschreibt dagegen viel besser die aktuelle Situation.

Auch wenn rechtlich und organisatorisch das Unbundling existiert, bilden Kraftwerke/Einspeisungen/Lasten und das Netz eine physikalische Einheit mit wechselseitigen Abhängigkeiten und Beeinflussungen. Daher muss die Systemführung eines Übertragungsnetzes auch immer die aktuelle Einspeise- und Lastsituation beobachten und ggf. in das Einspeise- und Lastgeschehen eingreifen.

Literatur

1. VDE FNN, Störungs- und Verfügbarkeitsstatistik, Berlin: VDE-Verlag, 2019.
2. E. Winter, Hrsg., Gabler Wirtschaftslexikon, Berlin: Springer, 2014.
3. J. Böttcher, Stromleitungsnetze, München: De Gruyter Oldenbourg, 2014.
4. H. Hoch und J. Haucap, Praxishandbuch Energiekartellrecht, Berlin: DeGruyter, 2018.
5. Bundesamt für Bevölkerungsschutz und Katastrophenhilfe (BBK), Stromausfall – Grundlagen und Methoden zur Reduzierung des Ausfallrisikos der Stromversorgung, Bonn, 2014.
6. A. Schwab, Elektroenergiesysteme, Berlin: Springer, 2017.

7. H. Niederhausen und A. Burkert, Elektrischer Strom, Berlin: Springer, 2014.
8. P. Konstantin, Praxisbuch Energiewirtschaft, Berlin: Springer, 2013.
9. Bundesnetzagentur, „Netzentwicklungsplan 2030 (2019)," [Online]. Available: https://www.netzentwicklungsplan.de/de/netzentwicklungsplaene/netzentwicklungsplan-2030-2019. [Zugriff am 24.10.2020].
10. P. Markewitz, P. Lopion, M. Robinius und D. Stolten, „Energietransport und -verteilung," *BWK,* Bd. 71, Nr. 6, 2019.
11. Entso-E, „Regional Groups," [Online]. Available: https://www.entsoe.eu/about-entso-e/system-operations/regional-groups/Pages/default.aspx. [Zugriff am 20.6.2024].
12. 50Hertz, „Combined Grid Solution Kriegers Flak," [Online]. Available: https://www.50hertz.com/de/Netz/Netzentwicklung/ProjekteaufSee/CombinedGridSolutionKriegersFlakCGS. [Zugriff am 14.6.2024].
13. Z. Filipović, Elektrische Bahnen, Berlin: Springer, 2015.
14. H. Biesenack, G. George, G. Hofmann und A. Schmieder, Energieversorgung elektrischer Bahnen, Wiesbaden: Vieweg+Teubner, 2006.
15. FGC, „Federal Grid Company FGC," [Online]. Available: https://www.fsk-ees.ru/. [Zugriff am 4.3.2024].
16. X. Dong und M. Ni, „Ultra High Voltage Power Grid Development in China," 2010. [Online]. Available: http://ieeexplore.ieee.org/stamp/stamp.jsp?arnumber=5590012. [Zugriff am 15.4.2016].
17. Z. Liu, Electric Power and Energy in China, Singapur: John Wiley & Sons, 2013.
18. State Grid Corporation of China (SGCC), „SGCC Power Grid," [Online]. Available: http://www.sgcc.com.cn/ywlm/index.shtml. [Zugriff am 11.2.2021].
19. China Southern Power Grid (CSG), „CSG – Company Profile," [Online]. Available: http://eng.csg.cn/. [Zugriff am 11.2.2021].
20. Tagesschau, „Immer noch Hunderttausende ohne Strom," 18.02.2021. [Online]. Available: https://www.tagesschau.de/ausland/amerika/blackout-texas-usa-101.html.
21. Cigre WG B4.76, „DC-DC converters in HVDC grids and for connections to HVDC systems," Cigre, Paris, 2021.
22. Z. Liu, Global Electricity Interconnection, London: Elsevier, 2016.
23. Cigre Working Group C1.35, „TB 775, Global electricity network – Feasibility study," Cigre, Paris, 2019.
24. G. Czisch, „Interkontinentale Stromverbünde," *Integration Erneuerbarer Energien in Versorgungsstrukturen,* pp. 51–63, 2001.
25. E. Brainpool, „Global Energy Interconnection: Chinas Idee für eine weltweite Energierevolution," 3. März 2016. [Online]. Available: https://blog.energybrainpool.com/global-energy-interconnection-chinas-idee-fuer-eine-weltweite-energierevolution/. [Zugriff am 12.6.2024].
26. C. Gellings, „A globe-spanning super grid," *IEEE Spectrum,* pp. 48–54, 2015.
27. K. F. Schäfer, Netzberechnung, 2. Aufl., Wiesbaden: Springer-Vieweg, 2023.
28. Entso-E, „Scenario Outlook And Adequacy Forecast 2014–2030, European Network of Transmission System Operators for Electricity," [Online]. Available: https://eepublicdownloads.entsoe.eu/clean-documents/tyndp-documents/TYNDP%202014/141017_SOAF%202014-2030.pdf. [Zugriff am 12.6.2024].
29. Bundesnetzagentur, „Kopplung der europäischen Stromgroßhandelsmärkte (Market Coupling) / Berechnung gebotszonenübergreifender Übertragungskapazitäten," 2021. [Online]. Available: https://www.bundesnetzagentur.de/DE/Sachgebiete/ElektrizitaetundGas/Unternehmen_Institutionen/HandelundVertrieb/EuropMarktkopplung/MarketCoupling_node.html. [Zugriff am 2.5.2021].
30. Europäische Union, „Verordnung (EU) 2015/1222 der Kommission zur Festlegung einer Leitlinie für die Kapazitätsvergabe und das Engpassmanagement," 24. Juli 2015. [Online]. Available: https://eur-lex.europa.eu/legal-content/DE/TXT/HTML/?uri=CELEX:32015R1222&rid=1. [Zugriff am 21.6.2024].

31. Europäische Union, „Verordnung (EU) 2019/943 des Europäischen Parlaments und des Rates über den Elektrizitätsbinnenmarkt,“ 5 Juni 2019. [Online]. Available: https://eur-lex.europa.eu/legal-content/DE/TXT/PDF/?uri=CELEX:32019R0943&qid=1574665081379&from=DE. [Zugriff am 4.11.2020].
32. Entso-E, „Procedures for Cross-Border Transmission Capacity Assessments,“ Brüssel, 2001.
33. Entso-E, „Definitions of Transfer Capacities in liberalised Electricity Markets,“ Brüssel, 2001.
34. Entso-E, „Net Transfer Capacities (NTC) and Available Transfer Capacities (ATC) – Information for User,“ March 2000. [Online]. Available: https://www.entsoe.eu/fileadmin/user_upload/_library/ntc/entsoe_NTCusersInformation.pdf. [Zugriff am 14.6.2024].
35. Bundesnetzagentur, „Monitoringbericht 2019,“ Bonn, 2020.
36. Deutscher Bundestag, Gesetz zum Ausbau von Energieleitungen (Energieleitungsausbaugesetz – EnLAG), Berlin, 2009.
37. Deutscher Bundestag, Netzausbaubeschleunigungsgesetz Übertragungsnetz (NABEG), Berlin, 2011.
38. Deutscher Bundestag, Gesetz über den Bundesbedarfsplan (Bundesbedarfsplangesetz – BBPlG), Berlin, 2016.
39. L. Jarass und G. Obermair, Welchen Netzumbau erfordert die Energiewende, Münster: MV-Verlag, 2012.
40. VDE, Aktive Energienetze im Kontext der Energiewende, Frankfurt: VDE-Verlag, 2013.
41. Bundesnetzagentur, „Stromnetze zukunftssicher gestalten – Leitungsvorhaben,“ [Online]. Available: https://www.netzausbau.de/Vorhaben/uebersicht/karte/karte.html. [Zugriff am 14.6.2024].
42. B. Buchholz und Z. Styczynski, Smart Grids, Berlin: VDE-Verlag, 2014.
43. Bundesnetzagentur, „Vorhaben,“ [Online]. Available: https://www.netzausbau.de/Vorhaben/uebersicht/liste/liste.html. [Zugriff am 14.6.2024].
44. Bundesministerium für Wirtschaft und Energie, „Moderne Verteilernetze für Deutschland (Verteilernetzstudie),“ 12. September 2014. [Online]. Available: http://www.bmwi.de/BMWi/Redaktion/PDF/Publikationen/Studien/verteilernetzstudie,property=pdf,bereich=bmwi2012,sprache=de,rwb=true.pdf. [Zugriff am 10.6.2024].
45. VDN, Jahresbericht 2006, Frankfurt, 2006.
46. H. Gremmel, ABB Schaltanlagen-Handbuch, Mannheim: Cornelsen, 2020.
47. G. Hosemann, Hrsg., Elektrische Energietechnik, Bd. 3: Netze, Berlin: Springer, 2001.
48. Deutscher Bundestag – Wissenschaftliche Dienste, „Sicherheitsabstand zwischen Hochspannungsfreileitungen und baulichen Anlagen“, Berlin, 2019
49. Amprion, „Startschuss für Strompipeline,“ 15. Juni 2009. [Online]. Available: https://www.amprion.net/Presse/Presse-Detailseite_2476.html. [Zugriff am 5.3.2021].
50. Entso-E, „10-Year Network Development Plan,“ 2012. [Online]. Available: https://www.entsoe.eu/fileadmin/user_upload/_library/SDC/TYNDP/2012/TYNDP_2012_report.pdf. [Zugriff am 10.6.2024].
51. V. Crastan, Elektrische Energieversorgung 3, Berlin: Springer, 2011.
52. Infineon, „Smart Grid Semiconductor Solutions. Adding more than intelligence to the grid,“ 2012. [Online]. Available: https://masstransit.network/upload/Industry/Infineon/infineonbrochureSemiconductor.pdf. [Zugriff am 10.6.2024].
53. P. Fairley, „Flexible AC Transmission: The FACTS Machine – Flexible power electronics will make the smart grid smart,“ *IEEE Spectrum Special Report,* Nr. 9, 2011.
54. R. Sellick und M. Åkerberg, „Comparison of HVDC Light (VSC) and HVDC Classic (LCC) Site Aspects, for a 500MW 400kV HVDC Transmission Scheme,“ 2012. [Online]. Available: https://www.researchgate.net/publication/271473616_Comparison_of_HVDC_Light_VSC_and_HVDC_Classic_LCC_Site_Aspects_for_a_500MW_400kV_HVDC_Transmission_Scheme. [Zugriff am 10.6.2024].

55. H. Heindl, D. Pertot, G. Röhrl und J. Springer, „1500-MVA-Transformatorensatz mit Längs- und Quereinstellung der Spannung," *ew – Magazin für die Energiewirtschaft,* Bd. 86, Nr. 4, pp. 123–128, 1987.
56. UCTE, „Final Report System Disturbance on 4 November 2006", Brüssel, 2007. [Online]. Available: https://www.entsoe.eu. [Zugriff am 10.6.2024].
57. U.S.-Canada Power System Outage Task Force, „Final Report on the August 14, 2003 Blackout in the United States and Canada: Causes and Recommendations", 2004. [Online]. Available: http://www.nerc.com. [Zugriff am 10.6.2024].
58. Entso-E, „Operation Handbook," Brüssel, 2009.
59. Europäische Kommission, Festlegung einer Leitlinie für den Übertragungsnetzbetrieb, Amtsblatt der Europäischen Union, Brüssel, 2017.
60. C. Schneiders, „Visualisierung des Systemzustandes und Situationserfassung in großräumigen elektrischen Übertragungsnetzen," Dissertation, Bergische Universität Wuppertal, 2014.
61. J. Vanzetta, „CIGRE Presentation in Workshop "Large Disturbances"," in *CIGRE Session*, Paris, 2010.
62. J. Vanzetta und C. Schneiders, „Current and imminent challenges for the Transmission System Operator in Germany," *IEEE PES Innovative Smart Grid Technologies (ISGT) Europe,* 2011.
63. C. Schneiders, J. Vanzetta und J. Verstege, „Enhancement of Situation Awareness in Wide Area Transmission Systems for Electricity and Visualization of the Global System State," *IEEE PES Innovative Smart Grid Technologies (ISGT) Europe,* Paper 2012ISGTEU-061, 2012.
64. NERC, „Reliability Standards," [Online]. Available: http://www.nerc.com.
65. R. Baumann, K. Eggenberger, D. Klaar, O. Obert, R. Paprocki, T. Türkucar und J. Vanzetta, „TSC: Increase security of supply by an intensified regional cooperation based on a cooperation platform and common remedial actions," in *CIGRE Symposium "Assessing and Improving Power System Security, Reliability and Performance in Light of Changing Energy Sources"*, Recife, Brasilien, 2011.
66. Europäisches Parlament und Rat, „Richtlinie 96/92/EG betreffend gemeinsame Vorschriften für den Elektrizitätsbinnenmarkt," Brüssel, 1996.
67. Deutscher Bundestag, Gesetz für die Erhaltung, die Modernisierung und den Ausbau der Kraft-Wärme-Kopplung (Kraft-Wärme-Kopplungsgesetz – KWKG), Berlin, 2015.
68. Deutsche Bundesregierung, Verordnung über die Entgelte für den Zugang zu Elektrizitätsversorgungsnetzen (Stromnetzentgeltverordnung StromNEV, Berlin, 2019.
69. Deutsche Bundesregierung, Verordnung über Vereinbarungen zu abschaltbaren Lasten (Verordnung zu abschaltbaren Lasten – AbLaV), Berlin, 2016.
70. Deutsche Bundesregierung, Verordnung über die Anreizregulierung der Energieversorgungsnetze (Anreizregulierungsverordnung – ARegV), Berlin, 2019.
71. U. Leprich, J. Diekmann und H.-J. Ziesing, Regulierung der Stromnetze in Deutschland, Düsseldorf: Hans-Böckler-Stiftung, 2007.
72. P. Becker, Aufstieg und Krise der deutschen Stromkonzerne, Bochum: Ponte Press Verlags GmbH, 2010.
73. H. Sämisch, „Entwicklung der Stromnetze," 10. Juni 2015. [Online]. Available: https://www.next-kraftwerke.de/energie-blog/entwicklung-stromnetz. [Zugriff am 21.6.2024].
74. T. Horstmann und K. Kleinekorte, Strom für Europa, 75 Jahre RWE-Hauptschaltleitung Brauweiler 1928–2003, RWE, Hrsg., Essen: Klartext-Verlag, 2003.
75. W. Funk, „Verordnung zur Sicherstellung der Elektrizitätsversorgung", (RGBl. I, S. 1607f), Berlin, 3. Sept. 1939.
76. J. Schwarz, „Verbund in Deutschland nach 1945," *ew – Magazin für die Energiewirtschaft,* Bd. 93, Nr. 13, pp. 5–9, 1994.

77. A. Schnug und L. Fleischer, Bausteine für Stromeuropa: eine Chronik des elektrischen Verbunds in Deutschland; 50 Jahre Deutsche Verbundgesellschaft, Heidelberg: DVG, 2000.
78. J. Stotz, „Anbindung des Höchstspannungsnetzes der neuen Bundesländer an den westdeutschen Verbund," *ew – Magazin für die Energiewirtschaft,* Bd. 93, Nr. 13, pp. 12–17, 1994.
79. D. Winje, „Integration des West-Berliner Netzes in den deutschen Verbund," *ew – Magazin für die Energiewirtschaft,* Bd. 93, Nr. 13, pp. 20–24, 1994.
80. Bundesnetzagentur, „Entflechtung, Konzessionen, Geschlossene Verteilernetze," [Online]. Available: https://www.bundesnetzagentur.de/DE/Sachgebiete/ElektrizitaetundGas/Unternehmen_Institutionen/EntflechtungKonzessionenVerteilernetze/entflechtungkonzessionenverteilernetze-node.html. [Zugriff am 21.6.2024].
81. Amprion, „Immer in Balance!," 15. Juni 2019. [Online]. Available: https://www.amprion.net/Netzjournal/Beiträge-2019/Immer-in-Balance!.html. [Zugriff am 2.8.2021].
82. VDE-Bezirksverein Dresden e.V. (Hrsg.): 110 Jahre VDE-Bezirksverein Dresden. Sächsisches Druck- und Verlagshaus, Dresden (2002).
83. Deutscher Bundestag, Gesetz über die Elektrizitäts- und Gasversorgung (Energiewirtschaftsgesetz – EnWG), Berlin, 2023.
84. K. F. Schäfer, Blackout, Wiesbaden: Springer-Vieweg, 2024.
85. enArgus, „Sekundärtechnik," Projektträger Jülich | Forschungszentrum Jülich GmbH, [Online]. Available: https://www.enargus.de/pub/bscw.cgi/d11365-2/*/*/Sekund%C3%A4rtechnik.html?op=Wiki.getwiki. [Zugriff am 8.4.2023].
86. Central Intelligence Agency, „The World Factbook – China", [Online]. Available: https://www.cia.gov/the-world-factbook/countries/china/#energy. [Zugriff am 16.4.2024].

Betrieb elektrischer Übertragungssysteme 3

3.1 Systemführung

3.1.1 Aufgabenstellung

Entsprechend den Vorgaben des Energiewirtschaftsgesetzes [1] sind die Betreiber von Energieversorgungsnetzen nach § 11 verpflichtet, ein sicheres, zuverlässiges und leistungsfähiges Energieversorgungsnetz diskriminierungsfrei zu betreiben, zu warten und bedarfsgerecht zu optimieren, zu verstärken und auszubauen, soweit es wirtschaftlich zumutbar ist. Die Netzbetreiber tragen also in ihrem jeweiligen Zuständigkeitsbereich die Systemverantwortung dafür, für alle Marktteilnehmer einen transparenten und diskriminierungsfreien Netzzugang sowie jederzeit eine gesicherte Stromversorgung zu gewährleisten. Im Falle der Übertragungsnetzbetreiber entspricht dieser Zuständigkeitsbereich einer Regelzone. Bei Gefährdung der Systemsicherheit ergreift der Netzbetreiber die erforderlichen Gegenmaßnahmen (z. B. Netzschaltungen, Eingriffe in den Erzeugungspark, bis hin zur Anweisung von Lastabschaltungen). Im Gegenzug sind die Marktteilnehmer zur Unterstützung der Maßnahmen gemäß den Vorgaben und der Führung des Netzbetreibers verpflichtet.

Neben der Planung und Errichtung der Energieversorgungsnetze und der Koordinierung des diskriminierungsfreien Netzzugangs ist die Systemführung eine der wesentlichen Aufgaben der Betreiber von Energieversorgungsnetzen.

Die operativen Aufgaben der Systemführung ergeben sich aus den Betriebsregeln des kontinentaleuropäischen Übertragungsnetzes [2] sowie den Netz- und Systemregeln der deutschen Übertragungsnetzbetreiber [3]. Die wesentlichen rechtlichen Rahmenbedingungen für die Erfüllung dieser Aufgaben sind im Energiewirtschaftsgesetz (EnWG) [1] sowie dem Erneuerbare-Energien-Gesetz (EEG) [4] definiert. Danach muss die Systemführung das Übertragungsnetz überwachen, führen und steuern, um die Sicherheit des Systems insgesamt zu bewahren [3].

K. F. Schäfer, *Systemführung*, https://doi.org/10.1007/978-3-658-47006-7_3

Die Hauptaufgaben der Systemführung lassen sich in die Funktionsbereiche Netzführung, Spannungshaltung, Frequenzhaltung und Wiederaufbau aufteilen [3, 5, 6]. Diese Aufgaben werden auch unter dem Begriff Systemdienstleistungen (SDL) zusammengefasst (Abb. 3.1) [7]. In der Realität lassen sich allerdings nicht alle Aufgaben dieser Funktionsbereiche scharf trennen. Hierzu gehört beispielsweise das Redispatch im Rahmen des Engpassmanagements [3]. Die notwendigen Redispatchmaßnahmen werden durch die Netzführung analysiert. Die erforderlichen Arbeitspunkte werden den Kraftwerken dagegen durch den Bereich Frequenzhaltung zugewiesen. Zur Sicherstellung eines reibungslosen Ablaufs der Systemführung ist daher eine enge Abstimmung zwischen den verschiedenen Arbeitsplätzen in der Netzleitstelle und eine gute Kommunikation zwischen den betriebsführenden Personen zwingend erforderlich [6].

3.1.1.1 Funktionsbereich Netzführung

Mit dem Funktionsbereich Netzführung wird der eigentliche Betrieb des Übertragungsnetzes beschrieben. In der jeweils zuständigen Leitstelle werden rund um die Uhr der Zustand und die Auslastung des Übertragungsnetzes überwacht. Neben der Analyse, dem Monitoring und der Koordination des Stromflusses im Normalbetrieb fallen hier auch unplanmäßige Schalthandlungen zur Störungsbeseitigung an, um beispielsweise ausgefallene Netzelemente zu umgehen oder Leitungsüberlastungen und Netzengpässe zu vermeiden. Zu diesen Aufgaben gehören:

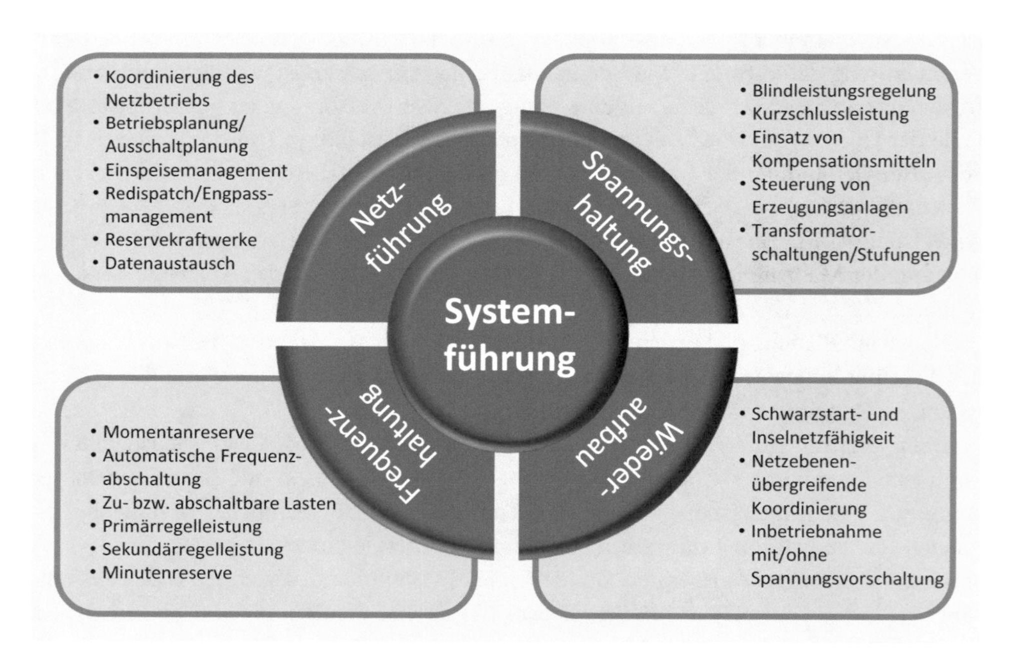

Abb. 3.1 Systemdienstleistungen

- Erstellung von Netzbetriebsprognosen
- Überwachung und Steuerung des Netzes
- Durchführung von Schaltmaßnahmen
- Gewährleistung der Netzsicherheit
- Störungserfassung und Behebung
- Internationale Koordination
- Engpassmanagement
- Anwendung § 13 EnWG bei Gefährdung der Netzsicherheit
- Netzwiederaufbau

3.1.1.2 Funktionsbereich Frequenzhaltung

Der Funktionsbereich Frequenzhaltung umfasst die Sicherstellung des jederzeitigen Gleichgewichts zwischen Erzeugung und Verbrauch elektrischer Energie in der Regelzone (Einhaltung der Systembilanz). Wird bezogen auf die jeweilige Nachfrage zu viel oder zu wenig Strom in das Netz eingespeist, kann es zu Abweichungen von der Nennfrequenz des Netzes von 50 Hz und damit zu einer Beeinträchtigung der Stromversorgung kommen. Um Schwankungen auszugleichen, setzen die Übertragungsnetzbetreiber z. B. Regelenergie ein oder schalten bestimmte Verbraucher (abschaltbare Lasten) ab. Im Einzelnen sind für die Einhaltung einer ausgeglichenen Systembilanz die folgenden Aufgaben erforderlich

- Fahrplanmanagement
- Lastdeckung in der Regelzone
- Ausgleich der Netzverluste
- Leistungs-Frequenz-Regelung im Netzregelverbund
- Einsatz der Regelenergie
- Internationale Koordination
- Engpassmanagement
- EEG-Vermarktung Intraday
- Anwendung § 13 EnWG bei Gefährdung der Netzsicherheit

3.1.1.3 Funktionsbereich Spannungshaltung

Die elektrische Spannung muss für einen sicheren und wirtschaftlichen Netzbetrieb in relativ engen Grenzen konstant gehalten werden und ist damit ein wichtiger Betriebsparameter in elektrischen Energieversorgungsnetzen. Dies ist für Übertragungsnetzbetreiber auf der Höchst- und Hochspannungsebene und für die Verteilungsnetzbetreiber auf der Mittel- und Niederspannungsebene eine Aufgabe im Rahmen der Systemdienstleistung und wird als Spannungshaltung bezeichnet. Eine ungenügende Spannungshaltung kann fatale Auswirkungen auf den Systemzustand haben. Durch Überspannungen kann es zu Überschlägen zwischen spannungsführenden Netzteilen und der Erde kommen. Die Belastungsgrenzen von Betriebsmitteln (Isolationsfestigkeit) können überschritten und die Geräte dadurch zerstört werden. Gleichzeitig darf die Spannung aber auch nicht zu niedrig werden, damit alle Verbraucher und Netzelemente ihre Funktion sicher erfüllen können und es nicht durch Unterspannungen zu Fehlfunktionen von Geräten kommen kann. Insbesondere durch den dynamischen Zubau von regenerativen Erzeugungsanlagen und den dadurch bedingten wechselnden Betriebssituationen sowie durch die sich stetig verändernde Verbraucherleistung wird das in den Verteilnetzen verfügbare Spannungsband zunehmend ausgenutzt und es ist eine permanente Nachführung der Spannung erforderlich [67].

In Abhängigkeit vom aktuellen Betriebsfall (z. B. Normalbetrieb oder Störungsfall) wird die Spannungshaltung in die Bereiche statische bzw. dynamische Spannungshaltung unterteilt [68]. Im Normalbetrieb gewährleistet die statische Spannungshaltung die Einhaltung des zulässigen Spannungsbandes. Dies ist die Voraussetzung für einen störungsfreien Betrieb der angeschlossenen elektrischen Geräte [70]. Im Störungsfall, z. B. bei Kurzschlüssen, ist durch die dynamische Spannungshaltung ein stabiler Weiterbetrieb des Systems möglich [69], falls ausreichende Kurzschlussleistung vorhanden ist. Dann kann die Netzstabilität auch bei Netzfehlern mit begrenzter Fehlerdauer (bis einige 100 ms) aufrechterhalten werden. Wesentlich ist, dass kurzzeitige fehlerbedingte Spannungseinbrüche oder -überhöhungen nicht zur Trennung bzw. Abschaltung von Erzeugungsanlagen führen (sog. „Durchfahren" von Netzfehlern) [74].

Eine mangelnde Spannungshaltung kann also zum Verlust von Betriebsmitteln (z. B. Spannungsbandverletzungen bei Leitungen) und von Erzeugungsanlagen führen. Damit besteht die Gefahr einer Instabilität für das gesamte Energieversorgungssystem.

3.1.1.4 Funktionsbereich Wiederaufbau

Während die drei vorgenannten Funktionsbereiche quasi den normalen Betrieb der Systemführung beschreiben, umfasst der Funktionsbereich Wiederaufbau die Aktivitäten, die im Anschluss von größeren Störungen ergriffen werden müssen. Wie umfänglich diese Arbeiten sind, hängt natürlich wesentlich vom Ausmaß der aufgetretenen Störung ab. Entscheidend dabei ist, welche Bereiche des Energieversorgungssystems von der Störung betroffen sind, welche Erzeugungseinheiten sich im Eigenbedarf halten konnten, welche schwarzstartfähigen Kraftwerke zur Verfügung stehen und ob eine Wiederinbetriebnahme von Netzbereichen mit oder ohne Spannungsvorschaltung möglich ist. Für den erfolgreichen Wiederaufbau des Energieversorgungssystems nach einem Blackout ist besonders die netzebenenübergreifende Koordination durch die Systemführung von großer Bedeutung (siehe Abschn. 3.4.3).

3.1.1.5 Instrumentenkasten der Systemführung

Für die erforderlichen Eingriffe in das aktuelle Geschehen im Rahmen der Netzführung und zur Einhaltung der Systembilanz stehen dem Betriebspersonal der Systemführung (Systemführer) eine Reihe von geeigneten Maßnahmen, quasi als „Instrumentenkasten" zur Verfügung [8]. Elementare Eingriffsmöglichkeiten sind Maßnahmen, mit denen der

Zustand des Netzes durch Topologieänderungen (Schaltmaßnahmen) und Zustände von Betriebsmitteln (z. B. Stufenstellungen von Transformatoren) modifiziert werden können.

Der Einsatz von Primär- und Sekundärregelleistung sowie Minutenreserve sind drei weitere Elemente dieses Instrumentenkastens, mit denen Leistungsdifferenzen und Frequenzschwankungen ausgeglichen werden können. Dahinter verbergen sich flexible Kraftwerke, die wahlweise binnen 30 s, fünf oder 15 min ihre Einspeisung erhöhen oder senken können (siehe Abschn. 3.5.2 Regelleistung).

Sind diese Maßnahmen nicht ausreichend, um den Systemzustand wieder in den gewünschten Zustand zu überführen, kann durch die Systemführung die Abschaltung großer Stromverbraucher für eine gewisse Zeit veranlasst werden. Diese sogenannten „Abschaltbaren Lasten" sind in der Regel energieintensive Unternehmen, die sich dafür im Rahmen einer Ausschreibung angeboten haben und einen finanziellen Ausgleich erhalten [9]. „Redispatch" heißt eine weitere Maßnahme des Instrumentenkastens, mit der die Systemführung in die vereinbarten Einsatzfahrpläne von Kraftwerken eingreifen kann. Die Systemführung kann damit konventionelle Kraftwerke, aber auch Wind- und Solaranlagen herunterregeln oder an anderer Stelle die Einspeisung erhöhen. Diese Eingriffe verursachen jedoch bei den Kraftwerksbetreibern Zusatzkosten, für die sie einen Ausgleich erhalten.

3.1.1.6 Neue Herausforderungen durch die Energiewende

Durch die sogenannte Energiewende werden die Herausforderungen an die Systemführung deutlich anwachsen. Die Energiewende ist eine Modernisierungsstrategie für die grundlegende Transformation der Energieversorgung. Neben der konsequenten Steigerung der Energieeffizienz wird durch die Energiewende der Einsatz der erneuerbaren Energien deutlich ansteigen und über den bisherigen Stromeinsatzbereich hinauswirken [11]. Zukünftig wird die fluktuierende Stromerzeugung aus Wind- und Sonnenenergie das System prägen. Im Jahr 2023 trugen Windkraft- und PV-Anlagen mehr als 39 % zur Stromerzeugung in Deutschland bei. Der Anteil der erneuerbaren Energien an der Stromerzeugung lag 2023 insgesamt bereits bei ca. 53 % und soll nach dem Willen der Bundesregierung bis 2030 auf 65 % steigen (Abb. 2.2). Verstärkt wird diese Entwicklung noch durch die Sektorkopplung. Damit ist in diesem Zusammenhang gemeint, dass Heizungen, Fahrzeuge und industrielle Prozesse immer mehr erneuerbaren Strom statt fossiler Brennstoffe nutzen werden.

Der europäische Binnenmarkt für Strom wird in den kommenden Jahren weiter zusammenwachsen. Mit dem europäischen Verbundsystem kann gut auf die flexible Erzeugung und den Verbrauch von elektrischer Energie reagiert und damit die Gesamtkosten der Stromproduktion verringert werden. Die Versorgungssicherheit wird künftig nicht mehr national, sondern zunehmend im Rahmen des europäischen Strombinnenmarktes gewährleistet. Elektrische Energie wird zwischen den Ländern und an der Börse grenzüberschreitend gehandelt. So werden insgesamt im Gesamtsystem weniger Kapazitäten benötigt. Voraussetzung hierfür ist einerseits, dass auch in Knappheitssituationen ausreichend

Kapazitäten im gemeinsamen Binnenmarkt zur Verfügung stehen; andererseits muss der Strom über die Grenzen hinweg tatsächlich transportiert werden. Dies bedeutet jedoch gleichzeitig einen Anstieg der Stromtransporte im europäischen Verbundnetz. Diese Höherbelastung wird jedoch insbesondere die grenzüberschreitenden Kuppelleitungen an ihre Kapazitätsgrenzen bringen [11].

In Deutschland sind die Schwerpunkte der regenerativen Energieerzeugungsanlagen regional sehr unterschiedlich verteilt. PV-Anlagen sind mehrheitlich im Süden installiert, da hier die Einstrahlungsleistung am höchsten ist. Die Onshore-Windkraftanlagen sind überwiegend im Norden zu finden, da hier die Windverhältnisse am günstigsten sind. Offshore-Windkraftanlagen sind natürlich nur in der Nord- und Ostsee zu finden. Dadurch ergeben sich jahreszeitlich sehr unterschiedliche Leistungsflüsse. Im Sommerhalbjahr („Solarmonate") kommt es häufig zu Leistungsflüssen in Süd-Nord-Richtung. Im Winterhalbjahr („Windmonate") treten dagegen häufig entgegengesetzte Leistungstransporte von Norden nach Süden auf (Abb. 3.2). Durch diese z. T. sehr großen Leistungsflüsse werden die Leitungen in der Mitte des deutschen Übertragungsnetzes oftmals sehr stark belastet. Abhilfe zur Beseitigung dieser Engpasssituationen sollen die geplanten Overlaynetze mit leistungsstarken Nord-Süd-Verbindungen schaffen (siehe Abschn. 2.2.1.4).

Für die Systemführungen wird es immer schwieriger werden, die Systembilanz einzuhalten und die Systemsicherheit zu gewährleisten. Hierzu gehören vor allem die Beherrschung häufig veränderlicher und unbekannter Leistungsflüsse sowie der Umgang mit kritischen Netzsituationen, da das System immer häufiger an seine Sicherheitsgrenzen geführt wird [6]. Eine deutliche und eindrucksvolle Vorstellung über mögliche zukünftige Entwicklungen und Anforderungen an die Netzführung konnte man durch die Vorfälle im Winter 2016/2017 gewinnen. Kraftwerksausfälle im In- und Ausland sowie eine sogenannte Dunkelflaute hatten das Netz extrem belastet. Aufgrund der Wetterverhältnisse (extrem geringes Windaufkommen, ständig durch Wolken bedeckter Himmel) wurden in

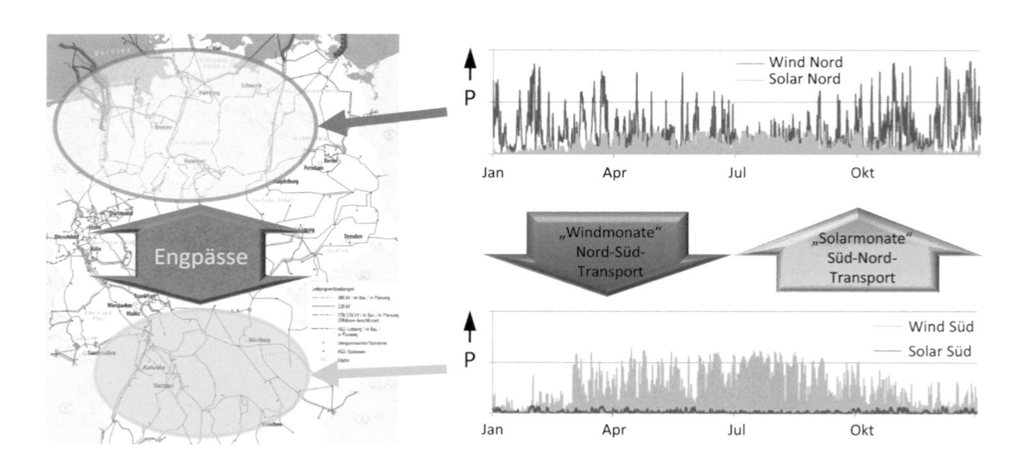

Abb. 3.2 Jahreszeitlich unterschiedliche Leistungsflüsse. (Quelle: P. Hoffmann, TenneT TSO)

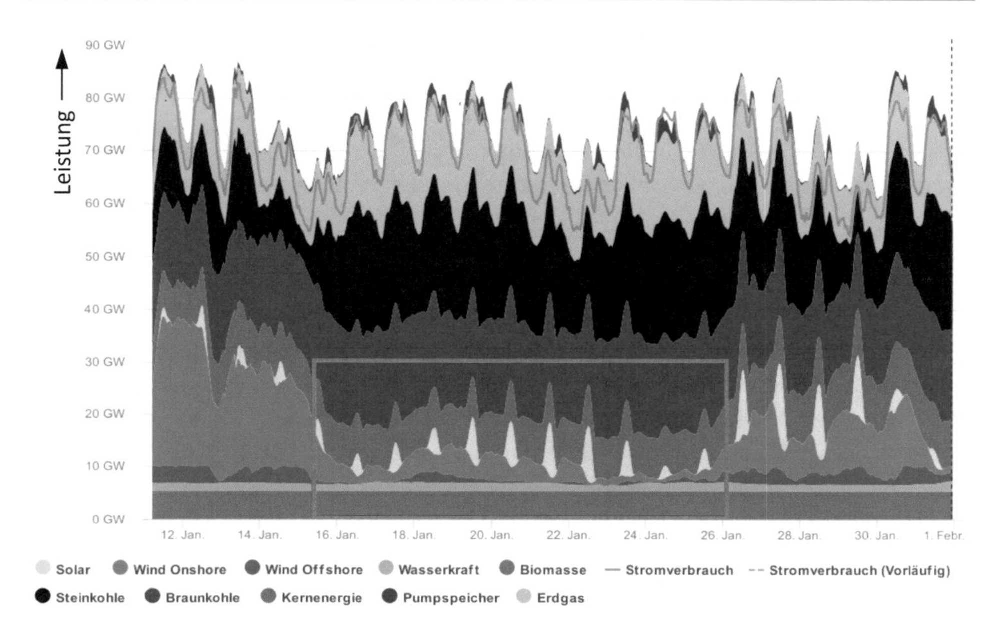

Abb. 3.3 Stromerzeugung und –verbrauch im Januar 2017. (Quelle: Agora Energiewende)

der zweiten Januarhälfte 2017 durchgehend nur sehr geringe Leistungen aus Windkraft- und Photovoltaikanlagen eingespeist (Abb. 3.3). Diese mehrwöchige kritische Situation konnten die Systemführer der zuständigen Übertragungsnetzbetreiber in enger Zusammenarbeit mit ihren Kollegen im In- und Ausland bewältigen. Gegenüber der früher üblichen verbrauchernahen Erzeugung der elektrischen Energie wächst durch den Ausbau der erneuerbaren Energien die Distanz zwischen Stromerzeugung und Verbrauch. Daraus folgen weiträumige Energietransporte auch über Ländergrenzen hinweg, für die die elektrischen Netze ursprünglich nicht geplant und gebaut wurden.

3.1.1.7 Zeitbereiche

Entsprechend den Vorgaben des Energiewirtschaftsgesetzes (EnWG) [1] sind die Übertragungsnetzbetreiber (ÜNB) für die ordnungsgemäße Abwicklung der Energieübertragung in ihrer Regelzone unter Berücksichtigung des Energieaustauschs mit den anderen Verbundpartnern verantwortlich und müssen einen sicheren Betrieb gewährleisten.

Zur Erfüllung dieser Aufgaben müssen die Energieversorgungsnetze stets sorgfältig geplant, aufgebaut und betrieben werden. Dabei lassen sich die aktuellen (Intraday, online, „heute“) Aufgaben, für die die Systemführung zuständig ist, in drei Zeitbereiche entsprechend Abb. 3.4 gliedern [3, 6, 10, 12–14, 254].

Das Asset-Management des jeweiligen ÜNB stellt durch die frühzeitige Planung von Netzausbau- und Instandhaltungsmaßnahmen sicher, dass alle erforderlichen Betriebsmittel für die Systemführung einsetzbar sind. Aufbauend darauf plant die Systemführung den Netzbetrieb nach dem (N-1)-Kriterium für die Zeitbereiche von einer Woche (Week Ahead

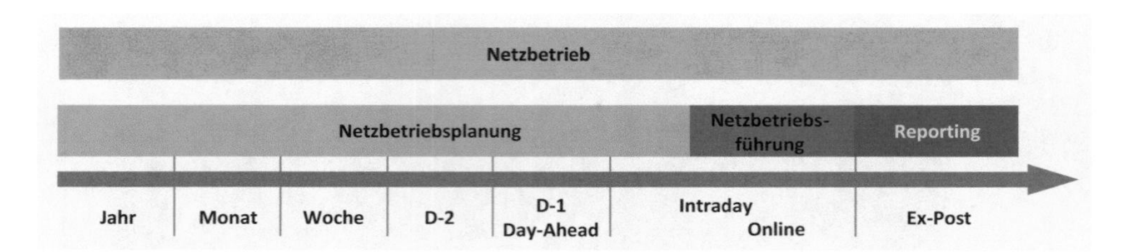

Abb. 3.4 Zeitbereiche der Systemführung [254]

Planning Process, WAPP) über zwei Tage (Day 2 Ahead Congestion Forecast, D2CF) bis hin zu einem Tag (Day-Ahead Congestion Forecast, DACF). Die dabei gewonnenen Erkenntnisse über den jeweiligen Systemzustand werden zwischen den Verbundpartnern innerhalb der verschiedenen regionalen Koordinierungszentren (RCC, siehe Abschn. 4.2) ausgetauscht und ausgewertet [254].

Die Echtzeit-Systemführung umfasst die Gesamtheit aller operativen Aufgaben des ÜNB im Rahmen der Überwachung und Steuerung eines Netzes durch eine Netzleitstelle im laufenden Prozess (Intraday- und Online-Betrieb). Dazu gehört die Koordinierung des Einsatzes der Kraftwerke, die in seiner Regelzone stehen (Intraday Congestion Forecast, IDCF) sowie die enge Abstimmung mit benachbarten Netzbetreibern [3, 257]. Der Online-Betrieb (Real-Time Operation) beinhaltet insbesondere die Überwachung (Monitoring) der aktuellen Netzsituation sowie die Durchführung von Maßnahmen (Steuerung) zur Aufrechterhaltung der Netzsicherheit [257, 258].

An die Abschnitte der Betriebsplanung und der Echtzeit-Systemführung schließt sich die Reportingphase an. In diesem Prozessschritt erfolgt die Erstellung und die Analyse von Netzbetriebsstatistiken, von eingeleiteten Maßnahmen und aufgetretenen Störungen [254].

- **Zeitbereich der vorbereitenden und operativen Systemplanung („heute für morgen")**

  Für die vorbereitende und operative Systemplanung werden Prognosedaten für verschiedene Zeithorizonte (von Week-Ahead, über Day-Ahead bis Intraday) verwendet, um zukünftige Wirkleistungsflüsse und somit die Leitungsbelastungen im Rahmen der (N-1)-Sicherheitsanalyse abschätzen zu können. Dabei berücksichtigt die Systemführung Prognosedaten für Wind- und Solareinspeisung, prognostizierte Lastdaten und übermittelte Kraftwerkseinsatzpläne. Weiterhin werden mögliche Topologie-Änderungen des Netzes miteinbezogen, die zum Beispiel aufgrund von Wartungsmaßnahmen geplant sind. Mit verkürzter Nähe zum betrachteten Zeitpunkt („heute") verbessert sich die Informationslage der ÜNB und RCC, während die Unsicherheit bezüglich der erwarteten Netzsituation abnimmt [260].

  Die Systemführung beginnt mit der Netzbetriebsplanung mindestens eine Woche im Voraus, wobei zur Bestimmung der zukünftigen Netzbelastungen die prognostizierten Leistungsflussberechnungen zyklisch im Wochenrhythmus (Week Ahead Planning

Process, WAPP) durchgeführt werden. Dabei ist zwischen dem Beobachtungsbereich (Observability Area) und dem Verantwortlichkeitsbereich (Responsibility Area) des ÜNB zu unterscheiden (siehe Abschn. 2.2.4). Der Verantwortlichkeitsbereich beinhaltet alle Betriebsmittel des Übertragungsnetzes, inklusive der Interkonnektoren, für die der ÜNB zuständig ist [261]. Da aber auch die Systemführung der benachbarten ÜNB Einfluss auf die Netze der anderen ÜNB haben kann, ist es notwendig, in die Berechnung der Wirkleistungsflüsse einen in [261] definierten Bereich der Nachbarregelzonen zu berücksichtigen.

Somit gehören zum Beobachtungsbereich das eigene Übertragungsnetz, Teile vom Verteilernetz sowie angrenzende Netzbereiche benachbarter Übertragungsnetze (siehe Abb. 3.5) [261].

Im Falle des Auftretens bzw. der Identifikation von Überlastsituationen oder Betriebsmittelgrenzverletzungen im Rahmen der WAPP-Simulationen können die ÜNB anschließend notwendige Maßnahmen, wie die Bereitstellung von Redispatch-Kapazitäten oder die Aktivierung von Reservekraftwerken, rechtzeitig mit der erforderlichen Vorlaufzeit sicherstellen. Im Rahmen dieses Planungsprozesses tauschen sich die ÜNB bilateral in einer wöchentlich stattfindenden Videokonferenz (Weekly Operational Planning Teleconference, WOPT) aus [255, 256].

Da die verwendeten Prognosedaten mit einem Zeithorizont von einer Woche noch mit einer großen Ungenauigkeit versehen sind, wird von den ÜNB zyklisch zwei Tage vor dem betrachteten Zeitpunkt erneut eine Prognoserechnung der zu erwartenden

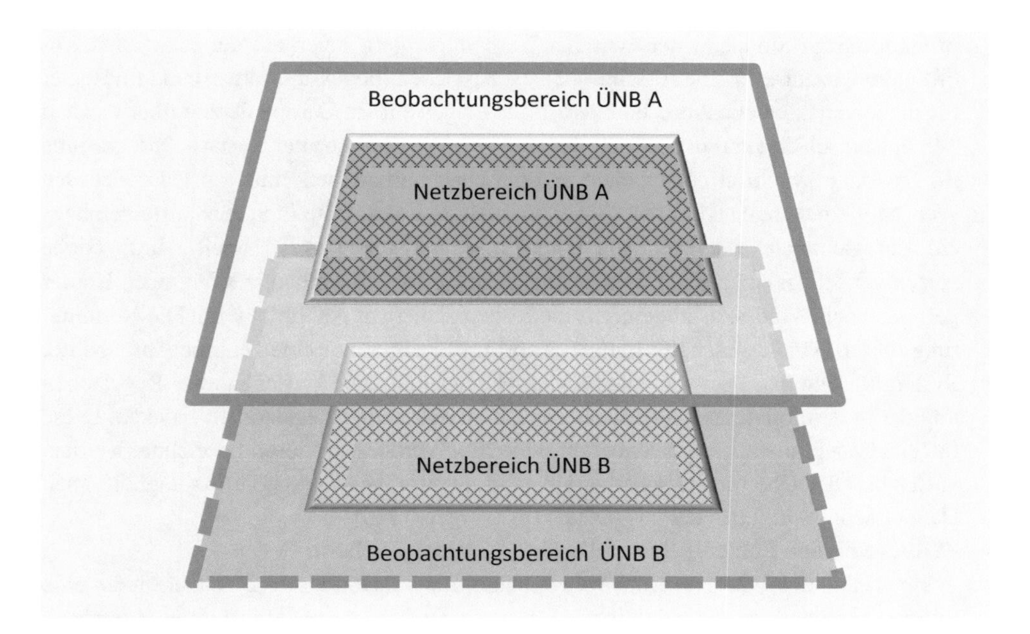

Abb. 3.5 Netz- und Beobachtungsbereiche von zwei benachbarten ÜNB

Wirkleistungsflüsse durchgeführt (Two Day Ahead Congestion Forecast, D2CF) [262]. Hier werden wiederum geschätzte Einspeise-, Last- und Topologie-Daten verwendet. Dabei senden die ÜNB ihre Daten auch an eine RCC, bei der die Daten der beteiligten ÜNB miteinander vereint und für gemeinsame (N-1)-Sicherheitsanalysen sowie Kapazitätsberechnungen verwendet werden [263].

Einen Tag vor dem betrachteten Zeitpunkt erfolgt der Day Ahead Congestion Forecast (DACF) bzw. der D-1 Prozess, in dem von den ÜNB wiederum aktuellere Prognosedaten (24 Datensätze in stündlicher Auflösung für den Folgetag) bis spätestens 18 Uhr des Vortages den anderen ÜNB sowie RCC bereitgestellt werden [256, 259]. Mithilfe dieser aktualisierten Vorschau (inklusive bereits veranlasster Maßnahmen) ist es möglich, weitere kritische Situationen zu erkennen und entsprechende Maßnahmen einzuleiten. Diese Berechnung wird parallel ebenfalls bei der zuständigen RCC vorgenommen. Zum Austausch der Ergebnisse und zwecks Einleitung geeigneter Maßnahmen zur Wahrung der Netzsicherheit erfolgt jeden Tag ab 21 Uhr eine Videokonferenz (Daily Operational Planning Teleconference, DOPT) mit den beteiligten ÜNB [255].

In der Betriebsvorbereitung werden von den ÜNB im deutschen Regelblock die Leistungsflüsse über alle Kuppelstellen zum angrenzenden Ausland gemessen, über Fernwirkstrecken zur Systemführung der Amprion nach Brauweiler übertragen und dort vorzeichenrichtig entsprechend Export und Import im Leistungs-Frequenz-Regler summiert. Dieser Saldo stellt den Istwert des Leistungsaustausches Deutschlands mit dem Ausland dar. Der Sollwert ergibt sich aus der Summierung der getätigten Energiegeschäfte (externe Fahrpläne), die alle aktiven Bilanzkreise (im wesentlichen Händler) mit ausländischen Verbundpartnern vereinbart haben. Jeden Tag werden diese Austauschprogramme im Stundenraster zwischen Verbundpartnern innerhalb der regionalen Koordinierungszentren (siehe Abschn. 4.2) abgesprochen (heute für morgen) und im Regler für die jeweils aktuelle Abrechnungsperiode eingestellt (in Europa derzeit überwiegend 1 h; in Deutschland und in einigen Ländern ¼ h). Die Summe aller Austauschprogramme im gesamten synchron gekuppelten europäischen Verbundnetz muss zu jeder Zeit den Wert Null ergeben, da sonst die zu viel produzierte Energie die Frequenz ansteigen bzw. ein Energiemangel die Frequenz unter ihren Sollwert sinken lassen würde (siehe Abschn. 3.5). Anders ausgedrückt bedeutet dies, dass jede verkaufte kWh einen Käufer gefunden haben muss, da andernfalls die Systemsicherheit gefährdet wird. Die Nominierung dieser Händlergeschäfte mittels „Fahrplan“ stellt somit eine zentrale Aufgabe der Systemführung dar. Die Aggregation aller Handelsfahrpläne zwischen zwei Regelzonen mündet in dem bilateralen Energieaustausch zwischen den Regelzonen/-blöcken. Diese Informationen, die als Regelzonenfahrpläne bzw. Verbundaustausch bezeichnet werden, tauschen alle Übertragungsnetzbetreiber in Deutschland und Europa täglich nach Handelsschluss miteinander aus („heute für morgen“) [10].

- **Zeitbereich der Echtzeit-Systemführung („heute für heute“)**

Innerhalb des betrachteten Tages („heute“) wird stündlich (24-Datensätze) eine Engpassberechnung einschließlich einer (N-1)-Analyse durchgeführt. Dieser Intraday Congestion Forecast (IDCF) ermöglicht den ÜNB ein letztes Mal, mögliche kritische

Situationen vorausschauend zu erkennen und entsprechende Maßnahmen zur Beseitigung einzuleiten. Diese Berechnungen werden sowohl beim ÜNB als auch beim RCC durchgeführt und miteinander ausgetauscht. Auftretende Anpassungen der Kraftwerkseinsatzpläne, der Netztopologie, der PST- oder HGÜ-VSC-Sollwerte werden den anderen ÜNB und RCC unverzüglich mitgeteilt [254, 255, 258, 259].

In der Echtzeit-Systemführung wird permanent mit einem Messwertzyklus von 1 sec der ermittelte Sollwert mit dem Istwert im Leistungs-Frequenz-Regler, der gemäß den Regeln der Entso-E nach dem Netzkennlinienverfahren arbeitet, verglichen (siehe Abschn. 3.5). Ein Ungleichgewicht zwischen erzeugter und bezogener Leistung (Leistungsabweichung) erkennt der Regler an Hand der Differenz zwischen Sollwert und Istwert. Eine weitere wichtige Führungsgröße der Netzregelung stellt die Netzfrequenz dar. Ist z. B. die Netzfrequenz zu niedrig und der Import der Regelzone gegenüber dem per Fahrplan nominierten Programmwert zu hoch. so besteht in diesem Netz ein Leistungsmangel. In diesem Fall geht vom zentralen Regler ein Regelbefehl an die Regelkraftwerke, mehr Leistung zu erzeugen, um in der eigenen Regelzone das Gleichgewicht zwischen Erzeugung und Verbrauch wiederherzustellen. Fließt hingegen mehr Leistung bei zu niedriger Netzfrequenz aus der Regelzone A heraus, so besteht in einer anderen Regelzone kein Leistungsdefizit. Die Regelkraftwerke in Zone A bekommen jetzt keinen Befehl, mehr Leistung zu erzeugen, sondern die Kraftwerke in Zone B werden aktiviert. Damit ist sichergestellt. dass die Regelzone B nach dem „Verursacherprinzip“ das Leistungsdefizit ausgleicht. Der Leistungs-Frequenz-Regler erkennt also nach der Regelgleichung (siehe Abschn. 3.5.2) die Leistungsabweichung, identifiziert die verursachende Regelzone und trifft ggf. Abhilfe durch Leistungsanpassung mittels der Regelkraftwerke. Die hierzu benötigte Regelenergie wird von den Übertragungsnetzbetreibern in Deutschland mittels marktgängigem Ausschreibungsverfahren beschafft (siehe Abschn. 6.3). Hierbei stellt die Minutenreserve, die täglich ausgeschrieben wird, ebenfalls eine Fahrplanlieferung des Regelleistungsanbieters an den Übertragungsnetzbetreiber dar, die mit Hilfe des gleichen Fahrplansystems eingesetzt wird. Details zu dem Ausschreibungsverfahren von Amprion können im Internet unter abgerufen werden [10].

- **Zeitbereich des Reporting (Systemanalyse, Systembilanzierung „heute für gestern“)**

  Im vermaschten Verbundnetz sind auf Ebene der Übertragungsnetzbetreiber technisch bedingte Unterschiede zwischen Sollwert und Istwert, also zwischen abgesprochener Lieferung und dem physikalischen Leistungsfluss, insbesondere nach Störungen (z. B. Kraftwerksausfälle), nicht zu vermeiden. Die Differenz der beiden Werte wird „ungewollter Austausch“, die Bestimmung des ungewollten Austausches Systembilanzierung genannt. Diese Leistungsabweichung wird im Nachhinein stündlich von den Verbundpartnern ermittelt. Aus den stündlich erfassten Energiewerten einer Woche werden Leistungsmittelwerte, nach Tarifzeiten getrennt, errechnet und als Fahrplan in das Sollprogramm der nächsten Woche eingegeben (Kompensationsfahrplan). Bei dieser Methode werden ungewollte Energieflüsse in natura, d. h. durch physikalische Erzeugung, rückerstattet.

Die Systembilanzierung im Verbund ist integraler Bestandteil der Kette der Kernprozesse der Systemführung im Übertragungsnetz. Das im Rahmen der Systembilanzierung Verbund ermittelte wöchentliche Programm zur Kompensation des ungewollten Austauschs ist eine Eingangsgröße für die Planung des Systemeinsatzes im Zeitbereich „heute für heute".

Im Verbundsystem der Entso-E bilden die Systemführung von Amprion in Brauweiler (Deutschland) und von Swissgrid in Laufenburg (Schweiz) die beiden Koordinationszentren, die für eine ausgeglichene europäische Systembilanz verantwortlich sind (siehe Abschn. 4.2). Die Systemführung von Amprion in Brauweiler nimmt als Regelblockführer Deutschland zusätzlich die Aufgabe der deutschlandinternen Koordination für den Verbundbetrieb wahr [10].

Alle durch die Systemführung eingeleiteten Maßnahmen (z. B. Schaltungen) und aufgetretenen Störungen des zurückliegenden Tages werden dokumentiert. Netzbetriebsstatistiken werden erstellt und im Rahmen des Reporting analysiert.

Entsprechend wirken auch die Elemente des Instrumentenkastens der Systemführungen (siehe Abschn. 3.1.1.5) technologieabhängig in unterschiedlichen Zeitabschnitten (Abb. 3.6).

Sehr kurzfristig und mit kleiner Reaktionszeit lassen sich FACTS, HGÜ sowie Topologieänderungen einsetzen. Die entsprechenden Maßnahmen sind in einem Zeitbereich von weniger als einer Sekunde im Netz wirksam. Eingriffe der Systemführung auf das Betriebsgeschehen mittels Phasenschiebertransformatoren sowie durch die Veränderung von Arbeitspunkten durch Stufenschalter benötigen aufgrund der mechanischen Schalterbewegungen Zeiten in der Größenordnung von zehn Sekunden. Beim Einsatz von Pumpspeicher- oder Gaskraftwerken sind je nach Ausgangszustand der Anlagen Zeiten von einer Minute bis zu einer Stunde erforderlich. Der Einsatz von thermischen Kraftwerken kann bis zum Erreichen einer geplanten Systemwirkung einen Vorlauf von einer Stunde bis zu einigen Tagen beanspruchen.

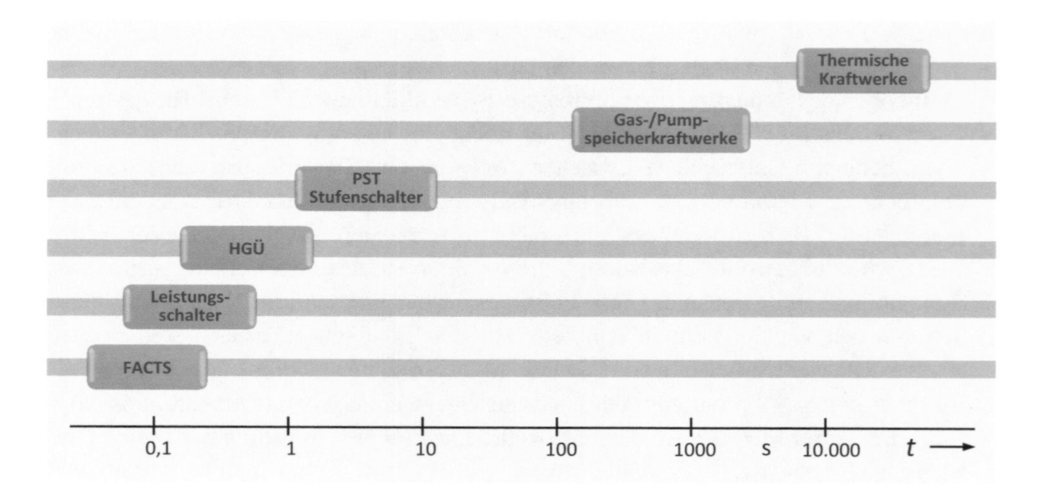

Abb. 3.6 Zeitbereiche von Maßnahmen der Systemführung [15]

3.1.2 Definition des Systemzustands

Die Analyse und Bewertung des aktuellen Betriebszustands des zu überwachenden Systems ist eine der wesentlichen Aufgaben der Betriebsführung eines elektrischen Energieversorgungssystems. Die Bewertung des Systemzustandes orientiert sich an der Einhaltung vorgegebener Grenzwerte betrieblicher Größen, die sich aus den technischen und physikalischen Parametern der Betriebsmittel definieren. Diese Bewertungskriterien gelten dabei sowohl für einen gegebenen Ausgangszustand (Grundfall), der dem aktuellen Systemzustand oder auch einem beliebigen Planungsfall entspricht, als auch für darauf aufsetzende Variantenuntersuchungen, bei denen Ausfälle von Betriebsmitteln oder Fehlerfälle simuliert werden. Zur eindeutigen Definition der vorkommenden Betriebszustände wurde das Konzept der Sicherheitszustände [16–18] entwickelt. Mit diesem Konzept wird jeder Betriebszustand durch eine Kombination aus gültigen und nicht gültigen Kriterien definiert. Die Gültigkeit eines Kriteriums wird aus den Ergebnissen entsprechender Netzberechnungsverfahren wie Leistungsflussrechnung [19] und Kurzschlussstromberechnung [20] ermittelt. Darüber hinaus gibt es Zustände, in denen bestimmter Kriterien nicht relevant sind. Der aktuelle Ist-Zustand wird als Grundfall bezeichnet. Zur Zustandsbewertung eines elektrischen Energieversorgungssystems werden fünf Kriterien verwendet.

O Neben der Erfüllung aller anderen Kriterien ist der Netzbetrieb darüber hinaus auch wirtschaftlich optimal. Das Optimierungsziel kann minimale Verluste, minimale Ausgleichsleistung, minimale Frequenzabweichungen o. ä. sein.

V In dem betrachteten Betriebszustand werden alle Verbraucher vollständig mit der angeforderten Leistung versorgt. Das Kriterium **V** bewertet nur ungeplante Versorgungsunterbrechungen. Geplante Versorgungsunterbrechungen werden durch dieses Kriterium nicht erfasst. Die Systembilanz ist ausgeglichen. Es besteht ein Gleichgewicht zwischen Erzeugung und Verbrauch. Die Einhaltung einer ausgeglichenen Systembilanz wird für die Systemführung aufgrund der zunehmenden volatilen Einspeisung von Windkraft- und PV-Anlagen schwieriger.

G Im Grundfall werden alle betrieblichen Grenzen eingehalten. Beispiele für Betriebsmittelgrenzen sind minimale und maximale Spannungsbeträge an allen Netzknoten, maximale Ströme auf den Übertragungselementen. Die Beobachtbarkeit des Netzgebietes ist durch die Funktionsfähigkeit aller erforderlichen Informationssysteme gewährleistet. Die beiden weiteren Kriterien bewerten das System hinsichtlich seiner Fähigkeit, Störungen zu überstehen (Resilienz). Störungen können dabei Ausfälle von Systemkomponenten oder auch Fehlerereignisse, wie Kurzschlüsse, sein. Dies wird mit entsprechenden Simulationsrechnungen überprüft.

A Die Ausfallsimulationsrechnung ist ohne Befund, d. h. bei allen untersuchten Ausfallvarianten ergeben sich keine Grenzwertverletzungen. Es stehen genügend Reserven zur Verfügung, um die (N-1)-Sicherheit zu gewährleisten.

K Die Kurzschlusssimulationsrechnung ist ohne Befund, d. h. bei allen untersuchten Kurzschlussfällen bleiben die Kurzschlussströme unter den vorgegebenen Grenzwerten.

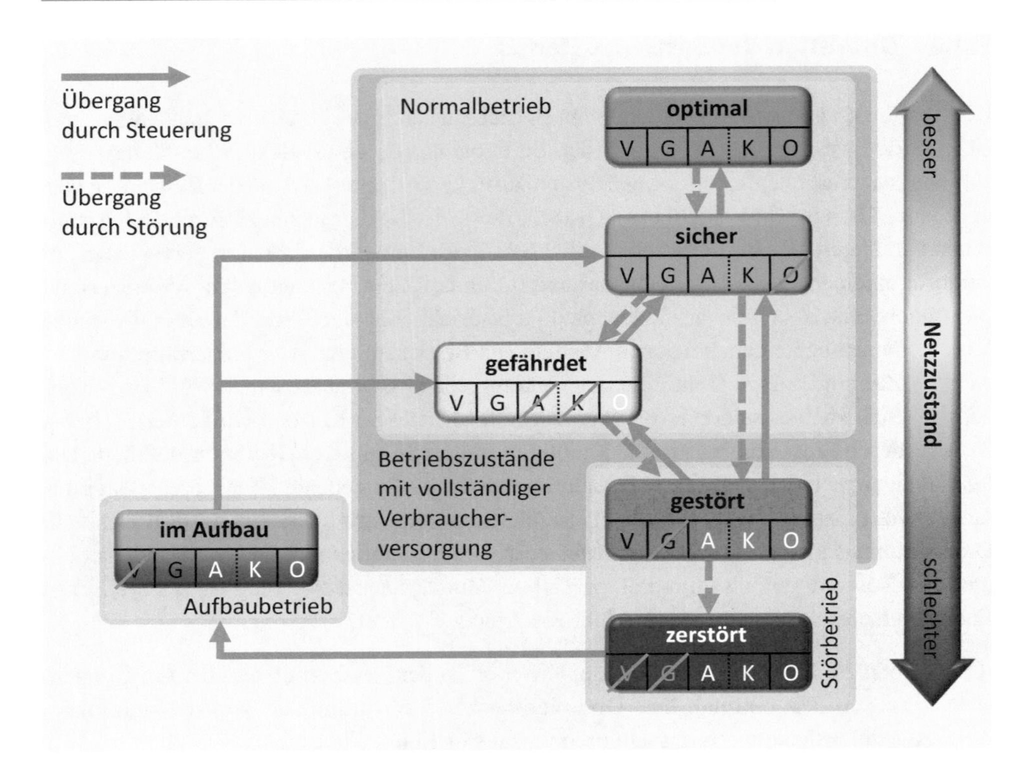

Abb. 3.7 Betriebszustände eines Energieversorgungssystems

Abb. 3.7 zeigt die aus diesen Kriterien abgeleiteten, möglichen Betriebszustände eines elektrischen Energieversorgungssystems. Die im jeweiligen Netzzustand nicht erfüllten Kriterien sind durchgestrichen. Die für den jeweiligen Netzzustand nicht relevanten Kriterien sind in der Schriftfarbe Weiß dargestellt.

Die Übergänge von einem Zustand zu einem anderen werden entweder durch eine technische Störung, durch Schalthandlungen, Reparatur- oder Optimierungsmaßnahmen oder auch durch gewöhnliche Einspeisungs- oder Laständerungen verursacht. Im Normalbetrieb (Normal State) mit den Teilzuständen „optimal", „sicher" und „gefährdet" (Alert State) sind aktuell alle Verbraucher vollständig versorgt und es werden alle betrieblichen Grenzen eingehalten. Im Störbetrieb wird im Teilzustand „gestört" (Emergency State) die zulässige Betriebsgrenze mindestens eines Betriebsmittels verletzt. Im Teilzustand „zerstört" (Blackout State) ist die Versorgung von Verbrauchern unterbrochen. Im Aufbaubetrieb (Restoration) können evtl. nicht alle Verbraucher vollständig versorgt werden.

Beispielsweise ist der Zustand „gestört" dadurch gekennzeichnet, dass zwar noch alle Verbraucher versorgt, nicht aber alle betrieblichen Grenzen eingehalten sind, also z. B. ein Transformator o. ä. überlastet ist. Die Optimalität des Betriebs und der Befund von Ausfall- und Kurzschlusssimulationsrechnung ändern in diesem Fall nichts am Betriebszustand.

Das Kriterium **O** ist in diesem Fall irrelevant. Es sei angemerkt, dass eine fortlaufende Ausfall- und Kurzschlusssimulationsrechnung bisher nur in Übertragungsnetzen, nicht aber in Verteilnetzen allgemein üblich ist. In diesem Fall kann der „gefährdete" Betrieb, der sich durch die Ungültigkeit der Kriterien **A** oder **K** definiert, ggf. nicht erkannt werden. Ferner werden geplante Versorgungsunterbrechungen durch die Darstellung nicht erfasst, da sich das Kriterium **V** nur auf ungeplante Versorgungsunterbrechungen bezieht, d. h. es werden auch bei Ausfall eines Netzbetriebsmittels noch alle betrieblichen Grenzen eingehalten, sodass der sichere Betrieb gewährleistet ist. Dies entspricht dem sogenannten (N-1)-Kriterium (siehe Abschn. 3.2.2.3.1.1). Zustandsübergänge werden entweder durch eine technische Störung oder durch Schalthandlungen, Reparatur- oder Optimierungsmaßnahmen verursacht.

Alle Zustände, die vom Normalbetrieb abweichen, sind dem Stör- oder dem Aufbaubetrieb zuzuordnen. Im gefährdeten Betrieb und im Störbetrieb leitet der Übertragungsnetzbetreiber im Rahmen des Störungsmanagements die technisch erforderlichen Maßnahmen zur Verhinderung einer Gefährdungs- bzw. Störungsausweitung, zum effizienten Versorgungswiederaufbau und damit zur schnellst möglichen Wiederherstellung des Normalbetriebes ein. Entsprechend seiner Systemverantwortung stimmt sich der ÜNB mit den anderen Netzbetreibern (ÜNB/VNB) und Betreibern von Erzeugungseinheiten über einen geeigneten Maßnahmenkatalog für das Störungsmanagement ab. Ein wesentlicher Punkt zur Vorbereitung dieser Maßnahmen ist die Verfügbarkeit einer ausreichenden Menge an netzinselbetriebs- und schwarzstartfähigen Erzeugungseinheiten [3]. Bei größeren Störungen kann die Frequenz- und Spannungsstabilität des Gesamtsystems auf Grund von Abweichungen im Wirk- und/oder Blindleistungshaushalt stark beeinträchtigt werden und sogar zu Netzauftrennungen [21] führen.

Zentrale Aufgabe der Systemführung ist es, das Energieversorgungssystem in den Zuständen „sicher" bzw. „optimal" zu halten und es bei Abweichungen möglichst schnell wieder in diese Zustände zurück zu führen. Die Überführung vom „gefährdeten" in den „sicheren" Zustand kann durch geeignete Schaltmaßnahmen bzw. durch kurativen Redispatch erreicht werden. Der Übergang vom „gestörten" in den „sicheren" bzw. „gefährdeten" Zustand kann durch geeignete Schaltmaßnahmen oder bei einer innovativen Betriebsführung durch kurative Maßnahmen entsprechend Abschn. 3.6 erfolgen.

Ein vergleichbares Schema, mit dem Störungsereignisse in einem elektrischen Energieversorgungssystem bewertet werden, hat die Entso-E entwickelt [22]. Danach werden die Störungsereignisse entsprechend ihrer vermutlichen Auswirkung auf den Systemzustand in vier Stufen klassifiziert. In Tab. 3.1 ist die Priorität der einzelnen Störereignisse angegeben (#1 bis #27). Dabei kennzeichnet die #1 das Störereignis mit der höchsten Priorität und #27 das Störereignis mit der niedrigsten Priorität. Durch Störereignisse der Stufe 0 (noteworthy) verbleibt das System im sicheren Betriebszustand. Typischerweise bringen Störereignisse der Stufe 1 (significant) das System in den gefährdeten, Störereignisse der Stufe 2 (extensive) in den gestörten und Störereignisse der Stufe 3 (major) in den zerstörten Betriebszustand (Blackout) [22].

Tab. 3.1 Entso-E Incident Classification Scale. (Quelle: Entso-E)

Scale 0 Noteworthy incident		Scale 1 Significant incident		Scale 2 Extensive incident		Scale 3 Major incident	
Priority/Short definition (Criterion short code)		Priority/Short definition (Criterion short code)		Priority/Short definition (Criterion short code)		Priority/Short definition (Criterion short code)	
#20	Incidents on load (L0)	#11	Incidents on load (L1)	#2	Incidents on load (L2)	#1	Blackout (OB3)
#21	Incidents leading to frequency degradatation (F0)	#12	Incidents leading to frequency degradatation (F1)	#3	Incidents leading to frequency degradatation (F2)		
#22	Incidents on transmission network elements (T0)	#13	Incidents on transmission network elements (T1)	#4	Incidents on transmission network elements (T2)		
#23	Incidents on power generation facilities (G0)	#14	Incidents on power generation facilities (G1)	#5	Incidents on power generation facilities (G2)		
		#15	(N-1)-violation (ON1)	#6	(N-1)-violation (ON2)		
#24	Separation from the grid (RS0)	#16	Separation from the grid (RS1)	#7	Separation from the grid (RS2)		
#25	Violation of standards on voltage (OV0)	#17	Violation of standards on voltage (OV1)	#8	Violation of standards on voltage (OV2)		
#26	Reduction of reserve capacity (RRC0)	#18	Reduction of reserve capacity (RRC1)	#9	Reduction of reserve capacity (RRC2)		
#27	Loss of tools and facilities (LT0)	#19	Loss of tools and facilities (LT1)	#10	Loss of tools and facilities (LT2)		

3.1.3 Organisationsstruktur

3.1.3.1 Zentral oder dezentral

Die zuvor beschriebenen Aufgaben bei der Systemführung elektrischer Übertragungsnetze sind allgemeingültig. Die konkrete organisatorische Umsetzung dieser Aufgaben insbesondere bei der Aufteilung der Verantwortung im Netzbetrieb ist in den verschiedenen Unternehmen jedoch unterschiedlich realisiert. Dies wird besonders beim Grad der Zentralisierung der Betriebsführung deutlich. Entsprechend unterschiedlich ist damit auch der Einsatz von Systemunterstützungen in den Leitstellen. Im Wesentlichen wird bei der Organisationsstruktur zwischen einer dezentralen und einer zentralen Betriebsführung unterschieden. Bei einer zentral organisierten Form der Betriebsführung sind natürlich auch immer dezentrale Unterstützungsprozesse vorhanden. Abb. 3.8 zeigt symbolisch die möglichen Strukturen von Betriebsführungssystemen (Teilbild a) zentrale Betriebsführung, b) dezentrale Betriebsführung mit übergeordneter Zentrale, c) dezentrale Betriebsführung). Übertragungsnetze werden in der Regel von einer zentral verantwortlichen Stelle (Hauptschaltleitung) geführt, die für sämtliche Belange der Betriebsführung zuständig ist. Werden die Schalt- und Steuerbefehle von der Hauptschaltleitung direkt an die Schaltanlagen gegeben, liegt eine Struktur entsprechend Abb. 3.8a) vor. In größeren Übertragungsnetzen kommuniziert die Hauptschaltleitung allerdings nur indirekt über eine Zwischenebene mit den Komponenten des Netzes. Die Steuerbefehle werden dann von dieser Zwischenebene (z. B. durch Gruppenschaltleitungen) ausgelöst (Variante b in Abb. 3.8).

3.1.3.2 Flächenorganisation

Die Einrichtungen elektrischer Energieversorgungsnetze sind gemäß ihrer Bestimmung über eine mehr oder minder große Fläche verteilt. Die deutschen Übertragungsnetze um-

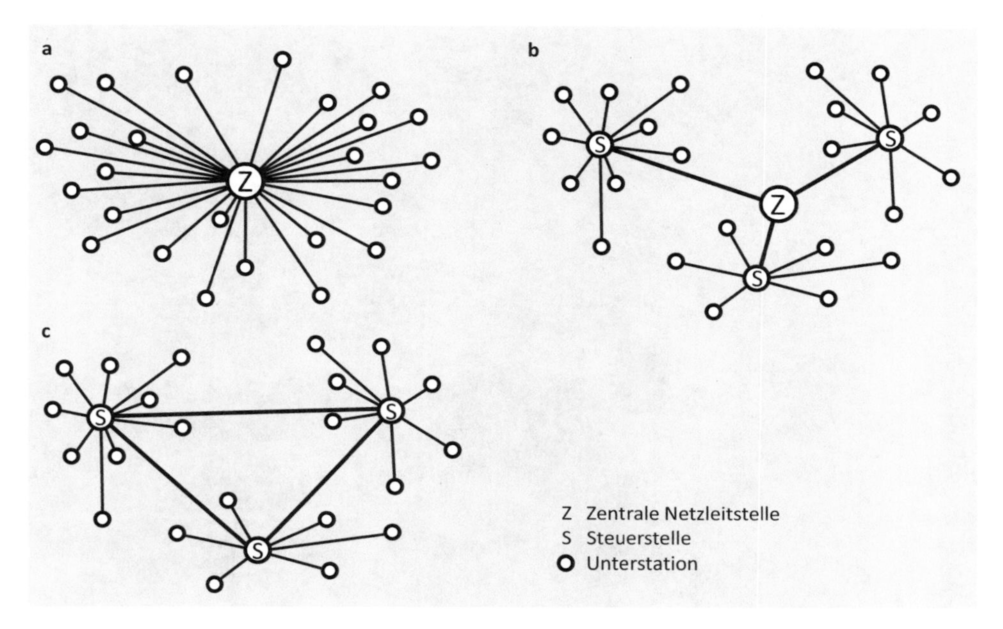

Abb. 3.8 Strukturen von Betriebsführungssystemen

fassen einzelne oder mehrere Bundesländer. Diese Netze werden meist von einer zentralen Leitstelle (Hauptschaltleitung) aus überwacht und gesteuert, bei sehr großen Netzgebieten kann die Hauptschaltleitung durch nachgeordnete, regional zuständige Gruppenschaltleitungen unterstützt werden. Die betrieblichen Belange des Netzbetriebs werden der Größe des Versorgungsgebiets entsprechend dezentral organisiert. Zu diesen Aufgaben gehören beispielsweise der Leitungsbau und die Trassenunterhaltung sowie der Instandhaltungs- und Entstörungsdienst. Ebenfalls werden Leitungsauskünfte und die Erteilung von Schachtscheinen sowie der Betrieb des Fuhrparks eher dezentral organisiert.

Organisatorisch werden hierzu mehrere Betriebsstellen (Regionalzentren) eingerichtet, die jeweils für einen bestimmten Teilnetzbereich zuständig sind. An den einzelnen Standorten sind dann die erforderlichen technischen Einrichtungen (Werkstätten, Materiallager) und das zugehörige Betriebspersonal inklusive eines 24/7-Bereitschaftdienstes vorhanden. Im Übertragungsnetz sind diese Betriebsstellen oftmals an den Standorten von Schaltanlagen, Umspannwerken oder Konverterstationen eingerichtet.

Hinzu kommen noch Außenstellen der Übertragungsnetzbetreiber beispielsweise in Berlin oder Brüssel, die die Interessen der Unternehmen bei Verbänden (z. B. Entso-E) oder Regierungen (z. B. Land, Bund) vertreten.

3.1.3.3 Zentrale Netzleitstelle

Viele Aufgaben der Systemführung werden in der Netzleitstelle (siehe Kap. 5) bearbeitet. Abb. 3.9 zeigt die typische Struktur der Netzleitstelle (Network Operation Centre, Transmission Control Centre) eines Übertragungsnetzbetreibers. Neben den

Abb. 3.9 Arbeitsplätze für die verschiedenen Systemführungsaufgaben in der Netzleitstelle des spanischen Übertragungsnetzbetreibers Red Eléctrica. (Quelle: REE)

Arbeitsplätzen, an denen primär die Aufgaben der Netzführung und der Systembilanz erledigt werden, gibt es in der Netzleitstelle noch weitere Arbeitsplätze wie beispielsweise für die Bewirtschaftung der EEG-Einspeisung und der Verbundkoordinierung. In der Netzleitstelle werden somit insbesondere folgende Teilaufgaben der Systemführung bearbeitet [23]:

- Analysieren, Überwachen und Regeln des Betriebszustandes und der Netzsituation. Hierzu gehören u. a.
  - Kontrolle der elektrischen Betriebsparameter
  - Sicherstellen von Spannungshaltung, Blindleistungseinsatz und -optimierung
  - Einhalten der Parameter für die Kurzschlussfestigkeit der Schaltanlagen
- Steuern und Schalten
- Letztkontrolle von Freischalt- und Arbeitsprogrammen
- Erteilung und Rücknahme von Erlaubnissen für Arbeiten oder Prüfungen an Netzanlagen
- Erfassen und Bearbeiten von Stör- bzw. Warnmeldungen
- Einleiten aller erforderlichen Maßnahmen zur Wiederherstellung einer stabilen Netzsituation nach Störungen
- Koordination mit anderen Netzbetreibern, Kraftwerksbetreibern oder Kunden
- Fahrplanmanagement (Abstimmung für die Vortagesnominierung (Day Ahead Process), Fahrplanänderungen innerhalb des Tages (Intraday))

- Engpassmanagement
- Dokumentieren und Berichten über Maßnahmen der Systemführung

Überwacht und beobachtet werden in der Netzleitstelle das statische und dynamische Verhalten des Netzes im Normalfall und bei Störungen, der Zustand und das Verhalten von Betriebsmitteln sowie der Einfluss und die Auswirkungen eigener und fremder Maßnahmen [23]. Die Netzleitstelle ist in der Regel mit einer hochverfügbaren IT-Struktur und modernster Technik ausgestattet. Dazu gehören auch eigene Kommunikationsverbindungen, auf denen Daten und Informationen, wie beispielsweise Schalterstellungen, Messwerte und Warn- beziehungsweise Störmeldungen von den im gesamten Netz verteilten Schaltanlagen in die zentrale Netzleitstelle [10] auf getrennten Wegen und über unterschiedliche Geräte übertragen werden.

3.1.3.4 Back- und Front Office

Aufgaben der Systemführung, die nicht direkt operativ in der Leitstelle bearbeitet werden, übernehmen die Mitarbeiter des Back- und des Front Office.

Eine der Hauptaufgaben des Front Office ist die Vorbereitung der Leistungsfahrpläne für den nächsten Tag (Tagesvorausplanung). In diesen Leitungsfahrplänen wird für jede Viertelstunde festgelegt, wie viel Energie von welchem Kraftwerk eingespeist und von welchen Großkunden, wie regionale Verteilernetzbetreiber und große Industrieunternehmen, aus dem Übertragungsnetz entnommen wird. Diese Informationen sind zusammen mit den prognostizierten Einspeisungen aus regenerativen Energien die Grundlage für die Bestimmung der voraussichtlichen Netzbelastung des nächsten Tages (Überprüfung der Netzsicherheit). Mit der Nutzung von Methoden der künstlichen Intelligenz werden hierzu Ergebnisse von Wettermodellen ausgewertet, um optimal die voraussichtliche Einspeisung aus Windkraft- und Photovoltaikanlagen und damit die Netzbelastung zu prognostizieren. Weitere Aufgaben des Front Office sind beispielsweise die Planung und die elektronische Aufbereitung von Schalthandlungen im Rahmen der Revisionsplanung zur Durchführung von Wartungsarbeiten an den Netzkomponenten, der Datenimport ins Leitsystem, die Abschaltverständigung von Netzkunden.

Ebenfalls im Front Office wird der Reservekraftwerksbedarf zur Beherrschung kritischer Netzsituationen gemäß § 3 NetzResV [24] bestimmt (siehe Abschn. 4.4) und es werden Auktionen für die Kontrahierung von Regelenergie durchgeführt.

Zu den Aufgaben des Back Office gehören die Störungs- und Ausfalldokumentation, eine nachträgliche Störungsverortung für das Instandhaltungsmanagement, das Schadens- und Beschwerdemanagement, die Nachbereitung des Fahrplanmanagement am aktuellen Tag (Day After Process) sowie die Bearbeitung allgemeiner technischer Fragen [23].

Neben den Mitarbeitern, die ausschließlich mit Aufgaben im Back- bzw. Front Office betraut sind, führen Mitarbeiter der Leitstelle außerhalb ihres Schichtdienstes ihre betriebliche Vorbereitung, wie z. B. die Abschaltplanung, im Front Office durch. Häufig werden die störungsrelevanten Kundenanrufe nicht in der Leitstelle, sondern zunächst im Front Office angenommen. Nach Überprüfung und Klärung der Sachlage werden die relevanten Meldungen dann an die Leitstelle weitergegeben.

Die Mitarbeiter des Back- bzw. des Front Office sollten einen direkten Zugang zum SCADA-System haben, um alle notwendigen Informationen elektronisch abrufen bzw. störungsrelevante Kundeninformationen elektronisch dokumentieren und gegebenenfalls auch weiterleiten zu können. Das Front Office ist wie das Back Office üblicherweise nur zu den Normalarbeitszeiten besetzt. Bei größerem Störungsaufkommen wird das Front Office auch außerhalb der regulären Dienstzeit aktiviert (siehe auch Abschn. 3.1.3.5) [23].

3.1.3.5 Krisenzentrum

In besonderen Betriebssituationen, wie beispielsweise in Katastrophenfällen und Krisensituationen, ist neben den notwendigen Tätigkeiten der Systemführung in der Leitstelle und im Back Office auch eine intensive Stabsarbeit mit umfänglicher interner und externer Kommunikation erforderlich. Um geeignete Arbeitsplätze für das dann dafür zuständige Personal bereit zu stellen, sollte in der räumlichen Nähe zur Leitstelle ein für diesen Zweck geeignetes Krisenzentrum vorgehalten werden. Diese Räumlichkeit muss über die notwendige kommunikationstechnische Infrastruktur verfügen bzw. kurzfristig damit ausgestattet werden können. Ebenfalls sollten in diesem Zentrum Visualisierungsmöglichkeiten zur Darstellung des aktuellen Systemzustands und des Störungsgeschehens verfügbar sein.

3.2 Netzführung

3.2.1 Aufgabenstellung

Die Netzführung muss die vorhandenen Betriebsmittel so einsetzen, dass alle Verbraucher jederzeit mit ausreichender und qualitativ genügender (Spannung, Frequenz) elektrischer Energie versorgt werden. Als Nebenbedingung zu dieser Versorgungsaufgabe muss die Netzführung sicherstellen, dass die einzelnen Betriebsmittel und das Energieversorgungssystem vor Zerstörung, beispielsweise durch Überlastung, geschützt werden. Daraus ergibt sich die Notwendigkeit, dass sowohl im Normalbetrieb als auch bei Störungen das statische und dynamische Verhalten der Betriebsmittel in den Netzen durch die Netzführung überwacht und ggf. steuernd eingegriffen werden muss. Dabei gilt entsprechend § 13 EnWG, dass beim Einsatz von Steuerungsmaßnahmen die nachfolgende Reihenfolge

- Netzbezogene Maßnahmen
- Marktbezogene Maßnahmen
- Notmaßnahmen

grundsätzlich eingehalten werden muss (siehe Tab. 3.3).

Die Führung von Energieversorgungsnetzen in der Höchst- und Hochspannungsebene wird von zentralen Leitstellen aus durchgeführt (siehe Kap. 5). Diese sind in der Regel mit umfangreichen Informationssystemen und Prozessrechneranlagen ausgestattet. Die Aufgaben lassen sich in Online-Funktionen, die die Prozessdaten aus dem Energieversorgungssystem unmittelbar verarbeiten, und in Offline-Funktionen für die Verarbeitung verdichteter Prozessdaten und prognostizierter Daten einteilen. Die Online-Funktionen werden üblicherweise in die Bereiche SCADA (Supervisory Control And Data Acquisition) und HEO (Höhere Entscheidungs- und Optimierungsfunktionen) gegliedert [5, 14, 17, 25]. Eine Auswahl der wesentlichen Aufgaben der Netzführung sind in Tab. 3.2 dargestellt.

3.2.1.1 SCADA-System

Die Basis der Systemführung ist die Bereitstellung von grundlegenden Informationen über das zu führende Übertragungssystem. Das übergeordnete (i.e. in der Netzleitstelle zusammen geführte) Erfassen und Verarbeiten von Meldungen und Messwerten aus den Netzanlagen und dem Leitsystem, das Datenmodell sowie die Einrichtungen zur Steuerung und Regelung werden als SCADA-System bezeichnet [26]. Die Abkürzung steht dementsprechend für „Supervisory Control And Data Acquisition".

Tab. 3.2 Wesentliche Aufgaben der Netzführung [3, 5, 6]

Aufgabe
Echtzeit-Überwachung von Leistungsfluss, Wirk- und Blindleistung, Spannung und Erdschlusskompensation
Überwachen des Zustands und Verhaltens der Betriebsmittel
Überwachen der Netzsicherheit
Ausführen von ferngesteuerten Schaltmaßnahmen
Anweisung und Überwachen von Schaltungen für das zugeordnete Netz
Erfassen von Netz- und Betriebsmittelstörungen mit und ohne Versorgungsunterbrechungen, Engpassmanagement, Redispatch
Wiederversorgungs-/Erstentstörungsmanagement für HS-/MS-/NS-Netze durchführen (inkl. Störungserkennung Störungseingrenzung und–analyse, Einleitung der ersten Maßnahmen)
Koordinierung und Durchführung des Netzwiederaufbaus nach Großstörungsfällen
Spannungs-Blindleistungs-Optimierung
Erarbeitung von Normalschaltungen und Netzgliederung in Netzgruppen
Freischaltmanagement für Bau- Instandhaltungs- und Inbetriebnahmemaßnahmen
Mobile Mitarbeiter/Bereitschaften disponieren und steuern
Erteilung der Verfügungserlaubnis
Erstellen von Leistungsflussanalysen für Topologieänderungen
Systemdatenpflege im Netzleitsystem
Führen des Betriebsberichts und der Störungsstatistik

Das SCADA-System umfasst u. a. die Datenerfassung, die Binärsignalverarbeitung, die Mess- und Zählwertverarbeitung, die leittechnischen Verriegelungen, die Prozessdarstellung auf Sichtgeräten (Mensch-Maschine-Interface, MMI), die Überwachung der einzelnen Betriebsmittel, die Protokollierung von Ereignissen sowie die Archivierung [5].

Datenerfassung
Die aktuellen Betriebsparameter des Netzes wie z. B. Wirk- und Blindleistungen, Spannungen, Frequenz, Alarme, Meldungen, Schaltzustände usw. werden messtechnisch erfasst und über das Fernwirksystem zur Leitstelle übertragen, protokolliert und angezeigt. Durch das SCADA-System findet eine elementare Analyse der Daten statt. Beim Überschreiten von Grenzwerten wird eine entsprechende Meldung protokolliert oder angezeigt. Die Informationen werden auf Plausibilität und Richtigkeit geprüft.

Die in die Netzleitstelle übertragenen Messwerte und Meldungen, die Ergebnisse von bereits durchgeführten Berechnungen und Prozessparameter werden in einer Datenbank gespeichert. Aus den in der Datenbank vorliegenden Informationen wird dann ein für den jeweiligen Anwendungsfall geeignetes Datenmodell des überwachten Netzes generiert.

Steuerung und Regelung
Mit Steuerung und Regelung werden die Eingriffe in den Prozess über das Leitsystem und die Fernwirktechnik auf die Aktoren im Netz bezeichnet. Aktoren sind beispielsweise Schaltgeräte und Stellantriebe (z. B. Stufensteller von Transformatoren). Auch der manuelle Eingriff in den Netzbetriebsprozess durch das Betriebspersonal vor Ort (z. B. in Schaltanlagen) auf Anweisung der Systemführer wird zur Steuerung gezählt.

Bevor die Steuerbefehle tatsächlich ausgeführt werden, werden sie zunächst automatisch umfangreichen Sicherheitsüberprüfungen unterzogen. Beispielsweise werden sie auf die Konformität mit definierten Verriegelungsbedingungen (z. B. Trenner nicht unter Last betätigen) hin überprüft, bevor sie über die Datenkommunikationsverbindungen des Fernwirksystems zur Ausführung an den Primärprozess, d. h. die entsprechenden Komponenten des Netzes, abgegeben werden. Steuerbare Netzkomponenten sind beispielsweise Leistungsschalter, Trennschalter, Stufenschalter der Transformatoren etc. Es werden nicht nur Steuerbefehle an einzelne Komponenten abgegeben. Das SCADA-System stellt in der Regel auch komplizierte Schaltsequenzen unter Berücksichtigung der Verknüpfungs- oder Verriegelungsbedingungen bereit, die dann auf Anforderung durch das Betriebspersonal vollautomatisch durchgeführt werden. Eine solche Schaltsequenz kann beispielsweise der Sammelschienenwechsel einer Leitung sein. Nach jedem Einzelschritt der Schaltsequenz wird die erfolgreiche Durchführung des Steuerbefehls zurückgemeldet und es kann aus Sicherheitsgründen optional eine Quittierung durch das Betriebspersonal gefordert werden bevor die nächste Schaltmaßnahme durchgeführt wird (Open Loop).

Bei der Regelung erfolgt eine automatische Rückkopplung zwischen den Netzdaten und den Schaltbefehlen in Richtung des Netzes zyklisch im geschlossenen Kreislauf (Online Closed Loop). Der Stellwert oder Sollwert (Frequenz, Wirkleistung, Spannung, Blindleistung) wird in den Regler eingegeben. Dieser bewirkt, dass eine zu führende Größe im Netz entsprechend diesem Wert verändert wird.

Beispiele von Regelungsprozessen in der Systemführung sind die Leistungs-Frequenz-Regelung und die Blindleistungs-Spannungsoptimierung. Die Leistungs-Frequenz-Regelung kann im Netzleitsystem integriert sein oder über ein autonomes System durchgeführt werden.

Eine dezentrale Regelung ist im Netz beispielsweise durch spannungsgeregelte Transformatoren realisierbar. Hier erfolgt die Erfassung der Messgröße und die Verstufung des entsprechenden Transformators durch Einrichtungen vor Ort. Lediglich der Sollwert der Regelstrecke wird durch die zentrale Netzleitstelle vorgegeben.

3.2.1.2 Wetter- und Blitzinformationssysteme

Die Sicherheit des Netzbetriebs wird nicht allein durch die systemspezifische Belastung durch die einspeisungs- und lastdefinierten Leistungsflüsse beeinflusst. Aufgrund der sich meist im Freien befindlichen Betriebskomponenten (Schaltanlagen, Leitungen etc.) müssen auch bestimmte Wettersituationen und Blitzereignisse von der Systemführung elektrischer Energieversorgungsnetze beachtet werden.

Wetterinformationen

Durch die Bereitstellung von Wetterdaten kann das Betriebspersonal bei der Systemführung von elektrischen Energieversorgungsnetzen zusätzlich unterstützt werden. Mit Hilfe dieser Informationen kann abgeschätzt werden, wie sich die aktuelle und vor allem die für die nahe Zukunft prognostizierte Wettersituation auf den Netzzustand auswirken wird. In Netzleitstellen dienen diese Informationen der optimalen Früherkennung kritischer Wettersituationen und damit der rechtzeitigen Einleitung notwendiger netztechnischer Maßnahmen, der Blitzortung bei Störungen, der Erstellung der Lastprognosen sowie der Erstellung von Einspeiseprognosen aus regenerativen Energiequellen (Photovoltaik, Windkraft). Neben betriebseigenen Wetterstationen werden als Informationsquellen kommerzielle Wetterinformationsdienste (z. B. DWD, MeteoGroup) genutzt. Als Wetterinformationen liegen in den Leitstellen in der Regel 2D- und 3D-Wetterradarbilder, Satellitenbilder (Infrarot, Sichtbild), Blitzdaten, SYNOP-Daten (i.e. Meteorologische Daten gemessen aus automatisierten Wetterstationen wie Lufttemperatur, Bodentemperatur Wind/Böenrichtung, Wind/Böengeschwindigkeit, Niederschlagswerte, Bewölkungswerte, Strahlungswerte, etc.) und Glättemelderdaten vor [23]. Zusätzlich stehen natürlich neben den aktuellen Wetterinformationen auch die entsprechenden Informationen für verschiedene Prognosezeiträume zur Verfügung (z. B. bei der Zugbahnberechnung von Niederschlagsfronten, Sturm- und Hagelprognosen, Entwicklung von Schneefall- und Eisregenereignissen) [23].

Damit das Betriebspersonal durch die Menge an Wetterinformationen nicht unnötig belastet wird, muss eine entsprechende Datenkonzentration und -aufbereitung erfolgen, um die systemführungsrelevanten Informationen zu extrahieren. Dazu gehört, dass beispielsweise bei Windgeschwindigkeiten oberhalb einer bestimmten Grenze eine Frühwarnmeldung ausgegeben wird. Hier kommen Expertensysteme zum Einsatz, mit denen auch die verschiedenen Arten der meteorologischen Informationen sinnvoll miteinander verknüpft und daraus geeignete Schlussfolgerungen gezogen werden können (siehe Abschn. 3.6.5.3). Beispielsweise kann damit aus den vorliegenden Informationen von Temperatur, Wind und Niederschlag die Gefährdung durch Eisbesatz bewertet werden [23].

Blitzortung

Vor allem in den Sommermonaten gelten Blitzschläge als einer der Hauptverursacher von Störungen in elektrischen Energieversorgungsnetzen. Die Auswirkung von Blitzschlägen wird durch die entsprechende Auslegung von Erdungsanlagen sowie einer angepassten Isolationskoordination möglichst geringgehalten. Dennoch ist die Beobachtung bzw. Information über das Blitzgeschehen für die Systemführung zur Störungsvermeidung bzw. zur Störungsaufbereitung von großer Bedeutung [23].

Für die Ortung und Dokumentation von Blitzen hat sich das europäische System EUCLID (EUropean Cooperation for LIghtning Detection) etabliert, auf das die Übertragungsnetzbetreiber zugreifen [27].

Die Möglichkeit einer Korrelation von Blitzschlägen mit Störungen ist für viele Netzbetreiber eine wesentliche operative Unterstützung. Es erfolgt eine topologische und zeitliche Zuordnung eines oder mehrerer Blitzeinschläge zu Schutzanregungen und Versorgungsunterbrechungen. Die störungsrelevanten Meldungen und Blitzdaten, wie z. B.

- Echtzeit: Datum und GPS-Zeit des Ereignisses
- Koordinaten des Einschlagpunktes
- Parameter der 50-%-Fehlerellipse, die eine 2-dimensionale Gaußsche Normverteilung darstellt (kleine und große Halbachse, Inklination)
- Richtung des Blitzes: Wolke-Erde, Erde-Wolke, Wolke-Wolke
- Polarität: positiv, negativ
- Stromstärke
- Angabe, ob Haupt- oder Folgeblitz

werden mit dem Blitzortungssystem erfasst und anschließend für das Leitsystem weiterverarbeitet [23].

In modernen Leitsystemen ist das Blitzortungs- und -auswertungssystem unmittelbar in das SCADA-System integriert und mit dem aktuellen, georeferenzierten Netz- bzw. Schaltzustand verknüpft. Das zeitliche und räumliche Auftreten von Blitzen wird mit einem Blitzmonitor (Abb. 3.10) in der Schaltwarte dargestellt. Daraus lassen sich vorausschauend eventuelle Gefährdungspotenziale für Betriebsmittel erkennen und die Systemführungen kann ggfs. präventive Maßnahmen zur Vermeidung von größeren Störungen einleiten.

3.2.1.3 Höhere Entscheidungs- und Optimierungsfunktionen

Neben den SCADA-Funktionen wird das Betriebspersonal der Systemführung durch die sogenannten „Höheren Entscheidungs- und Optimierungsfunktionen" (HEO) unterstützt.

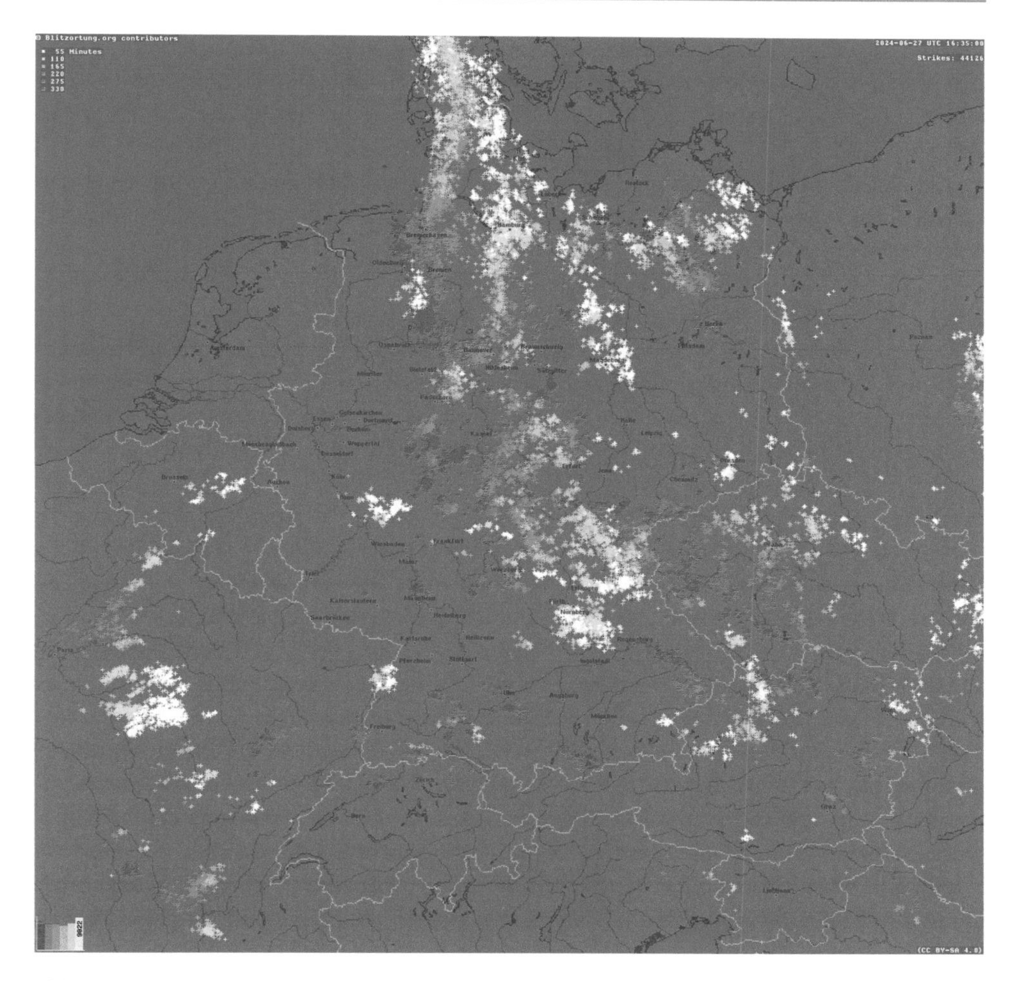

Abb. 3.10 Blitzmonitor. (Quelle: Blitzortung.org)

Es handelt sich hierbei um einen deutlich über die Funktionen des SCADA-Systems hinausgehenden Funktionsumfang, bei dem mithilfe von Netzmodellen eine mathematische Nachbildung in der Prozessdatenverarbeitung der Leitstelle erfolgt. Mit den im Rahmen der HEO durchgeführten Berechnungen kann eine umfassende Aussage über den aktuellen Zustand eines Energieversorgungssystems getroffen werden. Die Funktionen können zyklisch, spontan oder per Aufruf durch das Betriebspersonal ablaufen. Zu den wichtigsten HEO-Funktionen gehören:

3.2.1.3.1 Topologieerkennung

Mithilfe des Topologieerkennungsprogramms wird online die aktuelle Netztopologie bestimmt. Die Grundlage hierfür sind alle bekannten Schalterstellungen von Trennern und Leistungsschaltern sowie die mathematische Beschreibung der Netzelementverbindungen und die logischen Verknüpfungen von Informationen. Diese Verbindungskontrolle wird regelmäßig vor der Anwendung von Netzberechnungsverfahren (z. B. Leistungsflussbere chnung) durchgeführt, um beispielsweise Netzauftrennungen und Inselnetzbildungen zu erkennen.

Der Verschaltungszustand des Netzes wird in der Netzwarte angezeigt. Mit einer entsprechenden topologischen Einfärbung werden zusammengehörige Netzteile kenntlich gemacht (siehe Abschn. 5.3).

3.2.1.3.2 Beobachtbarkeit

Mit dem Beobachtbarkeitsverfahren (Observability) wird untersucht, ob die im Netz vorhandenen Messungen hinsichtlich ihrer Art, ihrer Anzahl und ihrer Verteilung ausreichend für die Anwendung der State Estimation sind und der aktuelle Betriebszustand des betrachteten Netzes aus den vorhandenen Messungen überhaupt bestimmt werden kann.

3.2.1.3.3 State Estimation

Ausgangspunkt für alle Berechnungen sind die aktuellen Messwerte aus dem Netz. Diese Messwerte können jedoch nicht unmittelbar verwendet werden, weil beispielsweise aus Kostengründen nicht an allen Sammelschienen und Abgängen gemessen wird, nicht alle Größen gemessen werden können, Messwerte fehlerhaft sein können (sogenannte Bad Data), oder Messgeräte oder Übertragungseinrichtungen defekt sein können, sodass der Messwert nicht zur Verfügung steht. Aus diesem Grunde wird zunächst eine State Estimation (Zustandsschätzung) durchgeführt. Mit diesem Verfahren wird aus den in die Leitstelle übertragenen Messwerten ein vollständiger und konsistenter Netzparametersatz des Netzes bestimmt. Man benötigt dazu mehr Messwerte als mathematisch zur Bestimmung des aktuellen Netzzustands erforderlich wären, also mehr als zweimal die Knotenanzahl. Mit diesen Messwerten wird eine nichtlineare Ausgleichsrechnung durchgeführt, d. h. es wird ein Leistungsfluss berechnet, der den Messwerten am besten entspricht [19].

Als Eingabedaten des State Estimators werden die Messungen der Wirk- und Blindleistungsflüsse, Wirk- und Blindleistungseinspeisungen, Knotenspannungen, Schalterstellungen und Stufenstellungen der Transformatoren verarbeitet. Der State Estimator bestimmt aus den Eingabedaten den aktuellen Netzzustand durch Schätzung der Netzzustandsgrößen. Die Spannungswerte an allen Knoten des Netzes werden widerspruchsfrei und mit minimal möglichem Fehler für den gegebenen Betriebszustand nach Betrag und Winkel ermittelt. Daher wird dieses Verfahren auch als Online-Leistungsflussrechnung bezeichnet.

Schlechte Messwerte (Bad Data) werden mit einem speziellen Modul des State Estimators entdeckt und ggf. über eine geeignete Veränderung des Gewichtsfaktors unterdrückt oder ganz aus dem Messdatensatz entfernt.

Der so mit dem State Estimator bestimmte konsistente Leistungsfluss dient als Ausgangsbasis für alle weiteren Berechnungen und Untersuchungen [19].

3.2.1.3.4 Kurzschlussrechnung

Die Online-Kurzschlussrechnung wird zur Überwachung der möglichen mechanischen, thermischen und elektrischen Beanspruchung der Betriebsmittel im Fall eines 3- bzw. 1-poligen Kurzschlusses eingesetzt. Mit den Simulationsrechnungen werden die Kurzschlüsse an allen Knoten des Netzes bestimmt. Aus den berechneten Gesamt- und Teilkurzschlussströmen kann die Belastung der Betriebsmittel in einem Fehlerfall ermittelt werden. Mit der Online-Kurzschlussrechnung werden die im Kurzschlussfall auftretenden Summenkurzschlussleistungen der Sammelschienen und die Höchstbelastungen der Leistungsschalter überwacht. Die Online-Kurzschlussrechnung wird vorbeugend vor geplanten Schaltungsänderungen, überwachend nach erfolgten Schalthandlungen sowie zyklisch in definierten Zeitabständen durchgeführt [20].

3.2.1.3.5 Ausfallsimulationsrechnung

Die Ausfallsimulationsrechnung wird zur Überwachung der (N-1)-Sicherheit (siehe Abschn. 3.2.2.3.1.1) des Netzes eingesetzt. Die zu berechnenden Ausfallvarianten werden automatisch nach vorgegebenen Kriterien durch das Leitsystem oder in speziellen Netzbetrachtungen auch durch das Betriebspersonal festgelegt. Häufig werden die zu untersuchenden Ausfallvarianten in einer sogenannten Ausfallliste hinterlegt [47]. Als Berechnungsmethode für die Ausfallvariantenrechnungen wird üblicherweise das Leistungsflussverfahren nach Newton–Raphson oder die schnelle, entkoppelte Leistungsflussberechnung [19] eingesetzt.

Mit einer entsprechenden Parametrierung können mit der Variantenrechnung auch geplante Topologieänderungen oder Störungsszenarien untersucht werden (Zustandssimulationsrechnungen).

3.2.1.3.6 Leistungsflussoptimierung

Das Leistungsflussproblem ist grundsätzlich mathematisch bestimmt. Durch den Systemführer können jedoch zusätzlich viele freie Parameter (Steuergrößen) gewählt werden. Diese können prinzipiell nach bestimmten Optimierungskriterien gesetzt werden. Zur Lösung des sich daraus ergebenden Optimierungsproblems werden anspruchsvolle speziell zugeschnittene Leistungsflussoptimierungsalgorithmen (Optimal Power Flow, OPF) eingesetzt.

Wie bei jedem Optimierungsproblem unterscheidet man zwischen der Zielfunktion, den Nebenbedingungen und den Steuergrößen. Für den Normalbetrieb und den gestörten Betrieb wird jeweils eine unterschiedliche Zielfunktion definiert. Beispielsweise sind im Normalbetrieb übliche Zielfunktionen die Minimierung der Netzverluste oder der Kosten durch optimale Lastaufteilung. Im gestörten Betrieb geht es zunächst darum, schnell in einen ungefährdeten Betrieb zurück zu kehren. Hier ist die Zielfunktion z. B. eine schnelle Spannungskorrektur oder eine schnelle Überlastkorrektur.

Für die Berechnung des OPF werden Nebenbedingungen (Restriktionen) vorgegeben. Dies sind neben den Grenzwerten für das zulässige Spannungsband an den Netzknotenpunkten auch maximale Wirk- und Blindflüsse bzw. maximal zulässige Ströme über die

Netzzweige. Es wird zwischen harten und weichen Nebenbedingungen unterschieden. Harte Nebenbedingungen sind netztechnische bzw. betriebliche Einschränkungen, die immer und unbedingt eingehalten werden müssen. Weiche Nebenbedingungen hingegen werden so behandelt, dass sie möglichst nicht verletzt werden [19].

Mit der optimalen Bestimmung der Steuergrößen (Transformatorstufenstellungen und Blindleistungseinspeisungen von Generatoren oder Kompensationseinrichtungen) durch den OPF wird eine bestmögliche Einhaltung der gewählten Zielfunktion (Minimierung der Wirkleistungsverluste im Netz) erreicht.

3.2.1.4 Offline-Funktionen

Neben dem Echtzeit-Betrieb des Übertragungsnetzes ist die Systemführung auch noch für eine Reihe von Offline-Funktionen zuständig. Zu diesen Aufgaben gehören beispielsweise:

- Erteilung der Verfügungserlaubnis
- Führen des Betriebsberichts und der Störungs- und Verfügbarkeitsstatistik
- Systemdatenpflege im Netzleitsystem
- Mobile Mitarbeiter/Bereitschaften disponieren und steuern
- Freischaltmanagement für Bau-, Instandhaltungs- und Inbetriebnahmemaßnahmen
- Koordinierung und Durchführung des Netzwiederaufbaus nach Großstörungsfällen
- Wiederversorgungs-/Erstentstörungsmanagement für HöS-/HS-/MS-/NS-Netze durchführen (inkl. Störungserkennung, Störungseingrenzung und -analyse, Einleitung der ersten Maßnahmen)
- Erarbeitung von Netznormalschaltungen und Netzgliederung in Netzgruppen
- Archivierung und Reporterstellung (u. a. spontane Archivierung von Statusdaten, Visualisierung gespeicherter Werte als Kurven oder Protokolle, Störungsverarbeitung (Post Mortem Review))

Diese Aufgaben stehen zwar in einem inhaltlichen Zusammenhang mit dem aktuellen Betriebsgeschehen, sie können allerdings zeitlich entkoppelt davon erledigt werden.

3.2.2 Netzsicherheitsüberwachung

3.2.2.1 Netzsicherheitsanalyse

Zur Gewährleistung der Netzsicherheit müssen der Systemzustand, der u. a. aus den Belastungen der Betriebsmittel definiert ist, sowohl im Normalbetrieb als auch bei einem angenommenen Fehlerfall (z. B. Ausfall eines Betriebsmittels, Kurzschluss) kontinuierlich analysiert werden. Der Systemzustand des elektrischen Energieversorgungsnetzes gilt als sicher, falls im Normalbetrieb die zulässigen betrieblichen Grenzwerte für Strom und Spannung eingehalten werden und gleichzeitig die (N-1)-Sicherheit gewährleistet ist (siehe Abschn. 3.2.2.3.1.1) [3].

Der Übertragungsnetzbetreiber trägt die Verantwortung für die Wahrung der Netzsicherheit in seinem eigenen Netzgebiet der sogenannten Responsibility Area (siehe Abschn. 2.2.4.1). Zudem muss er gemäß [2] die Auswirkung von Ereignissen in benachbarten Netzgebieten auf sein eigenes Netzgebiet berücksichtigen. Neben der Überwachung und ggf. Wiederherstellung der Netzsicherheit ist der Übertragungsnetzbetreiber für die Einhaltung der Systembilanz in seiner Regelzone unter Berücksichtigung des Leistungsaustauschs mit anderen Regelzonen verantwortlich [3].

Unter Systemsicherheit wird verstanden, dass sowohl die Netzsicherheit als auch eine ausgeglichene Systembilanz gewährleistet sind [3]. Die Einschätzung des Zustandes der Systemsicherheit betrifft sowohl den aktuellen Zeitpunkt als auch die Vorschau im Rahmen des untertägigen Betrachtungszeitraums.

Extremszenarien, wie beispielsweise außergewöhnliche Wetterbedingungen, Naturkatastrophen oder Terrorattacken, beeinflussen die Systemsicherheit. Falls erforderlich werden umgehend Maßnahmen zur möglichst schnellen Wiederherstellung des Normalzustandes eingeleitet [2, 3].

Die Aufgabe der Netzsicherheitsüberwachung lässt sich grundsätzlich in drei Stufen, die in Abb. 3.11 dargestellt sind, unterteilen. Dies ist in der Höchst- und in der Hochspannungsebene gängige Praxis. In der Mittel- und Niederspannungsebene erfolgt ebenfalls eine Überwachung des Systemzustands, allerdings mit einem deutlich geringeren Funktionsumfang gegenüber den höheren Spannungsebenen.

Ebenfalls in Abb. 3.11 angegeben sind exemplarisch Berechnungsverfahren, die zur Erledigung der in den einzelnen Stufen der Netzsicherheitsüberwachung zu erfüllenden Aufgabenstellungen eingesetzt werden [19]. Unterstützt wird das Personal in den Netzleitstellen durch eine geeignete grafische Aufbereitung und Präsentation (siehe Abschn. 5.3) der üblicherweise nur numerisch vorliegenden Ergebnisse der Berechnungsverfahren [36–38].

In der ersten Stufe wird aus den vom Fernwirksystem an die zentrale Netzleitstelle übertragenen und vom Prozessrechner aufbereiteten Messwerten und Meldungen mit dem Verfahren der Leistungsflussschätzung (State Estimation) ein Datenabbild des aktuellen Zustands des Energieversorgungsnetzes bestimmt. Aufgrund der vorhandenen Messwertredundanz kann das Verfahren dazu genutzt werden, Messwertfehler oder fehlende Messwerte zu korrigieren beziehungsweise zu ersetzen und zu ergänzen. Der mit der State Estimation ermittelte konsistente und vervollständigte Datensatz wird in regelmäßigen Zeitabständen in Form einer Momentaufnahme, dem sogenannten Snapshot, erhoben. Dieser dient als Grundlage für weitere Netzüberwachungsfunktionen [3, 6, 19]. Zunächst wird die aktuelle Belastung der Betriebsmittel im Grundfall auf die Einhaltung der wichtigsten betrieblichen Bewertungskriterien (Maximalstrom, Spannungsband etc.) hin überprüft [10]. Die entsprechenden Werte für den Grundfall ergeben sich unmittelbar aus der State Estimation, es ist daher keine weitere Leistungsflussberechnung erforderlich [5, 39].

In der zweiten Stufe werden Simulationsrechnungen möglicher Fehlerfälle zur weiteren Analyse des Netzzustandes durchgeführt. Dazu werden in Form von Ausfallvarianten (siehe Abschn. 3.2.2.3.1) die Auswirkungen störungsbedingter Ausfälle einzelner Be-

Abb. 3.11 Ablauf der Netzsicherheitsüberwachung

triebsmittel (Kraftwerke, Leitungen, Transformatoren) analysiert und die verbleibenden Betriebsmittel analog zur Analyse im Grundfall bewertet. Kann ein beliebiges Element ausfallen, ohne dass es zu Grenzwertverletzungen der verbleibenden Betriebsmittel und damit zu Folgeauslösungen mit der Gefahr der Störungsausweitung kommt, ist das (N-1)-Kriterium eingehalten [3, 40]. Für alle Ausfallvarianten werden die gleichen betrieblichen Größen auf die Einhaltung zulässiger Grenzwerte überprüft. Bei einigen Betriebsgrößen gelten für Ausfallvarianten allerdings andere Grenzwerte als im Grundfall (z. B. unterer Spannungsgrenzwert). Ebenfalls wird in dieser Stufe die Einhaltung der maximal zulässigen Kurzschlussströme überprüft. Hierzu werden mit entsprechenden Kurzschlussberechnungen die entsprechenden Fehlerfälle simuliert und ausgewertet.

In der dritten Stufe der Netzsicherheitsüberwachung werden basierend auf den Ergebnissen der Sicherheitsanalyse und der Bewertung des aktuellen Netzzustands ggf. geeignete Abhilfe- und Korrekturmaßnahmen bestimmt. Mit entsprechenden Softwaretools des Netzleitsystems wie „Optimale Leistungsflussberechnung" und „Netzengpassmanagement" wird die Systemführung bei der Bestimmung von Abhilfemaßnahmen unterstützt [19].

3.2.2.2 Bewertungskriterien

3.2.2.2.1 Einhaltung der Wirkleistungsbilanz

In einem Energieversorgungssystem muss zu jedem Zeitpunkt die Summe der erzeugten Wirkleistung P_E gleich der Summe aus Lastleistung P_L und Netzverlustleistung P_V sein [25]. Es muss daher stets die Wirkleistungsbilanz nach Gl. (3.1) erfüllt sein.

$$P_E = P_L + P_V \tag{3.1}$$

Auftretende Abweichungen in dieser Wirkleistungsbilanz bewirken eine Änderung der Netzfrequenz und damit die Einleitung eines Regelvorganges, um die Leistungsbilanz wieder auszugleichen (siehe Abschn. 3.5.2).

3.2.2.2.2 Einhaltung von Spannungsgrenzen

Zur Gewährleistung eines sicheren Netzbetriebs muss die Systemführung dafür sorgen, dass die Spannungsbeträge U_k an allen Netzknoten k innerhalb bestimmter maximaler und minimaler Grenzen ($U_{k,\,\mathrm{min}}$ bzw. $U_{k,\,\mathrm{max}}$) liegen. Diese werden zum einen durch die Überspannungs- und Isolationskoordination und zum anderen durch die Verbraucheranforderungen und die Spannungsstabilität des Netzes vorgegeben [2, 3, 39, 40].

$$U_{k,\mathrm{min}} \leq U_k \leq U_{k,\mathrm{max}} \tag{3.2}$$

In der betrieblichen Praxis werden für den Grundfall und für den (N-1)-Befund einer Ausfallvariantenrechnung unterschiedliche minimale und maximale Spannungsgrenzen verwendet. Ebenfalls werden für Common-Mode-Fehler, für unabhängige Mehrfachausfälle sowie für Sammelschienenausfälle, die nur eingeschränkt zu beherrschen sind, besondere Spannungsgrenzen definiert. Die zulässigen Spannungsbänder für die 380- und 220-kV-Ebene sind in Abb. 3.12 angegeben. Es wird dabei zwischen den Betriebsspannungsbändern und den Sollspannungsbändern unterschieden [240].

Die Betriebsspannungsbänder (220 bis 245 kV) bzw. (390 bis 420 kV) entsprechen den betrieblich zulässigen Bereichen für die Knotenspannungen in der Grundfallbetrachtung. Um eine maximale Übertragungskapazität zu erreichen und um die Wirkleistungsverluste zu reduzieren, ist innerhalb des Betriebsspannungsbandes ein möglichst hoher Wert für die Knotenspannungen anzustreben. Daher werden für die beiden Spannungsebenen des Übertragungsnetzes die Sollspannungsbänder (230 bis 244 kV) bzw. (410 bis 419 kV) festgelegt. Bei zu erwartenden Spannungsanstiegen kann vom Sollspannungsband nach unten abgewichen werden und von der Systemführung vorbereitend ein niedrigerer Spannungswert eingestellt werden. An den Verbundkuppelstellen sollte auf beiden Seiten der Verbundkuppelleitungen ein gemeinsamer Spannungssollwert abgestimmt werden, um die Blindleistungsflüsse auf den Verbundkuppelleitungen zu minimieren [41].

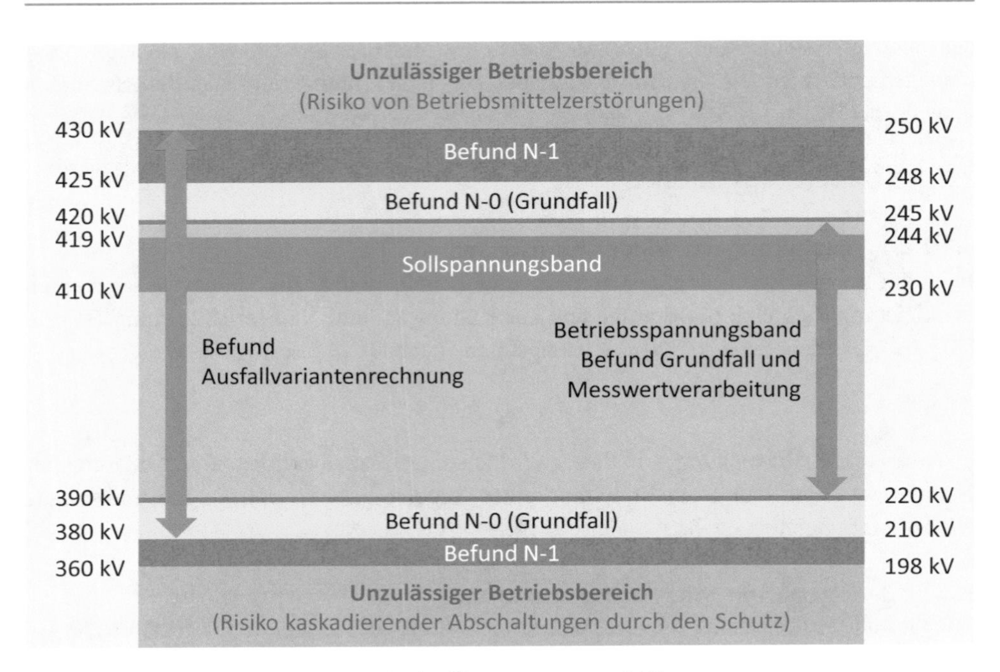

Abb. 3.12 Zulässige Spannungsbänder im Übertragungsnetz [41]

Um die Anforderungen an die Spannungsqualität zu erfüllen und die ungewollte Trennung von Erzeugungsanlagen zu vermeiden, müssen auch die relativen Spannungsänderungen begrenzt werden.

Im Nieder- und Mittelspannungsnetz sollen entsprechend DIN EN 50160 [42] die Knotenspannungsbeträge nicht mehr als ±10 % von der Nennspannung U_n abweichen.

3.2.2.2.3 Einhaltung von Stromgrenzen

Ein Übertragungsnetz muss stets so betrieben werden, dass bei keinem der z Netzzweige (Freileitungen, Kabel, Netztransformatoren, Sammelschienenkupplungen etc.) die jeweils zulässigen Stromgrenzwerte überschritten werden [3, 40].

$$I_z \leq I_{z,\max} \tag{3.3}$$

Der maximal zulässige Stromwert $I_{z,\max}$ (Engpassstrom) eines Betriebsmittels wird aus dem Minimum von thermisch zulässigem Grenzstrom, dem Einstellungswert der zugehörigen Schutzeinrichtung (Schutzengpassstrom) des Betriebsmittels sowie externen und systemischen Limitierungen gebildet (siehe auch Abschn. 3.6.1). Dies gilt sowohl für die Ermittlung der dauerhaften Strombelastbarkeit (Permanently Admissible Transmission Loading, PATL) als auch für die Ermittlung der temporären Strombelastbarkeit (Temporarily Admissible Transmission Loading, TATL). Die Bestimmung der Limitierungen und Begrenzungen obliegt in beiden Fällen dem verantwortlichen Übertragungsnetzbetreiber [240]. In der Regel ist der thermische Grenzstrom die bestimmende Größe.

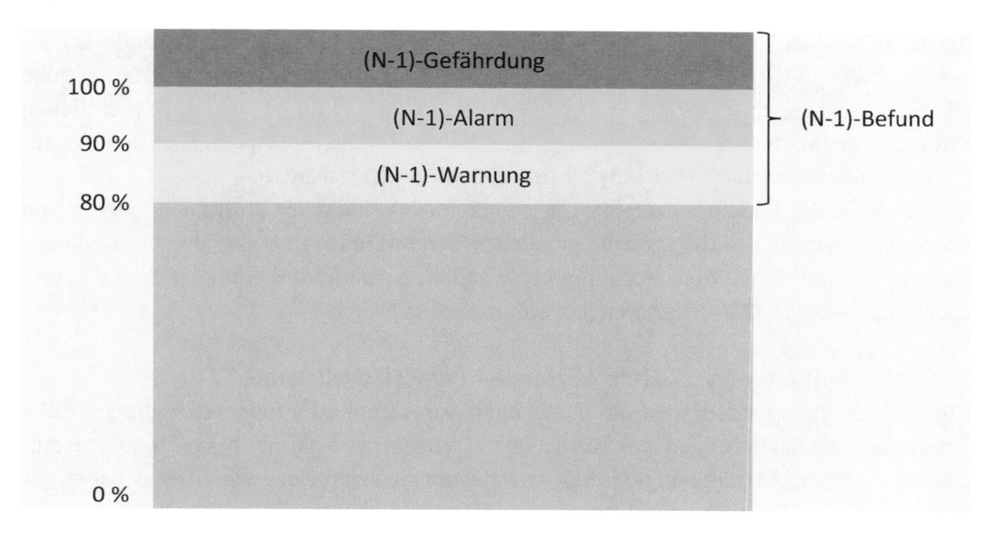

Abb. 3.13 Zulässige Stromgrenzen im Übertragungsnetz im (N-1)-Fall [41]

Ebenfalls wie bei den Spannungsgrenzen gelten auch für die zulässigen maximalen bzw. minimalen Stromgrenzen unterschiedliche Werte für die Grundfall- bzw. für die (N-1)-Ausfall-Betrachtung (Abb. 3.13). Anhand der Stromgrenzwerte werden die entsprechenden Warn- und Alarmierungsgrenzen festgelegt. So wird die Systemführung bereits bei einer Auslastung eines Stromkreises von 90 % des Engpassstromes im Grundfall entsprechende Maßnahmen einleiten, um einer drohenden Überlastung vorzubeugen.

Bei der Betrachtung eines (N-1)-Falles (siehe Abschn. 3.2.2.3.1.1) müssen durch die Systemführung erst dann Maßnahmen nach § 13 EnWG [1] eingeleitet werden, falls eine Gefährdung vorliegt. Dies ist definitionsgemäß erst bei einer Stromkreisauslastung von mehr als 100 % des Engpassstromes gegeben. Bei einer Stromkreisauslastung von über 90 % des Engpassstromes wird unter Bewertung der Gesamtsituation zunächst nur eine (N-1)-Warnung ausgegeben, um die Systemführung auf einen möglicherweise gefährdeten Netzzustand hinzuweisen. In die Beurteilung der Netzsituation wird die Systemführung die voraussichtliche Entwicklung der Last, der Erzeugung, des Wetters etc. mit einbeziehen. Anhand dieser Faktoren kann dann abgeschätzt werden, ob sich die Netzsituation weiter verschlechtert oder kurzfristig eine Entlastung zu erwarten ist. In Abhängigkeit dieser Bewertung werden entsprechende Maßnahmen eingeleitet oder es ist keine weitere Aktion erforderlich.

Bei einem Sammelschienenausfall kann der Engpassstrom auf bis zu 120 % des maximalen Stromgrenzwertes bei Stromkreisen und auf bis zu 150 % des maximalen Stromgrenzwertes bei Transformatoren angehoben werden, um dieser besonderen und vergleichsweise selten auftretenden Störungsart besondere Rechnung zu tragen.

Im Einzelfall sind zeitweilige Abweichungen vom Engpassstrom für einzelne Betriebsmittel möglich, falls deren spezifische Eigenschaften dies zulassen. Beispielsweise ist es betrieblich zulässig, bestimmte Transformatortypen dauerhaft über ihre Nennbelastbarkeit hinaus zu belasten. Eine systematische Anpassung des Engpassstroms auf veränderte Umgebungsbedingungen wird unter dem Begriff Freileitungsmonitoring realisiert (siehe Abschn. 3.6.3.1). Dabei können bei höheren Windgeschwindigkeiten die betroffenen Stromkreise um bis zu 150 % des Leiternennstroms, der entsprechend den Normbedingungen nach DIN 50341 [43] bestimmt wird, belastet werden.

Die durch das Freileitungsmonitoring mögliche Erhöhung der Strombelastbarkeit von Freileitungen muss allerdings auch von allen Betriebsmitteln der betroffenen Stromkreise (Leiterseile und Armaturen, Schaltgeräte, Wandler, Schaltfeldbeseilungen etc.) entsprechend VDE-AR-N 4210-5 beherrscht werden können [36, 44].

3.2.2.2.4 Einhaltung von Grenzwerten der Parallelschaltgeräte

Mit Parallelschaltgeräten wird das Zuschalten von offenen Leitungsverbindungen oder Sammelschienenkupplungen nur dann zugelassen, wenn bestimmte Bedingungen eingehalten werden. In Abhängigkeit von verschiedenen Parametern wie Grenzspannungsdifferenz oder Grenzwinkeldifferenz (Parallelschaltbedingungen) wird der Einschaltbefehl dann ausgeführt oder ggf. durch das Parallelschaltgerät blockiert. Die Parallelschaltbedingungen werden im Rahmen der Netzzustandsbewertung für alle Netzzweige überprüft. Mit dieser Überprüfung wird das Überschreiten einer maximalen Spannungswinkel- oder Spannungsbetragsdifferenz zwischen den Endpunkten eines zu schaltenden Betriebsmittels vermieden. Die entsprechenden Grenzwerte der Parallelschaltgeräte können für das gesamte Netz oder auch nur für einen spezifischen Netzzweig festgelegt werden. Abb. 3.14 zeigt Netzsituationen, in denen ein Parallelschaltgerät zum Einsatz kommen kann [40].

Zur Einhaltung der Parallelschaltbedingungen darf an den Schaltstellen von offenen Netzzweigen eine maximale Spannungsbetragsdifferenz $\Delta U_{z,\,\max}$ der Spannungen $U_{z,\,k}$ am Leitungsanfang und $U_{z,\,i}$ am Leitungsende bzw. an den entsprechenden Knoten der Sammelschienenkupplung nicht überschritten werden.

$$U_{z,k} - U_{z,i} \leq \Delta U_{z,\max} \tag{3.4}$$

Typische Werte für die maximale Spannungsbetragsdifferenz $\Delta U_{z,\,\max}$ sind 8 kV für die 380-kV-Ebene und 6 kV für die 220-kV-Spannungsebene [40].

Für alle offenen Netzzweige soll eine maximale Spannungswinkeldifferenz $\Delta\varphi_{z,\,\max}$ eingehalten werden.

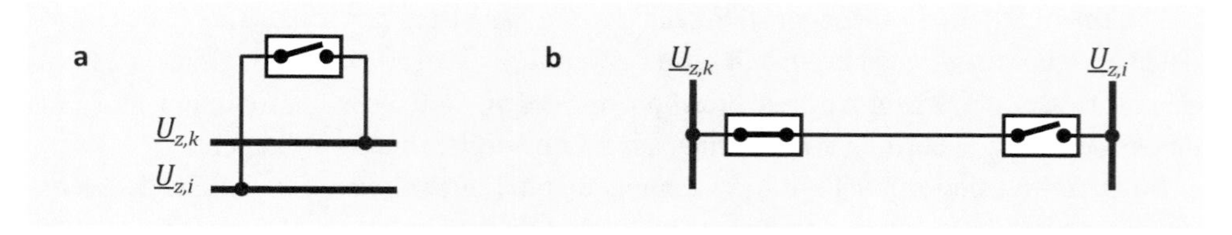

Abb. 3.14 Parallelschaltbedingung: (**a**) Kupplung (**b**) offener (ausgefallener) Netzzweig

$$\left|\varphi_{z,k} - \varphi_{z,i}\right| \leq \Delta\varphi_{z,\max} \tag{3.5}$$

Im Regelfall ist es ausreichend, wenn die Spannungswinkeldifferenz zwischen der Sammelschiene und dem offenen Ende eines daran angeschalteten Stromkreises maximal 20° beträgt [36].

3.2.2.2.5 Einhaltung der maximalen Einspeiseleistung an einer Sammelschiene

Der Ausfall einer Sammelschiene ist nicht nur topologisch ein schwerwiegender Eingriff in den Netzzustand. Falls an der ausgefallenen Sammelschiene Einspeisungen angeschlossen sind, so fallen diese ebenfalls aus. Um zu vermeiden, dass es dadurch zu einer unbeherrschbaren Störungsausweitung kommt, wird die maximale Einspeiseleistung $P_{\text{EL, max}}$ an einer Sammelschiene (SSch) in der Regel begrenzt. Die Einspeiseleistung P_{EL} an Sammelschienen wird mit der Leistungsflussrechnung bzw. der State Estimation des Grundfalls überprüft.

$$P_{\text{EL},s} = \sum_{e=1}^{N_{\text{ERZ},s}} P_e \quad s = 1, \ldots, N_{\text{SSch}} \tag{3.6}$$

$$P_{\text{EL},s} \leq P_{\text{EL,max},s} \quad s = 1, \ldots, N_{\text{SSch}} \tag{3.7}$$

Der Ausfall einer Sammelschiene darf nicht zu einem Einspeisungs- oder Lastausfall von mehr als 2000 MW führen [36]. Weitere für die Netzauslegung relevante Ausfälle dürfen nicht zu einem Erzeugungs- oder Lastausfall von mehr als 3000 MW führen, um die zur Verfügung stehende Primärregelleitung nicht zu überschreiten [2, 3, 45]. Beim entkuppelten Mehrfachsammelschienenbetrieb erfolgt die Aufteilung der maximalen Summenleistung auf die einzelnen Sammelschienen durch den zuständigen Übertragungsnetzbetreiber.

3.2.2.2.6 Einhaltung der transienten Stabilität

Die Übertragungsnetze sollen auch beim Auftreten von transienten Vorgängen, die z. B. durch den Ausfall von Generatoren oder durch Schaltvorgänge im Netz ausgelöst werden können, stabil weiterbetrieben werden können [46]. Leistungsschwingungen dürfen nicht zu einer Asynchronität der Generatoren führen. Die Bewertung der transienten Stabilität erfordert eigentlich die Lösung der nichtlinearen Differenzialgleichungssysteme der angeschlossenen Synchronmaschinen. Die Beschaffung der für die dynamische Rechnungen erforderlichen Daten ist allerdings aufwändig. Um auf einfache Weise und ohne dynamische Rechnungen für die Systemführung schnell eine sichere Abschätzung der transienten Stabilität zu erhalten, wird exemplarisch im Transmission Code der Übertragungsnetzbetreiber [3] ein einfach zu bestimmendes Ersatzkriterium beschrieben. Danach können Generatoren stabil betrieben, falls die am Netzanschlusspunkt netzseitig anstehende Kurzschlussleistung nach Fehlerklärung größer ist als der sechsfache Zahlenwert der Summe der Nennwirkleistungen aller am Netzanschlusspunkt galvanisch verbundenen Erzeugungseinheiten [3, 36].

Zur Bewertung der transienten Stabilität mit diesem Ersatzkriterium sind nur jeweils zwei Rechengrößen notwendig. Die erste Rechengröße ist die Summe der Nennleistungen der am Netzanschlusspunkt verbundenen Erzeugungseinheiten. Die zweite Rechengröße ist die netzseitig anstehende Kurzschlussleistung. An einer Sammelschiene sind in der Regel mehrere Stromkreise angeschlossen. In diesem Fall ist die fehlerbedingte Abschaltung des Stromkreises zu untersuchen, bei der die anstehende Kurzschlussleistung minimal ist. Das Verhältnis der errechneten anstehenden Kurzschlussleistung zu der Summe der Nennleistungen der einspeisenden Erzeugungseinheiten wird anschließend mit dem Faktor sechs verglichen. Diese Bewertung der transienten Stabilität erfordert somit nur die Durchführung von entsprechenden Kurzschlusssimulationsrechnungen der relevanten Netzvarianten [3, 19, 40].

3.2.2.2.7 Einhaltung der minimal und maximal zulässigen Kurzschlussströme

Die im Netz eingesetzten Betriebsmittel (z. B. Leistungsschalter) sind nur für einen definierten maximalen Kurzschlussstrom geeignet. Überschreitet der Fehlerstrom im Kurzschlussfall diesen Wert, so kann u. U. der Fehlerstrom nicht abgeschaltet werden und es können Betriebsmittel Schaden nehmen, und evtl. können auch Personenschäden auftreten. Da Kurzschlüsse grundsätzlich nicht auszuschließen sind, muss durch geeignete Maßnahmen der Systemführung sichergestellt werden, dass im Fehlerfall die Grenzwerte nicht überschritten werden. Mit entsprechenden Simulationsrechnungen werden die in einem Fehlerfall auftretenden maximalen Kurzschlussströme bestimmt.

Mit einem Kurzschlusssimulationsprogramm wird an allen möglichen Fehlerstellen im Netzabbild ein Kurzschluss modelliert und die auftretenden Anfangskurzschlusswechselströme I_k'' bestimmt und mit vorgegebenen Grenzwerten verglichen. Als mögliche Fehlerstellen werden in der Regel alle Knoten i des Netzes modelliert (siehe Abschn. 3.2.2.3.4).

Zur Beschreibung von Betriebsmitteln wird häufig die Anfangskurzschlusswechselstromleistung S_k'' verwendet. Es gilt:

$$S_k'' = \sqrt{3} \cdot U_n \cdot I_k'' \tag{3.8}$$

Dabei ist zu beachten, dass die Anfangskurzschlusswechselstromleistung nur eine physikalisch nicht definierte Rechengröße ist, da im Kurzschlussfall die auftretende Spannung in der Regel nicht gleich der Nennspannung ist. Der vom Leistungsschalter abzuschaltende Kurzschlussstrom (Ausschaltstrom) darf das maximale Ausschaltvermögen $I_{a,i,\max}$ des jeweiligen Leistungsschalters nicht überschreiten, um das sichere Abschalten von Fehlern im Netz zu gewährleisten. Der für den simulierten Fehlerfall zu erwartende Ausschaltstrom $I_{a,i}$ an allen Fehlerstellen i wird mit einer entsprechenden Kurzschlusssimulationsrechnung ermittelt [19, 20, 40]. Es muss gelten

$$I_{a,i} < I_{a,i,\max} \tag{3.9}$$

Der maximal zulässige Ausschaltstrom $I_{a,i,\max}$ kann für einzelne Leistungsschalter oder Schwerpunktanlagen oder auch netzweit für eine Spannungsebene festgelegt werden.

Neben dem insgesamt durch den Kurzschluss An einem Netzknoten auftretenden Kurzschlussstrom sind auch die Kurzschlussströme von Bedeutung, die über die Zweige am Kurzschlussknoten zum Kurzschlussort (Teilkurzschlussströme) fließen.

Neben dem maximalen Kurzschlussstrom ist auch die Kenntnis des minimalen Kurzschlussstromes für die Systemführung von Bedeutung. Ist der im Fehlerfall auftretende Kurzschlussstrom beispielsweise aufgrund einer hohen Impedanz an der Fehlerstelle klein, z. B. nur unwesentlich größer oder sogar kleiner als die Betriebsströme im ungestörten Netzzustand, wird der Fehler vom Netzschutz nicht erkannt und damit auch nicht automatisch abgeschaltet. Für die transiente Stabilität elektrischer Maschinen ist ein ausreichender Kurzschlussstrom notwendig, damit im Fehlerfall der Spannungseinbruch lokal begrenzt bleibt. Im Übertragungsnetz ist das Auftreten zu geringer und damit nicht identifizierbarer Fehlerströme u. a. aufgrund der starren Sternpunkterdung bislang eher selten [19]. Durch die Energiewende werden in Zukunft jedoch vermehrt Anlagen über Umrichter ins Netz speisen. Synchrongeneratoren liefern aufgrund ihres magnetischen Flusses im Kurzschlussfall einen erhöhten Kurzschlussstrom. Bei einer Anlage, die das Netz über einen Wechselrichter speist, fällt der erhöhte Kurzschlussstrom weg, da der Wechselrichter zu jedem Zeitpunkt, also auch im Kurzschlussfall, nur den vorgegebenen Strom einspeist. Um auch zukünftig Fehler in jeder Netzsituation sicher erkennen und beheben zu können, müssen entsprechende Schutzkonzepte weiterentwickelt werden (z. B. Wanderwellenanalyse) und die mit Wechselrichtern betriebenen regenerativen Erzeugungsanlagen müssen genügend Kurzschlussleistung über ihren Wechselrichter einspeisen.

3.2.2.3 Simulation von Systemänderungen

Neben der Analyse des Grundfalles ist zur vollständigen Bewertung des Systemzustandes auch die Kenntnis über das Systemverhalten bei nicht vorhersehbaren und unvermeidbaren Systemänderungen (Komponentenausfälle, Kurzschlussereignisse) erforderlich. Es wird dabei in Abhängigkeit der eingesetzten Verfahren zwischen ausfallorientierten und kundenorientierten Kriterien sowie zwischen determinierten und probabilistischen Kriterien unterschieden.

Mit ausfallorientierten Bewertungskriterien wird jeweils nur eine Störung betrachtet. Es wird beurteilt, ob deren Auswirkungen zulässig oder unzulässig sind. Demgegenüber berücksichtigen kundenorientierte Kriterien die Auswirkungen aller störungsbedingten Ausfälle gemeinsam auf den Kunden. Bei diesem Verfahren werden die Zuverlässigkeitskenngrößen Unterbrechungshäufigkeit, Unterbrechungsdauer, Nichtverfügbarkeit und nicht zeitgerecht gelieferte Energie bestimmt.

Für die Bewertung der Einspeisesituation wird in der Regel determiniert vom Ausfall des größten Kraftwerksblocks, oder allgemeiner eines gewissen Prozentsatzes der Einspeiseleistung ausgegangen. Das Gesamtsystem muss den Ausfall dieser Leistung ohne Versorgungsunterbrechung überstehen.

Probabilistische Kriterien werden allerdings noch nicht allgemein angewandt, da die Beschaffung der relevanten Daten für ein reales Energieversorgungssystem sehr aufwendig ist. Im Folgenden wird daher nur das weit verbreitete und allgemein anerkannte deterministische (N-1)-Kriterium der ausfallorientierten Simulation von Betriebsmitteln und Einspeisungen berücksichtigt (siehe Abschn. 3.2.2.3.1.1). Eine Erweiterung des bisher präventiv angelegten (N-1)-Kriteriums hin zu einem kurativen Ansatz wird in Abschn. 3.6 betrachtet.

Bei der Simulation von Systemänderungen werden entsprechend der vorliegenden Aufgabenstellung Ausfälle von einzelnen Zweigen (Leitungen, Transformator) oder anderen Netzkomponenten (Kompensationseinrichtungen), gleichzeitige Ausfälle von mehreren Elementen (unabhängige Zweigausfälle, Common-Mode-Ausfälle, Sammelschienenfehler) und Ausfälle von Einspeisungen oder Lasten unterschieden. Mit der Simulation von Ausfällen werden verschiedene Ausfallarten und Ausfallordnungen nachgebildet.

Die Ausfallordnung gibt die Anzahl ω der gleichzeitig angenommenen Ausfälle von Betriebsmitteln pro Simulationsfall an. Ziel der Netzsicherheitsanalyse ist es, den Zustand des Netzes nach dem Ausfall von Betriebsmitteln im Voraus zu simulieren. Dies würde die Berechnung aller theoretisch möglichen Ausfallkombinationen der N Komponenten des Netzes mit

$$\sum_{\omega=1}^{N} \binom{N}{\omega} = 2^N - 1 \tag{3.10}$$

Simulationsrechnungen erfordern. Bei realen Systemen ist daher wegen der großen Anzahl von Varianten eine Beschränkung der Anzahl simulierter Ausfallvarianten auf die für die Bewertung des Systemzustands wesentlichen Fälle unerlässlich [47].

3.2.2.3.1 Betriebsmittelausfälle

3.2.2.3.1.1 Das (N-1)-Kriterium

Eine hohe Zuverlässigkeit der elektrischen Energieversorgungsnetze lässt sich im Netzbetrieb nur mit genügend großer Redundanz gewährleisten, da Betriebsmittelausfälle mit nachfolgenden Reparaturzeiten einkalkuliert werden müssen. Da es sich bei den Betriebsmittelausfällen um stochastische Ereignisse handelt, ist eine quantitative Berechnung der Versorgungszuverlässigkeit nur mit probabilistischen Methoden möglich, die sich auf der Höchstspannungsebene aus verschiedenen Gründen noch nicht allgemein durchgesetzt haben. Seit Beginn des Ausbaus von vermaschten Verbundnetzen hat sich daher in der Praxis zur Beurteilung der notwendigen Redundanz ersatzweise das sogenannte (N-1)-Kriterium bewährt [48]. Mit der Bezeichnung „(N-1)“ wird angegeben, dass genau ein („-1“) beliebiges der insgesamt N im System vorhandenen Betriebsmittel („Ordinary Contingency“) ausgefallen ist oder als ausgefallen angenommen wird bzw. die Netztopologie ein Zweigelement weniger enthält [40]. Entsprechend dieser Definition wird der Grundfall häufig auch als „(N-0)-Fall“ bezeichnet.

Entsprechend dem Grundsatz der (N-1)-Sicherheit muss in einem Netz bei prognostizierten maximalen Übertragungs- und Versorgungsaufgaben die Netzsicherheit auch dann gewährleistet bleiben, wenn eine Komponente, etwa ein Transformator oder ein Stromkreis, ausfällt oder abgeschaltet wird.

Auch in einem solchen Fall darf es nicht zu unzulässigen Versorgungsunterbrechungen, einer Ausweitung der Störung (z. B. durch Folgeauslösungen) oder zum Verlust der Stabilität von Erzeugungseinheiten kommen. Außerdem muss die Spannung innerhalb der zulässigen Grenzen bleiben, die Frequenz muss innerhalb vorgegebener Grenzen bleiben, und die verbleibenden Betriebsmittel dürfen nicht dauerhaft überlastet werden [36, 49].

Übertragungsnetze gelten nach diesem Kriterium als hinreichend zuverlässig, wenn sie den Ausfall eines beliebigen Betriebsmittels ohne störungsbedingte Folgeauslösung durch Überlastung der verbleibenden Netzelemente und ohne Inselnetzbildung überstehen. Für die erfolgreiche Anwendung dieses deterministischen Ersatzkriteriums müssen allerdings die folgenden Voraussetzungen erfüllt sein.

- Die betrachteten Betriebsmittel haben eine geringe Ausfallhäufigkeit und eine kurze Ausfalldauer.
- Das stochastische Ausfallverhalten der Schutzbereiche ist voneinander unabhängig. Die Höchstspannungsnetze werden mit Kurzunterbrechung betrieben, die die häufigen einpoligen Erdkurzschlussfehler in aller Regel folgenlos beseitigt.
- Innerhalb eines Jahres gibt es ausreichend Zeiten mit moderater Netzbelastung zur Durchführung von Reparatur- und Wartungsarbeiten.
- Es ist eine adäquate Netzbetriebsführung mit modern ausgerüsteten Netzleitstellen vorhanden, die eine ständige Überwachung der Einhaltung des (N-1)-Kriteriums erlaubt.

Die Systemführung überprüft durch zyklisch durchgeführte Netzsimulationsrechnungen (Ausfallsimulationsrechnung, Kurzschlussstromberechnung) im Rahmen der Netzsicherheitsüberwachung den aktuellen Netzzustand auf Einhaltung des (N-1)-Kriteriums und leitet bei entsprechenden Befunden geeignete netz- und marktbezogene Maßnahmen (siehe Tab. 3.3) ein.

Aufgrund ihrer regionalen Begrenzung werden in den Verteilnetzen im Gegensatz zu den Höchst- und Hochspannungsnetzen kurzzeitige Versorgungsunterbrechungen zugelassen. Diese Netze werden üblicherweise nach dem Kriterium „(N-1)-sicher mit Umschaltreserve“ ausgelegt und betrieben. In einem Verteilungsnetz gilt daher das modifizierte (N-1)-Kriterium, das erfüllt ist, falls das Netz nach Ausfall eines beliebigen Betriebsmittels ggf. nach erforderlicher, vor Ort durch das Betriebspersonal durchgeführter Umschaltmaßnahme die Energieversorgung ohne Einschränkung fortsetzen kann.

Bei einer nur geringen Defizitleistung werden dabei auch Wiederversorgungszeiten für zumutbar erachtet, die beispielsweise in Mittelspannungsnetzen durchaus einige Stunden betragen können. In Niederspannungsnetzen existiert häufig keine Option für Umschaltmaßnahmen und damit auch keine Redundanz. Hier muss bis zur Wiederversorgung u. U. solange gewartet werden bis die Reparatur abgeschlossen ist. Bei größeren oder länger andauernden Fehlern wird man hier eine Netzersatzanlage (Notstromaggregat) einsetzen.

Tab. 3.3 Maßnahmenkatalog nach § 13 des Energiewirtschaftsgesetzes

Maßnahmen und Anpassungen nach § 13 EnWG	§ 13 (1) netzbezogen	§ 13 (1) marktbezogen	§ 13 (2) Notfall
Topologiemaßnahmen	X		
Ausnutzung betrieblich zulässiger Toleranzbänder (Strom und Spannung)	X		
Einsatz Regelenergie		X	
Vertraglich vereinbarte zu- und abschaltbare Lasten		X	
Präventives Engpassmanagement		X	
Mobilisierung von zusätzlichen Reserven durch den ÜNB		X	
Countertrading		X	
Redispatch		X	
Kürzung eines bereits akzeptierten Fahrplans			X
Lastabschaltungen Spannungsabsenkung im Verteilnetz			X
Direkte Anweisung von Erzeugern einschließlich EEG			X

Ganz wesentlich für die richtige Interpretation des (N-1)-Kriteriums ist, dass mit dem Wert *N* jeweils nur die tatsächlich betriebsbereiten Netzelemente gezählt werden. Durch geplante Nichtverfügbarkeiten (z. B. die zeitweilige Außerbetriebnahme eines Betriebsmittels für Wartungsarbeiten) wird der Wert für *N* entsprechend geändert. Die Überprüfung des (N-1)-Kriteriums einer solchen Netzsituation wird auch als erweitertes (N-1)-Kriterium bezeichnet [50].

Nach Ausfall eines Betriebsmittels muss der Netzbetrieb ggf. durch netztechnische Maßnahmen (Topologieänderungen, Verstellung der Transformatorstufungen usw.) die Einhaltung des (N-1)-Kriteriums mit einer, in der Regel kleineren Anzahl *N* wiederherstellen [19]. Die Überprüfung des (N-1)-Kriteriums erfolgt mit der für jeweils ein Betriebsmittel wiederholt durchgeführten Ausfallsimulationsrechnung.

3.2.2.3.1.2 Sammelschienenfehler

Der Ausfall von Sammelschienen kann ein Netz besonders stark beeinflussen, da durch einen solchen Schadensfall immer mehrere Leitungen gleichzeitig betroffen sind und sich damit die Netztopologie zumindest für einen Netzbereich stark verändert. Bei einem Sammelschienenausfall werden alle angeschlossenen Zweige abgeschaltet. Besonders gravierend auf den Netzzustand wirkt sich der Ausfall einer Sammelschiene aus, falls sich die betreffende Station in der Nähe von Erzeuger- oder Verbraucherschwerpunkten befindet [51], da damit auch gleichzeitig große Einspeisungs- bzw. Lastveränderungen verbunden sind. Die Überprüfung von Sammelschienenausfällen ist daher ein weiteres wichtiges Beurteilungskriterium der Netzsicherheitsüberwachung.

3.2.2.3.1.3 Unabhängige Mehrfachfehler und Common-Mode-Fehler

Das zeitgleiche Auftreten von unabhängigen Fehlern im Netz ist statistisch sehr unwahrscheinlich. Dennoch ist die Simulation des gleichzeitigen Ausfalls mehrerer Betriebsmittel wichtig für die Bewertung des Netzzustandes. Es wird dabei zwischen unabhängigen Mehrfachfehlern (Out-of-Range Contingencies) und Common-Mode-Fehlern (Exceptional Contingencies), die eine gemeinsame Fehlerursache haben, unterschieden. Mit der Simulation von unabhängigen Mehrfachfehlern wird beispielsweise das betriebsbedingte Abschalten eines Betriebsmittels mit dem gleichzeitigen zufälligen Ausfall eines anderen Betriebsmittels betrachtet [36].

Aufgrund der Kombinatorik ergibt sich bei unabhängigen Mehrfach-Ausfällen eine sehr große Anzahl von möglichen Varianten in einem Netz. Daher muss die Simulation und Analyse von solchen Fehlern auf wenige, für den Netzzustand wichtige Varianten beschränkt bleiben.

Fallen mehrere Komponenten (Netzbetriebsmittel oder Erzeugungseinheiten) aufgrund derselben Ursache zeitgleich aus, so wird dieser Fall als Common-Mode-Fehler bezeichnet [19]. In der Praxis auftretende Common-Mode-Ausfälle werden beispielsweise verursacht durch

- Blitzschlag mit rückwärtigem Überschlag auf zwei oder mehrere Stromkreise einer Mehrfachleitung
- Seiltanzen
- Mastumbruch bei Mehrfachleitungen (siehe Abb. 3.28)
- Erdrutsch, Baggerarbeiten oder Spundwandrammen bei in einem gemeinsamen Kabelgraben verlegten Kabeln
- Brand, Explosion oder Überschwemmung, wodurch auch Betrachtungseinheiten unterschiedlichen Typs betroffen sein können
- Fehlerereignisse, die Leitungskreuzungen, insbesondere von Vielfachleitungen, oder Überspannungen im Sammelschienenbereich betreffen

Oftmals werden Common-Mode-Fehler wegen des kausalen Zusammenhangs der Störungsursache ebenfalls als (N-1)-Fall betrachtet. In diesem Fall erhöht sich der Wert N um die Anzahl der möglichen Common-Mode-Fehler.

Die Analyse von Mehrfachausfällen erfolgt analog zur Simulation von Einfachausfällen.

3.2.2.3.1.4 Einspeisungs- oder Laständerungen

Änderungen der Einspeisungen oder Lasten wirken sich auf die Verteilung der Leistungsflüsse und damit auch auf die Belastung der Betriebsmittel in einem Netz aus. Den stärksten Einfluss auf den Netzzustand hat dabei in der Regel der Ausfall einer größeren Kraftwerkseinheit oder der ungeplante Abwurf einer größeren Last, wie z. B. ein unterlagertes Netz oder ein größerer Industrieabnehmer. Um die Auswirkungen von Einspeisungs- und Laständerungen zu bewerten, werden entsprechende Simulationsrechnungen durchgeführt.

3.2.2.3.2 Geplante Systemänderungen

Neben den fehlerbedingten Ereignissen werden natürlich auch geplante Änderungen des Systems vorab simuliert. So werden beispielsweise vor der Durchführung von geplanten Ab- oder Umschaltungen von Betriebsmitteln die Auswirkungen dieser Maßnahmen auf den Systemzustand mit geeigneten Simulationsrechnungen (Leistungsflussberechnung, Kurzschlussstromberechnung etc.) überprüft. Solche Eingriffe sind alltägliches Geschäft der Systemführung und werden entsprechend in der Betriebsplanung vorbereitet und dann durch die Systemführer zu den vorgesehenen Zeiten durchgeführt (siehe Abschn. 3.2.3.2.3). Gründe für solche Maßnahmen sind beispielsweise Wartungs- Instandhaltungs- und Montagearbeiten an Freileitungen, bei denen zumindest Teile der Freileitungssysteme spannungsfrei geschaltet werden müssen, damit die Monteure bei ihren Arbeiten nicht gefährdet werden. Beispielsweise müssen bei den regelmäßig durchgeführten Anstricharbeiten an Freileitungsmasten Leitungen freigeschaltet werden. In der Regel wird jeweils nur eine Mastseite bearbeitet, sodass auch nur die Systeme auf dieser Seite abgeschaltet werden müssen. Die bearbeiteten Traversen und Mastseiten werden aus Umweltschutzgründen mit Planen eingehüllt, in denen die abgeschliffenen Moos-, Vogelkot- und Farbreste aufgefangen werden (Abb. 3.15).

3.2.2.3.3 Kurzfristig erzwungene Systemänderungen

In besonderen Fällen ist die Systemführung gezwungen, auch aus nichtbetrieblichen Gründen Betriebsmittel kurzfristig für eine gewisse Zeit freizuschalten. Hierbei handelt es sich in aller Regel um Freileitungen, von denen eine situationsbedingte Gefährdung von

Abb. 3.15 Anstricharbeiten an Freileitungsmasten. (Quelle: K. Jarolim-Vormeier)

Personen ausgeht. Aufgrund der akuten Gefahrensituation ist die Systemführung gezwungen, die Abschaltung auch ohne aufwändige vorbereitende Simulationsrechnungen und im Wesentlichen auf die Erfahrung des betriebsführenden Personals gestützt durchzuführen. Eine solche Gefährdung liegt beispielsweise dann vor, wenn ein Heißluftballon sich unbeabsichtigt an einer Freileitung verfängt. Im konkreten, in dem in Abb. 3.16 gezeigten Fall hing der Ballonkorb und die Ballonhülle am Mast einer mehrsystemigen Leitung fest. Die beiden 380-kV-Systeme der Leitung mussten für mehrere Stunden abgeschaltet werden, um die Ballonfahrer sicher aus 60 m Höhe durch Höhenretter abzuseilen und um den Ballonkorb sowie die Ballonhülle vom Blitzbock, von der Traverse und dem obersten Leiterseil der Freileitung zu entfernen [247].

Eine leider immer wieder auftretende, für das Personal der Energieversorgungsunternehmen psychologisch sehr belastende Situation ist die absichtliche Besteigung von Frei-

Abb. 3.16 In Freileitung verfangener Heißluftballon. (Quelle: Amprion GmbH)

leitungen in suizidaler Absicht. In den meisten Fällen kann diese Situation durch die Systemführung jedoch nicht sofort erfasst werden, da es keine technischen Warneinrichtungen für ein solches unbefugtes Betreten gibt. In einigen Fällen kommt es, beispielsweise durch aufmerksame Beobachter herbeigerufene Rettungskräfte (Feuerwehr), zu einer glücklichen Beendigung der gefährlichen Situation. Bevor die Feuerwehr die gefährdete Person vom Mast herunterbegleiten kann, muss in der Regel eine Abschaltung zumindest von Teilen der Leitung erfolgen.

3.2.2.3.4 Kurzschlüsse

Als Kurzschlüsse werden Fehler in elektrischen Anlagen bezeichnet, bei denen ein spannungsführender Leiter mit mindestens einem weiteren Leiter oder mit der Erde niederohmig verbunden wird. Ein dreipoliger Kurzschluss liegt vor, wenn alle drei Leiter miteinander kurzgeschlossen sind (Abb. 3.17). Er ist die Kurzschlussart, bei der in der Regel die größten Kurzschlussströme auftreten [40]. Zur Überprüfung, ob das Netz die bei einem Fehler (Kurzschluss) auftretenden Ströme unbeschadet überstehen kann, wird als Teil der Netzsicherheitsüberwachung eine Kurzschlusssimulationsrechnung durchgeführt [19]. Mit diesem Verfahren werden mögliche Kurzschlüsse im Netz simuliert und die dann auftretenden Anfangskurzschlusswechselströme gemäß [38] berechnet und auf Grenzwertverletzungen bei Sammelschienen beziehungsweise bei Leistungsschaltern überprüft. Um eine sichere Funktion der Leistungsschalter zu gewährleisten, darf der maximal zulässige Ausschaltstrom der Leistungsschalter in einem Kurzschlussfall nicht überschritten werden (siehe Abschn. 3.2.2.2.7) [5, 38, 40].

3.2.3 Modifikation des Netzzustands

3.2.3.1 Netzzustandskorrektur

Weisen die Ergebnisse dieser Netzsicherheitsrechnungen auf mögliche Verletzungen definierter Grenzwerte hin, die zu weiteren und dadurch den Systemzustand noch mehr verschlechternden Abschaltungen führen können, werden in der dritten Stufe der Netzsicherheitsüberwachung (Abb. 3.11) präventive Korrekturmaßnahmen durch die Systemführer festgelegt und durch Schalt- und Steuerbefehle im System ausgeführt.

Die Aufgabe der Zustandskorrektur, vom Zustand des gefährdeten Netzbetriebes zum sicheren Normalzustand zurückzukehren, wird in Teilbereichen ebenfalls mit geeigneten Software-Modulen unterstützt [19, 40]. Es wird bei den Korrekturmaßnahmen entsprechend den Vorgaben des Energiewirtschaftsgesetzes [1] zwischen netzbezogenen und marktbezogenen Maßnahmen sowie Notfallmaßnahmen unterschieden (Tab. 3.3).

Kann allein mit den aktuell zur Verfügung stehenden netzbezogenen Maßnahmen kein engpassfreier Netzzustand hergestellt werden, setzt die Systemführung kurzfristig wirkende präventive bzw. kurative marktbezogene Maßnahmen ein. Hierzu gehören beispielsweise das Redispatch von Kraftwerken und die Abschaltung von Lasten. Mit dem Einsatz dieser Maßnahmen wird die Netzsicherheit eingehalten bzw. wiederhergestellt.

Abb. 3.17 Dreipoliger Lichtbogenkurzschluss auf einer 20-kV-Freileitung. (Quelle: R. Speh)

Die marktbezogenen Maßnahmen werden am Vortag für den Folgetag (Day Ahead) geplant bzw. innerhalb des Tages (Intraday) aktiviert [36]. Kann auch mit diesen Maßnahmen der Netzengpass nicht beseitigt werden, stehen der Systemführung als letzte Möglichkeit Notfallmaßnahmen zur Verfügung.

Sind alle betrieblichen Optionen im Bestandsnetz ausgeschöpft, werden zur Gewährleistung der Systemsicherheit im Rahmen des Netzausbaus die nachfolgenden netzbezogenen Maßnahmen ergriffen [36]:

- Netzoptimierung
  - Freileitungsmonitoring
  - Spannungsupgrade von Freileitungen (z. B. durch Spannungsumstellung von aktuell mit 220 kV betriebenen Stromkreisen von Freileitungen, die als 380-kV-Freileitungen errichtet wurden)
- Netzverstärkung
  - Auflegen von Stromkreisen auf freien Gestängeplätzen von Freileitungen
  - Ertüchtigung von Freileitungen zur Erhöhung der Stromtragfähigkeit (Auswechseln der Beseilung, Erhöhung der Bodenabstände)
  - Austausch von Betriebsmitteln (Kurzschlussfestigkeit und Leistungsgröße)
  - Ertüchtigung von Schaltanlagen (Kurzschlussfestigkeit und Stromtragfähigkeit)
  - Erweiterung von Schaltanlagen
- Netzausbau
  - Neubau von Schaltanlagen
  - Zubau von Blindleistungskompensationsanlagen (Spulen, Kondensatoren, statische Blindleistungskompensatoren)
  - Zubau von Transformatorenleistung
  - Zubau von wirkleistungssteuernden Betriebsmitteln (z. B. Phasenschiebertransformatoren, leistungselektronische Steuerungskomponenten)
  - Neubau von Leitungen
  - Zubau von intelligenten Netzelementen (Smart Grid)

Dieses Verfahren wird auch als NOVA-Prinzip (**N**etz-**O**ptimierung vor **V**erstärkung vor **A**usbau) bezeichnet.

3.2.3.2 Netzbezogene Maßnahmen

Nach § 13 Abs. 1 EnWG sind die Netzbetreiber zur Vermeidung von drohenden oder zur Verringerung bestehender Netzengpässe dazu verpflichtet, vorrangig solche Maßnahmen einzusetzen, die der Netzbetreiber selbst – gegebenenfalls in Abstimmung mit anderen Netzbetreibern – vornehmen kann und die den eigenen Netzbetrieb betreffen. Diese sogenannten netzbezogenen Maßnahmen haben in der Regel die für Dritte geringste Eingriffsintensität, da sie keine unmittelbar spürbaren Auswirkungen auf Strombezugs- oder Stromeinspeisebedingungen der Netzkunden haben. Mit den netzbezogenen Maßnahmen werden die betrieblich zulässigen Toleranzbänder der Betriebsmittel ausgenutzt oder geeignete Topologiemaßnahmen durchgeführt, um damit eine insgesamt bessere Auslastung der Betriebsmittel im Netz zu erreichen [3, 40, 52].

Die netzbezogenen Maßnahmen sind für die Systemführung effektvolle Maßnahmen, um die Leistungsflussverteilung im Netz zu beeinflussen. Sie können entsprechend ihrer Netzwirkung in die beiden Bereiche Schaltmaßnahmen und Einstellung der Arbeitspunkte von Betriebsmitteln unterteilt werden. Die netzbezogenen Maßnahmen werden näherungsweise als kostenfrei angesehen.

3.2.3.2.1 Schaltmaßnahmen

Schaltmaßnahmen werden im Wesentlichen durch die Änderung der Verschaltung der einzelnen Betriebsmittel in den Schaltanlagen vorgenommen. Wird die Verschaltung mit Zweigelementen durchgeführt, so wird damit die sogenannte Topologie des Netzes verändert. Aufgrund ihrer diskontinuierlichen Wirkung auf den Netzzustand müssen Schaltmaßnahmen vor ihrer Durchführung sorgfältig auf ihre Auswirkung hin überprüft werden. Dies kann mit entsprechenden Simulationsrechnungen im Netzleitsystem realisiert werden. Damit wird sichergestellt, dass durch die Schaltmaßnahmen die gewünschte Wirkung auf den Netzzustand erreicht wird und keine negativen Nebeneffekte unerkannt bleiben. Zu den elementaren Schaltmaßnahmen gehören

- Abschalten/Zuschalten von Leitungen und Transformatoren
- Sammelschienenwechsel von Leitungen und Transformatoren
- Sammelschienenwechsel von Kraftwerken und Lasten
- Kuppeln/Trennen von Sammelschienen-Längskupplungen
- Kuppeln/Trennen von Sammelschienen-Querkupplungen

In Abb. 3.18 ist der jeweilige Verschaltungszustand vor und nach Durchführung einer elementaren Schaltmaßnahme dargestellt [19].

Aufgrund der Kombinatorik lassen sich bereits bei vergleichsweise kleinen Schaltanlagen aus diesen elementaren Schaltungen eine Vielzahl von möglichen topologischen Variationen in einem Netz realisieren. So ergeben sich beispielsweise für eine Doppel-

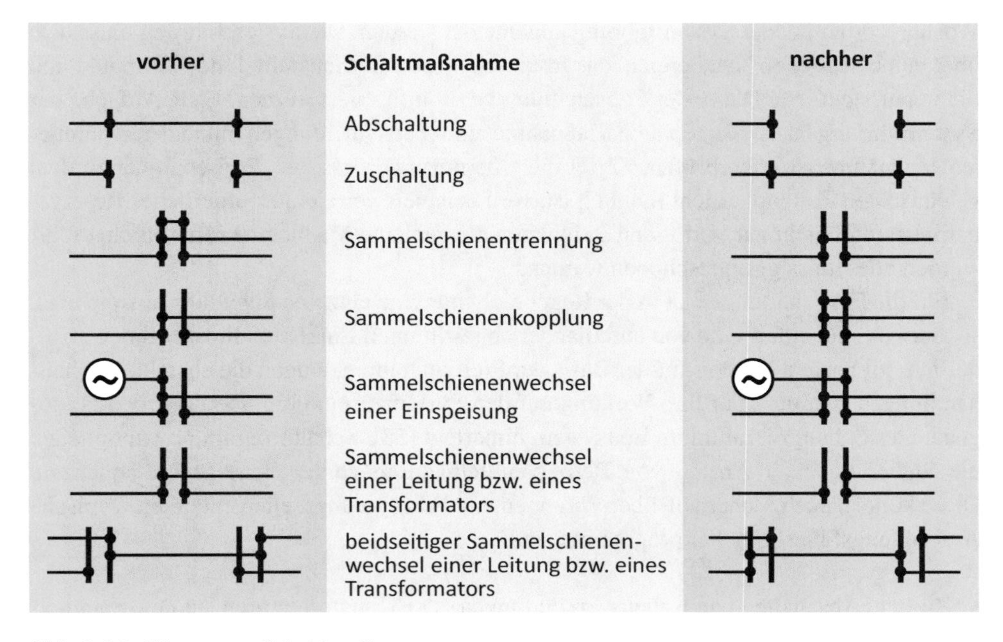

Abb. 3.18 Elementare Schalthandlungen

sammelschiene mit vier angeschlossenen Leitungen und einer angeschlossenen Last bereits 37 sinnvolle Verschaltungsvarianten [19]. Die für eine bestimmte Netzsituation geeignete Schaltungsvariante kann mit speziellen topologischen Auswahlverfahren, die auch als korrektives Schalten bezeichnet werden, bestimmt werden [53–55].

3.2.3.2.2 Koordinierung bzw. Durchführung von Schaltmaßnahmen

Auch wenn die Beherrschung von besonderen Belastungssituationen bis hin zur Behandlung von Großstörungsereignissen die anspruchsvollsten Tätigkeiten im Rahmen der Systemführung von Übertragungsnetzen sind, wird der weitaus größere Anteil der Arbeitszeit des Leitstellenpersonals durch andere Arbeiten geprägt. Der überwiegende Anteil der Mitarbeiterressourcen wird durch das sogenannte Freischaltmanagement bzw. durch die Abschaltplanung beansprucht.

Die meisten Bau- und Instandhaltungsmaßnahmen im Netz können nur im spannungslosen Zustand durchgeführt werden. Dazu müssen zuvor die betroffenen Betriebsmittel oder bestimmte Netzteile abgeschaltet werden damit der betroffene Arbeitsbereich spannungslos wird [56].

Aufgrund der großen Anzahl von Instandhaltungs- und Baumaßnahmen in den elektrischen Energieversorgungsnetzen müssen in der Regel viele Maßnahmen parallel durchgeführt werden. Die Systemführung koordiniert die anstehenden Maßnahmen daher so, dass eine Beeinträchtigung der Systemsicherheit sowie eine Gefährdung von Personen unbedingt vermieden wird (Freischaltplanung) [57]. Um die erforderlichen Eingriffe durch die Systemführung ausreichend vorplanen und überprüfen zu können, müssen die einzelnen Maßnahmen in Abhängigkeit des erforderlichen Umfangs wenige Tage bis einige Wochen vorher bei der Systemführung angemeldet werden. Die Systemführung muss u. a. über den betroffenen Netzbereich, das freizuschaltende Betriebsmittel, den Zeitpunkt und die voraussichtliche Dauer der Freischaltung vorab informiert werden. Erste Aufgabe der Systemführung ist es, die geplante Maßnahme auf Überschneidungen mit anderen parallelen Maßnahmen zu überprüfen. Ergibt die Überprüfung, dass eine Freischaltung zu dem gewünschten Zeitpunkt nicht möglich ist, weil beispielsweise ein erforderliches Reservebetriebsmittel nicht zur Verfügung steht, kann die geplante Maßnahme nicht durchgeführt werden oder muss ggf. verschoben werden.

Für die Freischaltungen ist in der Regel nicht nur eine einzelne Schaltung ausreichend, sondern es sind eine Reihe von aufeinander abgestimmten Einzelschaltmaßnahmen erforderlich. Im Vorfeld werden auf der Basis der Freischaltanmeldungen die einzelnen Schalthandlungen ermittelt, auf ihre Wirkung auf den Systemzustand hin überprüft und als sogenanntes Schaltprogramm im Leitsystem hinterlegt [58]. Schaltprogramme ermöglichen die Steuerung einer Anzahl von Betriebsmitteln durch vorgegebene Schaltsequenzen. Diese können auch Sicherheitsüberprüfungen und Verzögerungszeiten enthalten. Typische Anwendungsfälle für Schaltprogramme sind:

- Zu- und Abschalten von Kabeln, Freileitungen oder Transformatoren auf eine Sammelschiene durch eine Schaltsequenz für die Trenner und Leistungsschalter im Abgangsfeld

- Sammelschienenwechsel (Wechsel des Anschlusses von Kabeln, Freileitungen oder Transformatoren von einer Sammelschiene auf eine andere ohne Versorgungsunterbrechung durch eine Schaltsequenz für die Trenner und Leistungsschalter im Abgangs- und im Kuppelfeld)
- EIN/AUS-Befehle für Leistungsschalter (z. B. Lastabwurf oder Wiederzuschalten einer Last)
- Ein-/Ausschalten einer großen Anzahl von Straßenlaternen morgens bzw. abends
- Steuerung von Objekten

Durch die vorbereitende Erstellung von Schaltprogrammen können Fehlschaltungen vermieden und die Schalthandlungen zum gewünschten Termin zügig ausgeführt werden. In Abb. 3.19 ist exemplarisch das Schaltprogramm für einen Sammelschienenwechsel eines Leitungsabgangs (siehe auch Abb. 2.24) ohne Versorgungsunterbrechung angegeben. Zunächst wird mit dem Schließen des Kuppelschalters LS2 die Potenzialgleichheit der beiden Sammelschienen SS1 und SS2 erzwungen. Danach erfolgt mit dem Schalten der Trenner Tr1 und Tr2 die Verlegung des Leitungsabgangs von Sammelschiene SS1 auf Sammelschiene SS2. Die Schaltsequenz ist im Netzleitsystem hinterlegt und wird auf Anforderung automatisch abgearbeitet.

Die Systemführung erteilt nach der Durchführung der Freischaltung dem Anlagenverantwortlichen vor Ort die Verfügungserlaubnis für die betreffenden Betriebsmittel (Abb. 3.20 [59]). Damit wird die Zuständigkeit für diese Betriebsmittel eindeutig zugeordnet und unzulässige Schalthandlungen vermieden.

In größeren Übertragungsnetzen wird der Schaltbetrieb von der Systemführung veranlasst und die Auswirkung der Schalthandlung auf das Netz wird dort zentral überwacht. Die eigentliche Durchführung der Schaltmaßnahmen wird wegen der Vielzahl von Anlagen häufig von der Systemführung (Hauptschaltleitung) regional unterlagerten Organisationseinheiten (z. B. Gruppenschaltleitungen) übernommen.

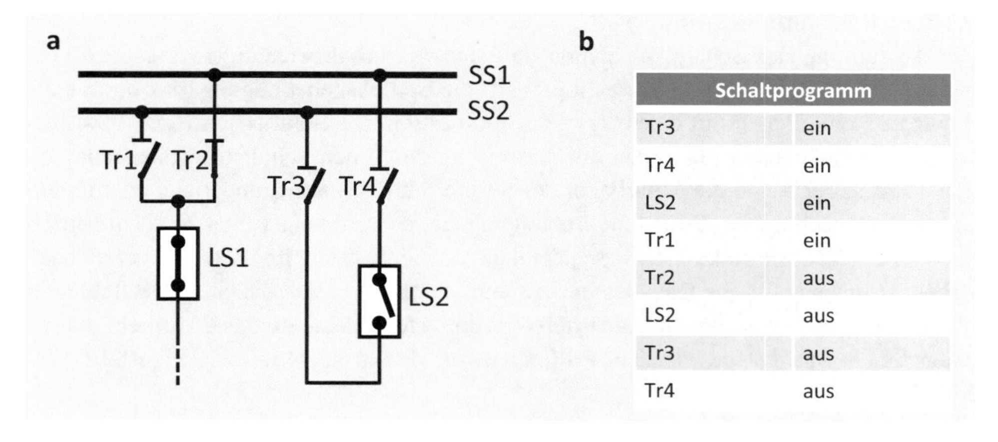

Schaltprogramm	
Tr3	ein
Tr4	ein
LS2	ein
Tr1	ein
Tr2	aus
LS2	aus
Tr3	aus
Tr4	aus

Abb. 3.19 Schaltprogramm „Sammelschienenwechsel eines Abzweiges“

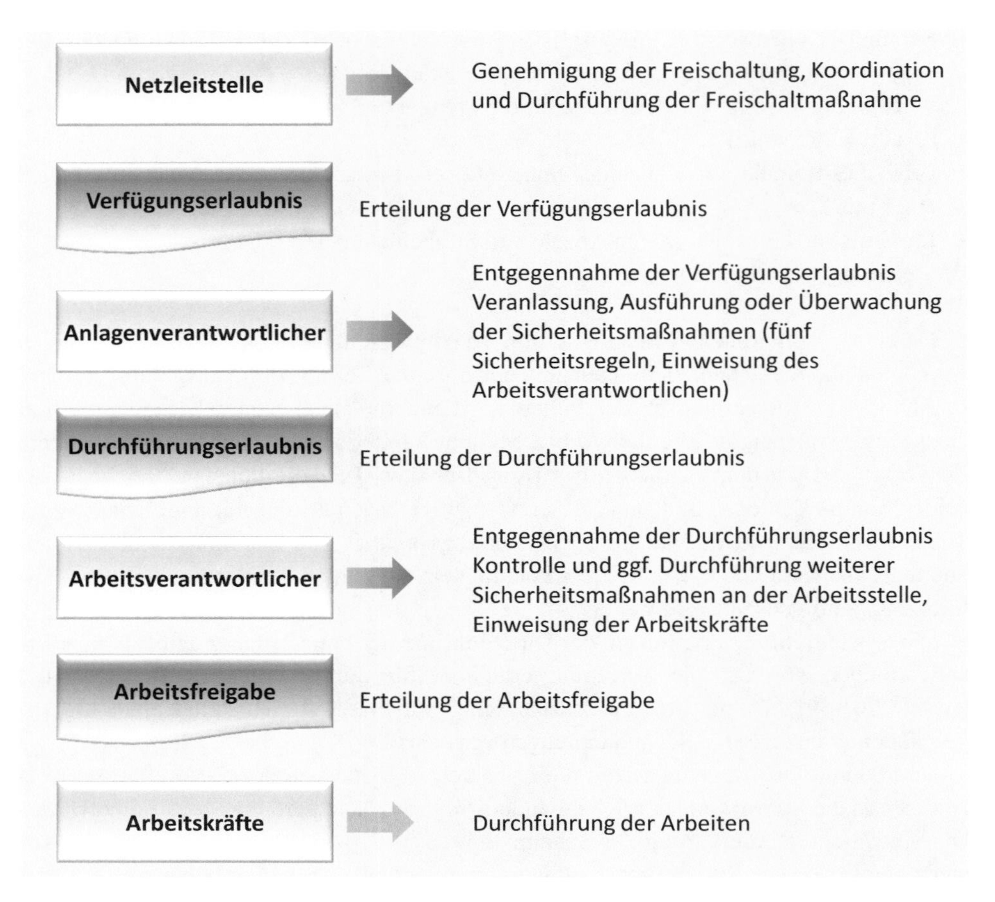

Abb. 3.20 Organisatorischer Ablauf von Freischaltmaßnahmen in elektrischen Netzen

3.2.3.2.3 Schaltberechtigung

Die Ausführung der Schaltmaßnahmen darf nur von schaltberechtigten Personen vorgenommen werden. Die Schaltberechtigung ist die Betriebsgenehmigung bzw. die Beauftragung an eine Person, in einem festgelegten, bestimmten elektrischen Netz- bzw. Anlagenteil eigenverantwortlich oder auf Anweisung durch den Schaltauftragsberechtigten (dies sind in der Regel die Mitarbeiter der Systemführung), Schaltungen durchzuführen. Die Schaltberechtigung schließt die Befähigung ein, den ordnungsgemäßen Schaltbetrieb in der betreffenden elektrischen Schaltanlage sowie Netzteil im Rahmen der Schalt-Arbeitsanweisung für den festgelegten Zeitraum durchführen zu können. Die Befähigung für einen ordnungsgemäßen Schaltbetrieb wird durch festgelegte Aus- und Weiterbildungsmaßnahmen mit entsprechenden Prüfungen zur Elektrofachkraft sichergestellt [45, 248, 249].

Tab. 3.4 Fünf Sicherheitsregeln nach VDE 0105

Reihenfolge		
	1	Freischalten
	2	Gegen Wiedereinschalten sichern
	3	Spannungsfreiheit feststellen
	4	Erden und kurzschließen
	5	Benachbarte unter Spannung stehende Teile abdecken oder abschranken

Mit der Durchführungserlaubnis wird dem Arbeitsverantwortlichen ein entsprechend den fünf Sicherheitsregeln (Tab. 3.4) [59] freigeschalteter, gesicherter und geerdeter Arbeitsbereich übergeben.

Der Anlagenverantwortliche weist den Arbeitsverantwortlichen in die Arbeitsstelle ein und erteilt ihm die Durchführungserlaubnis. Die Aufgaben des Anlagenverantwortlichen und des Arbeitsverantwortlichen können auch in Personalunion übernommen werden [56]. Nach Abschluss der Arbeiten wird die Verfügungserlaubnis und damit die Zuständigkeit wieder an die Systemführung zurückgegeben, die die freigeschalteten Anlagen- und Netzteile wieder aktiviert.

3.2.3.2.4 Arbeitspunkteinstellungen

Mit der Veränderung der Arbeitspunkteinstellung von Betriebsmitteln werden deren elektrische Eigenschaften und damit auch das Systemverhalten beeinflusst. Zu den Technologien (Power Flow Controlling Devices, PFCD), die von der Systemführung zur gezielten Änderung des Wirkleistungsflusses, des Blindleistungsflusses und der Spannung eingesetzt werden, gehören (siehe auch Abschn. 3.6.2):

- Stufenstellung (Quer-/Längsregler) und Zusatzwinkeleinstellung von Transformatoren
- Sollspannung spannungsgeregelter Knoten
- Blindleistungsbezug/-erzeugung von Kompensationselementen und Kraftwerken
- Effektive Impedanz/übertragene Leistung leistungselektronischer Leistungsflussregler

Die Veränderung der Arbeitspunkte von Betriebsmitteln wird in der Regel mit Schaltgeräten in diskreten Stufungen vorgenommen (z. B. Stufenstellern bei Transformatoren). Im Vergleich zu Topologieänderungen kann die Wirkung auf den Netzzustand allerdings näherungsweise als quasikontinuierlich angenommen werden.

PFCD unterscheiden sich in der Art der Schaltung, in der Reaktionszeit, in der Einbauweise zur Leitung und in der Art der Einflussnahme auf den Leistungsfluss. Sie können unabhängig von der Stellgröße als Serienelement, in Reihe zur Leitung oder als Shunt-Element eingebaut werden. Bei den Schaltungsarten wird in mechanische Schaltungen sowie in selbst- und fremdgeführte Umrichter mit Thyristoren und Transistoren differenziert. Die größten Unterschiede zwischen diesen Schaltarten liegen in der Schaltgeschwindigkeit und den möglichen Stellbereichen. Bei mechanisch geschalteten Betriebsmitteln (Induktivitäten, Kapazitäten, PST) liegt die Schaltgeschwindigkeit meist im Bereich von Sekunden bis zu einigen Minuten [254].

Von Thyristoren angesteuerte Betriebsmittel können deutlich schneller schalten und besitzen eine hohe Stromtragfähigkeit sowie Sperrspannung. Nachteilig ist, dass sie nach dem Einschalten nicht aktiv ausgeschaltet werden können. Der Sperrzustand wird erst im Strom-Nulldurchgang des Leitungsstromes hergestellt. Anwendung finden Thyristoren im Static Var Compensator (SVC), Thyristor Controlled Reactor (TCR), Thyristor Controlled Series Compensator (TCSC), Thyristor Switched Series Compensator (TSSC), Thyristor Controlled Phase Shifting Transformer (TCPST) sowie im Line Commutated Converter (LCC) bei HGÜ-Verbindungen. Transistorgesteuerte Anlagen verwenden zum Beispiel Insulated Gate Bipolar Transistoren (IGBTs), die unabhängig von der Leitungsspannung ein- und ausgeschaltet werden können. Somit ermöglichen sie mithilfe der Multilevel-Pulsweitenmodulation (PWM) eine geregelte Spannungsversorgung der Betriebsmittel. Verwendet werden sie unter anderem beim Static Synchronous Compensator (STATCOM), Static Synchronous Series Compensator (SSSC), Unified Power Flow Controller (UFPC) und Voltage Source Converter (VSC) bei HGÜ-Verbindungen [254]. In Abb. 3.21 sind die bekanntesten und am häufigsten verwendeten PFCD den genannten Kategorisierungen zugeordnet.

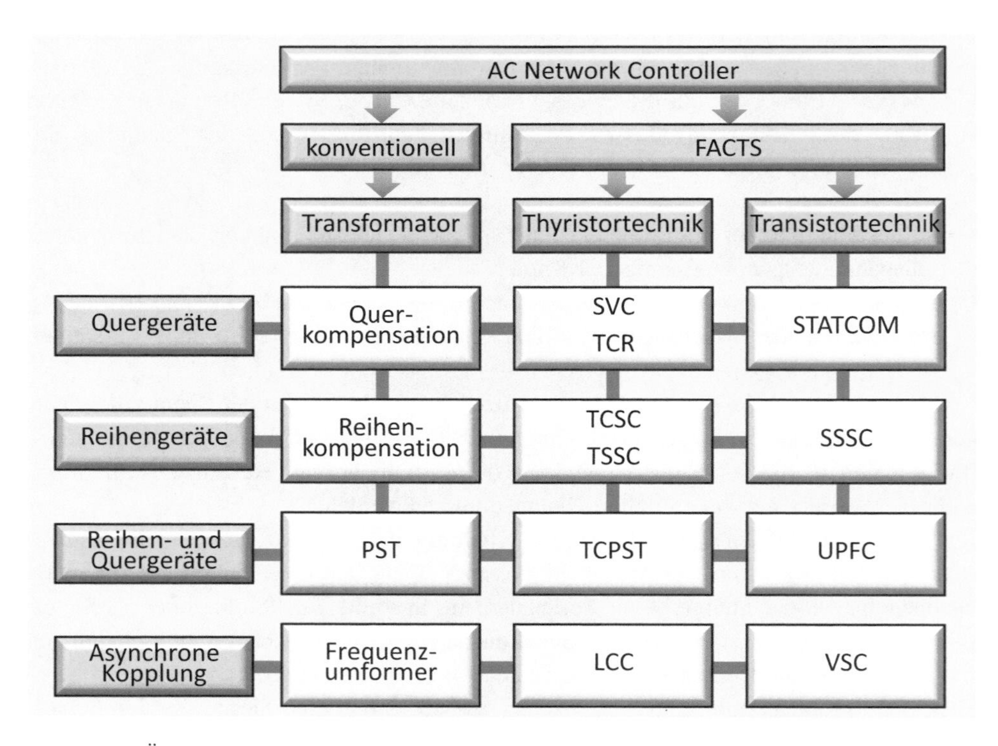

Abb. 3.21 Übersicht der leistungssteuernden Betriebsmittel [252, 253]

3.2.3.2.5 Netzbasiertes Engpassmanagement

Nach der Detektion eines Engpasses hat die Systemführung die Aufgabe, diesen Engpass im Rahmen des Netzengpassmanagements zu beseitigen. Dazu werden zunächst netzbezogene Maßnahmen durchgeführt, um den Netzzustand zu verbessern. Sie stellen Steuerungsmöglichkeiten des Übertragungsnetzes dar, die nach Vorgaben des Gesetzgebers im Rahmen der Engpassbeseitigung von Übertragungsnetzbetreibern zu bevorzugen sind. Zu den netzbezogenen Maßnahmen gehören Schaltmaßnahmen, mit denen die Netztopologie des bestehenden Übertragungsnetzes verändert werden können, Steuerungsmaßnahmen zur Änderung der Sollspannungen an spannungsgeregelten Knoten, die Änderung der Blindleistungseinspeisungen der Erzeuger sowie die Stufung von Kompensationselementen und Transformatoren. Die netzbezogenen Maßnahmen stellen ein effektives Mittel zur Beseitigung von Zweigüberlastungen, Spannungsverletzungen an einzelnen Knoten oder zur Reduktion der Kurzschlussströme dar. Topologiemaßnahmen haben zusätzlich den Vorteil, dass sie quasi kostenfrei für den Übertragungsnetzbetreiber sind. Der Systemführung steht damit eine große Bandbreite von netzbezogenen Maßnahmen zur Beseitigung von Netzengpässen zur Verfügung. Bei der Auswahl der Maßnahmen, die für einen bestimmten Engpassfall am besten geeignet sind, kann das betriebsführende Personal gut durch innovative Rechnerverfahren (siehe Abschn. 3.6.5.2) unterstützt werden [40].

3.2.3.3 Marktbezogene Maßnahmen

Entsprechend den Bestimmungen des Energiewirtschaftsgesetzes [1] dürfen Netzbetreiber nur dann mit marktbezogenen Maßnahmen in die Erzeugung eingreifen, wenn ein Engpass oder die Gefährdung der Netzsicherheit auch mit allen zur Verfügung stehenden netzbezogenen Maßnahmen nicht möglich ist. Der Netzbetreiber ist verpflichtet, dies durch entsprechende Untersuchungen nachzuweisen. Aufgrund des Unbundlings [60] verfügen die Netzbetreiber über keine eigenen Erzeugungs- oder Verbrauchsanlagen. Sie sind daher berechtigt, in die Fahrweise externer Anlagen einzugreifen, und den Verbrauch bzw. die Erzeugung so zu beeinflussen, dass der Netzengpass bzw. die Sicherheitsgefährdung beseitigt wird. Die Übertragungsnetzbetreiber treffen daher im Voraus Vereinbarungen mit den Betreibern externer Erzeugungs- oder Verbrauchsanlagen, die für einen korrektiven Einsatz im Rahmen der marktbezogenen Maßnahmen geeignet sind. Die Inanspruchnahme der externen Anlagen durch die Systemführung wird entsprechend § 13a EnWG vergütet [1, 52].

Im Energiewirtschaftsgesetz (§ 13 Abs. 1 EnWG) ist festgelegt, welche marktbezogenen Maßnahmen die Übertragungsnetzbetreiber zur Beseitigung von Netzengpässen bzw. für die Wiederherstellung der Netzsicherheit einsetzen können. Grundsätzlich ist gesetzlich zunächst keine Rangfolge unter den in Tab. 3.3 angegebenen Maßnahmen nach § 13 Abs. 1 Nr. 2 EnWG geregelt. Für KWK- und EE-Anlagen gelten allerdings besondere Vorrangregelungen aus den entsprechenden gesetzlichen Vorgaben.

Die Übertragungsnetzbetreiber sind verpflichtet, im Rahmen des wirtschaftlich Zumutbaren zu verhindern, dass Engpässe in ihren Netzen und an den Kuppelstellen zu benachbarten Netzen entstehen. Lässt sich die Entstehung eines Engpasses weder mit netzbezogenen noch mit marktbezogenen Maßnahmen verhindern, so sind Betreiber von Übertragungsnetzen verpflichtet, die verfügbaren Leitungskapazitäten nach marktorientierten und transparenten Verfahren diskriminierungsfrei bewirtschaften [1, 62–64]. Hauptsächlich werden die Möglichkeiten des Redispatch, der zu- und abschaltbaren Lasten sowie das Countertrading als marktbezogene Maßnahmen zur Beseitigung von Engpässen eingesetzt.

3.2.3.3.1 Redispatch

Beim Redispatch wird zwischen spannungsbedingtem und strombedingtem Redispatch unterschieden [61]. Beim spannungsbedingten Redispatch wird durch die zusätzliche Bereitstellung von Blindleistung aus den Kraftwerken die Spannung im betroffenen Netzgebiet wieder in den zulässigen Bereich zurückgeführt [61]. Hierbei ist allerdings zu beachten, dass die spannungsstützende Wirkung von Blindleistung regional nur sehr begrenzt ist. Mit dem strombedingten Redispatch werden kurzfristig auftretende Netzengpässe in Leitungen und Umspannwerken beseitigt und verhindert.

Nach dem Vorliegen aller Kraftwerksfahrpläne (siehe Abschn. 3.5.6) erstellen die Übertragungsnetzbetreiber für den Folgetag eine Übersicht der voraussichtlichen Ein- und Ausspeisung auf jeder Netzebene, indem sie eine entsprechende Leistungsflussberechnung durchführen. Damit wird überprüft, welche Teile des Stromnetzes durch den gemeldeten Dispatch (i.e. die Einsatzplanung von Kraftwerken durch den Kraftwerksbetreiber für den nachfolgenden Tag, Kraftwerksfahrpläne) wie stark beansprucht würden. Entstehen durch den Dispatch keine unzulässigen Netzbelastungen, können die gemeldeten Fahrpläne wie gemeldet umgesetzt werden. Würden dagegen mit der Realisierung des Dispatch Grenzwertverletzungen entstehen, die auch nicht mit netzbezogenen Maßnahmen behoben werden können, muss der Übertragungsnetzbetreiber korrektiv in die Kraftwerksfahrpläne für den Folgetag eingreifen. Dieser präventive bzw. kurative Eingriff zur Vermeidung bzw. Beseitigung kurzfristig auftretender Netzengpässe wird daher als Redispatch bezeichnet. Das Redispatch gehört zu den marktbezogenen Maßnahmen im Rahmen der Systemführung, die zur Beseitigung eines regionalen Netzengpasses eingesetzt werden können. Im Gegensatz dazu dient der Einsatz von Regelenergie zum Ausgleich der Systembilanz.

Physikalisch wird ein Redispatch üblicherweise mit zwei Kraftwerken („Kraftwerkspärchen") oder entsprechenden Kraftwerksgruppen umgesetzt, indem beispielsweise ein Kraftwerk, das sich vor dem erwarteten Netzengpass befindet, angewiesen wird, seine Leistung zu reduzieren und ein anderes Kraftwerk, das sich hinter dem erwarteten Netzengpass befindet, seine Leistung zu erhöhen (Abb. 3.22). Die Summe der gesamten Wirkleistungsspeisung (i.e. Systembilanz) bleibt durch das Redispatch nahezu gleich. Es werden lediglich die örtliche Verteilung der eingespeisten Erzeugungsleistung durch die Eingriffe des Netzbetreibers sowie die Netzverluste aufgrund des geänderten Leistungsflusses verändert.

Um die Anzahl der notwendigen kurzfristigen Eingriffe in die Fahrweise von konventionellen und regenerativen Kraftwerken zur Sicherung der Netzstabilität möglichst

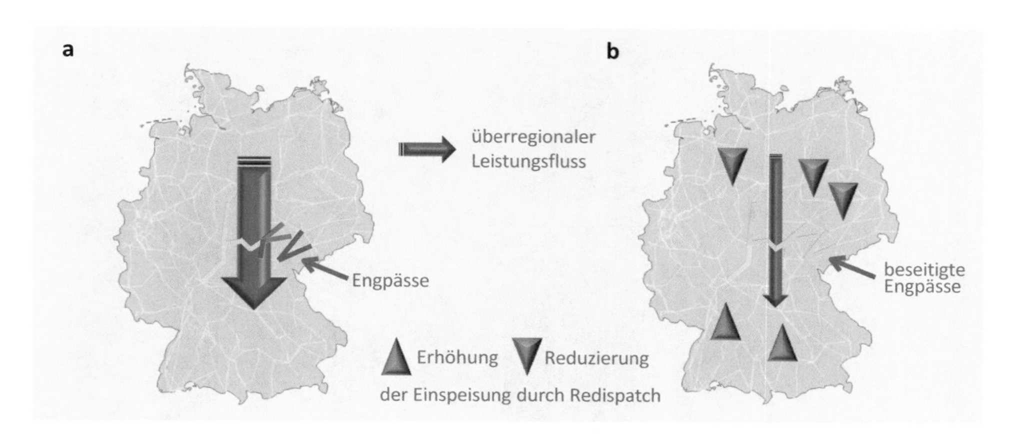

Abb. 3.22 Beseitigung von Netzengpässen durch Redispatch

gering zu halten, werden bereits am Vortag basierend auf dem Ergebnis einer Leistungsflussberechnung die Kraftwerksbetreiber zur Verschiebung der geplanten Stromproduktion durch die Übertragungsnetzbetreiber angewiesen. Dadurch können vorausschauend und gezielt Netzengpässe vermieden werden. Die durch das Redispatch bedingten Kosten ergeben sich zum einen aus der Erstattung der Brennstoffkosten sowie der Anfahrtskosten der Anlage (im Falle des Hochfahrens eines Kraftwerks) und zum anderen aus der Glattstellung des Bilanzkreises des von der Redispatchmaßnahme betroffenen Betreibers durch den Übertragungsnetzbetreiber (im Falle des Herunterfahrens eines Kraftwerks). Diese Kosten werden auf die Netznutzungsentgelte umgelegt [32].

Abb. 3.23 zeigt die Entwicklung des Gesamtvolumens der Redispatchmaßnahmen im deutschen Übertragungsnetz in den Jahren 2014 bis 2022. Angegeben sind die Beträge der jährlichen, durch Redispatchmaßnahmen bedingten Energiemengen. Als Grund für den seit dem vierten Quartal 2017 bis 2019 zu beobachtenden Rückgang der Redispatchmaßnahmen wird die Thüringer Strombrücke gesehen. Diese etwa 189 km lange 380-kV-Freileitung wurde im September 2017 in Betrieb genommen und verbindet zwischen den Umspannwerken Bad Lauchstädt (Sachsen-Anhalt) und Redwitz (Bayern) die Regelzonen von 50Hertz Transmission und TenneT TSO [33]. Das im Jahr 2016 relativ geringe Redispatchvolumen ist auf das unterdurchschnittliche Windaufkommen in diesem Jahr zurückzuführen.

Das zum 13. Mai 2019 in Kraft getretene Netzausbaubeschleunigungsgesetz (NABEG) [34] enthält neue Vorgaben für das Management von Netzengpässen, die von den Netzbetreibern zum 1. Oktober 2021 umgesetzt sein müssen. Die Regelungen zum Einspeisemanagement von Erneuerbare-Energien-Anlagen (EE-Anlagen) und Kraft-Wärme-Kopplungs-Anlagen (KWK-Anlagen) im Erneuerbare-Energien-Gesetz (EEG) und Wärme-Kopplungs-Gesetz (KWKG) werden zu diesem Zeitpunkt aufgehoben und ein einheitliches Redispatchregime (Redispatch 2.0) nach §§ 13, 13a, 14 Energiewirtschaftsgesetz (EnWG) eingeführt.

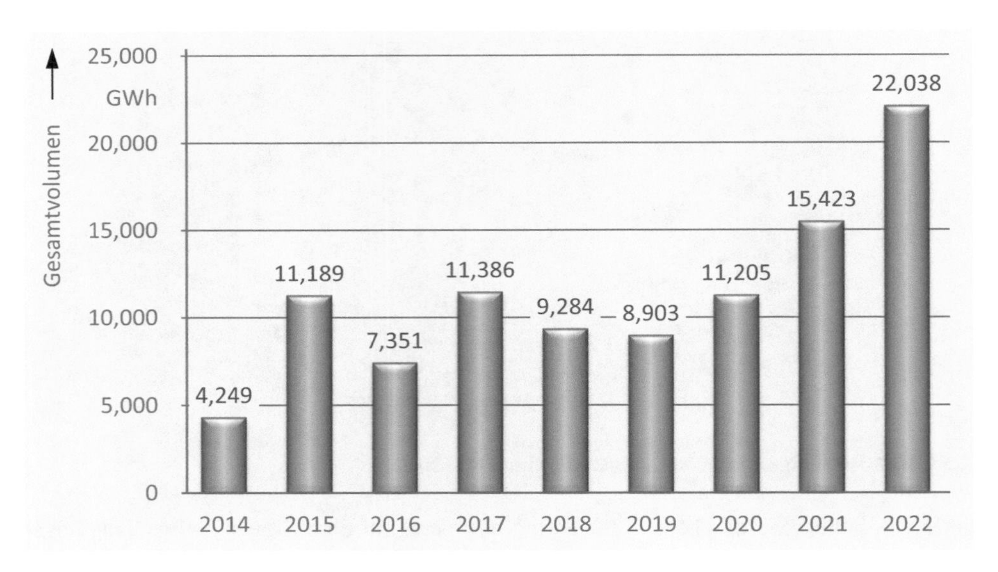

Abb. 3.23 Entwicklung des Redispatchvolumens im deutschen Übertragungsnetz. (Quelle: Statista GmbH)

Konkret bedeutet dies, dass zukünftig auch EE-Anlagen und KWK-Anlagen ab 100 kW sowie Anlagen größer 30 kW, die jederzeit durch einen Netzbetreiber fernsteuerbar sind, in den Redispatch einbezogen werden („Regeln in der Fläche"). Es handelt sich dabei also insgesamt um mehrere 100.000 Anlagen deutschlandweit. Die Regelungen des NABEG sind demnach potenziell für alle 900 Verteilnetzbetreiber in Deutschland relevant, die dann gefordert sind, am Redispatchprozess teilzunehmen. Das Spektrum reicht von der Übernahme der Einsatzfahrpläne von Anlagen im eigenen Netz, dem Detektieren von Netzengpässen und dem Ermitteln des entsprechenden Redispatchbedarfes, bis hin zur Wahrnehmung der Pflichten eines Einsatzverantwortlichen, der Prognosefahrpläne und das zugehörige Redispatchpotenzial an den Übertragungsnetzbetreiber melden muss. Die neuen Regelungen beruhen stärker auf Plandaten und Prognosen und bringen für die Netzbetreiber, aber auch für Erzeuger und Direktvermarkter neue Aufgaben mit sich, die der intensiven Vorbereitung bedürfen [35]. Mit dem Redispatch 2.0 soll eher eine präventive statt einer reaktiven Beseitigung von Netzengpässen vorgenommen werden. Ziel des Redispatch 2.0 ist es, die Kosten des Redispatchs zu senken, welche in den letzten Jahren stetig gestiegen sind, und eine diskriminierungsfreie Beseitigung von Netzengpässen zu erreichen.

Das sind insbesondere:

- Intensive Kooperation der Netzbetreiber bei der Behebung von Netzengpässen durch Redispatch unter der Maßgabe möglichst geringer Gesamtkosten über alle Netzebenen hinweg und unter Einhaltung der Netz- und Versorgungssicherheit.
- Erhebung und Zurverfügungstellung der für das Redispatch notwendigen Daten.
- Übernahme der Verantwortlichkeit für den bilanziellen und finanziellen Ausgleich sowie die Abwicklung der Abrechnungsprozesse durch den Netzbetreiber.

Nach wie vor sollen beim Redispatch zur Beseitigung von Netzengpässen vornehmlich konventionelle Anlagen abgeregelt werden. Erneuerbare Energien-Anlagen werden erst hinzugezogen, wenn die Möglichkeiten der Konventionellen erschöpft sind oder eine Engpassbeseitigung durch sie um den Faktor 10 günstiger ist bzw. um den Faktor 5 bei KWK-Anlagen.

Für einen Einsatz im Redispatch 2.0 wird die Anlage entschädigt. Während im Einspeisemanagement bei abgeregelten Mengen der Netzbetreiber komplett die entgangenen Einnahmen ausgezahlt hat, wird bei einer Abregelung im Rahmen des Redispatchs 2.0 (die Ausfallarbeit) nur noch die Marktprämie vom Netzbetreiber ausgezahlt. In der Regel werden die Direktvermarkter über die Ausfallarbeit an der Strombörse entschädigt und zahlen die Börsenerlöse in der geförderten Direktvermarktung an die Anlagenbetreibenden aus. Dies ist jedoch von der jeweiligen vertraglichen Ausgestaltung abhängig [32].

Der Redispatch 2.0 etabliert für Anlagenbetreibende von KWK- und EEG-Anlagen zwei neue Rollen. Der Betreiber einer technischen Ressource (BTR) ist für den Betrieb der Anlage zuständig. Auf ihn können Pflichten wie die Übermittlung von meteorologischen Daten und die Abstimmung der Ausfallarbeit mit dem Anschlussnetzbetreiber zukommen. Eine genauere Übersicht finden Sie bei den Ausführungen zu den verschiedenen Modellen.

Einsatzverantwortliche (EIV) sind für die Einsatzplanung der Anlagen verantwortlich und sind je nach Bilanzierungsmodell dazu verpflichtet Prognosen über die geplanten Einspeisungen und mögliche Ausfälle der Anlage an den Netzbetreiber zu übermitteln. Beide Rollen (EIV und BTR) können von den Anlagenbetreibenden aber auch an einen Dritten, beispielsweise einen Direktvermarkter, übertragen werden [32].

Für einen flächendeckenden und einheitlichen Datenaustausch zwischen Netzen und Betreibern von Stromerzeugungsanlagen haben sich die deutschen Übertragungsnetzbetreiber und viele Verteilnetzbetreiber im Projekt Connect+ zusammengeschlossen [237], um die Einhaltung der gesetzlichen Vorgaben zur Minimierung von Netzengpässen sicherzustellen.

In Abb. 3.24 ist der Prozess der erzeugungsseitigen Maßnahmen zur Engpassbeseitigung durch den Netzbetreiber vor und nach dem Stichtag der Neuregelung vereinfacht dargestellt [35].

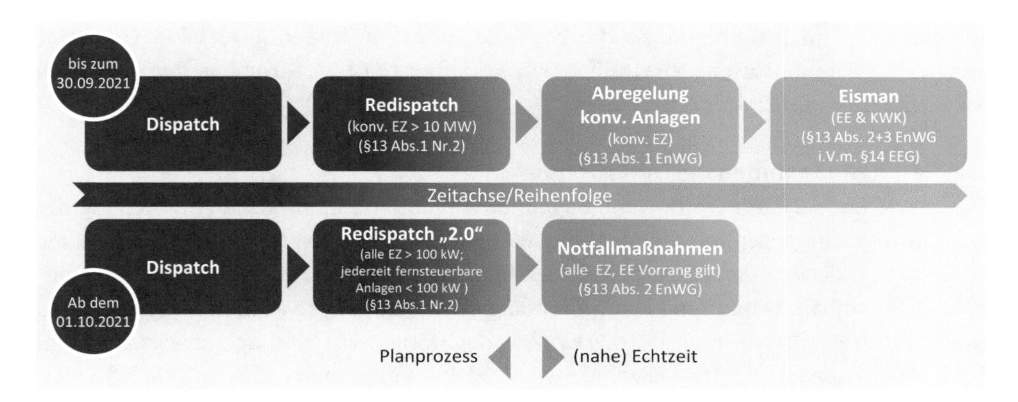

Abb. 3.24 Redispatch 2.0. (Quelle: BDEW)

3.2.3.3.2 Zu- oder abschaltbare Lasten

Neben den Erzeugungsanlagen können auch Lasten als marktbezogene Maßnahmen zur Beseitigung von Netzengpässen genutzt werden. Dabei können je nach Netzsituation zu- oder abschaltbare Lasten eingesetzt werden. Dies sind in der Regel industrielle Verbraucher, die ihren Produktionsprozess kurzfristig unterbrechen oderanpassen können Die Betreiber abschaltbarer Lasten erhalten einen festen Leistungspreis für die Bereithaltung und einen Arbeitspreis, wenn die Lasten tatsächlich abgeschaltet wurden. Der Arbeitspreis wird durch regelmäßige Ausschreibungen zur Beschaffung geeigneter Lasten am Energiemarkt ermittelt. Die Übertragungsnetzbetreiber vereinbaren mit den Anlagenbetreibern, in welchem Umfang (Leistung, Dauer) die Systemführung die Reduzierung oder Erhöhung einer Last zur Beseitigung eines Netzengpasses aktivieren kann. Der Einsatz zu- oder abschaltbarer Lasten erfolgt in ähnlicher Weise wie die Eingriffe in die Erzeugungsleistungen im Rahmen des Redispatch.

3.2.3.3.3 Countertrading

Das sogenannte Countertrading ist ebenfalls eine marktbezogene Maßnahme zur Beseitigung von Netzengpässen. Dabei kaufen bzw. verkaufen die Übertragungsnetzbetreiber Strom am Intraday-Markt. Die kurzfristige Realisierung dieses Handelsgeschäfts verändert den aktuellen Leistungsfluss so, dass der bestehende Engpass beseitigt wird. Die durch den Energiehandel beim Countertrading entstehenden Kosten werden über die Netzentgelte refinanziert.

3.2.3.4 Notfallmaßnahmen

Sind die netzbezogenen und die marktbezogenen Maßnahmen nicht oder nicht rechtzeitig ausreichend, um einen gegebenen Netzengpass zu beseitigen, ist der Übertragungsnetzbetreiber entsprechend § 13 Abs. 2 EnWG berechtigt und verpflichtet, geeignete Notfallmaßnahmen (Tab. 3.3) zur Wiederherstellung bzw. Aufrechterhaltung der Systemsicherheit zu ergreifen. Zu diesen Maßnahmen gehören Anpassungen von Stromeinspeisungen, Stromtransiten und Stromabnahmen in der Regelzone des verantwortlichen Übertragungsnetzbetreibers. Es ist nicht erforderlich, dass für diese Maßnahmen vorab vertragliche Vereinbarungen getroffen wurden. Allerdings gilt auch für die Notfallmaßnahmen, dass die EE-Anlagen entsprechend § 11 EEG vorrangig einspeisen. Die betroffenen Betreiber von Verteilnetzen und Stromhändler sind nach Möglichkeit vorab zu informieren [1].

3.2.3.4.1 Maßnahmen bei Unterfrequenz

Für gravierende Systembeeinträchtigungen, die durch eine signifikante Abweichung der Betriebsfrequenz gegenüber der Sollfrequenz von 50 Hz gekennzeichnet ist, haben die Übertragungsnetzbetreiber den sogenannten Fünf-Stufen-Plan als konkreten Maßnahmenkatalog vereinbart. Danach müssen bei umfangreichen Störungen auch in Kundenanlagen Maßnahmen ergriffen werden, um den Umfang der Störungsauswirkungen zu beschränken. Hier ist insbesondere der frequenzabhängige Lastabwurf zu nennen [65]. In Tab. 3.5 ist der

Tab. 3.5 Fünf-Stufen-Plan zur Beherrschung von Großstörungen mit Frequenzeinbruch

Stufe	Frequenz in Hz	Aktion
0	50,0	Keine Aktion erforderlich
1	49,8	Alarmierung des Personals und Einsatz der noch nicht mobilisierten Erzeugungsleistung auf Anweisung des ÜNB Abwurf von Pumpen
2	49,0	Unverzögerter Abwurf von 10–15 % der Netzlast
3	48,7	Unverzögerter Abwurf von weiteren 10–15 % der Netzlast
4	48,4	Unverzögerter Abwurf von weiteren 15–20 % der Netzlast
5	47,5	Abtrennen aller Erzeugungsanlagen vom Netz

Fünf-Stufen-Plan zur Beherrschung von Großstörungen mit Frequenzeinbruch (Unterfrequenz) beschrieben [3].

Sofern es der zeitliche Ablauf des Störungsereignisses zulässt, alarmiert der ÜNB schnellstmöglich in Stufe 1 dieses Planes die direkt angeschlossenen VNB und die Betreiber der direkt an das Übertragungsnetz angeschlossenen Erzeugungsanlagen, sodass diese bereit sind, rasch und der Situation entsprechend zu reagieren. Dazu sind im Vorfeld zwischen den Beteiligten abgestimmte Maßnahmen einzuleiten [3].

Durch den begrenzten Abwurf sogenannter abschaltbarer Lasten [9] entsprechend der Stufen 2, 3 und 4 soll vermieden werden, dass die Stufe 5 erreicht und damit die Abtrennung der Erzeugungseinheiten vom Netz erforderlich wird. Mit diesem abgestuften Lastabwurf werden bis zu 50 % der angeschlossenen Verbraucherleistung automatisch abgeschaltet. Die hierzu benötigten Frequenzrelais werden durch den direkt angeschlossenen VNB und den relevanten Netzkunden nach vorheriger Abstimmung mit dem ÜNB installiert, parametriert und betrieben. Die VNB ohne direkten Anschluss an das Übertragungsnetz werden in Abstimmung mit ihren vorgelagerten VNB entsprechend benötigte Frequenzrelais installieren, parametrieren und betreiben [3].

Die letzte Aktionsstufe 5 des Plans dient der Sicherung des Eigenbedarfs und der Aufrechterhaltung der Betriebsfähigkeit der Erzeugungseinheiten für eine schnelle Einsetzbarkeit zum Wiederaufbau der Versorgung [65]. Durch das vorsorgliche Trennen der Erzeugungsanlagen vom Netz sollen Schäden an den Kraftwerksanlagen vermieden werden [3].

3.2.3.4.2 Maßnahmen bei Überfrequenz

Beim Überschreiten der Nennfrequenz wird nach und nach die Einspeiseleistung der Kraftwerke reduziert. Die Regelfähigkeit der Kraftwerke ist allerdings nicht beliebig groß. Die Leistungsänderungsgeschwindigkeit von Kohle- und Kernkraftwerken liegt bei 3 bis 5 % und von Gaskraftwerken bei bis zu 20 % der Nennleistung pro Minute. Deutlich

Tab. 3.6 Maßnahmen zur Begrenzung unzulässiger Frequenzerhöhungen

Frequenz in Hz	Aktion
50,0	Keine Aktion erforderlich
50,2	Manuelle Reduzierung von Einspeiseleistung und Zuschaltung von Lasten
50,5	Anteilige automatische Reduzierung von Einspeiseleistung
51,2	Vollständige automatische Reduzierung von Einspeiseleistung
51,5	Abtrennen aller Erzeugungsanlagen vom Netz

schneller können Windkraft- und Photovoltaikanlagen ihre Leistung anpassen. Ähnlich dem Fünf-Stufen-Plan zur Beherrschung von Großstörungen mit Frequenzeinbruch werden auch beim Überschreiten der Netznennfrequenz geeignete manuelle und automatisierte Maßnahmen aktiviert. Tab. 3.6 zeigt mögliche Eingriffe durch die Systemführung, um einem unzulässigen Frequenzanstieg entgegen zu wirken [66].

Ab einer Frequenz von 50,2 Hz erfolgen gezielte, manuell von den Systemführern durchgeführte Reduzierungen von Einspeiseleistungen bis auf das technisch mögliche Minimum sowie Zuschaltung von Pumpen und anderen verfügbaren Energieverbrauchern. Kann mit diesen Maßnahmen der Frequenzanstieg nicht gestoppt werden, erfolgen ab einer Frequenz von 50,5 bzw. 51,2 Hz automatisch vorher festgelegte Einspeiseabschaltungen. Ab einer Frequenz von 51,5 Hz werden alle noch verbliebenen Einspeisungen vom Netz getrennt.

3.2.4 Netzschutz

3.2.4.1 Aufgabe

Eine wichtige Aufgabe der Netzführung ist die Beherrschung nicht immer vermeidbarer, beispielsweise durch Kurzschlüsse oder Überlastungen bedingter Ausfälle von Netzelementen. Wesentlich für einen sicheren Systembetrieb ist, dass ausschließlich die von einer Störung betroffenen Betriebsmittel abgeschaltet werden (Selektivität) und damit die Auswirkung der Ausfälle auf die umgebenden Netzbereiche wird. Diese Aufgabe wird i. d. R. automatisiert durch den sogenannten Netzschutz erfüllt. Dabei handelt es sich um einen Schutzmechanismus, der als Betriebsmittelschutz dazu dient, die Betriebsmittel vor den Auswirkungen von Fehlern zu schützen, und als Systemschutz die Stabilität des Gesamtsystems im Falle von Großstörungen zu gewährleisten. Die Geräte des Netzschutzes (Netzschutzrelais) messen über Stromwandler den Strom und/oder über Spannungswandler die Spannung. Mit diesen Werten wird der Fehlerfall vom Normalbetrieb unterschieden. Wird ein Fehlerfall festgestellt, werden korrektive Maßnahmen ausgeführt, wie zum Beispiel das Schalten eines Leistungsschalters, um dadurch die störungsbehafteten Betriebsmittel schnell, sicher und selektiv vom restlichen Versorgungsnetz zu trennen. Je nach technologischem Standard wird zwischen elektromechanischen, elektronischen und digitalen (rechnerbasierten) Netzschutzrelais unterschieden.

Die am häufigsten eingesetzten Netzschutztechnologien sind Maximalstromzeitschutz, Distanzschutz, Differenzialschutz und Frequenzschutz.

3.2.4.2 Überstromschutz

Der Überstromschutz wird aktiviert, sobald ein zuvor definiertes Stromlimit überschritten wird. Bei Spezialfällen, wie dem gerichteten Überstromschutz, wird zusätzlich noch die Spannung zur Richtungsbestimmung des Fehlers genutzt. Der Überstromschutz wird meist für einfache Anwendungen oder als Reserve-Funktion eingesetzt. Es wird zwischen dem unabhängigen und dem abhängigen Maximalstromzeitschutz unterschieden.

- **UMZ-Schutz**
  Der unabhängige Maximalstromzeitschutz (UMZ) wird beim Überschreiten eines eingestellten Strombetrages aktiviert (Anregung). Nach Ablauf einer voreingestellten Verzögerungszeit wird ein Signal zum Ausschalten des Leistungsschalters erteilt (Auslösung).

  Schaltet man mehrere UMZ-Relais in Reihe, kann man den UMZ-Schutz durch eine Staffelung der Auslösezeiten zu einem mehrstufigen Schutz erweitern und somit eine erhöhte Selektivität erreichen. Der Nachteil eines solchen Staffelplans ist, dass an der Stelle des höchsten Kurzschlussstroms (i. d. R. direkt an der Einspeisung) auch die höchste Auslösezeit auftritt.
- **AMZ-Schutz**
  Der abhängige Maximalstromzeitschutz (AMZ) wird aktiviert, sobald der gemessene Strom einen eingestellten Ansprechstrom überschreitet. Die Auslösezeit des AMZ ist eine Funktion des tatsächlich fließenden Fehlerstromes. Mit den heute üblichen digitalen Relais lassen sich verschiedene Auslösecharakteristiken einstellen.

  Der AMZ-Schutz wird hauptsächlich bei Betriebsmitteln angewendet, die einen hohen Einschaltstrom haben (z. B. Motoren).

3.2.4.3 Distanzschutz

Beim Distanzschutz wird aus Strom- und Spannungsmessungen die Impedanz der Leitung zwischen der Messstelle und der Fehlerstelle ermittelt. Ist die ermittelte Impedanz kleiner als die Betriebsimpedanz, wird der Schutz ausgelöst. Ein Distanzschutz bietet weiterhin die Möglichkeit, mehrere Auslösezonen in Abhängigkeit der Impedanz zu definieren, um die Auslösezeit entsprechend zu variieren, wodurch eine zeitliche und ortsabhängige Staffelung des Schutzsystems ermöglicht und eine hohe Selektivität des Schutzes erreicht wird. Der Distanzschutz wird zum Beispiel bei elektrischen Drehstrom-Synchronmaschinen, Leistungstransformatoren, Höchst-, Hoch- und Mittelspannungskabeln und -freileitungen eingesetzt.

3.2.4.4 Differenzialschutz

Der Differenzialschutz nutzt als auslösendes Kriterium die Stromsumme nach dem Kirchhoff'schen Knotenpunktsatz. Alle in das Schutzobjekt ein- und ausfließenden Ströme werden gemessen und aufsummiert. Hieraus wird der Differenzialstrom (i.e. die ermittelte Stromsumme) für das Schutzobjekt gebildet. Ist der Differenzialstrom ungleich null, erfolgt die Auslösung der dem Schutzobjekt zugeordneten Leistungsschalter, da offensichtlich ein Fehlerstrom innerhalb des Schutzbereiches fließt. Der Differenzialschutz ist einfach strukturiert, da keine weiteren Messgrößen wie Spannungen benötigt werden, schnell in der Fehlererkennung und im Schutzbereich zu 100 % selektiv.

- **Transformatordifferenzialschutz**
  Für den Schutz von Leistungstransformatoren werden Transformatordifferenzialschutzgeräte eingesetzt. Beim Transformatordifferenzialschutz werden die Ströme der Ober- und der Unterspannungsseite ermittelt. Die Ströme werden dann auf eine Bezugsseite des Transformators umgerechnet. Ist die Summe der beiden Ströme entsprechend dem Kirchhoff'schen Knotenpunktsatz ungleich null, löst der Schutz aus und der Transformator wird abgeschaltet.
- **Leitungsdifferenzialschutz**
  Auch der Leitungsdifferenzialschutz funktioniert nach dem gleichen Grundprinzip wie der Transformatordifferenzialschutz. Allerdings ist hier ein Nachrichtenweg zwischen den beiden Endpunkten der Leitung erforderlich, um den Messwert des Stromes von der einen Seite der Leitung zur anderen Seite zu übertragen. Die Ströme der beiden Seiten werden aufsummiert. Ist die Stromsumme ungleich null (abgesehen von einem bestimmten Toleranzwert), wird die Leitung über die zugeordneten Leistungsschalter abgeschaltet.
- **Sammelschienenschutz**
  Nach dem Messprinzip des bewerteten Stromvergleichs vom Differenzialschutz arbeitet auch der Sammelschienenschutz. Es werden die Ströme aller an die zu schützende Sammelschiene angeschlossenen Betriebsmittel aufsummiert. Der Sammelschienenschutz schützt Sammelschienen mit extrem kurzen Auslösezeiten. Bei digitalen Sammelschienenschutzsystemen wird üblicherweise bereits nach 15 ms ein Fehler erkannt und der Sammelschienenbereich selektiv abgeschaltet.

3.2.4.5 Frequenzschutz

Signifikante Abweichungen der Betriebsfrequenz gegenüber der Sollfrequenz können zu gravierenden Systembeeinträchtigungen führen. Der Frequenzschutz überwacht die aktuelle Netzfrequenz und leitet bei Abweichungen von der Sollfrequenz automatisch geeignete Abhilfemaßnahmen (frequenzabhängige Ab- bzw. Zuschaltung von Lasten bzw. Einspeisungen) ein. Sinkt die Netzfrequenz aufgrund eines Leistungsdefizits (Unterfrequenz), werden nach dem Fünf-Stufen-Plan der Übertragungsnetzbetreiber sogenannte abschaltbare Lasten [9] und ggfs. einzelne Regionen gezielt und automatisch mittels Frequenzrelais vom Netz getrennt (siehe auch Abschn. 3.2.3.4).

Übersteigt die Netzfrequenz (Überfrequenz) die Nennfrequenz, so ist die Lastleistung kleiner als die aktuell erzeugte und eingespeiste Leistung. Der Leistungsüberschuss wird in Rotationsenergie der Generatoren gewandelt und beschleunigt diese. Beim Überschreiten einer festgelegten Frequenz erfolgt eine Warnung bzw. eine automatische und gestufte Abschaltung von Erzeugungsleistung durch Frequenzrelais ähnlich dem Fünf-Stufen-Plan zur Beherrschung von Unterfrequenz. Auch hier ist es das Ziel, mit der Abschaltung die Erzeugungseinheiten zu schützen und einen stabilen Zustand im Netz wiederherzustellen (siehe auch Abschn. 3.2.3.4).

3.2.4.6 Sonderfunktionen

- **Automatische Wiedereinschaltung**
  Nicht selbst verlöschende Lichtbögen bei Kurzschlüssen an Hochspannungsfreileitungen, die z. B. durch herabfallende Äste oder Blitzschlag entstanden sind, können durch eine Kurzunterbrechung (KU) bzw. Automatische Wiedereinschaltung (AWE) beseitigt werden.

  Mit einer AWE werden in einem solchen Fall durch die Einrichtungen des Netzschutzes die Schalter am Anfang und am Ende der Freileitung zeitgleich geöffnet und nach einer vorgegebenen Zeit (i.e. Pausenzeit), in der ein evtl. vorhandener Störlichtbogen verlöschen kann, automatisch wieder geschlossen. Ist der Störlichtbogen nach Ablauf der Pausenzeit und dem automatischen Wiedereinschalten der Fehler erloschen und die Isolierstrecke wieder entionisiert, spricht man von einer erfolgreichen AWE. Brennt der Störlichtbogen weiter, spricht man von einer erfolglosen AWE. In diesem Fall löst der Netzschutz die zugehörigen Leistungsschalter dauerhaft aus.
- **Schalterversagerschutz**
  Der Schalterversagerschutz (SVS) (Schalterreserveschutz (SRS), Rückgreifen/Rückgreifschutz) gehört nicht zu den klassischen Schutzfunktionen. Es handelt sich dabei um eine Reservefunktion, falls der eigentlich vorgesehene Schutz (Primärschutz) in einem Störungsfall versagt.

  Dies ist beispielsweise dann der Fall, wenn ein Fehler auf einer Leitung nicht abgeschaltet werden kann, weil der Leistungsschalter dieser Leitung defekt ist oder das Aussignal des Primärschutzes nicht korrekt übertragen wird. In diesem Fall wird auf die Schalter aller anderen Leitungen zurückgegriffen (deshalb auch „Rückgreifschutz“ oder „Rückgreifen“), die auf dieselbe Sammelschiene geschaltet sind.

  Der Schalterversagerschutz ist relativ einfach organisiert und nutzt die vorhandene Schutzinfrastruktur. Beispielsweise stellt ein Schutzrelais einen Fehler fest und gibt ein AUS-Kommando auf den Antrieb des zugehörigen Leistungsschalters. Gleichzeitig wird mit diesem AUS-Kommando auch ein Zeitrelais gestartet und eine voreingestellte Zeit beginnt abzulaufen.

  Funktioniert der Leistungsschalter einwandfrei, so löst er aus und der Fehler ist abgeschaltet. Das Schutzrelais misst keinen Fehler mehr, das Zeitrelais wird zurückgesetzt und das AUS-Kommando wird deaktiviert.

Löst der Leistungsschalter dagegen (aus welchen Gründen auch immer) nicht aus, so läuft das Zeitrelais weiter und gibt nach Ablauf der eingestellten Zeit ein AUS-Kommando auf alle Leistungsschalter, deren zugehörige Leitungen auf derselben Sammelschiene liegen.

3.3 Spannungshaltung und Spannungsstabilität

3.3.1 Aufgabenstellung

In elektrischen Energieversorgungsnetzen ist die elektrische Spannung ein wichtiger Betriebsparameter. Die Netzspannung ist für einen sicheren und wirtschaftlichen Netzbetrieb in relativ engen Grenzen konstant zu halten. Dies ist für Übertragungsnetzbetreiber auf der Höchst- und Hochspannungsebene wie für die Verteilungsnetzbetreiber auf der Mittel- und Niederspannungsebene eine Aufgabe im Rahmen der Systemdienstleistung und wird als Spannungshaltung bezeichnet. Beispielweise wird durch die sich stetig verändernde Einspeisungs- und Verbraucherleistung eine permanente Nachführung der Spannung erforderlich. Abb. 3.25 zeigt die Klassifikation der Spannungen und die Maßnahmen auf der Kraftwerks- und der Netzseite, wenn das normale betriebliche Spannungsband verletzt wird [67].

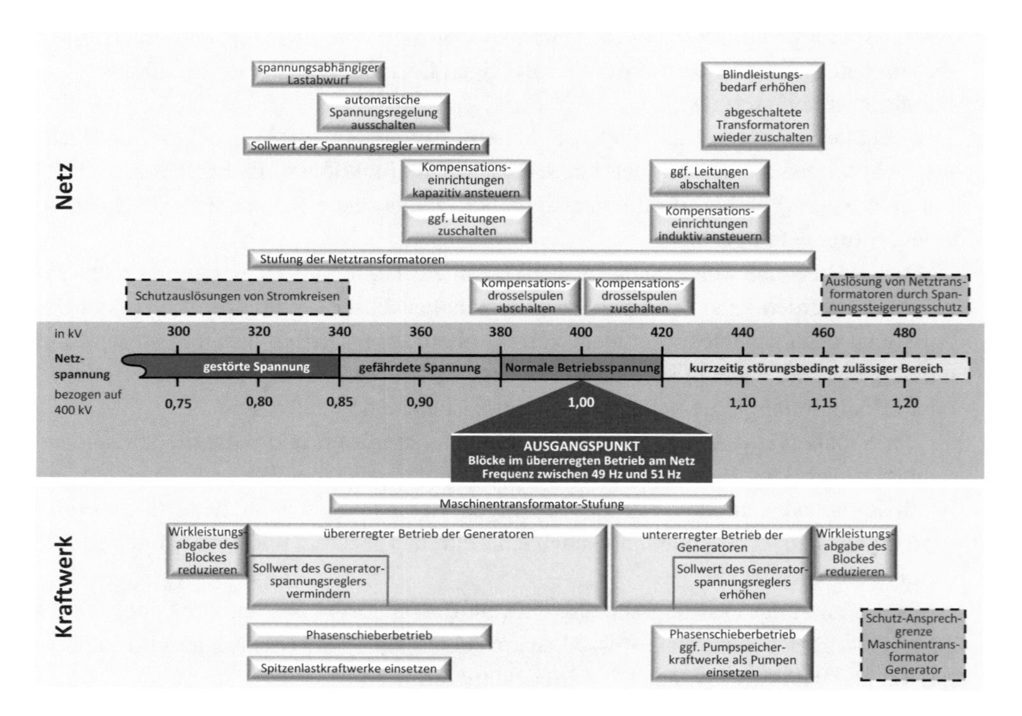

Abb. 3.25 Maßnahmen zur Spannungshaltung im Verbundnetz. (Quelle: DVG)

Eine ungenügende Spannungshaltung kann fatale Auswirkungen auf den Systemzustand haben. Durch Überspannungen kann es zu Überschlägen zwischen spannungsführenden Netzteilen und der Erde kommen. Dadurch können Geräte zerstört und die Belastungsgrenzen von Betriebsmitteln (Isolationsfestigkeit) überschritten werden. Gleichzeitig muss die Spannung aber auch hoch genug sein, damit alle Verbraucher und Netzelemente ihre Funktion sicher erfüllen können und es nicht durch Unterspannungen zu Fehlfunktionen von Geräten kommen kann.

Insbesondere durch den dynamischen Zubau von regenerativen Erzeugungsanlagen und den dadurch bedingten wechselnden Betriebssituationen wird das in den Verteilnetzen verfügbare Spannungsband zunehmend ausgenutzt. In Abhängigkeit des aktuellen Betriebsfalls (Normalbetrieb, Störungsfall) wird die Spannungshaltung in die Bereiche statische bzw. dynamische Spannungshaltung unterteilt [68]. Im Normalbetrieb gewährleistet die statische Spannungshaltung die Einhaltung des zulässigen Spannungsbandes. Dies ist die Voraussetzung für einen störungsfreien Betrieb der angeschlossenen elektrischen Geräte. Im Störungsfall, z. B. bei Kurzschlüssen, die zu einem entsprechenden Spannungseinbruch führen, ist durch die dynamische Spannungshaltung ein stabiler Weiterbetrieb des Systems möglich [69].

Die Spannungshaltung betrifft nur längerfristige Abweichungen der Spannungen von den jeweiligen Nennwerten. Sehr kurzfristige (transiente) Phänomene, die beispielsweise durch Schalthandlungen ausgelöst werden, und Abweichungen von einem idealerweise sinusförmigen Spannungsverlauf sowie die Frequenzregelung (siehe Abschn. 3.5.2) sind nicht Gegenstand der Spannungshaltung.

3.3.2 Statische Spannungshaltung

Zur Gewährleistung der statischen Spannungshaltung wird kapazitive bzw. induktive Blindleistung benötigt. Da die Wirkung von Blindleistung räumlich begrenzt ist und die Verluste minimiert werden soll, muss die Blindleistung möglichst nahe am Ort des jeweiligen Bedarfs bereitgestellt werden. Die Spannungshaltung ist demnach eine lokal bzw. regional wirksame Systemdienstleistung. Im Rahmen der Netzplanung wird das Netz geeignet ausgelegt und entsprechend ausgebaut. Hierzu gehören ausreichend dimensionierte Leitungen, regelbare Transformatoren, Einrichtungen zur Blindleistungskompensation sowie Schaltanlagen. Für die Netzführung stehen dann die folgenden Maßnahmen für die Spannungshaltung zur Verfügung [70]:

- Bezug von Blindleistung aus anderen Spannungsebenen
- Anpassung der Blindleistungsabgabe und -aufnahme von Erzeugungs- und Verbrauchsanlagen
- Stufung bzw. Schaltung von Transformatoren
- Einsatz von Blindleistungskompensationsanlagen (Drosselspulen, Kondensatorbatterien) oder STATCOM-Anlagen (Statische Kompensatoren)

- Änderungen des technischen Arbeitspunktes von Hochspannungsgleichstromübertragungsanlagen (HGÜ)
- Einsatz rotierender Phasenschieber
- Änderung der Netztopologie durch Schaltmaßnahmen
- Einsatz von Spannungsreglern
- Wirkleistungssteuerung von Erzeugungsanlagen zu Gunsten der Blindleistungsbereitstellung (z. B. im Rahmen von spannungsbedingtem Redispatch)

Aufgrund der Umgestaltung der Energiebereitstellung im Rahmen der Energiewende werden immer mehr Großkraftwerke (Kernenergie, Braunkohle, Steinkohle) mit großen Generatorleistungen stillgelegt. Damit fehlt immer mehr Blindleistung, die bisher von diesen Generatoren in das Netz eingespeist wurden. Um die erforderliche Blindleistung weiterhin bereitstellen zu können, errichten die Übertragungsnetzbetreiber an wichtigen Knotenpunkten im Netz Blindleistungskompensationsanlagen auch in Form von rotierenden Phasenschiebern (RPSA). Diese arbeiten, vereinfacht gesagt, wie Generatoren im Leerlaufbetrieb, also ohne Erzeugung von Wirkleistung.

Übergangsweise wurde ein Generator des Kernkraftwerks Biblis nach entsprechendem Umbau (z. B. Einbau eines Anfahrmotors, Anpassung des Maschinenschutzes) von 2012 bis 2018 als Phasenschieber mit einem Leistungsbereich zwischen – 400 Mvar und+ 900 Mvar genutzt und leistete damit einen wichtigen Beitrag zur Stabilisierung des Übertragungsnetzes im Süden Deutschlands [71, 72]. Inzwischen werden neue, über das gesamte Übertragungsnetz verteilte rotierende Phasenschieber installiert [265–267] (siehe Abschn. 3.6.2.8).

In besonders lastschwachen Zeiten, in denen gleichzeitig eine hohe Einspeisung durch erneuerbare Energien vorliegt, wie dies z. B. häufig an Pfingsten (u. a. wegen hoher PV-Einspeisung) auftritt, kann es zu erheblichen Spannungsproblemen (Spannungserhöhung) kommen. Aufgrund der insgesamt geringen Auslastung des Netzes wirken die Leitungen dann überwiegend kapazitiv. Als Abhilfemaßnahme wird regelmäßig in solchen Situationen ein erheblicher Teil (bis zu 20 %) der Leitungslängen abgeschaltet und damit die elektrische Kapazität des Netzes reduziert [73]. Dies ist allerdings nur in dem Maße möglich, wie das (N-1)-Kriterium und die Stabilitätskriterien des Systems erfüllt sind.

3.3.3 Dynamische Spannungshaltung

Auch beim plötzlichen Ausfall einer Spannungsquelle, einer Leitung oder eines Verbrauchers, wie er jederzeit in einem elektrischen Energieversorgungssystem vorkommen kann, muss die Spannung innerhalb eines definierten Wertebereiches gehalten werden. Gelingt dies nicht, so kann es zu einem kaskadenartigen Ausfall von Erzeugern, Verbrauchern und Netzelementen bis hin zu einem Blackout im gesamten System kommen.

Zur dynamischen Spannungsstützung wird ausreichende Kurzschlussleistung benötigt, damit auftretende Kurzschlussereignisse mit den Schutzgeräten sicher erfasst werden, die transiente Stabilität der elektrischen Maschinen eingehalten wird und der Spannungseinbruch im Störungsfall begrenzt bleibt. Die Kurzschlussleistung darf allerdings auch bestimmte maximale Werte nicht übersteigen, damit keine Betriebsmittel durch zu hohe Kurzschlussströme beschädigt werden bzw. in einem Störungsfall die Leistungsschalter die Kurzschlussströme auch noch abschalten können [36].

Die Kurzschlussleistung sollte möglichst verteilt über das gesamte Netzgebiet bereitgestellt werden, damit im Störungsfall die Betriebsmittel nicht durch zu große Teilkurzschlussströme unzulässig belastet werden.

Bedingt durch die Transformation des Energiesystems im Rahmen der Energiewende wird die Kurzschlussleistung zunehmend von den mit Wechselrichtern betriebenen regenerativen Erzeugungsanlagen (Windkraft- und Photovoltaikanlagen) anstatt mit den bisher üblichen Schwungmassen basierten Erzeugersystemen (konventionelle Kraftwerke) erbracht. Damit wird die Bereitstellung von Kurzschlussleistung allerdings auch immer mehr in die Verteilnetzebene verschoben. Ebenfalls ungünstig auf die Spannungshaltung wirkt sich die Entwicklung der Lastcharakteristik aus [67]. Der Rückbau der konventionellen (Groß)Kraftwerke macht die Errichtung von Kompensationsanlagen in erheblichem Umfang im Übertragungsnetz erforderlich.

3.3.4 Spannungsstabilität

Erzeugungseinheiten speisen in der Regel nicht nur Wirkleistung, sondern gleichzeitig auch Blindleistung in das Netz ein. Die Bereitstellung ausreichender Blindleistung ist insbesondere in stark belasteten Netzen für die Spannungshaltung von Bedeutung. Für eine Netzregion mit hohem Leistungsbezug kann sich ein Erzeugungsausfall besonders kritisch auswirken, da die gleichzeitig ausgefallene Blindleistung und der durch den zusätzlichen Wirkleistungsbezug erhöhte Blindleistungsbedarf des Netzes nicht aus entfernten Erzeugungseinheiten bereitgestellt werden kann [75, 76].

Können in diesem Betriebsfall keine ortsnahen Blindleistungsreserven aktiviert werden, kann dies zu einem unzulässigen Spannungseinbruch führen. Bei unveränderter Leistungsnachfrage erhöht sich aufgrund der verminderten Netzspannung der Strom in gleichem Maß. Dies kann im Übertragungsnetz dazu führen, dass die Grenzen der Winkelstabilität, der oszillatorischen Stabilität und der Spannungsstabilität erreicht werden. Bei einer Betriebssituation nahe an den Stabilitätsgrenzen können Ereignisse, die in normaler Betriebssituation von geringer Bedeutung sind, gravierende Auswirkungen auf den Systemzustand haben. Ebenso können bei unzureichenden Stabilitätsreserven über die Auslegungsszenarien hinausgehende oder unvorhersehbare Störungen zu nicht mehr beherrschbaren kaskadierenden Effekten führen [75–77].

Für die Spannung am Ende einer Übertragungsstrecke ergeben sich in Abhängigkeit von der Wirkleistungsübertragung typische Kennlinien, die aufgrund ihrer charakteristischen Form auch als Nasenkurven bezeichnet werden. Diese Kurven stellen im oberen Teil physikalisch sinnvolle Betriebspunkte dar. Die Arbeitspunkte des unteren Teils ergeben zwar mathematisch korrekte Lösungen der Leistungsflussgleichungen, sie sind jedoch in einem realen System wegen zu hoher Ströme und niedriger Spannungen nicht betreibbar. Der Scheitelpunkt der Nasenkurve definiert die maximal übertragbare Leistung einer Übertragungsstrecke und stellt die Grenze der Spannungsstabilität dar. Dieser ausgewiesene Arbeitspunkt hängt unter anderem von der Netzimpedanz und von der Blindleistungseinspeisung am Ende der Übertragungsstrecke ab. Insbesondere in kritischen Netzsituationen ist ein sicherer Weiterbetrieb der Generatoren zur Netzstützung wesentlich. Daher dürfen durch Ausfallsituationen hervorgerufene Spannungseinbrüche im Netz nicht zu unzulässigen Betriebsbedingungen für Generatoren führen [5, 76].

Die wechselseitige Abhängigkeit von Netz- und Kraftwerksverhalten bezüglich der Spannungsstabilität auch in besonderen Netzsituationen wird für die einfache Konfiguration eines 2-Knoten-Netzes entsprechend Abb. 3.26a [75] erläutert. Die übertragbare Leistung nimmt mit wachsendem Blindleistungstransport ab. Mit der Einspeisung von Blindleistung durch direkt an das Übertragungsnetz angeschlossene Erzeugungseinheiten kann die Spannung innerhalb einer kritischen Region aktiv gestützt werden. Da Blindleistung nicht über sehr große Entfernungen transportiert werden kann, ist im Höchstspannungsnetz die Wirksamkeit von Blindleistungseinspeisungsänderungen auf die Spannung allerdings auf eine Entfernung von ca. 100 km begrenzt. Daher ist der notwendige Blindleistungstransport durch einen lokalen Ausgleich zwischen Erzeugung und Bedarf möglichst gering zu halten [76, 78].

Abb. 3.26 zeigt die typischen Spannungs-Wirkleistungs-Kennlinien für unterschiedliche Betriebsfälle. Unter Beachtung dieser Randbedingung kann so die Übertragungsfähigkeit des Systems in der Regel aufrechterhalten werden (siehe Kurve ⓐ in Abb. 3.26b,

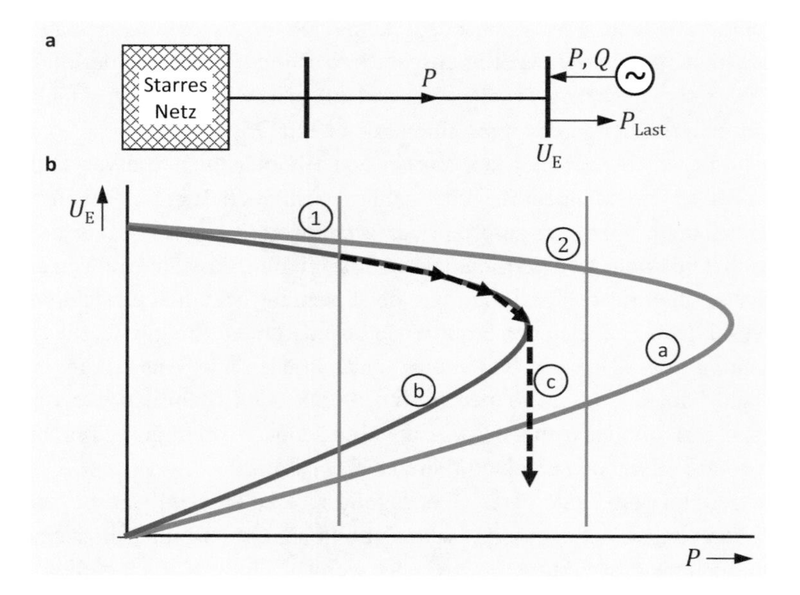

Abb. 3.26 Spannungsstabilität [75]

stationärer Betriebszustand). Bei der Erfüllung der Übertragungsaufgabe besteht am Betriebspunkt ① ein ausreichender Abstand zur Grenze der Spannungsstabilität.

Bei störungsbedingten Spannungseinbrüchen können Generatoren ihre Betriebsgrenzen erreichen und durch ihre Schutzfunktionen vom Netz getrennt werden. Dies kann zu einer weiteren Absenkung der Spannung und zu kaskadierenden Ausfällen von weiteren Erzeugungseinheiten führen. Ein sich allein durch den Ausfall der Wirkleistung ergebender erhöhter Transit wäre noch beherrschbar. Es wird angenommen, dass die Blindleistungseinspeisung zunächst erhalten bleibt. Im betrachteten Beispiel nach Abb. 3.26 ergibt sich der Betriebspunkt ② auf Kurve ⓐ (Ausfall der Wirkleistungseinspeisung). Tatsächlich fällt bei einem Generatorausfall auch dessen Blindleistungseinspeisung aus und die Grenze der Spannungsstabilität verschiebt sich (siehe Kurve ⓑ in Abb. 3.26b). Entsprechend verringert sich die Übertragungsfähigkeit des Netzes. Bedingt durch den Einspeisungsausfall (Wirk- und Blindleistung) erhöhen sich die Leistungstransite in das spannungs-kritische Gebiet. Durch diese zusätzlichen Leistungsflüsse können eventuell die Grenzen der Übertragungsfähigkeit des Netzes überschritten werden. In diesem Fall geht die Spannungsstabilität des Übertragungsnetzes verloren (Kurve ⓑ, Verlauf Linie ⓒ). Mit dem Beispiel nach Abb. 3.26 wird deutlich, dass die Erzeugungseinheiten einen wesentlichen Einfluss auf die Spannungsstabilität haben [75].

3.3.5 Spannungs-Blindleistungsoptimierung

Neben Verfahren zur Netzsicherheitsrechnung (z. B. Ausfallsimulationsrechnung, Kurzschlussrechnung) wird das Personal in der Systemführung auch bei der Spannungshaltung durch geeignete mathematische Verfahren unterstützt. Ein hierfür häufig eingesetztes Verfahren ist die Spannungs-Blindleistungsoptimierung [79]. Mit der Optimierung der Blindleistungsflüsse werden die Spannungsprofile verbessert, die Netzverluste erheblich reduziert und die Übertragungskapazität erhöht [10, 80]. Mit dem Verfahren werden unter Einhaltung der technischen Randbedingungen (z. B. zulässige Spannungs- und Stromwerte) Einstellungsempfehlungen für die Blindleistungseinspeisung von Generatoren sowie Stufenstellungen für Transformatoren und Kompensationsanlagen optimal bestimmt und anschließend vom Netzführungspersonal umgesetzt [80]. Mit der Spannungs-Blindleistungsoptimierung wird im gesamten Netzgebiet ein gleichmäßig hohes Spannungsniveau erreicht [5].

3.4 Entstörungsmanagement und Netzwiederaufbau

3.4.1 Aufgabenstellung

Eine der wichtigsten Aufgaben im Netzbetrieb stellt die möglichst schnelle Wiederherstellung der Versorgung bei Störungen mit Versorgungsunterbrechungen dar. Der konkrete

Ablauf des Entstörungsmanagements ist abhängig von der Spannungsebene. Im Übertragungsnetz erfolgt die Störungsmeldung in der Regel automatisch über das Netzleitsystem durch Schutzauslösungen oder durch Betriebsmittelmeldungen. Nur selten werden in dieser Spannungsebene die Störungen durch Kunden gemeldet.

Besonders wichtig für die zielgerichtete Entstörung ist der vollständige Überblick über die Netz- und Störungssituation in der zentralen Netzleitstelle. Nur dort ist ein Gesamtüberblick über alle Aktivitäten und Netzzustände möglich. Dazu müssen alle zur Verfügung stehenden Informationen miteinander verknüpft werden.

Die Wiederversorgung im Übertragungsnetz erfolgt in der Regel vollständig ferngesteuert. Ein Mitarbeitereinsatz vor Ort an der Störungsstelle ist erst zur Beseitigung der Störungsursache durch die Reparatur oder den Ersatz des betroffenen Betriebsmittels erforderlich. Bis ein Mitarbeiter vor Ort eintrifft, ist die Versorgung in aller Regel durch Fernumschaltungen längst wiederhergestellt.

3.4.2 Großstörungen

3.4.2.1 Definition

Neben den vergleichsweise häufig vorkommenden Ausfällen von einzelnen Betriebsmitteln aufgrund von Fehlern in elektrischen Netzen, wie Kurzschlüsse etc., die in der Regel zu keinen oder nur zu kurzzeitigen und begrenzten Versorgungsunterbrechungen führen, treten großräumige und länger andauernde Störungen nur selten auf. Um eine solche Großstörung handelt es sich, wenn die Spannungsversorgung des gesamten Übertragungsnetzes eines Netzbetreibers oder große Netzbereiche benachbarter Übertragungsnetzbetreiber gestört ist [250].

Allgemein spricht man von einer Energiemangellage, wenn eine schwerwiegende Versorgungskrise nicht aus eigener Kraft überwunden werden kann. Bei einem Energieausfall kommt es zu einer Versorgungsstörung aufgrund unterbrochener oder beschädigter Betriebsmittel wie Stromleitungen, Transformatoren oder Verteilknoten. Je nach Umfang und Dauer einer solchen Störung unterscheidet man zwischen Netzwischer, Brownout und Blackout.

Für die Systemführung von Übertragungsnetzen ist die Koordination und die Durchführung des Wiederaufbaus des Systems nach einer Großstörung die anspruchsvollste Herausforderung. Großstörungen kommen in Europa zwar recht selten vor, fordern jedoch vom Betriebspersonal ein Höchstmaß an Erfahrung und Geschick. Aufgrund ihrer geringen Ereignishäufigkeit kann es sein, dass Mitarbeiter der Systemführung nie in ihrem Arbeitsleben damit konfrontiert werden. Dennoch muss stets mit einer entsprechenden Störung gerechnet werden und das Personal entsprechend ausgebildet sein, um darauf angemessen reagieren zu können [81–86].

Auch wenn die Wahrscheinlichkeit des Eintretens einer Großstörung vergleichsweise gering ist, muss die Systemführung jederzeit damit rechnen, mit solch einer extremen Betriebssituation konfrontiert zu werden. Daher sind neben dem Vorhalten einer geeigneten technischen Ausstattung des Netzes (z. B. Schwarzstartfähigkeit von ausgewählten Kraftwerken) auch organisatorische (z. B. Erarbeitung eines Großstörungskonzepts) und personelle Vorbereitungen zu treffen (z. B. Durchführung von Wiederaufbautrainings).

Es ist zu beobachten, dass als Folge der Umgestaltung des Energieversorgungssystems im Rahmen der Energiewende die Häufigkeit von kritischen Netzzuständen ansteigt und damit die Wahrscheinlichkeit einer daraus resultierenden Großstörung zunimmt.

3.4.2.1.1 Netzwischer

Bei kurzfristigen Störungsereignissen wie Blitzeinschlägen, Erdschlüssen, Lichtbogenfehlern oder Schaltfehlern kann es zu kurzzeitigen Ausfällen im Zeitbereich von wenigen Sekundenbruchteilen kommen. Diese werden umgangssprachlich auch als Netzwischer bezeichnet.

In der Regel bemerken Stromverbraucher diese Netzwischer nicht, da automatische Regelsysteme die Stromversorgung schnell wiederherstellen. Typische Reaktionszeiten liegen dabei in einem Zeitbereich zwischen 15 und 50 ms. Mit unterbrechungsfreien Stromversorgungen und Notstromaggregaten wird schnell auf diese kurzzeitigen Ausfälle reagiert, sodass keine systemstörende Dauerunterbrechung und keine weiteren Systemschäden die Folgen sind. Netzwischer treten zeitlich meist unmittelbar vor einem Brownout auf.

3.4.2.1.2 Brownout

Eine kurzzeitige Spannungsabsenkung (Spannungseinbruch) infolge von Überlastungen aufgrund unvorhergesehener Ereignisse oder gezielten Eingriffen des Übertragungsnetzbetreibers werden Brownouts genannt [87]. Der Begriff leitet sich von der in diesem Betriebszustand oftmals auftretenden starken Abschwächung von Glühlampenbeleuchtungen ab. Es handelt es sich dabei also um ein Phänomen im Bereich der temporären Energieversorgungsunterbrechung. Je nach Ursache wird zwischen einem kontrollierten und einem unkontrollierten Brownout unterschieden.

Der kontrollierte Brownout ist eine durch den Übertragungsnetzbetreiber (ÜNB) vorgenommene gezielte Lastreduktion im Stromnetz. Dabei werden ausgewählte große Stromverbraucher oder ganze Stadtviertel vom Netz genommen. Durch diese Maßnahme wird versucht, einen Energiemangel auszugleichen und einen Stromausfall möglichst lokal zu begrenzen. Durch die Reduktion der übermäßigen Stromnachfrage wird versucht, einen weitreichenden Systemzusammenbruch zu verhindern. Die Übertragungsnetzbetreiber sind entsprechend § 13 (2) EnWG [1] verpflichtet, auch in Notfällen alle erforderlichen Maßnahmen zur Erhaltung der Stromnetzstabilität durchzuführen. Ein gezielter Lastabwurf ist eine ultimative Maßnahme zur Systemstabilisierung bei Überlastsituationen. Idealerweise bleibt dem Übertragungsnetzbetreiber vor Beginn des Brownouts noch genügend Zeit, die betroffenen Stromverbraucher über den bevorstehenden Stromausfall zu informieren.

Beim unkontrollierten Brownout handelt es sich dagegen um einen unvorhersehbaren Stromausfall im Höchst- oder Hochspannungsnetz. Dabei kommt es zu keinem vollständigen Stromausfall, sondern zu einer geringfügigen Spannungsabsenkung im elektrischen Energieversorgungsnetz. Die Verbraucher werden also weiterhin mit elektrischer Energie versorgt, allerdings mit u. U. deutlich reduzierter Spannung. Die Dauer des Spannungsabfalls beträgt maximal eine Minute. Der Brownout tritt in der Regel gemeinsam mit einer Netzüberlastung auf, die durch einen unerwartet hohen Energiebedarf entsteht. Diese kurzzeitige Netzinstabilität tritt beispielsweise auf, weil zu wenig Regelleistung zur Verfügung steht. Weitere Ursachen eines unkontrollierten Brownouts können schlechtes Wetter oder technische Störungen sein.

In der Regel kommt es bei diesen kurzfristigen Spannungsabfällen zu keinen ernstzunehmenden Schäden. Elektronische Geräte verhalten sich jedoch unterschiedlich bei einem solchen kurzzeitigen Spannungsabfall. So bleiben manche Geräte durch den kurzzeitigen Spannungsabfall unbeeinträchtigt, andere reagieren dagegen wesentlich empfindlicher. So kann ein kurzzeitiger Spannungsabfall bei elektronischen Geräten ohne Batteriespeicher zu einem Funktions- oder Datenverlust führen. Mit einem sogenannten Brownout-Detektor kann ein bevorstehenden unkontrollierten Brownout erkannt, das Zwischenspeichern wichtiger Daten automatisch veranlasst und damit einem Datenverlust oder vergleichbaren Schäden vorgebeugt werden [88]. Die Versorgungsstörung eines Brownouts kann sich allerdings auch zu einem Blackout ausweiten. Brownouts wirken häufig auch als Vorboten eines Totalausfalls.

Überregionale Brownouts treten im europäischen Verbundsystem nur sehr selten auf. Ein wesentlicher Grund hierfür ist die hohe Versorgungszuverlässigkeit dieser Systeme. Ein Maß hierfür ist der sogenannte SAIDI-Index. Dieser Index gibt die durchschnittliche Zeit der Versorgungsunterbrechung je angeschlossenem Letztverbraucher in Minuten pro Jahr an [89]. Seit vielen Jahren belegt Deutschland hierbei einen Spitzenplatz und dokumentiert die große Versorgungszuverlässigkeit der elektrischen Energieversorgungssysteme in Deutschland. Dagegen kommen in Japan Brownouts deutlich häufiger vor. Dies ist insbesondere darauf zurückzuführen, dass die Netznennfrequenz in Westjapan 50 Hz und im Osten des Landes 60 Hz beträgt (siehe Abschn. 2.2.1.2.2). Dieses Mischsystem begünstigt das Auftreten von Brownouts. Ansonsten treten Brownouts jedoch eher in kleineren, unterdimensionierten oder leistungsschwachen elektrischen Energieversorgungsnetzen mit zu geringer Regelleistung auf.

3.4.2.1.3 Blackout

Wird in einem nach Abschn. 3.1.2 definierten „zerstörten“ Betriebszustand der überwiegende Anteil der Abnehmer eines großen Netzgebietes nicht mehr versorgt, so spricht man von einem vollständigen Netzzusammenbruch oder Blackout („Schwarzfall“). Hierbei sind in der Regel nur wenige der Betriebsmittel des elektrischen Energiesystems tatsächlich defekt oder gar zerstört. Allerdings ist das Zusammenwirken der Einzelkomponenten in diesem Betriebszustand völlig desorganisiert. Das Netz ist in Folge der Störung größtenteils spannungslos (Abb. 3.27). Ein Blackout ist aufgrund seiner Dauer und seiner Auswirkungen der schlimmste anzunehmende Betriebszustand („Worst Case“)

Abb. 3.27 Stromausfall im Bezirk Manhatten der Stadt New York 2012. (Quelle: 114.680.986 © picture alliance/REUTERS/Lucas Jackson)

eines elektrischen Energieversorgungssystems. Grundsätzlich ist die Wahrscheinlichkeit eines solchen Stromausfalls in Deutschland jedoch sehr gering.

Ein Blackout führt im Vergleich mit einem Brownout zu erheblich schwerwiegenderen Konsequenzen für das öffentliche und private Leben. Die vollständige Wiederherstellung der Energieversorgung nach einem Blackout kann viele Stunden, Tage oder sogar Wochen dauern [90]. Durch den Ausfall der elektrischen Energieversorgung fallen zeitnah viele stromabhängige Infrastrukturen (Abfallentsorgung, Kommunikationsanlagen, Transportsystem, Wasserversorgung etc.) aus. Damit wird die Funktionsfähigkeit auch anderer Bereiche der Daseinsvorsorge (z. B. Gesundheitswesen, Nahrungsmittelversorgung) erheblich eingeschränkt [91–94]. Eine Auswahl von Blackouts der vergangenen Jahre ist in Tab. 3.7 zusammengestellt [95].

Die Blackouts traten aus den unterschiedlichsten Gründen und weltweit auf. Die Anzahl der betroffenen Verbraucher reichte von mehreren zehntausend bis zu mehreren hundert Millionen. Die Versorgung war zwischen wenigen Stunden bis zu mehreren Tagen unterbrochen.

Besonders in Großstädten (Abb. 3.27) und Ballungsräumen wirkt sich ein Stromausfall gravierend aus [96].

Nach dem Auftreten eines Blackouts ist es die Aufgabe der Systemführung, die Betriebsmittel so schnell wie möglich zu reorganisieren und die Abnehmer wieder zu versorgen und die Folgeschäden des Stromausfalls so gering wie möglich zu halten. Bei sehr

Tab. 3.7 Blackouts in der Stromversorgung

Jahr	Region	Ursache	Zahl der betroffenen Personen	Dauer bis zur vollständigen Wiederversorgung
2001	Indien	technischer Defekt	226 Mio.	12 Stunden
2003	Nordost-Amerika	Kraftwerks- und Leitungsausfälle	50–60 Mio.	ca. 48 Stunden
2003	London	wartungsbedingte Freischaltung	400.000	40 Minuten
2003	Italien	hohe Leitungsbelastung	50 Mio.	20 Stunden
2003	Dänemark/ Schweden	Leitungsabschaltung und Kraftwerksausfall	k.A.	k.A.
2004	Trier/Luxemburg	zeitliches Zusammentreffen von Kurzschluss und Wartungsarbeiten	k.A.	ca. 45 Stunden
2004	Spanien	technischer Defekt/ menschliches Versagen	2 Mio.	5 Blackouts in 10 Tagen
2005	Münsterland	extreme Witterung	250.000	mehrere Tage
2005	Indonesien	technischer Defekt	100 Mio.	7 Stunden
2006	Mittel- und Südwesteuropa	Zusammentreffen von Leitungsabschaltungen und Leistungsflussänderungen	mehrere 10 Mio.	1 Stunde
2009	Brasilien/Paraguay	starker Regen und Sturm	87 Mio.	7 Stunden
2011	Brasilien	technischer Defekt	53 Mio.	16 Stunden
2012	Indien	hohe Leitungsbelastung	600 Mio.	k.A.
2012	New York-Manhatten	Wirbelsturm	75 Mio.	12 Stunden
2015	Niederlande	hohe Leitungsbelastung	k.A.	mehrere Stunden
2015	Türkei	Ausfall mehrerer Kraftwerke	76 Mio.	9 Stunden
2015	Ukraine	Cyber-Angriff	700.000	15 Stunden
2019	Argentinien/ Uruguay	technischer Defekt	48 Mio.	mehrere Stunden
2021	Pakistan	Kraftwerksausfall	200 Mio.	mehrere Stunden
2021	Texas	extreme Witterung	4 Mio.	3 Tage
2021	Spanien	Kleinflugzeug beschädigt Kuppelleitung	1 Mio.	1 Stunde
2023	Frankreich, Bretagne	extreme Witterung, Orkan	780.000	mehrere Stunden

großen Netzzusammenbrüchen ist aufgrund des erheblichen Störumfangs eine Rückführung in den normalen Netzzustand in der Regel nur durch das koordinierte Zusammenwirken vieler Netzleitstellen möglich. Zur Vorbereitung auf die Beherrschung solcher extremen Netzsituationen haben die europäischen Übertragungsnetzbetreiber übergeordnete Sicherheitszentren eingerichtet (siehe Abschn. 4.2).

In der Folge eines Blackouts kann es vorkommen, dass nicht das gesamte Netz spannungslos wird, sondern dass einzelne, voneinander isolierte Netzbereiche erhalten bleiben. Innerhalb der so entstandenen Inselnetze, die sehr unterschiedlich ausgedehnt sein können, muss die Leistungsbilanz näherungsweise ausgeglichen werden. Diese Inselnetze können als Keimzelle für den Netzwiederaufbau dienen (siehe Abschn. 3.4.3).

3.4.2.2 Ursachen

Die Ursachen für einen größeren Stromausfall bzw. Blackout sind sehr unterschiedlich und vielfältig. Die wesentlichen Auslöser eines Blackouts sind technische Störungen, das Versagen von Marktmechanismen oder Sabotageanschläge auf Betriebseinrichtungen. Dadurch werden im elektrischen Energieversorgungssystem die Mechanismen von kaskadierenden Ausfällen durch Überlastungen von Betriebsmitteln, Spannungseinbrüchen oder Verlust der Systemstabilität ausgelöst, die in einem Blackout enden können. Häufig ist es auch eine Kombination von mehreren Ursachen, die letztendlich zu einem Blackout führt [250].

3.4.2.2.1 Technische Störungen

- **Technische Defekte**
  Auch eigentlich öfter und ohne weitere Folgen vorkommende Störungen (z. B. Ausfall einer Leitung aufgrund eines Kurzschlusses) können zu großen Auswirkungen führen, wenn gleichzeitig und evtl. unerkannte, kritische Betriebsbedingungen herrschen. Dies ist beispielsweise dann gegeben, wenn die präventive (N-1)-Sicherheit nicht vorhanden ist, die Erzeugungsschwerpunkte weit entfernt von den Lastzentren sind, eine hohe Belastung schwacher Leitungsquerschnitte vorliegt, mehrere Erzeugungseinheiten gleichzeitig ausfallen oder die unterlagerten Verteilnetze durch die automatische Spannungsregelung eine zu große Menge an Blindleistung beziehen.
- **Spannungskollaps**
  Ist die Einspeiseleistung zu gering (Mangel von Wirk- und/oder Blindleistung), so sinkt die Netzspannung. Auf eine solche Spannungsabsenkung reagieren die automatischen Spannungsregler der Transformatoren und versuchen, die Spannung für die Verbraucher auf ihrem Sollwert zu halten. Dadurch wird allerdings auch mehr Blindleistung aus dem Übertragungsnetz bezogen. Dies bedingt dann ein weiteres Absinken der Spannung in dieser Netzebene. Kompensationseinrichtungen (Kondensatoren) und schwach belastete Hochspannungsleitungen mit einer Belastung unterhalb der natürlichen Leistung wirken im Netz wie eine Kapazität. Die mit diesen Komponenten generierte Blindleistung ist quadratisch mit der Spannung verknüpft. Bei einem Absinken der Spannung wird die Blindleistungserzeugung entsprechend überproportional reduziert. Erreichen in einem solchen Betriebsfall die Generatoren dann die Grenzen des Betriebsdiagramms kann die Spannung nicht mehr durch die Spannungsregler weiter gestützt werden. Unterschreitet die Spannung dann einen bestimmten Wert, werden die Generatoren und Leitungen automatisch durch ihre Schutzeinrichtungen (Unterspannungsrelais) abgeschaltet. Die spannungsstützende Funktion dieser Komponenten

geht dann verloren und der Spannungskollaps wird weiter verschärft (siehe Abschn. 3.3.4). Kann dieser Prozess durch die Systemführung nicht aufgehalten werden, kommt es zu einem vollständigen Netzzusammenbruch (Blackout).

- **Kaskadenauslösungen**
  Durch den Ausfall eines mit einer großen Leistung belasteten Netzelements verlagert sich der Leistungsfluss auf die zu diesem Element parallelen Netzzweige. Durch diese Leistungsverlagerung werden diese Netzzweige dann eventuell überlastet und durch den automatischen Netzschutz oder von Hand abgeschaltet. Dieser Prozess kann sich dann kaskadenartig zu weiteren Netzzweigen fortsetzen. Das Netz kann durch diesen Prozess reißverschlussartig aufgetrennt werden und in mehrere Netzteile zerfallen. Dabei können sowohl spannungslose Netzteile als auch eventuell „lebensfähige" Inseln entstehen, falls in diesen Bereichen ausreichend Einspeiseleistung in Betrieb bleibt. Je nach Leistungsbilanz in den weiter in Betrieb bleibenden Netzbereichen kann die Frequenz ober- oder unterhalb der Netznennfrequenz bleiben. Sinkt die Netzspannung durch die Kaskadenauslösungen unterhalb bestimmter Grenzwerte ab, kann es zu Generatorausfällen und bei sehr niedrigen Spannungen zu Leitungsabschaltung durch den Netzschutz kommen. Grundsätzlich bergen Kaskadenauslösungen mit ihrer Verkettung von technischen aber auch organisatorischen Ursachen eine erhöhte Gefahr eines Blackouts zumindest in einzelnen Netzbereichen. Ein Beispiel für eine solche Kaskadenauslösung ist die Netzstörung im kontinentaleuropäischen Netz am 8. Januar 2021. Bedingt durch das orthodoxe Weihnachtsfest mit entsprechend arbeitsfreien, lastschwachen Tagen im Südosten von Europa und durch eine kältebedingte hohe Nachfrage nach elektrischer Energie in Westeuropa kam es zu einem hohen Leistungstransport vom Südosten in den Westen Europas. Dies führte zu einer Überlastung in der kroatischen Umspannanlage Ernestinovo und zur Auslösung eines Sammelschienenkupplers. Da aufgrund der hoch belasteten Ausgangslage das Netz in Südost-Europa jedoch bereits sehr nahe an der technischen Grenze betrieben wurde, kam es durch den Ausfall zu einer Umverteilung der Leistungsflüsse, durch die in der Folge weitere Betriebsmittel überlastet und automatisch abgeschaltet wurden. In diesem konkreten Fall hatte der kroatische Übertragungsnetzbetreiber HOPS seinen Sammelschienenkuppler nicht in der Sicherheitsberechnung ((N-1)-Rechnung) berücksichtigt und konnte somit die Situation nicht erkennen und präventiv bereinigen. Das kroatische Übertragungsnetz befand sich also unerkannt in einem gefährdeten Zustand (siehe Abschn. 3.1.2). Das kaskadenförmige Auslösen dieser Betriebsmittel führte zu einer Systemtrennung des kontinentaleuropäischen Netzes in zwei Teilgebiete. Durch das koordinierte Eingreifen der betroffenen Systemführungen konnte das Netz nach ca. einer Stunde wieder zusammengeschaltet werden [97].

3.4.2.2.2 Einflüsse von außen, Naturereignisse

Im Winter besteht eine erhöhte Gefahr, dass Freileitungen durch extreme Wetterlagen mit Schnee und Eis mechanisch über ihre Belastungsgrenzen hinaus beansprucht und zerstört werden. Solche Situationen sind zwar regional begrenzt, betreffen dann jedoch in dieser

Region sehr viele Betriebsmittel gleichzeitig und nachhaltig. Beispiel hierfür ist das Schneechaos im Münsterland im Jahr 2005, bei dem durch Eisbesatz viele Freileitungen umgebrochen sind. Erwärmen sich die Freileitungen durch die ohmschen Verluste in den die Leiterseilen bei extremen Wetterlagen im Winter nicht mehr genug, um die Leitungen eisfrei zu halten, können zusätzliche Einrichtungen wie der Lévis-Enteiser eingesetzt werden.

Ebenso können orkanartige Sturmereignisse regional zu Leitungsumbrüchen führen. Abb. 3.28 zeigt eine durch den Orkan Kyrill im Jahr 2007 zerstörte Höchstspannungsleitung. Auf einer Strecke von mehreren Kilometern wurden die Masten der Leitung durch den Orkan umgeknickt.

Auch sogenannte Sonnenstürme (Superflares) stellen für elektrische Energieversorgungssysteme eine großräumige Gefahr dar. Bei solchen Ereignissen werden durch gewaltige Ausbrüche auf der Sonne sehr viel Materie in Form elektrisch geladener Teilchen und Strahlung mit hoher Geschwindigkeit ins Weltall geschleudert. Ist die Erde zufällig in der Flugbahn eines solchen Sonnensturms, kann dies enorme Schäden verursachen. So führte ein solches Ereignis 2003 in Malmö zu einem einstündigen Netzausfall [88]. Der bisher größte dokumentierte Sonnensturm war das Carrington-Ereignis im Jahr 1859, bei dem sogar Telegrafenleitungen durchgeschmort sind. Heute hätte ein Sonnensturm vergleichbaren Ausmaßes noch weitaus fatalere Folgen und würde sicher zu einem Blackout in weiten Teilen der Welt führen.

Abb. 3.28 Durch den Orkan Kyrill zerstörte Freileitung. (Quelle: J. Schmiesing)

Ebenso können alle gravierenden Ereignisse, die Einfluss auf die öffentliche Ordnung oder auf die Infrastruktur haben, zu einem Zusammenbruch der Energieversorgung führen. Hierzu zählen beispielsweise kriegerische Auseinandersetzungen, Naturkatastrophen (z. B. Erdbeben, großflächige Feuer, Überschwemmungen) oder auch Pandemien.

3.4.2.2.3 Fehlverhalten des Personals, Kommunikationsprobleme, Datenfehler

Eine Kombination aus Kommunikationsproblemen, nicht abgestimmten Betriebsdaten und ein nicht situationsgerechtes Verhalten des Betriebspersonals führte am 4. November 2006 zu einer der schwerwiegendsten Systemstörungen des kontinentaleuropäischen Verbundsystems mit Netzzerfall in drei Teilnetze und gebietsweisem Blackout. Betroffen waren ca. 10 Mio. Haushalte in Europa [94].

Auslöser des Blackouts war die planmäßige zeitweilige Abschaltung von zwei Höchstspannungsleitungen am Abend des 4. November 2006. Die Abschaltung war erforderlich, um die Unterquerung dieser Leitungen durch ein Kreuzfahrtschiff auf der Ems zu ermöglichen. Zum Zeitpunkt des Ausfalls wurde eine überwiegend durch Windenergie erzeugte Leistung von fast 10 GW von Norddeutschland nach West- und Südeuropa transportiert.

Aufgrund mangelhafter Planung und durch kurzfristige Änderungen von getroffenen Absprachen kam es zu schwerwiegenden Folgen. Ursprünglich sollte vor der Leitungsabschaltung die überregionale Transportleistung durch das Einspeisemanagement deutlich reduziert werden. Allerdings wurde die Abschaltung vom zuständigen Übertragungsnetzbetreiber zeitlich vorgezogen und dies den anderen beteiligten Übertragungsnetzbetreibern nicht rechtzeitig, bevor die vorgesehene Leistungsreduzierung erfolgte, kommuniziert. Ein weiterer für den folgenden Störungsablauf wesentlicher Grund waren nicht übereinstimmende Datenmodelle (z. B. inkonsistente Grenzwerte) in den Netzleitsystemen der beteiligten Übertragungsnetzbetreiber. Für einige der Übertragungsnetzleitungen, die den wesentlichen Teil der Leistung der abgeschalteten Leitungen übernehmen sollten, waren in der Vergangenheit relevante Betriebsmitteldaten nicht korrekt zwischen den Übertragungsnetzbetreibern ausgetauscht worden und befanden sich damit nicht auf dem aktuellen Stand. Aufgrund dieser Dateninkonsistenz ergaben sich aus den jeweiligen Netzsicherheitsrechnungen ungenaue bzw. falsche Ergebnisse, die dann zu einer Fehleinschätzung der aktuellen Situation führten [21].

Durch eine nicht erkannte Leistungserhöhung auf einer dieser Leitungen kam es zu einer automatischen Schutzauslösung. Die bisher über diese Leitung geführte Leistung verteilte sich auf die benachbarten Leitungen. Dies führte zu weiteren Überlastungen und kaskadenartigen Abschaltungen.

Das kontinentaleuropäische Übertragungsnetz zerfiel durch die Abfolge der Abschaltungen innerhalb von 14 s wie mit einem Reißverschluss geöffnet in die drei Netzzonen West, Nord-Ost und Süd-Ost (Abb. 3.29). Die beiden Zonen West und Süd-Ost blieben während des gesamten Vorgangs asynchron über eine Gleichstromverbindung miteinander verbunden. Aufgrund der plötzlichen Netzauftrennung wurde in der Zone Nord-Ost 10 GW zu viel und in den Zonen West und Süd-Ost entsprechend zu wenig elektrische Leistung eingespeist [21].

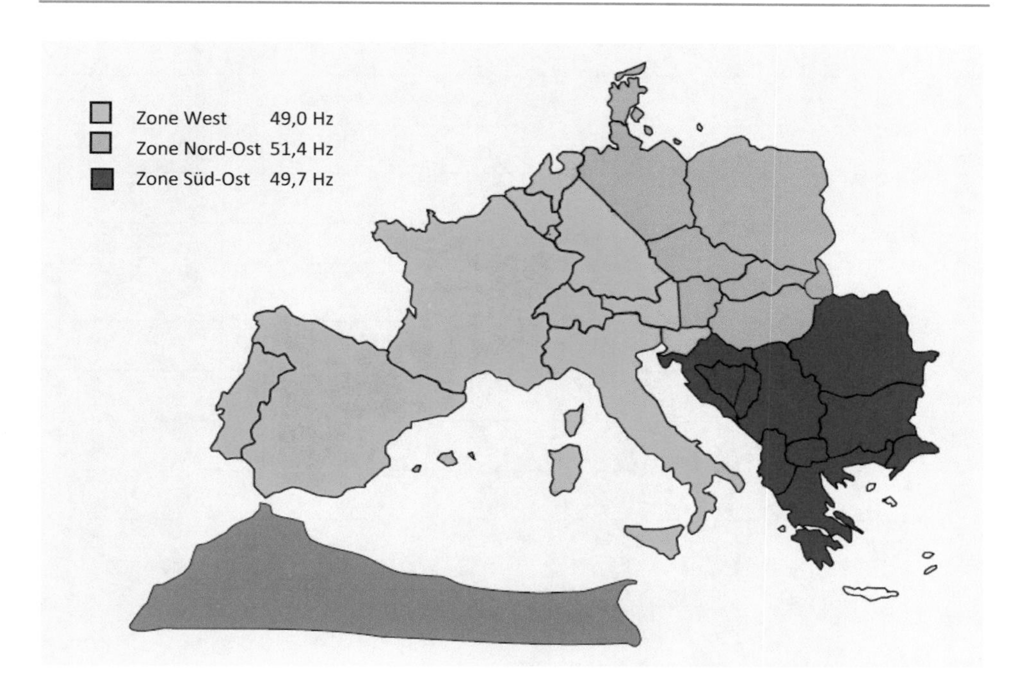

Abb. 3.29 Auftrennung des kontinentaleuropäischen Verbundsystems in drei Teilnetze [21]

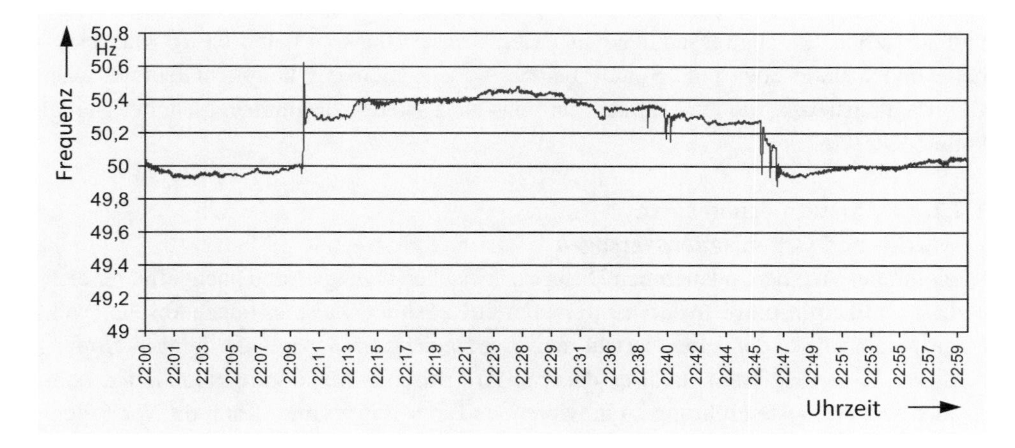

Abb. 3.30 Verlauf der Frequenz im Teilnetz Nord-Ost [21]

Als Konsequenz stieg die Netzfrequenz in der Zone Nord-Ost stark an (Abb. 3.30), während sie in den Zonen West (Abb. 3.31) und Süd-Ost dramatisch fiel. In der Zone Nord-Ost konnte die Leistungsbilanz durch das schnelle Abschalten von Energieerzeugern rechtzeitig ausgeglichen werden. In den beiden anderen Zonen konnte die fehlende Erzeugerleistung dagegen nicht schnell genug ersetzt werden. In der Folge wurden konzept-

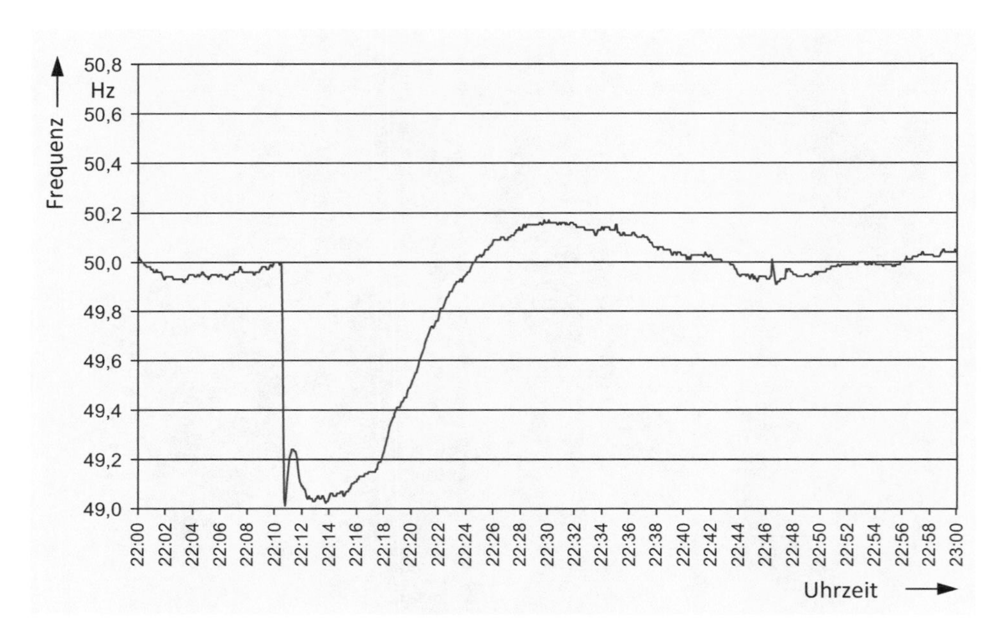

Abb. 3.31 Verlauf der Frequenz im Teilnetz West [21]

gemäß entsprechend dem 5-Stufen-Plan der Entso-E durch den automatischen Lastabwurf Verbraucher vom Netz genommen, Pumpleistungen in Wasserkraftwerken abgeschaltet und zusätzliche Erzeugungseinheiten aktiviert. Dieser Blackout betraf ca. 10 Mio. Haushalte und dauerte etwa eine Stunde bis die Synchronität des kontinentaleuropäischen Übertragungsnetzes wiederhergestellt und das Netz wieder zusammengeschaltet werden konnte [21, 94].

3.4.2.2.4 Marktmechanismen

- **Markt- und Organisationsversagen**
  Kommt es zu einer andauernden Differenz zwischen erzeugter und nachgefragter elektrischer Energie, die nicht durch die etablierten Regelmechanismen (siehe Abschn. 3.5.2) ausgeglichen werden kann, spricht man von einer Strommangellage. Je nach Umfang dieser Energiedifferenz kann es dadurch zu kritischen Versorgungssituationen kommen, die die Systemführung zu gravierenden Eingriffen zwingt. Kann die Versorgung nicht dauerhaft wiederhergestellt werden, muss der Strom während einer Strommangellage rationiert werden. Dabei wird jede Region nur für eine begrenzte Anzahl Stunden mit elektrischer Energie versorgt. In einer Strommangellage besteht immer die Gefahr, dass sich die Situation zu einem flächendeckenden Blackout ausweitet.
- **Anwendung von Marktregeln**
  Selbst aus der regelkonformen Nutzung des elektrischen Energiesystems können kritische Netzbetriebszustände entstehen. Grundsätzlich sind der Verbrauch und die daran

gekoppelte Erzeugung ständigen Schwankungen unterworfen. Im normalen, ungestörten Betrieb sind diese Änderungen jedoch relativ gering. Das Verhalten von Lasten und Einspeisungen weist in der Regel nur eine geringe Korrelation untereinander auf. Aufgrund des durch die Marktregeln vorgegebenen sogenannten Stundenwechsels (i.e. Wechsel der Abschnitte in den Einspeisungsfahrplänen, siehe Abschn. 3.5.5) wird jedoch eine Gleichzeitigkeit einer nicht mehr zu vernachlässigenden Energiemenge erzwungen. Der alltäglich zur vollen Stunde stattfindende Stundenwechsel führt regelmäßig in den Morgen- und Abendstunden zu Frequenzschwankungen um ca. 0,1 Hz. Da dadurch bereits 50 % des zur Verfügung stehenden Toleranzbereichs (Regelband) von ± 0,2 Hz beansprucht werden, kann dies in Kombination mit weiteren Ereignissen, die zufällig zur gleichen Zeit auftreten, zu kritischen Netzsituationen führen. Bei Frequenzabweichungen von mehr bzw. weniger als ± 0,2 Hz werden die Maßnahmen entsprechend dem Fünf-Stufenplan aktiviert (siehe Abschn. 3.2.3.4). Hintergrund des Stundenwechsels ist der teils noch stundenbasierte Stromhandel und den damit verbundenen, im Stundenraster aufgeteilten Fahrplänen von Großkraftwerken. Damit entstehen durch das eigentlich marktkonforme Verhalten der Kraftwerke zeitsynchrone Leistungssprünge beim Stundenwechsel, da alle betroffenen Kraftwerke am Ende einer Lieferperiode möglichst schnell ihre Leistung herunterfahren und nicht überproduzieren möchten, während andere Kraftwerke, möglichst spät Leistung einspeisen möchten, um nicht vorzeitig zu liefern und damit u. U. nicht abrechenbare Energiemengen zu vermeiden (siehe Abschn. 3.5.8.4).

- **Systemfehler**
  Beim Erreichen von bestimmten Frequenzgrenzwerten kann es zur Abschaltung von signifikanten Anteilen von Erzeugerleistung kommen. In ungünstigen Situationen kann dies zum Blackout führen. Zum Schutz der elektrischen Anlagen wurde im Jahr 2005 die technische VDE-Richtlinie 0126-1-1 eingeführt. Wesentlicher Inhalt dieser Richtlinie war, dass sich dezentrale, regenerative Einspeisungen, also hauptsächlich im Niederspannungsnetz angeschlossene Photovoltaik-Anlagen automatisch und innerhalb von 200 ms vom Netz trennen, wenn die Netzfrequenz unter 47,5 Hz sinkt oder über 50,2 Hz steigt. Nach 30 s sollen sich nach der Richtlinie die Anlagen automatisch wieder mit dem Netz verbinden, falls die Netzfrequenz f wieder in einem Band 47,5 Hz $< f <$ 50,2 Hz liegt. Diese Regelung war sinnvoll als der Bestand an Photovoltaikanlagen noch nicht sehr groß war in Bezug auf die gesamte installierte Leistung. Sie sollte eine sichere Netztrennung bei Wartungsarbeiten und die Vermeidung von Inselbildungen gewährleisten. Hierzu war es vorteilhaft, eine automatische Netzabkopplung oberhalb von 50,2 Hz und unterhalb von 49,5 Hz für alle dezentralen Erzeugungsanlagen zu realisieren. Bis 2011 gingen ab einer Netzfrequenz von 50,2 Hz automatisch alle betroffenen Photovoltaik-Anlagen gleichzeitig vom Niederspannungsnetz. Mit einer aktuell installierten Leistung von rund 40 GW bei Photovoltaik-Anlagen würde heute eine solche Abschaltung an sonnenreichen Tagen in eine kritische, die Stabilität des Gesamtsystems gefährdende Situation bringen. Um ein solches abruptes Abschalten zu vermeiden, wurde 2012 die Systemstabilitätsverordnung (SysStabV) [98] erlassen. Danach werden

zwischen einer Netzfrequenz von 50,2 und 51,5 Hz nur noch die vor Inkrafttreten dieser Verordnung installierten Photovoltaik-Anlagen abgeschaltet. Dies umfasst eine installierte Leistung von ca. 12 GW [99]. Neuere Anlagen drosseln in diesem Frequenzbereich ihre Erzeugung nur schrittweise. Ab der Frequenzobergrenze von 51,5 Hz schalten sich allerdings ausnahmslos alle Photovoltaik-Anlagen ab. Eine ähnliche Gefährdung bestand durch die untere Frequenzmarke von 49,5 Hz. Dies betraf die übrigen ca. 21.000 dezentralen Erzeugungsanlagen, wie Biomasse-, Bioenergie-, KWK-, Windkraft- und Wasserkraftanlagen mit einer Gesamtleistung von etwa 27 GW, die sich bei Unterschreitung der Netzfrequenz von 49,5 Hz schlagartig vom Netz trennen. Da dies in einem Netzzustand mit ohnehin geringer Frequenz eintritt, würde dies mit hoher Wahrscheinlich einen Blackout herbeiführen. Durch eine Anpassung der SysStabV im Jahr 2015 wird bei Erreichen der Grenzfrequenz die Steuerung der Anlagen mit einer Leistung von mehr als 100 kW dem zuständigen Übertragungsnetzbetreiber übertragen, der dann im Rahmen seiner Gesamtverantwortung für das elektrische Netz über eine Abschaltung entscheidet [29, 98].

3.4.2.2.5 Sabotage

3.4.2.2.5.1 Terroranschläge

Durch gezielte sabotierende Angriffe gegen Kraftwerke, Schaltanlagen oder andere Komponenten des elektrischen Energieversorgungssystems kann es ebenfalls zu überregionalen Stromausfällen kommen. So wurden beispielsweise 1961 im Zuge der Unabhängigkeitsbewegung in Südtirol in der sogenannten Feuernacht 37 Strommasten gesprengt. Im Zusammenhang mit Aktivitäten der Terrorgruppierung RAF wurden in den 1970er-Jahren vereinzelt Hochspannungsmasten angesägt. Dabei wurden jedoch keine größeren Systemschäden verursacht. Bei genauerer Kenntnis des elektrischen Energieversorgungsnetzes könnten jedoch auch durch solche Einzelaktionen schwerwiegende Eingriffe in den Netzbetrieb bis hin zu einem Blackout erfolgen.

3.4.2.2.5.2 Cyberangriffe

Eine zunehmende Gefahr erwächst aus gezielten Angriffen auf die Informationsinfrastruktur der elektrischen Energieversorgungsnetze durch sogenannte Cyberangriffe [100].

Die Ursache des fünftägigen Blackouts in Venezuela Anfang 2019 konnte bislang nicht eindeutig geklärt werden. Die venezolanische Regierung behauptet, dass der Stromausfall die Folge eines Cyberangriffs auf das Steuerungssystem des wichtigsten venezolanischen Wasserkraftwerks Guri, elektromagnetischer Wellen und der Brandstiftung in einigen Umspannwerken sei. Die Opposition führt den Stromausfall dagegen schlicht auf Korruption und Missmanagement zurück. Mit dem Aufbau der Smart-Grids, die über einen im Vergleich zu den bisher bestehenden Netzen deutlich höheren Anteil an Komponenten der Informations- und Kommunikationstechnik (IKT) verfügen, gewinnt die Gefährdung von elektrischen Energieversorgungsnetzen durch Cyberattacken zunehmend an Bedeutung. Insbesondere wird die systemweite Installation intelligenter Stromzähler von Sicherheitsexperten kritisch gesehen, da hierdurch eine Vielzahl möglicher und relativ gering abgesicherter Angriffspunkte für das elektrische Energieversorgungssystem geschaffen würde.

3.4.2.3 Maßnahmen zur Vermeidung eines Blackouts

Die Wahrscheinlichkeit eines großräumigen Blackouts bzw. zur Verhinderung einer Störungsausweitung kann durch geeignete vorbeugende Maßnahmen minimiert werden. Längerfristig kann dies durch eine entsprechende Netzplanung und den Ausbau des Netzes gewährleistet werden. Zu den mittelfristigen Maßnahmen der Blackoutprävention gehören beispielsweise die Instandhaltung der Trassen, die regelmäßige Begutachtung der Freileitungsseile, die Instandhaltung der Anlagen, die Entwicklung von objektiven Bewertungskriterien, die Entwicklung eines Konzepts für das Krisenmanagement, die Gewährleistung der IT-Sicherheit, die Entwicklung von Wiederaufbaukonzepten. Während des aktuellen Betriebs muss die Systemführung situationsabhängig durch geeignete kurzfristige Notmaßnahmen mögliche Blackoutgefährdungen abwenden. Dazu gehören beispielsweise das Engpassmanagement und das Netzmonitoring, sowie der Datenaustausch innerhalb der Entso-E Regionalgruppe sowie. Automatisch ablaufende spannungs- und frequenzabhängige Gegenmaßnamen sowie das Netzschutzkonzept helfen ebenfalls, einen Blackout zu vermeiden. Auch bei den Notmaßnahmen sind durch die Systemführung zunächst netztechnische Maßnahmen, wie Sonderschaltzustände, z. B. Betrieb mit getrennten Sammelschienen und der Einsatz von Phasenschiebertransformatoren, den marktbezogenen Maßnahmen, wie z. B. die Änderung des, vorzuziehen [81].

Zu den frequenzabhängigen Maßnahmen gehören bei Unterfrequenz die Aktivierung der Primärregelreserven (Leistungserhöhung), das Abstellen von Speicherpumpen und das Anfahren von Generatoren. Bei Überfrequenz werden die Primärregelreserven (Leistungsreduktion) aktiviert, Generatoren abgestellt sowie Speicherpumpen angefahren. Bei diesen Maßnahmen muss der automatische Wiederanlauf ausgefallener (dezentraler) Erzeuger möglichst verhindert werden.

Bei Unterspannungsproblemen werden Kondensatorbatterien und/oder leerlaufende Leitungen zugeschaltet, Kompensationsdrosseln abgeschaltet, Generatoren angefahren (eventuell auch nur im Phasenschieberbetrieb), Generator-Spannungsregler von ($\cos \varphi$)-Regelung auf Spannungsregelung umgeschaltet.

Zu den Maßnahmen bei Überspannung gehören beispielsweise das Abschalten von Kondensatorbatterien und gering belasteten Leitungen, das Einschalten von Pumpen, Lasten oder induktiven Kompensationseinrichtungen, sowie die Umstellung von Generator- auf Pumpbetrieb in Pumpspeicherkraftwerken [81].

3.4.3 Wiederaufbau

3.4.3.1 Voraussetzungen für den Wiederaufbau

Kommt es trotz aller Vorkehrungen und systemsichernden Maßnahmen, wie z. B. das automatische Abschalten von Lasten als Letztmaßnahme bei Unterfrequenz entsprechend dem Fünf-Stufen-Plan (siehe Abschn. 3.2.3.4) zu Netzzusammenbrüchen (Blackout), wird versucht, systematisch und unabhängig von der Ursache den Normalzustand wiederherzustellen. In den betroffenen Regelzonen wird der Netzwiederaufbau vom jeweiligen Übertragungsnetzbetreiber organisiert. Er koordiniert den Netzwiederaufbau mit benachbarten, ebenfalls vom Netzzusammenbruch betroffenen ÜNB, mit den unterlagerten Verteilnetzbetreibern (VNB) und mit den Betreibern von Erzeugungsanlagen innerhalb seiner Regelzone [31, 101–103, 250].

Üblicherweise werden bei einer Großstörung im Übertragungsnetz die nachfolgenden vier Fälle unterschieden:

- **Regionale Spannungslosigkeit**
  - Das Ausmaß des Ausfalls ist deutlich kleiner als eine Regelzone
  - Das Übertragungsnetz ist im Wesentlichen nicht betroffen
  - Es besteht ein annäherndes Leistungsgleichgewicht im Übertragungsnetz (Frequenz zwischen 49,8 und 50,2 Hz)
- **Teilnetzbildung**
  - Das Übertragungsnetz ist in Netzinseln zerfallen
  - Stabilisierter Betrieb z. B. nach automatischem Unterfrequenz-Lastabwurf Leistungsungleichgewicht im kontinentaleuropäischen Entso-E-Netz
  - Zwischen den Netzinseln existieren evtl. offene Leitungsverbindungen, die dann geschlossen werden können
- **Blackout mit aus dem Entso-E-Verbundsystem anstehender Spannung**
  - Es besteht eine überregionale Spannungslosigkeit
  - Intakte Nachbarnetze im europäischen Verbundsystem sind vorhanden. Dadurch ist eine Spannungs- und Leistungsvorgabe von außen möglich
  - Der Netzwiederaufbau erfolgt dabei von oben nach unten entsprechend der Entso-E Definition: „top down“
- **Blackout mit Wiederaufbau aus eigener Kraft**
  - Überregionale Spannungslosigkeit
  - Es sind keine leistungsfähigen Nachbarnetze vorhanden. Der Netzwiederaufbau ist nur mit eigenen Ressourcen möglich
  - Der Netzwiederaufbau erfolgt dabei von unten nach oben entsprechend der Entso-E Definition: „bottom up“

Aufgrund der Komplexität des elektrischen Energieversorgungssystems muss die Systemführung über ein geeignetes Konzept für die Wiederherstellung des Normalzustandes nach einer Störung verfügen. Da sowohl Art und Umfang als auch die Auswirkungen von Großstörungen im Detail nicht vorhersehbar sind, beschreibt dieses Konzept möglichst allgemein die Rahmenbedingungen, Voraussetzungen und Maßnahmen für das gemeinsame Handeln der beteiligten Stellen, damit sich die Störungen nicht weiter ausweiten und ihre Auswirkungen begrenzt bleiben.

Die Transformation der Energieträger im Rahmen der Energiewende geht mit einer Verlagerung von Erzeugungsleistung in andere Spannungsebenen einher. Konventionelle Kraftwerke sind überwiegend an das Übertragungsnetz angeschlossen, während Anlagen mit erneuerbaren Energien (außer Offshore-Windparks) hauptsächlich dezentral in das Verteilnetzen einspeisen. Mit rund 55 GW installierter Leistung, verteilt auf gut 3900 Windparks, sind über 95 % der installierten Onshore-Windenergieanlagen an die Hoch- und Mittelspannungsnetze angeschlossen. Bei PV-Anlagen zeigt sich ein noch extremeres Bild. Aktuell sind weit über 55 % der installierten 35 GW PV-Leistung in den Niederspannungsnetzen angeschlossen und verteilen sich auf über 2,3 Mio. Anlagen. Daraus lassen sich die folgenden Trends ableiten:

- Erzeugungsleistung verlagert sich zunehmend vom Übertragungsnetz in die Verteilnetze.
- Die maximale Leistung pro Erzeugungsanlage ist bei dezentralen Anlagen deutlich kleiner als bei konventionellen Kraftwerken.
- Die Anzahl der Erzeugungsanlagen nimmt signifikant zu.
- Da die dezentral einspeisenden Anlagen im Gegensatz zu konventionellen Kraftwerken keinen Leitstand vor Ort besitzen, werden diese Anlagen in der Regel in einem Automatikmodus betrieben, und ein Eingriff in den Betrieb ist ggf. aus der Ferne durch den Hersteller, ein Betriebsführungsbüro oder einen Direktvermarkter möglich. In kritischen Netzsituationen und im Wiederaufbau kann der Netzbetreiber von seiner Leitstelle die Leistungsabgabe nur bedingt beeinflussen. Die Eingriffsmöglichkeiten sind ggfs. durch die Beeinträchtigungen im Telekommunikationsnetz nur begrenzt möglich.
- Die verfügbare Einspeiseleistung ist vom Wetter abhängig, im Normalbetrieb der Anlage (MPP-Betrieb) fluktuiert sie mit der verfügbaren Wind- bzw. Strahlungsleistung.
- In Deutschland übersteigt die installierte Erzeugungsleistung die Jahreshöchstlast um ein Vielfaches.

Mit der Verlagerung von Erzeugungsleistung vom Übertragungsnetz in die Verteilnetze wechselt die Verantwortung in kritischen Netzsituationen und beim NWA in den Anlagenbetrieb einzugreifen, zu den Verteilnetzbetreibern (VNB). Die Vielzahl der Erzeugungseinheiten bietet beim Vorliegen bestimmter Voraussetzungen auch die Option zur Bildung von Inselnetzen, die den Netzwiederaufbau unterstützen können. Unabhängig von der Veränderung in der Erzeugungsstruktur ist der jeweils zuständige Übertragungsnetzbetreiber allerdings weiterhin zuständig für alle übergeordneten Maßnahmen, die für den Wiederaufbau notwendig sind [243].

3.4.3.2 Ablauf des Wiederaufbaus

Zunächst erfolgt die formale Feststellung sowie die Ausrufung der Großstörung durch den Regelzonenführer (RZF). Er alarmiert die betroffenen Netzpartner und informiert diese über das Ausmaß des Blackouts, die gewählte Strategie für den Wiederaufbau sowie über die voraussichtliche Dauer bis zur Wiederversorgung [81]. Der RZF übernimmt mit der

Ausrufung der Großstörung die Verfügungsgewalt über den gesamten Kraftwerkseinsatz in seiner Regelzone. Die bisher gültigen Fahrpläne werden außer Kraft gesetzt. Der Einsatz der Kraftwerke wird ausschließlich an den Anforderungen des Wiederaufbaus orientiert. Dadurch entstehende Tarif- und Kostenprobleme werden nach Wiederherstellung der Versorgung verhandelt und geregelt.

In Abhängigkeit der jeweiligen Situation nach einem Blackout sind für den Netzwiederaufbau zwei unterschiedliche Strategien möglich [156].

3.4.3.2.1 Top-down-Strategie

Bei der Top-down-Strategie wird die in einem Netzbereich verfügbare, stabile Spannung weiter geschaltet. Beispielsweise kann ein vom Blackout nicht betroffenes, gesundes Nachbarnetz eine entsprechende Spannung über eine Kuppelleitung dem geschädigten Netzgebiet zur Verfügung stellen. Vor einer Zuschaltung sind die Leistungsgrenzen für die Kuppelleitungen zu vereinbaren und einzuhalten. Ausgehend von diesem Netzpunkt kann das eigene Netz sukzessiv weiter zugeschaltet und unter Spannung gesetzt werden. Bei dieser Vorgehensweise kann es durch die Zuschaltung längerer 380-kV-Leitungen allerdings zu Überspannungen kommen. Durch den Einsatz von Kompensationsdrosseln und/oder größeren Generatoren kann die Spannung stabilisiert werden. Schrittweise werden Kraftwerke und Verbraucher alternierend in einem ausgeglichenen Verhältnis zugeschaltet. Ziel dieses Vorgehens ist es, den Ausgangsschaltzustand des Netzes wiederherzustellen [157]. Vor allem das Zuschalten der volatilen Wind- und Solaranlagen muss in einem ausbalancierten Verhältnis erfolgen, um die Stabilität des Systems während des Wiederaufbaus nicht durch plötzlich auftretende Einspeisungsveränderungen zu gefährden [158].

Im Einzelnen wird die Top-down-Strategie durch die nachfolgenden Schritte umgesetzt:

- Die Leitungen werden ausgehend von den spannungsführenden Kuppelknoten in Richtung thermische Kraftwerke schrittweise zugeschaltet. Vor einer Zuschaltung sind die Leistungsgrenzen für die Kuppelleitungen zu vereinbaren und einzuhalten. Bei dieser Vorgehensweise kann es durch die Zuschaltung längerer 380-kV-Leitungen allerdings zu Überspannungen kommen. Durch den Einsatz von Kompensationsdrosseln und/oder größeren Generatoren kann die Spannung stabilisiert werden.
- Ausgehend von diesem Netzpunkt kann das eigene Netz sukzessiv weiter zugeschaltet und unter Spannung gesetzt werden.
- Zuschalten von Teillasten und Kompensationsinduktivitäten unter Beachtung der zulässigen Grenzen für Wirk- und Blindleistung an den Kuppelknoten.
- Zuschalten schwarzstartfähiger Kraftwerke an die spannungsführenden Leitungen und ggf. Übernahme von Wirk- und Blindleistung.
- Synchronisation mit den im Eigenbedarf laufenden thermischen Kraftwerken.
- Übernahme der Wirkleistung durch die thermischen Kraftwerke und Zuschalten weiterer Lasten.
- Synchronisation der entstandenen Teilnetze an geeigneten Netzknoten.

3.4.3.2.2 Bottom-up-Strategie

Die Bottom-up-Strategie geht von der Spannungslosigkeit im gesamten Netz und damit von einem Schwarzstart und Inselbetrieb aus. Zunächst werden bei diesem Vorgehen die Verteilnetze in möglichst kleine Lastblöcke (z. B. < 20 MW) aufgetrennt. Anschließend wird ein schwarzstart- und inselaufbaufähiges Kraftwerk angefahren, das auch für die Frequenzregelung verantwortlich ist. Danach erfolgt die Zuschaltung einer kleinen Netzlast. Durch das Weiterschalten der Spannung werden andere Kraftwerke und Lastblöcke in Betrieb genommen.

Bei der Bottom-up-Strategie kann es bei der Zuschaltung von zu großen Netzlasten oder Einspeiseleistungen zu Unter- bzw. Überfrequenzauslösungen kommen und damit zu einem erneuten Netzzusammenbruch. Daher muss die Auswirkung der Kraftwerk- und Lastzuschaltung hinsichtlich ihrer Auswirkung auf die Frequenz beobachtet werden und die Zuschaltungen müssen ggf. zurückgenommen werden.

Auf diese Weise kann der Netzwiederaufbau an mehreren Stellen im Netz begonnen werden. Die dabei entstandenen Inselsystem müssen dann in einem nächsten Schritt miteinander verbunden und synchronisiert werden. Vor dem Zusammenschalten der Inselnetze ist festzulegen, mit welchem Leistungsschalter synchronisiert wird, wer die Spannungs- und Frequenzdifferenz regelt, um die Synchronisierbedingungen zu erfüllen und wer das Gesamtnetz nach der Zusammenschaltung führt. Größere und damit leistungsstarke Inselnetze dürfen nur bei sehr geringem Schlupf synchronisiert werden, da es sonst zur Schutzauslösung der Kuppelleitung kommen kann. Ist eine Synchronisierung von Inselsystemen auch nach mehreren Versuchen nicht erfolgreich, so muss das kleinere Inselnetz wieder spannungslos geschaltet werden und vom größeren Inselnetz aus wiederaufgebaut werden. Dies entspricht dann dem Vorgehen der Top-down-Strategie [81].

Im Einzelnen wird die Bottom-up-Strategie durch die nachfolgenden Schritte umgesetzt:

- Zunächst werden bei diesem Vorgehen die Verteilnetze in Lastblöcke aufgetrennt.
- Starten der schwarzstartfähigen Kraftwerke, wie Pumpspeicherkraftwerke oder Gasturbinenkraftwerke, die auch für die Frequenzregelung verantwortlich sind [241].
- Schrittweises Zuschalten der Leitungen ausgehend von den schwarzstartfähigen Kraftwerken in Richtung thermische Kraftwerke.
- Zuschalten von Teillasten und Kompensationsinduktivitäten unter Beachtung der Leistungsdiagramme der einspeisenden Generatoren.
- Synchronisation mit den im Eigenbedarf laufenden thermischen Kraftwerken.
- Durch das Weiterschalten der Spannung werden andere Kraftwerke und Lastblöcke in Betrieb genommen.

3.4.3.3 Abschluss des Wiederaufbaus

Ein Netzwiederaufbau infolge eines Blackouts kommt glücklicherweise nur sehr selten vor. Deshalb verfügt das Systemführungspersonal in der Regel allerdings auch nicht über eigene Erfahrungen zu solchen Situationen. Daher kann zur Unterstützung bei den komplexen Abläufen beim Wiederaufbau sehr gut ein Expertensystem (siehe Abschn. 3.6.5.3) eingesetzt werden.

Das Ende einer Großstörung wird dadurch definiert, dass das Übertragungsnetz weitgehend wiederhergestellt ist und die Endkunden praktisch vollständig wieder versorgt sind. Sind diese Bedingungen erfüllt, erklärt der RZF, der die Großstörung ausgerufen hat, diese für beendet und informiert die betroffenen Marktteilnehmer über das formale Ende der Großstörung.

Anschließend können die durch die Großstörung ausgesetzten Energiehandelsgeschäfte wieder aufgenommen werden. Um dabei evtl. auftretende sprunghafte Leistungsflussänderungen zu vermeiden, muss in einer zeitlich begrenzten Übergangsphase vorsorglich mit provisorischen Fahrplänen gearbeitet werden.

Die durch die Wiederherstellungsmaßnahmen aufgetretenen außerplanmäßigen Energiemengen werden im Anschluss in einem Clearingverfahren durch den Übertragungsnetzbetreiber zugeordnet und verrechnet.

3.4.4 Schwarzstart

Im Fall eines Blackouts (Schwarzfall) sind die Kraftwerke vom Netz getrennt. Falls sie sich nicht im sogenannten Eigenbedarf halten können, werden sie bis zum Stillstand der gesamten Kraftwerksanlage heruntergefahren. Für das Wiederanfahren benötigen die Kraftwerke dann Anfahrenergie, die üblicherweise aus dem Netz bezogen wird. Bei einem Blackout steht diese Energie allerdings in der Regel nicht zur Verfügung und es können nur Kraftwerke wieder in Betrieb gehen, die unabhängig vom Stromnetz aus dem Stillstand (Zustand „schwarz") angefahren werden können. Diese Eigenschaft bestimmter Kraftwerke wird daher auch Schwarzstartfähigkeit genannt.

Im Gegensatz zu Wasserkraftwerken benötigen Wärmekraftwerke ein hohes Maß an elektrischer Energie als Eigenbedarf, bevor sie selbst elektrische oder thermische Leistung bereitstellen können. Wärmekraftwerke können mit zusätzlichen Einrichtungen schwarzstartfähig gemacht werden. Dies sind meistens Gasturbinen, die im Schwarzstartfall mit Energie aus Akkumulatoren oder Dieselaggregaten in Betrieb genommen werden. Um nach einem Netzzusammenbruch über ausreichend Leistung für einen Netzwiederaufbau zu verfügen, muss in jedem Netz eine ausreichende Anzahl von schwarzstartfähigen Kraftwerken vorhanden sein.

Neben der Unabhängigkeit von externen Energiequellen muss ein schwarzstartfähiges Kraftwerk ein schnelles und flexibles Startverhalten aufweisen sowie einem heftigen Anlaufstrom standhalten können. Ein schwarzstartfähiges Kraftwerk muss auch im Inselbetrieb [104] lauffähig sein [105].

Schwarzstartfähige Kraftwerke sind insbesondere bei einem flächendeckenden Stromausfall von Bedeutung, um das Energienetz wieder in Betrieb zu nehmen. Nachdem die schwarzstartfähigen Erzeugungseinheiten wieder in Betrieb genommen wurden, kann mit deren Energie das Anfahren nicht-schwarzstartfähiger Erzeugungseinheiten durchgeführt werden.

Beispiele für schwarzstartfähige Kraftwerke, die ohne äußere Energiezuführung gestartet werden können, sind Wasserkraftwerke, Druckluftspeicherkraftwerke sowie speziell ausgerüstete Gasturbinenkraftwerke.

3.4.5 Inselbetrieb

Ein Inselnetz ist ein kleineres elektrisches Energieversorgungsnetz, das aus einem oder aus nur wenigen Kraftwerken besteht, ein räumlich eng begrenztes Gebiet versorgt und keinen elektrischen Anschluss zu anderen Stromnetzen besitzt. Es ist somit das Gegenstück zu einem Verbundnetz, das aus großen, räumlich benachbarten und elektrisch verbundenen Stromnetzen mit einer Vielzahl von Kraftwerken und Verbrauchern besteht. Da allerdings auch innerhalb von größeren Inselnetzen eine Verbundnetzstruktur aufgebaut sein kann, ist der Übergang vom Insel- zum Verbundnetz fließend. Eine eindeutige, technisch basierte Abgrenzung eines Inselnetzes zum Verbundnetz besteht darin, dass in einem Inselnetz die Sekundärregelung nur auf die Einhaltung einer vorgegebenen Netzfrequenz ausgelegt ist. In Verbundnetzen hat die Sekundärregelung als zweite Regelgröße die Einhaltung der Soll-Austauschleistungen zwischen den einzelnen Netzen des Verbundsystems (siehe Abschn. 3.5.2).

Inselnetze haben im Vergleich zu Verbundnetzen eine geringere Ausfallsicherheit, eine erhöhte Frequenz- und Spannungsschwankung, einen relativ begrenzten Umfang von Reserveleistung sowie hohe Kosten für das Bereithalten von Stromreserven. Nicht zuletzt aus diesen Gründen wird in der Regel ein Verbundbetrieb angestrebt.

Im Falle von Großstörungen ist es jedoch vorteilhaft, wenn sich bestimmte Netzteile der öffentlichen Versorgung mit sensiblen Verbrauchern im Inselbetrieb fangen können, und somit die Versorgung von wichtigen Infrastrukturanlagen (z. B. Krankenhäuser, Anlagen zur Wasserversorgung etc.) zumindest über einen begrenzten Zeitraum aufrecht erhalten können.

Eine mögliche Strategie beim Netzwiederaufbau nach Großstörungen ist es, ausgehend von verfügbaren und u. U. schwarzstartfähigen Einspeisungen einzelne Versorgungsinseln aufzubauen. Diese können dann schrittweise erweitert werden oder mit anderen Inselnetzen zusammengeschaltet werden, bis das gesamte Netz wieder vollständig hergestellt ist.

Inselnetze, die sich durch einen Blackout im öffentlichen Netz bilden können, sind beispielsweise größere chemische Anlagen. Die elektrische Energieversorgung für größere Industrieanlagen muss wegen der unterbrechungsempfindlichen Prozesse wie z. B. in der chemischen Industrie besonders zuverlässig ausgelegt werden. Damit ein Ausfall der üblicherweise bestehenden Einspeisung aus dem öffentlichen Netz nicht zur völligen Versorgungsunterbrechung des gesamten Industrienetzes führt, wird häufig ein Teil des

Industrienetzes inselnetzfähig ausgelegt. Abb. 3.32 zeigt die Struktur eines elektrischen Netzes zur Versorgung eines größeren chemischen Betriebes. Über die 380-kV-Ebene ist das Industrienetz an das öffentliche Übertragungsnetz angebunden. Die industrienetz-internen 110-kV-Netze werden in der Regel in zwei parallel geführten Teilnetzen, die man auch als Schattennetze bezeichnet, auf dem Betriebsgelände verteilt. Alle Eigen-erzeugungsanlagen speisen dabei in eines der beiden Teilnetze ein, in dem auch die unter-brechungsempfindlichen Betriebsanlagen (Rührwerke, Kristallisationskolonnen etc.) an-geschlossen sind. Im Normalfall ist die Kupplung zwischen den beiden Schattennetzen geschlossen. Im Fall einer Störung der öffentlichen Versorgung kann ein Teil des Werks-netzes über eine schnelle Schutzeinrichtung vom öffentlichen Netz getrennt werden. Der Netzteil mit den eigenen Erzeugungsanlagen (Abb. 3.32, violettes Teilnetz) kann dann als Inselnetz die betriebswichtigen Anlagenteile unterbrechungsfrei und unabhängig vom öf-fentlichen Netz weiter versorgen. Voraussetzung für einen Wechsel des violetten Netzteils in einen stabilen Inselbetrieb ist, dass die Leistungsbilanz in diesem Netzteil zum Unter-brechungszeitpunkt weitestgehend ausgeglichen ist. Der Leistungsfluss über die Kupp-lung muss daher im Normalbetrieb sehr gering gehalten werden („lose" Kupplung). Die Anlagen in dem blauen Teilnetz bleiben solange spannungslos bis die Versorgung durch das öffentliche Netz wiederhergestellt ist.

Die Systemführung in dem so entstandenen Inselnetz verbleibt unverändert bei der Leitstelle des Industrienetzes. Im Inselbetrieb werden nach der Trennung vom öffentlichen Netz zusätzliche Aufgaben aktiviert, die im normalen Betriebszustand von der System-führung des Übertragungsnetzes übernommen werden (z. B. Frequenzregelung).

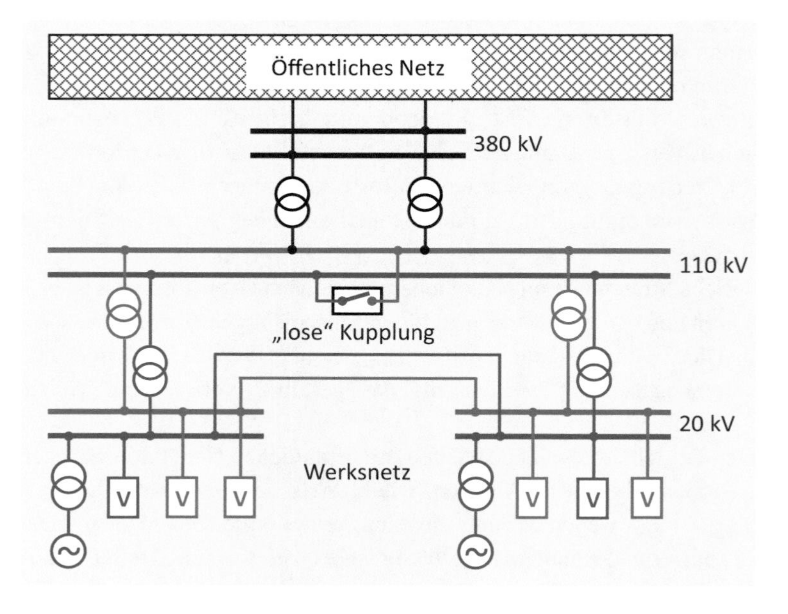

Abb. 3.32 Struktur eines Industrienetzes mit Eigenversorgungsanlagen

Bei Inselnetzen, die sich mehr oder weniger zufällig bei Netzstörungen ergeben, existiert in der Regel keine für diesen Netzbereich zuständige Systemführung. Damit kann für solche Netzbereiche auf Dauer kein stabiler Netzbetrieb aufrechterhalten werden. Dennoch können solche Netzzellen zur Überbrückung von Versorgungsstörungen für einzelne Netzbereiche wichtig sein, bis das Gesamtsystem wiederhergestellt ist.

3.4.6 Unterstützung des Personals beim Netzwiederaufbau

3.4.6.1 Training

Durch das seltene Auftreten von Großstörungen verfügt das Betriebspersonal in der Regel über keine praktische Erfahrung im Umgang mit solchen Situationen. Hier können ein regelmäßiges Training und eine entsprechende Weiterbildung in geeigneten Simulationsumgebungen das Betriebspersonal in der Beherrschung von extremen Betriebssituationen qualifizieren (siehe Abschn. 5.4).

3.4.6.2 Handlungsempfehlungen

Die Anforderungen beim Wiederaufbau von elektrischen Energieversorgungsnetzen nach Großstörungen sind charakterisiert durch die sehr komplexe betriebliche Ausgangssituation und aufgrund ihres seltenen Auftretens durch die fehlende Erfahrung des Betriebspersonals im Umgang mit solchen extremen Störungssituationen. Da zur Überwindung einer Großstörung auch stets der Faktor Zeit eine bedeutende Rolle spielt, um etwaige Versorgungsunterbrechungen möglichst schnell zu beheben, steht das Betriebspersonal noch unter zusätzlichem Stress. Hier kann eine vorab erstellte und evtl. auf die konkret vorliegende Betriebssituation noch zu adaptierende Handlungsempfehlung eine große Hilfe für das Betriebspersonal sein.

In einer solchen Handlungsempfehlung wird in aufeinander folgenden Schritten vorgegeben, welche Informationen vom Betriebspersonal einzuholen sind, welche Maßnahmen ergriffen und welche Informationen weitergegeben werden müssen. Durch die Vorgabe einer strukturierten Abfolge wird dem Betriebspersonal Handlungssicherheit gegeben. Verstärkt werden kann die Wirkung von Handlungsempfehlungen durch das regelmäßige Simulieren von Störungsfällen und das Einüben von entsprechenden Prozessabläufen.

3.4.6.3 Expertensystem

Eine weitere Möglichkeit zur Unterstützung der Systemführung bei Großstörungen sind sogenannte Expertensysteme (siehe Abschn. 3.6.5.3). Ein Expertensystem ist ein Computerprogramm, mit dem eine Problemlösungskompetenz auf einem bestimmten, meist eng abgegrenzten Fachgebiet zur Verfügung gestellt wird. Es enthält das akkumulierte Wissen von menschlichen Experten, situationsspezifischen Regeln, Handlungsempfehlungen usw. als Menge von formalisierten, maschinenverarbeitbaren Operationen [106, 107], die entsprechend angepasst in der aktuellen Betriebssituation verarbeitet wird

[108, 109]. Ein Expertensystem kann damit auch als computergestützte dynamische Handlungsanweisung bzw. Handlungsempfehlung interpretiert werden [19].

3.5 Systembilanzierung

3.5.1 Aufgabenstellung

Da elektrische Energie nur im begrenzten Maße speicherbar ist und das elektrische Energieversorgungsnetz über keine nennenswerte Speicherkapazität verfügt, müssen Erzeugung und Verbrauch müssen stets im Gleichgewicht sein. Jedes Ungleichgewicht führt zu einer Ent-/Beschleunigung der rotierenden Massen und einer Änderung der Netzfrequenz. Neben der Netzführung ist daher die Einhaltung einer ausgeglichenen Systembilanz ein weiterer wichtiger Funktionsbereich der Systemführung. Die Systembilanz in einer Regelzone ist ausgeglichen, wenn ein Leistungsgleichgewicht zwischen Erzeugung und Verbrauch (inkl. der Netzverluste) und unter Berücksichtigung des Austauschs mit anderen Regelzonen besteht. Der wichtigste Indikator für dieses Gleichgewicht ist die Netzfrequenz. Der Funktionsbereich Systembilanzierung wird daher auch als Frequenzhaltung bezeichnet und umfasst entsprechend Tab. 3.8 verschiedene Teilaufgaben. Zum Ausgleich von Leistungsschwankungen kann die Systemführung unterschiedliche Werkzeuge wie z. B. Regelenergie einsetzen oder bestimmte Verbraucher abschalten.

Durch die Veränderung der Erzeugungs- und Laststruktur in Folge der Energiewende wird diese Aufgabe deutlich erschwert. Der bereits durchgeführte bzw. geplante Wegfall von Kernenergie- und Kohlekraftwerken führt zu weniger rotierenden Massen im System. Zusätzlich muss die Systemführung viele hunderttausend volatile Kleinanlagen koordinieren.

3.5.2 Leistungs-Frequenz-Regelung und Regelenergieeinsatz

In einem elektrischen Energieversorgungssystem muss die Leistungsbilanz für jeden Zeitaugenblick ausgeglichen sein, d. h. entsprechend Gl. (3.11) muss die Erzeugerleistung P_E

Tab. 3.8 Wesentliche Aufgaben der Systembilanzierung [6]

Aufgabe
Leistungs-Frequenz-Regelung und Regelenergieeinsatz
Fahrplanmanagement
EEG-Bewirtschaftung
Engpassmanagement – marktbezogene Maßnahmen

stets gleich der Summe aus der Verbraucherleistung (Last) P_L und der Verlustleistung des Netzes P_V sein.

$$P_E = P_L + P_V \tag{3.11}$$

Tatsächlich wird dieses Leistungsgleichgewicht jedoch durch verschiedene Einflussfaktoren ständig gestört. Auf der Erzeugerseite sind dies Ausfälle von Erzeugungseinheiten sowie Schwankungen der dargebotsabhängigen Einspeisungen erneuerbarer Energien wie Windenergie- und PV-Einspeisung. Auf der Lastseite stören beispielsweise Lastrauschen, Lastausfälle sowie Prognoseabweichungen der Marktteilnehmer das Leistungsgleichgewicht [6]. Änderungen der aus Erzeugersicht willkürlichen Verbraucherleistungen müssen daher immer vollständig und unverzögert von den Erzeugungseinheiten nachgeführt werden. Da dies aus technischen Gründen nicht immer vollumfänglich und ohne Zeitverzug erfolgen kann, wird sich zeitweise eine mehr oder minder große Leistungsdifferenz (Mismatch) ΔP zwischen Verbraucher- und Erzeugerleistung einstellen. Diese Leistungsdifferenz führt in frequenzsynchron betriebenen Verbundsystemen, in denen die Synchrongeneratoren in erster Näherung frequenzstarr miteinander gekoppelt sind, unmittelbar zu einer Abweichung von der definierten Sollfrequenz im gesamten System. In Abb. 3.33 wird dieser Zusammenhang am Beispiel einer „Leistungswaage" verdeutlicht [110].

Der Betrieb mit Nennfrequenz (z. B. $f_n = 50$ Hz) ist damit ein leicht messbarer und im gesamten System verfügbarer Indikator für eine ausgeglichene Leistungsbilanz des Systems. Die Frequenz f in einem synchron betriebenen Netzgebiet muss daher in einer engen Bandbreite gehalten werden [2]:

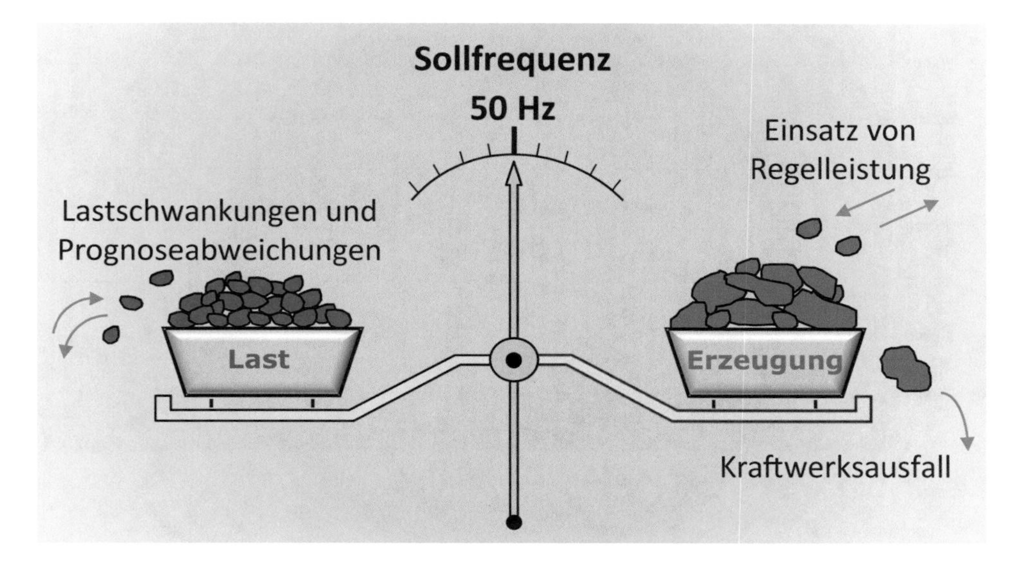

Abb. 3.33 Modell der Frequenzhaltung [110]

$$f_{\min} \leq f \leq f_{\max} \tag{3.12}$$

Da es in einem Energieversorgungssystem zwangsläufig zu fortwährenden Leistungsänderungen aufgrund des willkürlichen Verbraucherverhaltens (z. B. Zu- und Abschaltung bzw. Änderung von Lasten) und durch volatile Einspeisungen (z. B. dargebotsabhängige Energiequellen wie beispielsweise Wind- und Solarkraftwerke) kommt, entsteht auch ständig ein Leistungsungleichgewicht zwischen Verbraucher- und Erzeugerleistung. Abb. 3.34 zeigt den zeitlichen Verlauf der Netzlast in Deutschland im Jahr 2020 sowie die im gleichen Zeitraum durch Onshore- und Offshore-Windkraftwerke eingespeiste Leistung [111].

Bei den im Netz auftretenden Leistungsänderungen wird zwischen Rauschen, Schwankungen, Rampen und Sprüngen unterschieden. Das Rauschen sind sehr häufige, mit sehr kleinen Amplituden auftretende Leistungsdifferenzen. Diese werden ohne weiteren Eingriff ausschließlich durch die kinetische Energie, die in den sehr großen Schwungmassen der Synchrongeneratoren des Verbundsystems enthalten ist, durch Abbremsen und Beschleunigen ausgeglichen. Die dadurch hervorgerufenen Frequenzabweichungen sind ebenfalls sehr klein und gleichen sich in der Regel über einen längeren Zeitraum wieder aus.

Im Gegensatz hierzu erfordern Schwankungen und Rampen (beispielsweise Last- oder Einspeisungsänderungen mittlerer Amplitude) sowie Sprünge (z. B. Kraftwerksausfälle oder ungeplante Zu- oder Abschaltungen von Lasten mit großer Amplitude, Abb. 3.35a) den Einsatz von im System vorzuhaltender Regelleistung, mit der das Leistungsungleich-

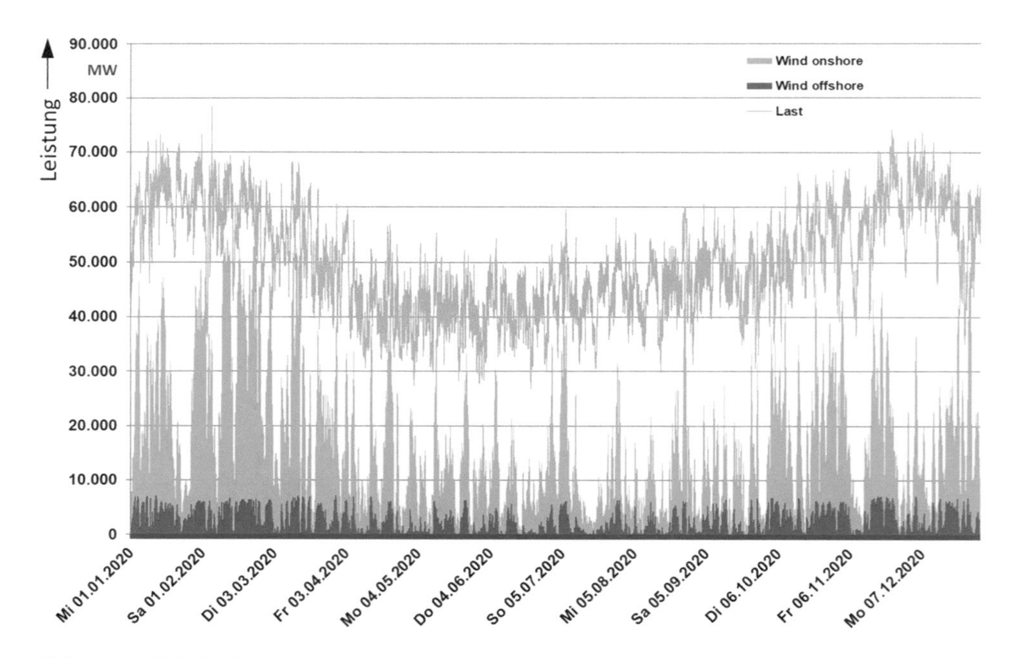

Abb. 3.34 Volatile Stromerzeugung aus Windkraftwerken. (Quelle: Amprion GmbH)

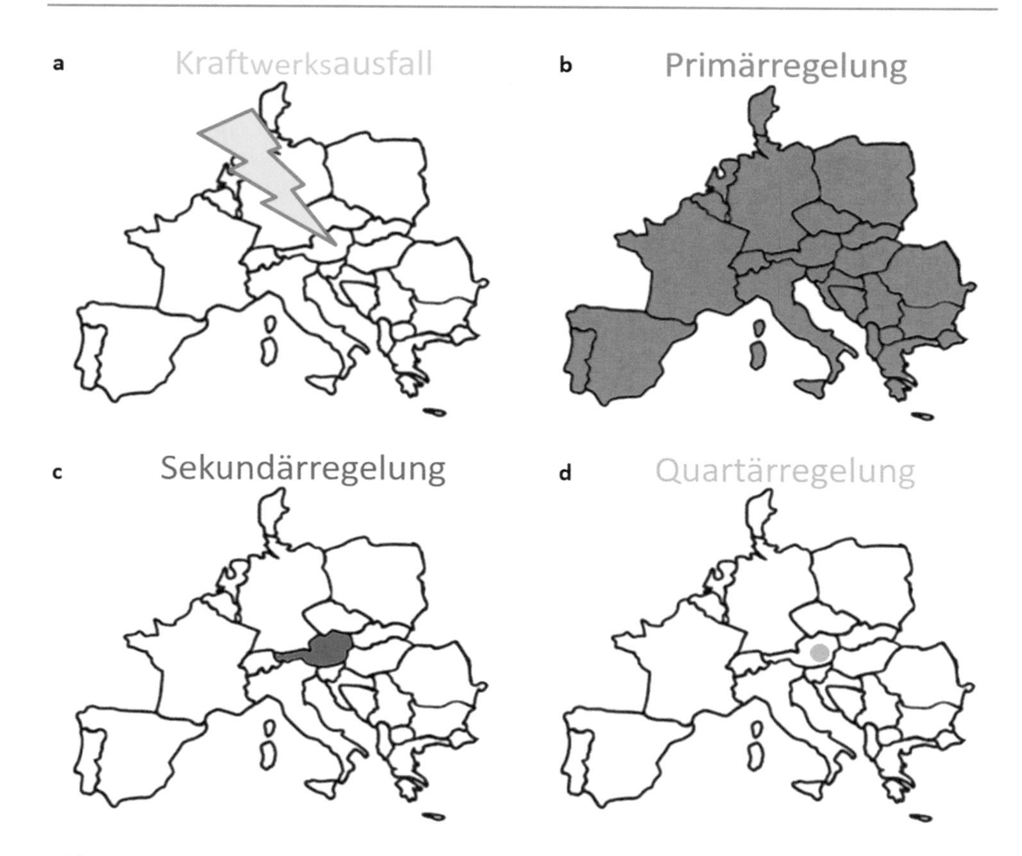

Abb. 3.35 Beteiligung an den Regelvorgängen [242]

gewicht wieder ausgeglichen werden kann. Dabei werden die drei Regelarten Primärregelleistung, Sekundärregelleistung und Minutenreserve unterschieden [2, 3]. Die Minutenreserve, die auch als Tertiärregelung bezeichnet wird, ist keine Regelung im eigentlichen Sinn. Sie beschreibt den manuellen Abruf von zusätzlicher Leistung, um die Sekundärregelung zu entlasten bzw. zu ersetzen [112].

Das Ziel dieses Regelleistungseinsatzes besteht nun darin, die Frequenz innerhalb vorgegebener Toleranzbereiche um die Sollfrequenz konstant zu halten und die verbleibende Frequenzabweichungen wieder auf die Sollfrequenz zurückzuführen sowie eventuelle, regional bestehende Leistungsabweichungen zu beseitigen. Zur Erfüllung dieses Zieles stehen verschiedene, zeitlich gestaffelte und aufeinander abgestimmte Regelmechanismen zur Verfügung, mit denen die jeweils erforderliche Regelleistung aktiviert werden kann [113].

Abb. 3.36 zeigt in einer idealisierten Darstellung den Ablauf der Zeitbereiche, die bei den verschiedenen Regelvorgängen durchlaufen werden. Die Regelvorgänge sind in ihrem prinzipiellen Ablauf für Einspeisungsänderungen ($+P$) und für Laständerungen ($-P$) iden-

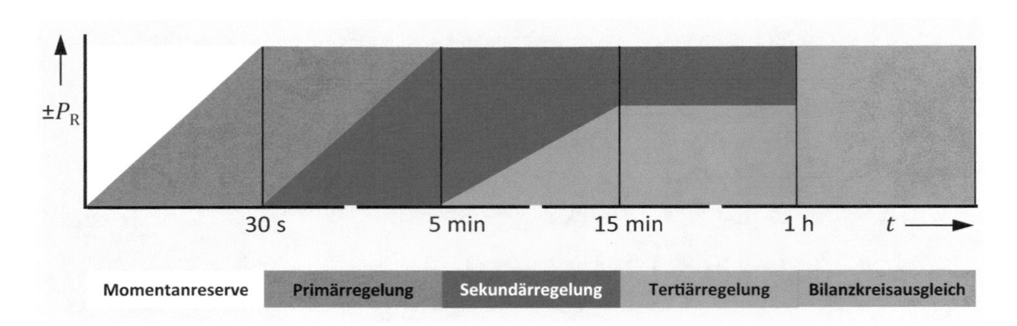

Abb. 3.36 Zeitlicher Ablauf der Leistungs-Frequenz-Regelung

tisch. Im Anschluss an einen ersten, sehr kurzen Zeitabschnitt, in dem eine elektrische und eine mechanische Leistungsaufteilung erfolgt, werden entsprechend den geltenden Regeln des Verbandes der europäischen Übertragungsnetzbetreiber Entso-E [2] die drei Regelstufen der Primär-, Sekundär- und Tertiärregelung unterschieden [5, 114, 115]. An diese Regelstufen kann sich noch ein weiterer Regelmechanismus zum Ausgleich der Synchronzeit anschließen (Quartärregelung). Für die Primär-, die Sekundär- sowie die Tertiärregelung ist der bzw. sind die zuständigen Übertragungsnetzbetreiber verantwortlich. Den Bilanzausgleich organisiert der Bilanzkreisverantwortliche. Der Ausgleich für den eingesetzten Regelleistungsaufwand wird entsprechend der Leitlinie für den Systemausgleich im Elektrizitätsversorgungssystem durchgeführt. In dieser Verordnung sind die gemeinsamen Grundsätze für die Beschaffung und die Abrechnung von Frequenzhaltungsreserven, Frequenzwiederherstellungsreserven und Ersatzreserven sowie einer gemeinsamen Methode für die Aktivierung der Frequenzwiederherstellungsreserven und der Ersatzreserven definiert [244].

Abb. 3.37 zeigt den funktionalen Zusammenhang der einzelnen Stufen der Leistungs-Frequenz-Regelung [2].

In Abb. 3.38 wird der Verlauf der Netzfrequenz f, der Verbraucherleistung, der Erzeugerleistung sowie die aktivierte Regelleistung P_R beim Ausfall einer Erzeugerleistung von ΔP qualitativ dargestellt.

Die inhärente frequenzstabilisierende Systemeigenschaft von Momentanreserve aus rotierenden Massen wird mit dem Ausscheiden von großen konventionellen Kraftwerkseinheiten (Kernenergieanlagen, Kohlekraftwerke) deutlich abnehmen [123].

3.5.2.1 Elektrische Leistungsaufteilung

Unmittelbar nach dem Eintritt des Leistungsungleichgewichts wird sich eine Leistungsaufteilung auf die einzelnen Maschinen in Abhängigkeit der Netz- und Generatorimpedanzen ergeben. Maßgebend dafür sind die Leitungs- und Transformatorimpedanzen sowie die subtransienten Reaktanzen der Synchrongeneratoren. Diese Vorgänge laufen allerdings in so kurzer Zeit ab, dass in diesem Zeitabschnitt die Drehmomente an den Turbine-Generator-Wellen als konstant angenommen werden können [116].

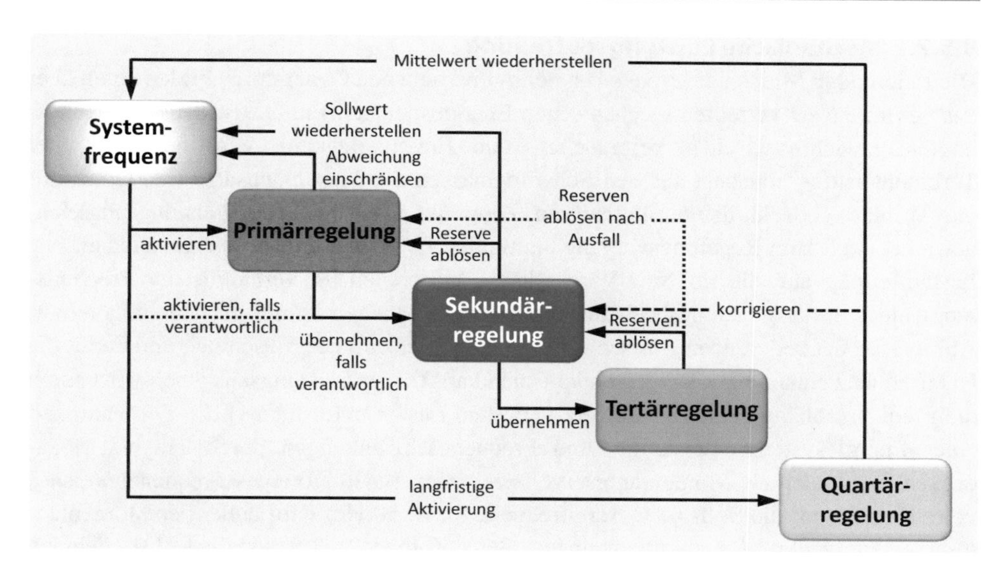

Abb. 3.37 Leistungs-Frequenz-Regelung [2]

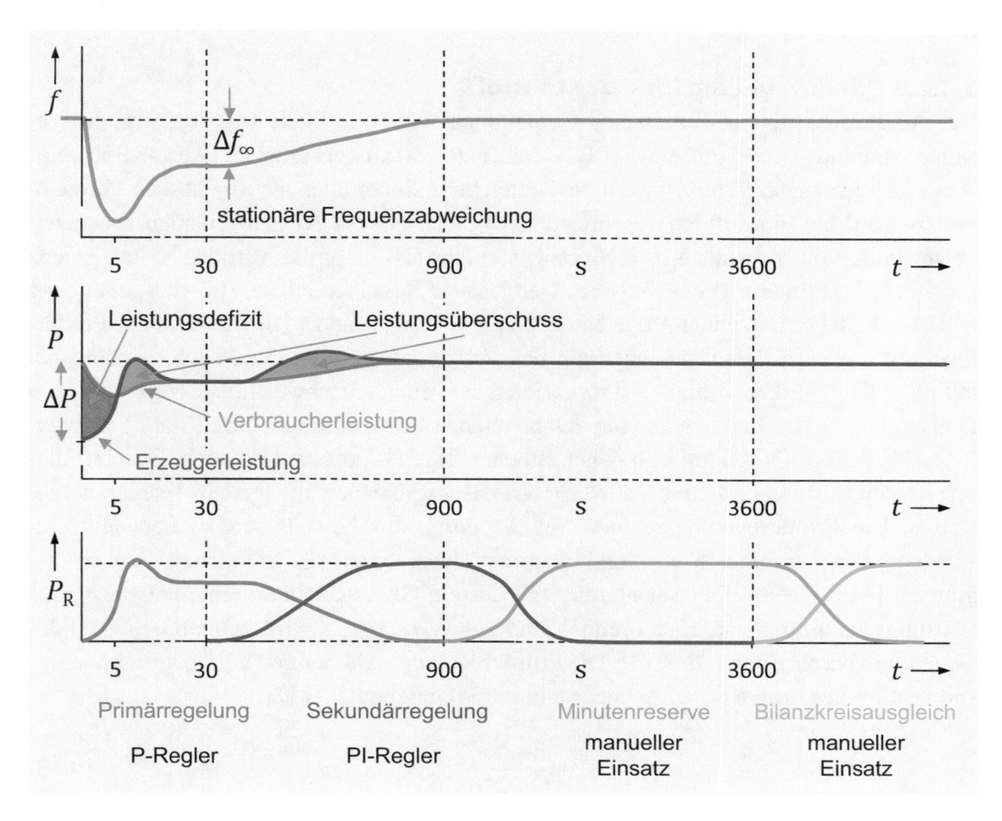

Abb. 3.38 Exemplarischer Ablauf des Einsatzes von Regelenergie [118]

3.5.2.2 Mechanische Leistungsaufteilung

Die rotierenden Massen der frequenzsynchron betriebenen Generatoren bilden einen über das gesamte Netz verteilten mechanischen Energiespeicher. Ein entstandenes Leistungsungleichgewicht zwischen Verbraucher- und Erzeugerleistung wird bei konstanter Turbinenleistung zunächst aus den Schwungmassen der Maschinensätze (i.e. Generator und Turbine) gedeckt, da unmittelbar zum Zeitpunkt des Eintritts des Leistungsungleichgewichts noch kein Regelungsvorgang stattfindet. Es erfolgt zunächst eine mechanische Lastaufteilung auf alle im Netz vorhandenen Maschinen im Verhältnis der Trägheitsmomente. Der Ausgleich des Leistungsungleichgewichts wird durch Beschleunigen bzw. Abbremsen der rotierenden Massen erreicht. Die Drehzahl der Maschinen und damit die Netzfrequenz sinken bzw. steigen entsprechend an. Dieser Leistungsausgleich wird durch die Frequenzabhängigkeit der im Netz verteilten Lasten unterstützt [116]. Die Fähigkeit eines Energiesystems, Leistungs- und Frequenzschwankungen durch Trägheit abzudecken, wird auch als Momentanreserve bezeichnet. Innerhalb eines Frequenzbereiches von ±10 mHz um die Soll- bzw. Nennfrequenz (z. B. 50 Hz) wird außer der Momentanreserve kein weiterer Regelvorgang angestoßen („Totband"). Reichen die selbstregelnden Effekte des Energiesystems nicht aus, um die Frequenz innerhalb des Totbands zu halten, werden stufenweise, zeitlich aufeinander abgestimmte, aktive Regelungsprozesse eingeleitet.

3.5.2.3 Primärregelung (primary control)

Bei der Primärregelung (Frequency Containment Reserve, FCR) beteiligt sich das gesamte Verbundsystem, um eine z. B. durch einen Kraftwerksausfall (Abb. 3.35b) entstandene Leistungsdifferenz wieder auszugleichen. Im kontinentaleuropäischen Verbundsystem wird bei einer durch das Leistungsungleichgewicht ΔP auftretenden Frequenzabweichung von mehr als +10 mHz bzw. weniger als −10 mHz von der Nennfrequenz f_n = 50 Hz die Primärregelung aktiviert. Der gesamte Regelbereich der Primärregelleistung (PRL) befindet sich in einem Regelband von f_{min} = 49,8 Hz und f_{max} = 50,2 Hz. Die Primärregelleistung wird durch die innerhalb des Verbundsystems an der Primärregelung beteiligten Kraftwerken erbracht. Proportional zur Frequenzabweichung wird über den Drehzahlregler des Kraftwerks eine entsprechende Leistungsanpassung (Statik) aktiviert [5] (Abb. 3.39a). Es handelt sich daher um eine reine Proportionalregelung. Das Ziel dieser Regelungsstufe besteht darin, die Wirkleistungsbalance im System wieder herzustellen. Die Primärregelung reagiert auf die durch das Leistungsungleichgewicht entstandene Frequenzabweichung und begrenzt diese innerhalb definierter Sicherheitsgrenzen (Abb. 3.39b). Die Sensitivität, mit der ein Generator durch eine entsprechende Leistungsänderung P_R auf eine Frequenzänderung Δf reagiert, wird durch die Statik s des Generators beschrieben (Gl. 3.13). Die Primärregelung wird durch die Frequenzabhängigkeit bestimmter Lasten (z. B. Asynchronmotoren) unterstützt [117].

$$s = \frac{\Delta f / f_n}{\Delta P / P_n} \tag{3.13}$$

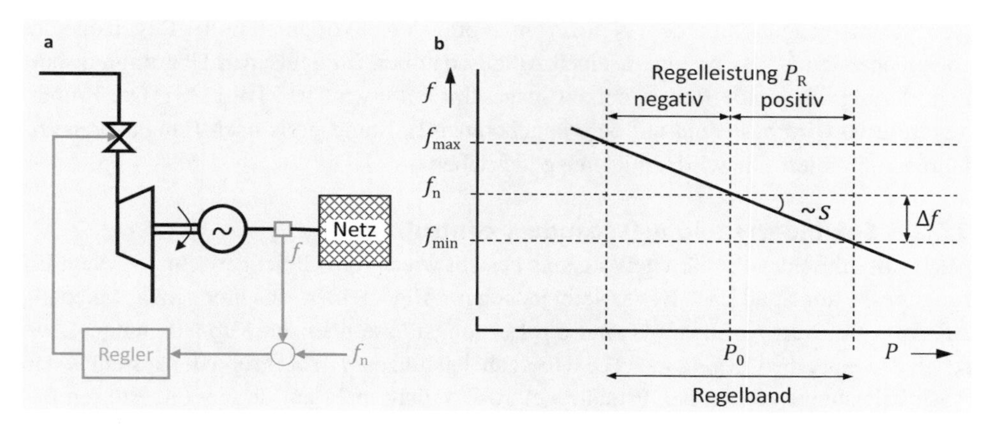

Abb. 3.39 Primärregelung [110]

Das Verhältnis der Leistungsänderung ΔP zu der dadurch hervorgerufenen Frequenzänderung Δf nennt man die Leistungszahl K_R des Netzes. Je größer die Leistungszahl ist, desto geringer ist die Frequenzänderung durch einen Ausfall einer bestimmten Leistung. Im kontinentaleuropäischen Verbundsystem betrug die Leistungszahl bisher etwa K_R = 18.000 MW/Hz je nach Kraftwerkseinsatz. Dies bedeutet, dass beispielsweise ein Ausfall von 1000 MW Einspeiseleistung eine Frequenzabsenkung von

$$\Delta f = -\frac{1}{K_R} \cdot \Delta P = -\frac{1000\,\text{MW}}{18.000\,\text{MW/Hz}} = -0{,}056\,\text{Hz} \tag{3.14}$$

zur Folge hat. Durch die Außerbetriebnahme von thermischen Kraftwerken im Rahmen der Energiewende wird die rotierende Masse geringer. Dadurch reduziert sich auch die Leistungszahl K_R entsprechend. Laständerungen werden daher künftig größere Frequenzänderungen Δf bewirken. Die Stabilität wird dadurch verletzbarer werden [5]. Die Bereitstellung der Primärregelleistung erfolgt entsprechend dem Solidaritätsprinzip durch die Übertragungsnetzbetreiber, die im Entso-E-Gebiet jeweils synchron miteinander verbunden sind. Jede in die Primärregelung eingebundene Maschine beteiligt sich konzeptgemäß mit einer Leistung entsprechend ihrer Statik. Die vollständige Aktivierung der Primärregelleistung erfolgt dabei automatisch innerhalb von 30 s nach Eintritt der Frequenzabweichung. Der durch die Primärregelleistung abzudeckende Zeitraum beträgt $0 < t < 15$ min je Störungsereignis. Mit der Aktivierung der Primärregelleistung ändern sich auch die über die Kuppelleitungen zwischen den Regelzonen des Verbundes transportierten Austauschleistungen gegenüber dem Zustand vor Eintritt des Leistungsungleichgewichts. Basis für die Bestimmung der vorzuhaltenden Menge an Primärregelleistung ist die Annahme, dass die zwei größten Kraftwerksblöcke innerhalb des gesamten Verbundsystems gleichzeitig ausfallen. Dementsprechend wird im Netz von Kontinentaleuropa ständig eine Primärregelreserve von ± 3000 MW bereitgehalten. Jede Regelzone trägt entsprechend einem vereinbarten jährlichen Verteilungsschlüssel, der sich an der

Nettostromerzeugung und dem Nettostromverbrauch des Vorjahres in der Regelzone des entsprechenden ÜNBs orientiert, einen Anteil dazu bei. Im deutschen Übertragungsnetz liegt der vorzuhaltende Bedarf derzeit insgesamt bei etwa 550 MW [113]. Die Primärregelreserve wird basierend auf dem angebotenen Leistungspreis nach Einheitspreisverfahren kontrahiert. Sie wird täglich ausgeschrieben.

3.5.2.4 Sekundärregelung (secondary control)

Nach Abschluss des Primärregelvorgangs besteht wieder ein Gleichgewicht zwischen Erzeugungsleistung und Last. Es verbleibt jedoch im Allgemeinen eine Frequenzabweichung Δf_∞ vom Sollwert f_n. Ebenfalls sind die Leistungsflüsse über die Kuppelleitungen zwischen den einzelnen Regelzonen (i.e. Übergabeleistungen $P_ü$) aufgrund der systemweiten Aushilfsleistungen durch den Primärregelprozess nicht mehr auf den im ungestörten Betrieb festgesetzten Sollwerten. Die Primärregelleistung wird durch die Sekundärregelleistung (SRL) abgelöst. Im kontinentaleuropäischen Übertragungsnetz wird hierfür die Leistungs-Frequenzregelung eingesetzt. In diesem Verfahren werden zeitgleich alle Kuppelleistungsflüsse gemessen. Mit der Summe dieser Messwerte wird anschließend das sogenannte Randintegral gebildet. Ebenso wird die aktuelle Netzfrequenz mit den entsprechenden Sollwerten verglichen und so eine kombinierte Frequenz- und Übergabeleistungsabweichung, die sogenannte globale Regelabweichung der Regelzone (Gebietsregelfehler, Area Control Error, ACE), ermittelt [2, 3, 6, 45].

Der Area Control Error ist ein systemimmanenter Regelfehler, der von der zur Verfügung stehenden Reserve und der Aktivierungsgeschwindigkeit abhängig ist. Er bestimmt sich zu

$$\mathrm{ACE} = \left(P_\mathrm{m} - P_\mathrm{Ü}\right) + K_i \cdot \left(f_\infty - f_\mathrm{n}\right) \tag{3.15}$$

Dabei ist P_m die Summe der aktuell gemessenen Wirkleistungen auf den Kuppelleitungen in der Regelzone i. $P_\mathrm{Ü}$ ist die Summe der Übergabeleistungen (Austauschleistungen) der Regelzone i entsprechend dem vereinbarten Austauschprogramm mit allen benachbarten Regelzonen. Die Differenz $\left(P_\mathrm{m} - P_\mathrm{Ü}\right)$ ist die Abweichung von der geplanten Austauschleistung.

$K_i = -\Delta P/\Delta f$ ist die Leistungszahl der Regelzone i. Dies ist ein Proportionalitätsfaktor zwischen der Frequenzänderung Δf und der Leistungsänderung ΔP der Einspeisungen in der Regelzone i. $(f_\infty - f_\mathrm{n})$ ist die Differenz zwischen der momentan gemessenen Systemfrequenz und der Sollfrequenz. Die Sollfrequenz ist in der Regel die Nennfrequenz des Netzes.

Der Area Control Error ist damit die verbleibende Leistungsdifferenz innerhalb einer Regelzone, basierend auf den Frequenzabweichungen und den grenzüberschreitenden Austauschleistungen. Der Area Control Error ist null, falls die Abweichung von der geplanten Austauschleistung ($P_\mathrm{m} = P_\mathrm{Ü}$) und die Frequenzdifferenz $(f_\infty - f_\mathrm{n})$ gleich null sind [1].

Die Sekundärregelung hat nun zum Ziel, die systemweit gültige Frequenz auf ihren Sollwert zurückzuführen und Regelleistung in der betroffenen Regelzone zu aktivieren und dadurch die Leistungen abzulösen, die im Rahmen der Primärregelung von anderen Übertragungsnetzbetreibern bereitgestellt werden. Die Sekundärregelung hat damit ein proportional-integrales Regelverhalten. Mit dem energetischen Ausgleich des Leistungsungleichgewichts innerhalb der betroffenen Regelzone wird das Verursacherprinzip umgesetzt (Abb. 3.40). Die Sekundärreglung (Abb. 3.35c) wirkt daher nur in der Regelzone *i* (z. B. Österreich in Abb. 3.35c), in der die Leistungsabweichung aufgetreten ist.

Mit dem in der Sekundärregelung eingesetzten Netzkennlinienverfahren (Network Characteristic Method) kann unterschieden werden, ob eventuelle Leistungsflussänderungen aufgrund eines Fehlers in der Regelzone oder durch die Beteiligung an der Primärregelung verursacht worden sind [5, 115]. Die Sekundärregelung wird unmittelbar und automatisch durch den betroffenen Übertragungsnetzbetreiber aktiviert. Die vollständige Erbringung der Sekundärregelleistung erfolgt innerhalb einer Zeitspanne von maximal 5 min nach der Aktivierung. Der Vorgang der Sekundärregelung soll nach 15 min abgeschlossen sein. Der notwendige Umfang der vorzuhaltenden Sekundärregelreserve (Frequency Restoration Reserve with Automatic Activation, aFRR) ist abhängig vom maximalen Verbrauch bzw. dem größten zu erwartenden Ungleichgewicht in der jeweiligen Regelzone. Üblicherweise wird zur Bestimmung der erforderlichen Sekundärregelreserve der Ausfall des größten Kraftwerksblocks als Bemessungsgröße herangezogen. Die Beschaffung von Sekundärregelreserve erfolgt täglich mit einem zweistufigen Gebotspreisverfahren für den Leistungs- und den Arbeitspreis) am deutschen Regelreservemarkt. Zu den Anbietern von Sekundärregelreserve zählen sowohl Kraftwerksbetreiber als auch Netzkunden.

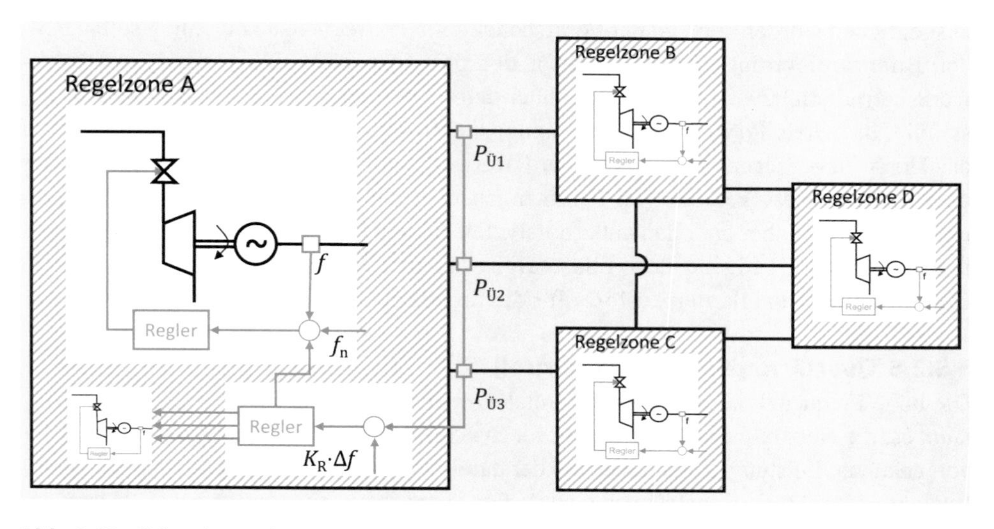

Abb. 3.40 Sekundärregelung [118]

3.5.2.5 Tertiärregelung (tertiary control)

Die Tertiärregelung, die häufig auch als Minutenreserve (Frequency Restoration Reserve with manual activation, mFRR) bezeichnet wird, dient primär der Wiederherstellung eines ausreichenden Regelleistungsbandes und zur wirtschaftlichen Optimierung. Der Übertragungsnetzbetreiber ruft die Minutenreserveleistung (MRL) manuell beim Lieferanten ab, der die vorgehaltene MRL dann vollständig innerhalb von 15 min aktivieren muss. Für die Minutenreserve werden konventionelle Kraftwerke oder andere Erzeugereinheiten sowie regelbare Lasten eingesetzt. Die Verantwortung des Übertragungsnetzbetreibers für die Frequenzhaltung endet nach einer Stunde. Ein noch bestehendes Leistungsdefizit wird konzeptgemäß nach dem Verursacherprinzip durch die betroffenen Regelzonen ausgeglichen [2, 12]. Dies kann allerdings zu einem gegenläufigen Regelenergieeinsatz führen, wenn zeitgleich verschiedene Regelzonen unter- und überdeckt sind [119]. Um diese Situationen zu vermeiden, haben die deutschen Übertragungsnetzbetreiber den Netzregelverbund (NRV) entworfen (siehe Abschn. 3.5.3). Mit diesem regelzonenübergreifenden Konzept wird der gegenläufige Einsatz von Regelleistung verhindert, indem die einzelnen Regelzonenbedarfe saldiert und summarisch ausgeglichen werden [112]. Für das deutsche Übertragungsnetz wird diese Saldenbildung bereits implizit durch die Bestimmung des Randintegrals durch den Regelblockführer durchgeführt [6]. Unter Randintegral versteht man den saldierten Leistungsfluss über alle Kuppelleitungen, die von Deutschland ins benachbarte Ausland führen. Danach müssen die Kraftwerksbetreiber bzw. Händler das Leistungsdefizit mit der sogenannten Stundenreserve ausgleichen. Diese Energie, die nach maximal 60 Minuten die Minutenreserve ablöst, wird nicht über den Regelenergiemarkt ausgeschrieben und gehört damit auch nicht im eigentlichen Sinn zur Regelenergie. Sollte die vorliegende Netzfrequenzabweichung nach 60 Minuten nicht durch die vom Übertragungsnetzbetreiber zu organisierende Primär-, Sekundär- und Minutenreserve ausgeglichen worden sein, ist der Verursacher der Netzfrequenzabweichung selbst bzw. der Bilanzkreisverantwortliche (BKV), der beispielsweise eine Gruppe von Kraftwerksbetreibern bzw. Händlern gegenüber dem Übertragungsnetzbetreiber vertritt, zuständig, das Gleichgewicht im Übertragungsnetz wiederherzustellen. Dies kann durch das Hoch- bzw. Herunterfahren eigener Kraftwerke außerhalb des Regelenergiemarkts oder den Zu- bzw. Verkauf von Fehlmengen über den Intraday-Handel an der Spotmarktbörse oder aber über den außerbörslichen Handel („Over the Counter", OTC) realisiert werden. Häufig ist der vollständige Ausfall eines Kraftwerksblocks, etwa in einem Kohlekraftwerk, der Auslöser für die Stundenreserve [5].

3.5.2.6 Quartärregelung (time control)

Die hohe Frequenzkonstanz im kontinentaleuropäischen Verbundsystem der Entso-E erlaubt es, die Netzfrequenz als Zeitgeber für Synchronuhren u. Ä. zu nutzen. Aufgrund der vorgenannten Leistungsdifferenzen und der damit verbundenen Abweichungen zur Nennfrequenz entsteht ein sogenannter Gangfehler, da sich positive und negative Frequenzdifferenzen über einen bestimmten Zeitbereich in der Regel nicht zu null mitteln. Die mit der Netzfrequenz betriebenen Synchronuhren weichen damit von der Normalzeit ab. Die Begrenzung und der Ausgleich des so entstandenen Gangfehlers wird im Hinblick einer einheitlichen Diktion auch Quartärregelung genannt, obwohl der damit beschriebene Prozess keine Regelung im eigentlichen Sinn ist. Mit der Quartärregelung wird Regelleistung aktiviert, mit der dann definiert durch systemweite Änderung des Frequenzsollwertes von 50,0 Hz auf 50,01 Hz bzw. 49,99 Hz solange beschleunigt bzw. abgebremst wird, bis die „Netzzeit“ oder „Synchronzeit“ wieder der Normalzeit entspricht. Die Korrektur einer Zeitabweichung von 10 s erfolgt dabei in einem Zeitraum von 12 h. Im kontinentaleuropäischen Netzverbund der Entso-E erfasst der Schweizer Übertragungsnetzbetreiber Swissgrid zentral diese Zeitabweichungen und koordiniert die Korrekturen im Rahmen der Quartärregelung (Abb. 3.35d) [120, 121].

In Ausnahmefällen können sich die Abweichungen jedoch über einen längeren Zeitraum akkumulieren. So wuchs die Differenz zwischen der Synchronzeit und der Normalzeit im Frühjahr 2018 auf fast sechs Minuten an. Hintergrund der Abweichungen waren politische Differenzen zwischen Serbien und Kosovo. Der kosovarische Übertragungsnetzbetreiber KOSTT bemüht sich um eine eigenständige Mitgliedschaft in der Entso-E und die Anerkennung einer eigenständigen Regelzone. Streitpunkte waren unter anderem der Zuschnitt der Regelzonen, die Einnahmen aus dem Engpassmanagement und die Belieferung von serbischen Stromkunden im Norden des Kosovo. Dies führte zu einer Mindereinspeisung durch den kosovarischen Übertragungsnetzbetreiber KOSTT von 113 GWh in den kontinentaleuropäischen Netzverbund [122]. Der zu diesem Zeitpunkt noch für den Kosovo zuständige serbische Regelzonenbetreiber EMS wäre nach den Statuten der Entso-E eigentlich verpflichtet gewesen, die im Kosovo auftretenden Leistungsdefizite auszugleichen, unterließ dies allerdings. Die fehlende Energiemenge führte innerhalb der Regionalgruppe Kontinentaleuropa der Entso-E zu einer geringen, die Netzstabilität nicht gefährdenden Frequenzabweichung, die auch nicht durch die Quartärregelung ausgeglichen wurde. Da diese Unterdeckung jedoch über einen längeren Zeitraum von einigen Monaten bestand, summierte sich die Differenz zwischen der Synchronzeit und der Normalzeit auf fast sechs Minuten auf.

3.5.3 Netzregelverbund

3.5.3.1 Motivation Netzregelverbund

Das deutsche Übertragungsnetz ist in vier Regelzonen aufgeteilt, in denen jeweils einer der vier Übertragungsnetzbetreiber 50Hertz Transmission, Amprion, TenneT TSO und TransnetBW die Verantwortung für das Gleichgewicht von Einspeisungen und Lasten im Stromnetz hat (Abb. 2.5) (siehe Abschn. 2.2.1.1.1).

In Abb. 3.41 ist exemplarisch der horizontale (i.e. auf der Übertragungsnetzebene stattfindende) Bilanzausgleich zwischen fünf Regelzonen (RZ A bis E) dargestellt. Der geplante Energieaustausch zwischen den einzelnen Regelzonen wird dabei über entsprechende Fahrpläne, den „Control Programs“, beschrieben. Sind die grenzüberschreitenden Ver-

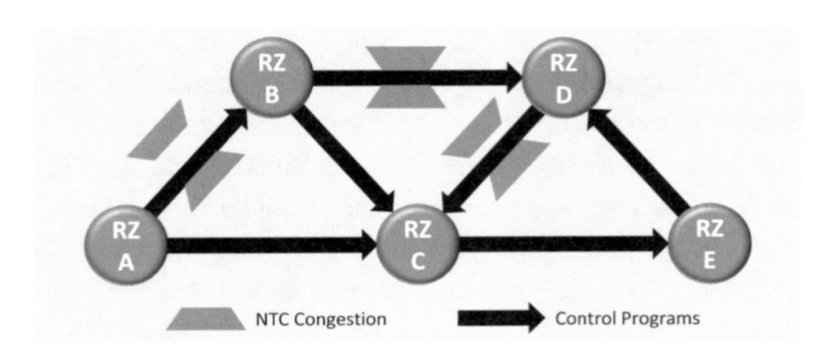

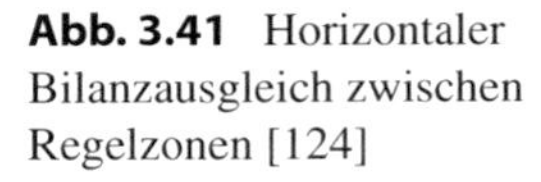
Abb. 3.41 Horizontaler Bilanzausgleich zwischen Regelzonen [124]

bindungen zwischen den einzelnen Regelzonen durch Engpässe limitiert, so dürfen die geplanten Energieaustauschmengen die freien Kapazitäten (NTC-Congestion) nicht überschreiten [112, 124].

Seit 2010 sind die vier deutschen Regelzonen in einem von TransnetBW geführten Netzregelverbund zusammengefasst, um die Regeleingriffe im gesamten deutschen Übertragungsnetz abzugleichen [112, 125]. Damit soll der gleichzeitige Einsatz von positiver und negativer Regelenergie vermieden werden [126, 245].

So konnte es noch bis Mitte der 1990er-Jahre vorkommen, dass in einem großen deutschen Speicherkraftwerk (Schluchseewerk) aufgrund der Eigentumsverhältnisse und der damals geltenden Betriebspraxis bei unterschiedlicher Regelleistungsanforderung mit einem Teil der Anlage gepumpt wurde und gleichzeitig mit dem anderen Teil turbiniert wurde. Das Wasser wurde also faktisch über die Druckrohre im Kreis gefahren („hydraulischer Kurzschluss"). Dies war natürlich insgesamt ein unwirtschaftlicher Betriebszustand, der mit einem übergeordneten Abgleich der einzusetzenden Regelleistung hätte vermieden werden können.

Zur Vermeidung eines solchen unkontrollierten Verhaltens werden heute die Sekundärregler aller teilnehmenden Regelzonen logisch miteinander gekoppelt und ihr Einsatz so koordiniert, dass sich das ganze deutsche Verbundnetz gegenüber dem umgebenden Ausland wie eine einzige Regelzone verhält [5].

Durch den Netzregelverbund wird das Gegeneinanderregeln im deutschen Übertragungsnetz vollständig vermieden. Indem die Leistungsungleichgewichte der vier deutschen Regelzonen saldiert werden, muss nur noch der verbleibende Saldo durch den Einsatz von Regelenergie ausgeglichen werden muss. Damit reduziert sich die Höhe der vorzuhaltenden Regelleistung erheblich. Durch den Netzregelverbund können jährliche Kosten in dreistelliger Millionenhöhe eingespart werden [127].

3.5.3.2 Prinzip des Netzregelverbunds

Mit der Einrichtung des Netzregelverbunds (NRV) wurde ein innovatives Netzregelkonzept realisiert, mit dem die zeitgleiche Aktivierung von positiver und negativer Regelleistung vermieden und damit die Systembilanz der im NRV miteinander verbundenen Energieversorgungsnetze optimiert wird. Durch die besondere Konzeption des NRV wird eine einzelne fiktive Regelzone gebildet, mit der die Synergien bei der Netzregelung gehoben werden können. Die bestehende Regelzonenstruktur kann weiter bestehen bleiben

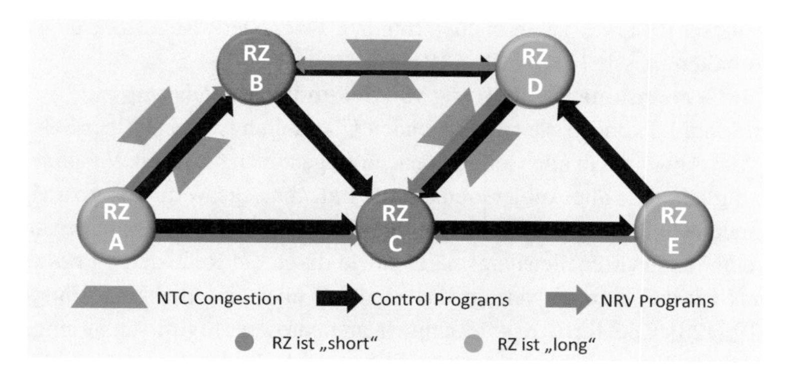

Abb. 3.42 Erweiterung des horizontalen Bilanzausgleichs durch den Netzregelverbund [25]

[128, 129]. Die Funktionalität des Netzregelverbunds wird mit vier Modulen realisiert, die jeweils unterschiedliche technische bzw. wirtschaftliche Optimierungen beinhalten [124].

Die Ergänzung des horizontalen Bilanzausgleich zwischen den Regelzonen (RZ) durch den NRV ist in Abb. 3.42 mit den grünen Pfeilen („NRV Programs") dargestellt. Der bisher gültige Leistungsaustausch entsprechend Abb. 3.41 bleibt weiter bestehen. In dem gezeigten Beispiel haben die Regelzonen RZ B und RZ C einen Leistungsmangel. Sie bekommen im Rahmen des Netzregelkonzepts entsprechend Modul 1 zusätzlich Energie von den Regelzonen RZ A, RZ D und RZ E, die einen Leistungsüberschuss haben. Durch den Leistungsausgleich innerhalb des NRV wird so ein Gegeneinanderregeln zwischen einzelnen Regelzonen vermieden. Die Berücksichtigung der freien Kapazitäten zwischen den einzelnen Regelzonen des NRV bleibt weiterhin bestehen. Die aus der Anwendung der Module 2 bis 4 resultierenden Leistungsflüsse werden identisch behandelt [124].

- **Modul 1: Vermeidung gegenläufiger Aktivierung von Regelleistung**
  Systemimmanent gibt es Zeiten, in denen Regelzonen einen Leistungsüberschuss aufweisen, während gleichzeitig andere Regelzonen einen Mangel an Leistung haben. Konzeptgemäß würde ohne den NRV dann in jeder Regelzone unabhängig voneinander sowohl positive als auch negative Regelleistung aktiviert werden. Mit dem Modul 1 wird durch den kontrollierten und gezielten Energieaustausch zwischen den Regelzonen die gegenläufige Aktivierung von Regelleistung konsequent vermieden. Durch die Einsparung der gegenläufigen Regelleistungsarbeit (SRL und MRL) können die erforderlichen Kosten entsprechend reduziert werden [112, 119, 128].
- **Modul 2: Gemeinsame Dimensionierung der Regelleistung**
  Das Ziel von Modul 2 ist die gemeinsame, regelzonenübergreifende Dimensionierung der Regelleistung und damit die Reduktion der vorzuhaltenden Leistung sowie der entsprechenden Kosten (SRL und MRL). Mit der Umsetzung von Modul 2 und der entsprechenden Dimensionierung der Regelleistung verhalten sich die vier deutschen Regelzonen im NRV wie eine einzige deutsche Regelzone. Die am NRV teilnehmenden Regelzonen können auf die gemeinschaftlich vorgehaltenen Reserven zugreifen. Der

Umfang dieser Reserven ist deutlich geringer, als wenn jede Regelzone eine eigene Reserve vorhalten müsste [112, 119, 128].

- **Modul 3: Gemeinsame Beschaffung von Sekundärregelleistung**
  Mit dem Modul 3 können die teilnehmenden Übertragungsnetzbetreiber Sekundärregelleistung von Anbietern in allen teilnehmenden Regelzonen beziehen. Voraussetzung hierfür ist lediglich, dass alle Anbieter eine fernwirktechnische Verbindung zu einem Übertragungsnetzbetreiber haben. Durch den direkten Wettbewerb der Anbieter in einem gemeinsamen Sekundärregelleistungsmarkt sowie durch die Reduzierung des technischen Aufwands für die Anbieter verfügt das Modul 3 über ein erhebliche Einsparpotential [112, 119, 128]. Die Tertiärregelleistung (Minutenreserve) wird schon länger gemeinschaftlich beschafft, da dafür keine fernwirktechnische Verbindung notwendig ist.
- **Modul 4: Kostenoptimale Aktivierung der Regelleistung**
  Der Regelleistungseinsatz erfolgt kostenoptimal für ganz Deutschland unter Verwendung von deutschlandweiten Merit-Order-Listen für Sekundärregelleistung und Minutenreserveleistung. Das Ziel von Modul 4 ist damit die regelzonenübergreifende wirtschaftliche Optimierung der Regelleistungs-Aktivierung. Das Einsparpotential liegt somit in der Reduktion der Kosten für Regelarbeit [112, 119, 128].

3.5.3.3 Technische Funktionsweise

Technisch wird der Netzregelverbund mit einem SRL-Optimierungs-Algorithmus realisiert, mit dem ein optimaler Wert für die abzurufende Menge an SRL den gesamten NRV berechnet wird. Die koordinierenden Funktionen für einen Netzregelverbund mit mehreren Regelzonen sind in Abb. 3.43 dargestellt [112].

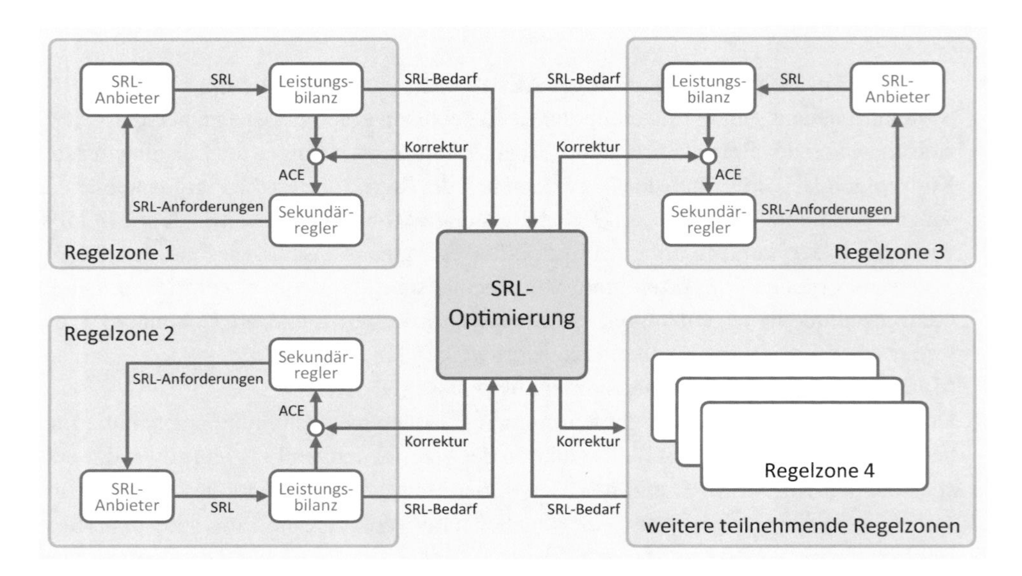

Abb. 3.43 Grundprinzip der SRL-Optimierung im Netzregelverbund [128]

Die Leistungsbilanz einer Regelzone kann durch die im Voraus unbekannten und stochastischen Schwankungen der Verbraucherleistungen und durch die Abweichungen gegenüber den prognostizierten Erzeugungsleistungen vom geforderten Sollwert abweichen. Dieser Wert beträgt null bzw. entspricht einer definierten Höhe an Übergabeleistung. Der resultierende Bilanzfehler, der sich aus der Differenz zwischen der aktuellen Leistungsbilanz und dem Sollwert ergibt, muss durch die Aktivierung von Sekundärregelleistung ausgeglichen werden. Die einzelnen, so bestimmten Sekundärregelleistungsbedarfe der teilnehmenden Regelzonen werden als Eingangsgröße für den Optimierungsalgorithmus in die Systemleitstelle des Netzregelverbundführers übertragen. Für Deutschland übernimmt diese Funktion die Systemführung der Amprion GmbH in Brauweiler. Mit dem Optimierungsalgorithmus wird ein Korrekturwert bestimmt, der zu dem Sollwert der entsprechenden Regelzone aufaddiert wird. Entsprechend ändert sich die Eingangsgröße des Sekundärreglers. Definitionsgemäß ist die Summe aller Korrekturwerte für alle am Netzregelverbund teilnehmenden Regelzonen zu jedem Zeitpunkt gleich null [119, 128].

3.5.3.4 Systemsicherheit und Wirtschaftlichkeit des Netzregelverbunds

In einem Netzregelverbund können die beteiligten Übertragungsnetzbetreiber den erforderlichen Regelleistungseinsatz wie bei einer einzigen fiktiven gemeinschaftlichen Regelzone gestalten. Durch die Koordinierung des Sekundärreglerbetriebs kann es allerdings in den beteiligten Regelzonen und in den benachbarten Netzteilen zu zusätzlichen Leistungsflüssen kommen. Sind die Übertragungskapazitäten nicht ausreichend kann der durch die SRL-Optimierung bedingte, physikalische regelzonenübergreifende Energieaustausch zur Vermeidung von Netzengpässen in Echtzeit und richtungsabhängig koordiniert bzw. eingeschränkt werden. In einem solchen Fall wird dann die Einsatzreihenfolge der Merit-Order-Liste (siehe Abschn. 6.3.7) nicht mehr eingehalten und der gegenläufige Regelleistungseinsatz nicht mehr vollständig vermieden. In extremen Betriebssituationen kann ein Übertragungsnetzbetreiber auch vorübergehend aus dem Netzregelverbund austreten [128].

Insgesamt können durch den NRV Kosteneinsparungen, wenn immer physikalisch möglich, erzielt werden, ohne dass im Falle von temporären Netzengpässen die Netzsicherheit gefährdet wird, da hierfür die bisherigen Regelzonenstrukturen weiterhin zur Verfügung stehen. Zu diesem Zweck bleibt innerhalb der einzelnen Regelzonen der jeweilige Regelkreis unverändert bestehen. Es erfolgt lediglich eine Aufschaltung von durch den Optimierungsalgorithmus bestimmten Korrekturwerten. Durch diese Abgrenzung bleibt jede Regelzone wie vor der Einführung des NRV als in sich gesicherte Zelle erhalten. In Abhängig von den in der eigenen Regelzone verfügbaren Regelleistungsangeboten kann sich diese Zelle dann auch in gewissem Umfang autark ausregeln. Mit dem Netzregelverbund kann somit ein Optimum aus der Nutzung von Synergien im Übertragungsnetz und der Gewährleistung der Netzsicherheit erschlossen werden (siehe Abb. 3.42). Der Umfang des wirtschaftlichen Nutzens aus dem Netzregelverbund ist natürlich abhängig vom Volumen und der Häufigkeit der auftretenden Abweichungen in der Systembilanz sowie von den jeweils gültigen Marktpreisen für Regelenergie und Regelleistung. Entsprechend eines von der Bundesnetzagentur 2009 in Auftrag gegebenen Gutachtens werden die jährlichen Einsparungen im deutschen Übertragungsnetz durch den Netzregelverbund auf etwa 250 Mio. Euro abgeschätzt [128].

Die Einführung des regelzonenübergreifenden einheitlichen Bilanzausgleichsenergiepreises (reBAP) ist ein weiterer Vorteil des Netzregelverbunds, da damit in allen deutschen Regelzonen die Bilanzkreisabweichungen mit demselben Ausgleichsenergiepreis abgerechnet werden können [128].

3.5.3.5 Entwicklung des Netzregelverbunds

Die drei Übertragungsnetzbetreiber EnBW Transportnetze AG (heute: TransnetBW GmbH), E.ON Netz GmbH (heute: TenneT TSO GmbH) und Vattenfall Europe Transmission GmbH (heute: 50Hertz Transmission GmbH) haben im Dezember 2008 das Modul 1 des deutschen Netzregelverbunds in Betrieb genommen und die dafür erforderlichen Verbindungen zwischen ihren Leistungs-Frequenz-Reglern eingerichtet. Mit diesem Modul wird der gegenläufige Abruf von Regelleistung (SRL und MRL) zwischen diesen Übertragungsnetzbetreibern vermieden [128].

Im Mai 2009 wird der NRV um das Modul 2 erweitert. Es erlaubt den Übertragungsnetzbetreibern eine gemeinsame Dimensionierung der Regelleistung, welche äquivalent zu einer einzigen Regelzone ist, da die Regelleistung nunmehr gemeinschaftlich vorgehalten wird (SRL und MRL). Ein einheitlicher Regelleistungsmarkt für Sekundärregelleistung entsprechend der Funktionalität des Moduls 3 wird im Juli 2009 eingerichtet und im September 2009 mit der Einführung eines kostenoptimalen, regelzonenübergreifenden Sekundärregelleistungsabrufs entsprechend Modul 4 erweitert [113, 119].

Mit dem Beschluss der Bundesnetzagentur über die Einführung des Netzregelverbunds für das gesamte deutsche Übertragungsnetz ist ab Mai 2010 auch die Amprion GmbH Teilnehmer am Netzregelverbund [127, 131]. Die Systemführung der Amprion in Brauweiler übernimmt die Leitung des Netzregelverbundes. Damit existiert durch den NRV ein gemeinsamer Regelenergiemarkt für das gesamte deutsche Übertragungsnetz [128]. Ab Juli 2010 wird im Rahmen des Netzregelverbunds auch die Minutenreserve über alle vier Regelzonen preisoptimal abgerufen.

Im kontinentaleuropäischen Verbundsystem (ehemals UCTE) sind aktuell mehr als 30 Regelzonen zusammengeschaltet [132]. Diese sind unabhängig voneinander für die Einhaltung der vorgesehenen Systemleistungsbilanz in ihrem jeweiligen Versorgungsgebiet verantwortlich. Dem Vorteil eines definierten Energieaustausches und einer planbaren Netzbelastung durch autarke Netzregelung steht allerdings der Nachteil damit verbundener höherer Kosten entgegen. Aufgrund der eindeutigen Vorteile wurde der Netzregelverbund ab 2011 auf weitere Regelzonen des kontinentaleuropäischen Verbundsystems (International Grid Control Cooperation, IGCC) erweitert [128, 133, 134].

Entsprechend dem Konzept von Modul 1 kann mit relativ geringem Aufwand die gegenläufige Aktivierung von Regelleistung vermieden werden. Daher kooperieren bereits eine Reihe von Teilnehmern in einem internationalen Netzregelverbund (Tab. 3.9) [128, 134]. Weitere Beitritte sind geplant [135].

Tab. 3.9 Entwicklung des internationalen Netzregelverbunds

Land	ÜNB	Teilnahme am NRV seit
Dänemark	Energinet.dk	2011
Niederlande	TenneT	2012
Schweiz	Swissgrid	2012
Tschechien	ČEPS	2012
Belgien	Elia System Operator	2012
Österreich	AGP	2014
Frankreich	RTE	2016
Slowenien	ELES	2019
Kroatien	HOPS	2019
Italien	Terna	2020
Polen	PSE	2020
Ungarn	MAVIR	2020

Für eine Erweiterung eines NRV auf die Funktionalitäten der Module 2, 3 und 4 müssen zunächst umfängliche wirtschaftliche, regulatorische und technische Voraussetzungen geschaffen werden. Daher werden diese Module in der Regel erst in einem zweiten Schritt nach der Inbetriebnahme von Modul 1 realisiert [133].

3.5.4 Beschaffung von Regelenergie

Die Übertragungsnetzbetreiber haben die Aufgabe, im Rahmen der Frequenzhaltung das Leistungsgleichgewicht zwischen Stromerzeugung und -abnahme in ihrer Regelzone ständig aufrecht zu erhalten [113]. Zum Ausgleich von unvorhergesehen auftretenden Differenzen zwischen Erzeugungs- und Entnahmeleistung setzen die ÜNB Regelenergie (auch „Regelleistung" genannt) in verschiedenen Qualitäten (Primärregelenergie, Sekundärregelenergie sowie Minutenreserve) ein, damit es zu keiner Gefährdung der Systemstabilität kommt. Die eingesetzten Regelenergien unterscheiden sich hinsichtlich des Abrufprinzips, ihres Vorzeichens und ihrer zeitlichen Aktivierung. Es wird grundsätzlich zwischen positiver und negativer Regelenergie unterschieden. Positive Regelenergie ist bei erhöhter Stromnachfrage, die nicht rechtzeitig prognostiziert wurde, erforderlich. In diesem Fall muss kurzfristig zusätzliche Leistung in das Netz eingespeist werden. Besteht im Netz dagegen ein nicht prognostizierter bzw. durch unerwartete Ereignisse hervorgerufener Leistungsüberschuss muss die Systemführung negative Regelenergie einsetzen. Dies kann beispielsweise durch die Reduzierung von Einspeiseleistung oder durch das Zuschalten von Lasten realisiert werden [136].

Die Aktivierung von Regelenergie ist zeitlich gestaffelt. Die Primärregelenergie wird zur schnellen Stabilisierung des Netzes innerhalb von 30 s benötigt. Die Sekundärregelenergie muss innerhalb von fünf Minuten in voller Höhe zur Verfügung stehen. Die Minutenreserve wird zur Ablösung der Sekundärregelenergie eingesetzt, ist mit einer Vorlaufzeit von bis hinunter zu 7,5 min zur erbringen und wird mindestens 15 min lang in konstanter Höhe abgerufen [136].

Da die ÜNB aufgrund des Unbundling nicht mehr über eigene Kraftwerke verfügen, müssen sie seit dem Jahr 2001 die erforderliche Regelleistung bzw. Regelenergie auf einem offenen, transparenten und diskriminierungsfreien Markt entsprechend der Vorgaben des Bundeskartellamtes und der Bundesnetzagentur kontrahieren [137].

Die Menge der vorzuhaltenden Regelenergie wird von den ÜNB ermittelt. Dazu saldiert die jeweilige Systemführung in ihrer Regelzone für jede Viertelstunde die Salden aller Bilanzkreise in ihrer Regelzone. Zusätzliche Bilanzkreise werden dabei für die Netzverlustenergie und die erneuerbaren Energien gebildet. Etwaige Differenzen in dieser Bilanzierung muss der ÜNB durch den zeitlich gestaffelten Einsatz von Regelenergie (Primärregelenergie, Sekundärregelenergie und Minutenreserve) ausgleichen.

Die Abschätzung der erforderlichen Regelenergiemengen muss möglichst genau erfolgen. Eine Unterdeckung könnte ggf. zu einer unzureichenden Leistungsbilanz und damit zur Gefährdung des Systemzustandes führen. Eine Überdeckung ist mit letztendlich unnötig hohen Kosten verbunden. Hier trägt der ÜNB eine große Verantwortung im Spannungsfeld zwischen Systemsicherheit und Wirtschaftlichkeit.

Die Beschaffung der Regelleistung erfolgt als Ausschreibungswettbewerb am deutschen Regelleistungsmarkt unter Beteiligung zahlreicher Anbieter (sowohl Kraftwerksbetreiber als auch Stromkunden). Dafür haben die deutschen Übertragungsnetzbetreiber eine gemeinsame Internet-Plattform (www.regelleistung.net) eingerichtet [113]. Die Ausschreibung von Primär- und Sekundärregelleistung erfolgt im wöchentlichen, die Ausschreibung von Minutenreserve im täglichen Zyklus [138].

Durch die Möglichkeit, technische Einheiten (Erzeugungseinheiten als auch regelbare Verbraucherlasten) zwecks Erreichung der für die einzelnen Regelleistungsarten jeweils geltenden Mindestangebotsgrößen (siehe bei den Beschreibungen der einzelnen Regelenergiearten) poolen zu können, ist es auch Kleinanbietern möglich, sich an den Ausschreibungen zu beteiligen [113].

Die Ergebnisse der Ausschreibung (z. B. Mengen und Preise) werden zur Information der Marktteilnehmer auf den einschlägigen Internetauftritten veröffentlicht. Die Kosten für die Regelenergie werden über die Bilanzkreisverantwortlichen anteilig den Händlern des Bilanzkreises in Rechnung gestellt. Für die Beschaffung der Netzverlustenergie, die in einem eigenen Bilanzkreis erfasst wird, ist der jeweilige ÜNB verantwortlich.

Die Primärregelenergie wird dezentral von allen Kraftwerken im gesamten, frequenzsynchron zusammengeschalteten Netzgebiet erbracht, die an der Primärregelung teilnehmen und entsprechend ihren Primärregler aktiviert haben.

Neben den Kosten (Leistungspreise der Angebote) sind bei der Vergabe der Primärregelleistung noch folgende Bedingungen einzuhalten [113, 137]:

- Die zur Erbringung der Primärregelleistung vorgesehenen Erzeugungseinheiten weisen die in der Präqualifikation festgestellten Leistungsmerkmale auf.
- Der ausgeschriebene Primärregelleistungsbedarf ist für den gesamten Ausschreibungszeitraum lückenlos zu decken.
- Die Aspekte der Netzsicherheit werden durch die Erbringungsorte berücksichtigt.

Die erforderliche Sekundärregelenergie wird zentral von den Netzreglern nur der jeweils betroffenen Regelzonen (i.e. in denen die Leistungsbilanz nicht ausgeglichen ist) erbracht. Dabei wird den an der Sekundärregelung beteiligten Kraftwerken die Summe der Leistungsabweichungen aller Kuppelleitungen der Regelzone und die sich nach Abschluss der Primärregelung aus der Frequenzabweichung ergebenden Leistung als Sollwertänderung vorgegeben (Netzkennlinienverschiebung, siehe Abschn. 3.5.2) [19]. Entsprechend wird bei der Bereitstellung der Minutenreserve verfahren. Die Stundenreserve ist durch den Bilanzkreisverantwortlichen bereitzustellen. Die Prozesse der Primär- und Sekundärregelung laufen automatisiert ab. Der Abruf der Minuten- bzw. Stundenreserve wird durch das entsprechende Betriebspersonal vorgenommen.

Die Sekundärregelleistung und die Minutenreserve werden getrennt nach positiver und negativer Regelleistung vergeben. Neben den Kosten (Leistungspreise) gehören u. a. die folgenden Bedingungen zu den Vergabekriterien [113, 137]:

- Die Erzeugungseinheiten für die Sekundärregelleistung bzw. die Minutenreserve verfügen auch tatsächlich über die in der Präqualifikation festgestellten Leistungsmerkmale.
- Die Erzeugungseinheiten können die vorzuhaltende Regelleistung auch unter Berücksichtigung der insgesamt erforderlichen Regelgeschwindigkeit in jeder Stunde in positiver und negativer Richtung einhalten.

Der Abruf Sekundärregelleistung bzw. der Minutenreserve erfolgt stochastisch. Daher kann dieser Vorgang auch nicht mit einer zeitlich zuordenbaren Ganglinie prognostiziert werden. Die Vergabeentscheidung setzt daher voraus, dass die vorzuhaltende Leistung durchgehend als konstanter Wert verfügbar ist.

Die durchschnittliche Regelenergiemenge, die pro Tag erforderlich ist, kann aus Archivdaten bestimmt werden. Die zu liefernden Energiemengen werden nach Regelleistungsart, Vorzeichen der Regelleistung und Wochentag (Werktag, Sonntag o. ä.) differenziert und als Energieprofile bei der Vergabeentscheidung berücksichtigt [113, 137].

3.5.5 Last- und Einspeiseprognose

Für die Systemführung ist nicht nur die Kenntnis des aktuellen Systemzustands, der u. a. aus den Echtzeitmesswerten mit dem Verfahren der State Estimation [19] bestimmt wird, sondern auch die Beurteilung der in der Zukunft liegenden Zustandsverhältnisse des Systems wichtig. So muss beispielsweise im Rahmen der Betriebsplanung bewertet werden, ob am nächsten Tag die Freischaltung einer Freileitung für Anstricharbeiten (siehe Abschn. 3.2.2.3.2) möglich ist oder wie groß die künftig verfügbaren Übertragungskapazitäten auf den Kuppelleitungen sind [19]. Für diese in der Zukunft liegenden Systemzustände müssen die dann mit einer gewissen Wahrscheinlichkeit auftretenden Lasten und

Einspeisungen, hierzu gehören auch die Einspeisungen aus PV- und Windkraftanlagen, möglichst genau prognostiziert werden [30].

Das Verfahren, mit dem diese Informationen in Form von Leistungsganglinien für einen bestimmten Zeitpunkt oder Zeitraum von bis zu zehn Tagen in der Zukunft ermittelt werden, heißt Last- bzw. Einspeiseprognose [5]. Eine hochwertige Lastprognose ist von meteorologischen, kalendarischen, sozialen und weiteren Parametern abhängig. Eine Lastprognose wird aus einer Vielzahl von unterschiedlichen Daten, darunter historischen Lastkurven und Wetterdaten zu Temperatur, Wind, Sonneneinstrahlung, Bewölkung, Niederschlag etc. erstellt. Weiterhin haben Kalenderdaten wie der Wochentag, Feiertage und Ferienzeiten, sowie möglicherweise besondere Ereignisse (wie z. B. die Fußball-WM, siehe Abschn. 3.5.8.2) Auswirkungen auf die kurzfristig und langfristig zu erwartende Last. Eine sorgfältige Erfassung und Aufbereitung dieser Eingangsdaten ist daher für eine genaue Prognose unerlässlich. Für die operative Erstellung von Lastprognosen kommen spezialisierte Systeme und verschiedene mathematische Verfahren zum Einsatz, am verbreitetsten sind [28]. Üblicherweise werden die Prognosen im Front Office erstellt (s. Abschn. 3.1.3.4).

- Typtagsverfahren
- Heuristische Verfahren
- Regressionsanalyse
- Fuzzy-Logik
- Glättungsverfahren/ARIMA
- Trend-Saison-Modelle
- Künstliche Neuronale Netze (siehe Abb. 3.78, siehe Abschn. 3.6.5.6)

In Abb. 3.44 ist die prinzipielle Vorgehensweise für die Erstellung einer prognostizierten Lastganglinie dargestellt.

3.5.6 Fahrplanmanagement

3.5.6.1 Austauschprogramme

Elektrische Energie wird auf dem Spot- und auf dem Terminmarkt gehandelt (siehe Abschn. 6.3). Der langfristige An- bzw. Verkauf von Strommengen wird auf dem Terminmarkt organisiert. Auf dem Spotmarkt können Strommengen für den kurzfristigen Bedarf eingekauft werden, mit denen die Marktteilnehmer kurzfristige Über- oder Unterdeckungen, beispielsweise für den Bilanzausgleich, physisch ausgleichen können.

Unterschieden wird auf dem Spotmarkt zwischen Handelsaktivitäten für den Folgetag (Day Ahead) und für den laufenden Tag (Intraday), bei dem kurzfristig und untertägig elektrische Energie gehandelt wird, die noch am gleichen Tag geliefert werden soll. Der

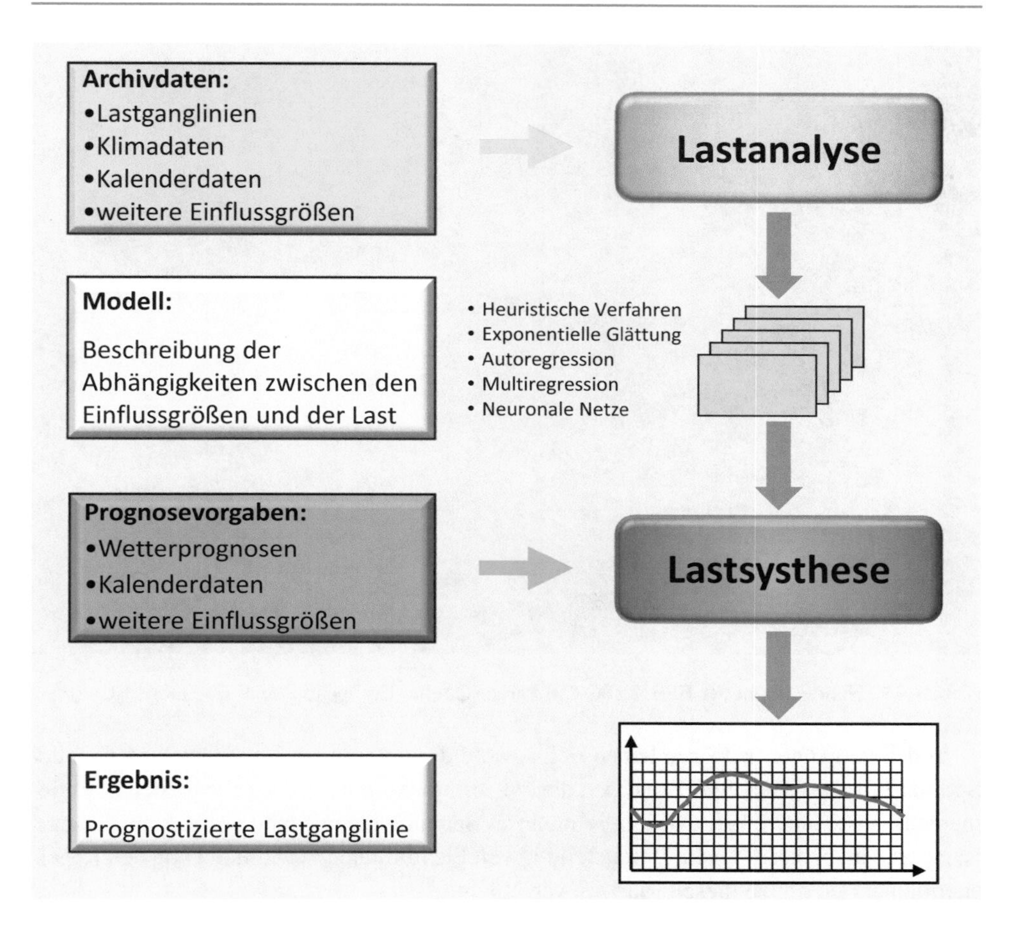

Abb. 3.44 Prinzipielle Vorgehensweise bei der Lastprognose

Intraday-Handel findet sowohl am Spotmarkt der European Power Exchange in Paris (EPEX SPOT, Abb. 3.45) als auch im außerbörslichen OTC-Handel (Over-the-Counter) statt [139].

Im Intraday-Handel werden die Energiemengen in der Regel in 15-min- oder Stunden-Blöcken gehandelt. Eine definierte Energiemenge kann bis 5 min vor Lieferbeginn gehandelt werden. Der Intraday-Handel dient hauptsächlich dazu, die Energiebilanz möglichst ausgeglichen zu gestalten, d. h. Defizite oder Überschüsse des eigenen Bilanzkreises durch kurzfristige, untertägige Handelsaktivitäten so gering wie möglich zu halten. Damit können die Prognoseverpflichtungen des Bilanzkreisvertrages eingehalten und etwaige Kosten für die Bereitstellung und Lieferung von Ausgleichsenergie minimiert werden [140].

Abb. 3.45 Handelsraum der EPEX SPOT in Paris. (Quelle: European Power Exchange SE)

In den vergangenen Jahren haben sich sowohl das untertägige Handelsvolumen an der Spotmarktbörse EPEX SPOT als auch die am Terminmarkt der EEX gehandelten Energiemengen rasant entwickelt und immer mehr an Bedeutung gewonnen (Abb. 3.46). Daraus ist zu erkennen, dass sich die Bereitstellung von Flexibilitäten zunehmend von den Regelenergiemärkten hin zu diesen Märkten verschiebt.

Beispielsweise kann ein Kraftwerksbetreiber bei kurzfristigem Ausfall eines Blocks die nun fehlende Energiemenge auf dem Intraday-Markt zukaufen und damit die Energiebilanz in seinem Bilanzkreis ausgleichen. Ebenso gewinnt der Intraday-Handel auch in der Direktvermarktung von erneuerbaren Energien zunehmend an Bedeutung, um durch kurzfristig angepasste Wetterprognosen bedingte Defizit- oder Überschussmengen aus Photovoltaik- oder Windkraftanlagen auszugleichen [140].

Die Marktteilnehmer melden ihre Energiehandelsgeschäfte in Form von Fahrplänen bei dem für die jeweilige Transaktion zuständigen Übertragungsnetzbetreiber an [238]. Die Erstellung dieser Fahrpläne wird auch als Dispatch bezeichnet, mit dem die betriebswirtschaftliche Fahrweise des eigenen Kraftwerksparks umgesetzt werden soll. Dazu wird der Einsatz aller verfügbaren Erzeugungsanlagen unter Berücksichtigung der variablen Kosten des Kraftwerkseinsatzes (dominant sind bei fossilen Kraftwerken regelmäßig die Kosten des Brennstoffs) und unter Berücksichtigung der zu erwartenden Preise am jeweiligen Absatzmarkt geplant. Das Ergebnis des Dispatchs ist die Allokation der verfügbaren Kraftwerksleistung in räumlicher, zeitlicher und gradueller Hinsicht. Das graduelle Kriterium benennt, mit welcher Last (100 % = Volllast, kleiner als 100 % = Teillast) ein Kraftwerk fahren soll.

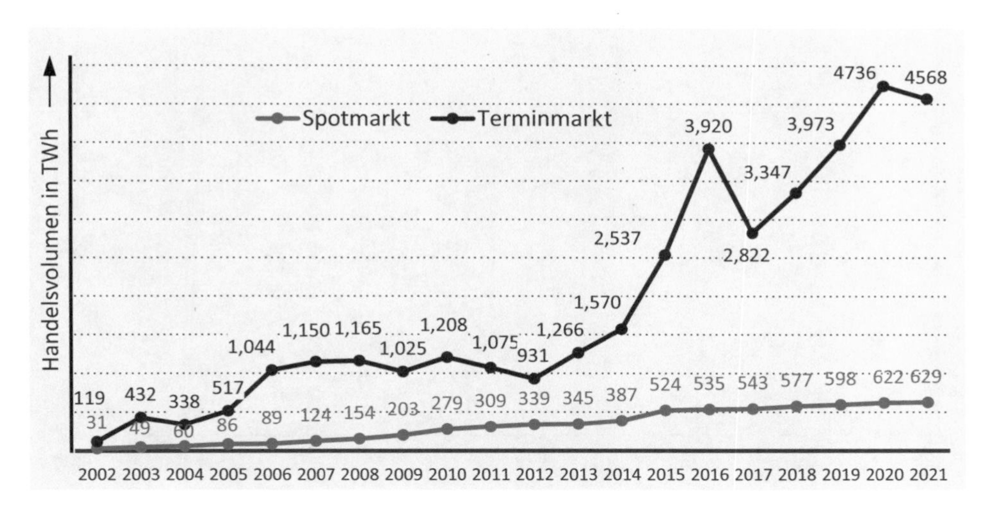

Abb. 3.46 Handelsvolumen am Spot- und Terminmarkt für Strom. (Quelle: Statista GmbH)

Während bei fluktuierenden erneuerbaren Energien wie Photovoltaik und Windenergie der Fahrplan für den Folgetag auf der Auswertung von Wetterprognosen und Anlagenverfügbarkeiten basiert, sind regelbare erneuerbare Energien wie Biomasse und teilweise Wasserkraft in der Lage, den Einsatz der eigenen Kraftwerke für die Zukunft zu planen. Bei Biogasanlagen wird ein Dispatch zum Beispiel im Bereich der bedarfsgerechten Einspeisung vorgenommen, indem zu erwartende Hochpreisphasen („Peaks") an der Strombörse als Grundlage für die Einsatzplanung des Folgetags dienen.

Die Kraftwerksbetreiber melden die so erstellten Fahrpläne mit den von ihnen am Folgetag zu produzierenden Strommengen beim jeweils zuständigen Übertragungsnetzbetreiber (ÜNB) an. Dazu übermitteln sie bis zu einem gewissen Zeitpunkt, in Deutschland ist 14:30 Uhr des Vortages üblich, den Fahrplan aller eigenen Kraftwerke an den ÜNB, in dessen Regelzone sich die jeweiligen Kraftwerke befinden. Aus der Summe aller Fahrpläne in allen Regelzonen ergibt sich der Dispatch im gesamten Verbundnetz für den Folgetag. Die Systemführung überprüft anschließend die geplanten Austauschprogramme der Marktteilnehmer auf Plausibilität und Konformität und führt die Abstimmung und Validierung in Kooperation mit den Verbundpartnern durch. Die ÜNB haben dann bis um 16:30 Uhr Zeit, die Anmeldungen zu bestätigen oder zurückzuweisen. Parallel dazu läuft der Intraday Handel des laufenden Tages [6]. Abb. 3.47 zeigt den zeitlichen Ablauf des Fahrplanmanagements

Die Koordinierung des Austauschs elektrischer Energie auf europäischer Ebene wird in den beiden Koordinationszentren CE North für das nördliche und CE South für das südliche kontinentaleuropäische Verbundsystem organisiert (siehe Abschn. 4.1). Für den Bereich CE North ist die Systemführung der Amprion GmbH (Abb. 2.6) und für den Bereich CE South die Systemführung der Swissgrid AG zuständig (Abb. 3.48).

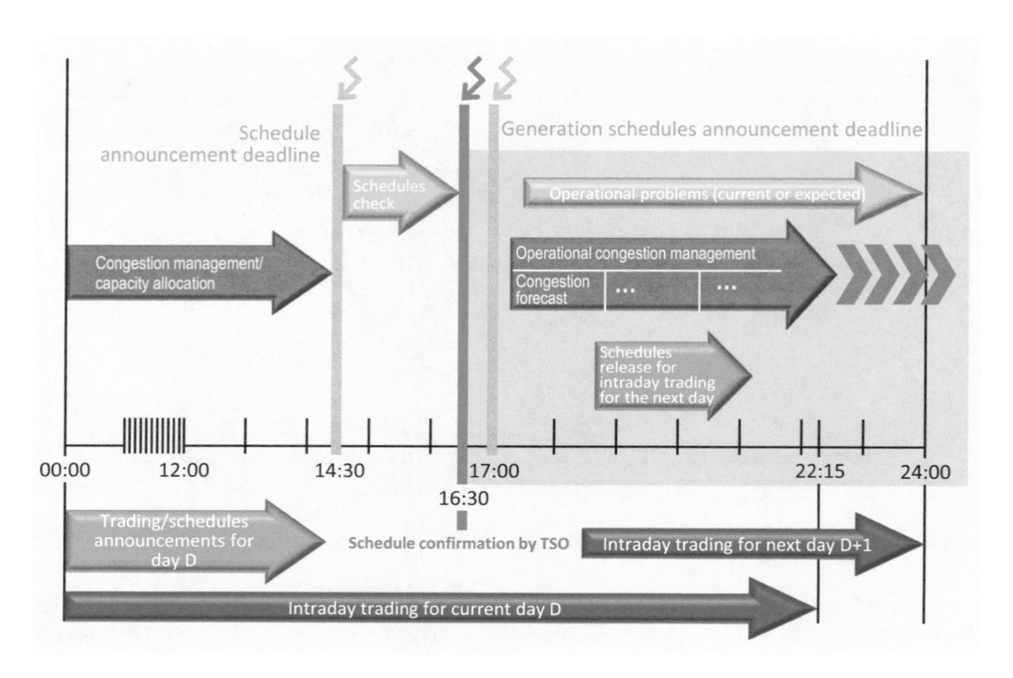

Abb. 3.47 Zeitlicher Ablauf des Fahrplanmanagements. (Quelle: Siemens AG)

Abb. 3.48 Systemführung der Swissgrid AG in Aarau. (Quelle: Swissgrid AG)

Der zunächst nur innerstaatlich mögliche Energiehandel wurde seit 2010 sukzessive erweitert. Zunächst entstand ein Börsenmarkt für Belgien, Deutschland, Frankreich, den Niederlanden, Österreich, der Schweiz und dem Vereinigten Königreich. Ab 2018 wurde dieser Markt für den grenzüberschreitenden Intraday-Handel auch auf Dänemark, Estland, Finnland, Lettland, Litauen, Norwegen, Portugal, Schweden und Spanien erweitert. Es wurden dafür harmonisierte Handelssysteme etabliert, mit denen die Gebote der Marktteilnehmer aus den einzelnen Teilnehmerländern koordiniert und grenzüberschreitend untertägig gehandelt werden können. Voraussetzung für die Realisierung der gehandelten Energietransaktionen ist allerdings die Verfügbarkeit von ausreichenden physikalischen grenzüberschreitenden Übertragungskapazitäten. Die organisatorische Plattform XBID (siehe Abschn. 6.3.5) dieses Marktes ist ein gemeinsames IT-System, das aus einem Standard-Order-Book (SOB), einem Capacity Management Module (CMM) und einem Shipping Module (SM) besteht [140].

3.5.6.2 Bilanzkreise

Die Regelzonen sind in sogenannte Bilanzkreise unterteilt, die zur energetischen Abwicklung der Handels-, Vertriebs- und Netzaktivitäten gebildet werden. In den Bilanzkreisen werden alle physikalischen Einspeisungen und Entnahmen sowie die Energiehandelsflüsse zwischen den Bilanzkreisen innerhalb einer Regelzone mit einem virtuellen Energiemengenkonto saldiert. Damit wird sichergestellt, dass die entsprechend dem Fahrplan in das Netz ein- bzw. ausgespeisten Energiemengen stets ausgeglichen sind [141].

Ein Bilanzkreis kann eine beliebig große Anzahl von Einspeise- und Entnahmestellen innerhalb einer Regelzone umfassen. Die Leistungsbilanzierung erfolgt in viertelstündigen Messperioden. Der Bilanzkreisverantwortliche (BKV) ist für den Ausgleich etwaiger Abweichungen in jeder Messperiode zuständig. Die verbleibenden Abweichungen innerhalb der Regelzone werden durch den Übertragungsnetzbetreiber über den Einsatz von Regelleistung in vertraglich verpflichteten Kraftwerken ausgeglichen und dem entsprechenden Bilanzkreisverantwortlichen in Rechnung gestellt.

Mit dem Gesetz zur Digitalisierung der Energiewende [142] ist die Marktrolle der Übertragungsnetzbetreiber erweitert worden. Diese übernehmen nun auch die bilanzierungsrelevante Aggregation von Energiemengen aus intelligenten Messsystemen (iMSys) in ihrer jeweiligen Regelzone. Die Bilanzkreisverantwortlichen müssen beim zuständigen Übertragungsnetzbetreiber mittels eines Fahrplans ihre prognostizierten Entnahmen und Einspeisungen melden, um eine ordnungsgemäße Bewirtschaftung ihres Bilanzkreises zu gewährleisten.

Die vier deutschen Übertragungsnetzbetreiber sind für ihre jeweiligen Regelzonen verantwortlich und verwalten alle Bilanzkreise in ihrem Zuständigkeitsgebiet. Somit bilden die einzelnen Regelzonen wiederum einen eigenen Bilanzkreis und die Übertragungsnetzbetreiber agieren für dieses Gebiet jeweils als Bilanzkreisverantwortliche. Sie sind dabei sowohl für den finanziellen als auch für den energetischen Ausgleich, der die Einhaltung der Netzfrequenz sichert, zwischen allen Marktteilnehmern in ihrer Regelzone bzw. ihrem Bilanzkreis zuständig [141, 143].

Die Übertragungsnetzbetreiber sind also dafür verantwortlich, dass die Bilanz zwischen Einspeisung und Verbrauch jederzeit ausgeglichen ist. Dafür verlangen sie von den Bilanzkreisverantwortlichen in ihrem Zuständigkeitsbereich (i.e. ihre Regelzone), dass diese ihre Bilanzkreise ebenfalls im energetischen Gleichgewicht halten [144].

Die Bilanzkreisverantwortlichen erstellen am Vortag eine möglichst genaue Prognose auf Viertelstundenbasis für die geplanten Handelsgeschäfte eines Tages. Den somit erstellten Fahrplan übermitteln die Bilanzkreisverantwortlichen dann an die Übertragungsnetzbetreiber. Die Übertragungsnetzbetreiber überprüfen die netztechnische Durchführbarkeit der im Fahrplan abgebildeten Einspeisungen und Entnahmen mit geeigneten Netzberechnungsverfahren (z. B. mit einer Leistungsflussberechnung) ab [141]. Ist ein geplanter Fahrplan auch unter Berücksichtigung aller zur Verfügung stehenden netztechnischen Möglichkeiten der Leistungsflusssteuerungen durch das Netz nicht umsetzbar, weil dadurch z. B. Betriebsmittel unzulässig belastet werden würden, gibt der Übertragungsnetzbetreiber den Fahrplan an den zuständigen Bilanzkreisverantwortlichen zur Anpassung zurück.

Bedingt durch den weiteren Ausbau der erneuerbaren Energien im Zuge der Energiewende werden Prognosen zunehmend komplizierter. Dies gilt insbesondere bei den volatilen Stromerzeugungsanlagen (z. B. PV- und Windkraftanlagen) aufgrund ihrer Abhängigkeit von wetterspezifischen bzw. saisonalen Effekten. Ein BKV sollte daher über ein flexibles Portfolio von volatilen und steuerbaren Stromerzeugern und -verbrauchern verfügen, um dadurch möglichst unabhängig von diesen Effekten zu sein [114]. Zu den steuerbaren Stromerzeugern gehören beispielsweise Wasserkraftwerke, Biogas- und KWK-Anlagen und Notstromaggregate. Falls Stromverbraucher ihren Energiebedarf in einem bestimmten Umfang zeitlich verschieben können, können sie ebenfalls im Bilanzkreis flexibel eingesetzt werden [141].

3.5.6.3 Ausgleichsenergie

Durch die Bewirtschaftung der Bilanzkreise durch die Bilanzkreisverantwortlichen soll ein ausgeglichener 15-minütiger Bilanzkreissaldo aus eingespeister und entnommener Energie erreicht werden. Dabei können Prognosefehler oder mangelhafte Bewirtschaftung zu Über- oder Unterspeisungen der Bilanzkreise und damit zu einem Missverhältnis zwischen fahrplanmäßigen und realen Strommengen führen. In der Folge kommt es zu ausgleichenden Energieflüssen aus den überspeisten in die unterspeisten Bilanzkreise. Der Regelzonensaldo wird durch den ungewollten Austausch mit den Verbundpartnern egalisiert und mit möglichst geringer zeitlicher Verzögerung durch den Einsatz von Regelenergie ausgeglichen [143]. Die Übertragungsnetzbetreiber müssen die fehlende bzw. überschüssige Strommenge sowohl physisch in Form von Regelenergie im Fahrplanmanagement zur Gewährleistung der Netzsicherheit bereitstellen als auch in bilanzieller Hinsicht einen Ausgleich herstellen. Die Höhe des Ausgleichsenergiebedarfs der Bilanzkreise entspricht damit der Summe der Bilanzkreisabweichungen. Der Preis für die Ausgleichsenergie wird aus den Kosten für die eingesetzte Regelenergie bestimmt [145].

Die vom Bilanzkreisverantwortlichen zum bilanziellen Ausgleich des jeweiligen Energiemengenkontos in Anspruch genommene Ausgleichsenergie rechnet der Übertragungsnetzbetreiber entsprechend den Marktregeln für die Bilanzkreisabrechnung Strom (MaBiS) [146] ab. Die Ausgleichsenergie wird danach viertelstündlich mit dem sogenannten Bilanzausgleichsenergiepreis (reBAP) abgerechnet. Im Rahmen des seit 2010 bestehenden Netzregelverbunds (siehe Abschn. 3.5.3) haben die vier deutschen Übertragungsnetzbetreiber einen regelzonenübergreifenden einheitlichen Bilanzausgleichsenergiepreis eingeführt. Der Bilanzausgleichsenergiepreis wird aus den in den vier Regelzonen anfallenden Regelarbeitskosten und den dazugehörigen viertelstündigen Regelarbeitsmengen bestimmt. Er ist meist höher als der reguläre Strompreis [147].

Im folgenden Beispiel soll die Bilanzkreisbewirtschaftung veranschaulicht werden. Es wird dazu ein Bilanzkreis mit einem hohen Anteil an Windkraftanlagen betrachtet. Der Stromhändler, der diesen Bilanzkreis bewirtschaftet, erstellt für einen bestimmten Tag eine Prognose für den darauffolgenden Tag und meldet diese Prognose dem Übertragungsnetzbetreiber, der für seinen Bilanzkreis zuständig ist. Aufgrund einer unerwarteten Sturmfront wird jedoch in einigen Viertelstunden tatsächlich mehr Strom erzeugt als der Stromhändler am Vortag prognostiziert hat. In dieser Situation hat der Stromhändler nun drei verschiedene Handlungsalternativen: Als erste Möglichkeit wird der Stromhändler selbst aktiv. Er verkauft in den Viertelstunden, in denen überschüssiger Strom aus Windkraft produziert wird, am Intraday-Markt mehr Strom als er ursprünglich geplant hat und gleicht dadurch seinen Bilanzkreis aus. Eine zweite Alternative hat der Stromhändler, falls er mit einer Fernwirktechnik auf die Windkraftanlagen in seinem Portfolio zugreifen und die Anlagen somit abregeln kann. In der dritten Handlungsalternative bleibt der Stromhändler passiv. Allerdings muss er dann eventuell Ausgleichsenergiekosten zahlen [141, 148].

3.5.6.4 Bilanzkreismanagement

Um die Ausgleichsenergiekosten auch langfristig zu vermeiden oder zumindest so niedrig wie möglich zu halten, müssen die Bilanzkreisverantwortlichen außer der sorgfältigen Erstellung der täglichen Prognose noch weitere Aufgaben im Rahmen des Bilanzkreismanagements bearbeiten [141]:

- Registrierung des Bilanzkreises beim Bilanzkoordinator des Übertragungsnetzbetreibers (Biko)
- Bilanzkreisführung entsprechend den gültigen Richtlinien und Verordnungen
- Abrechnung des Bilanzkreises entsprechend den Marktregeln für die Durchführung der Bilanzkreisabrechnung Strom (MaBiS) [146]
- Dispatch und Redispatch
- Energiedatenmanagement (EDM)
- Portfolio- und Residualprofilvermarktung

Mit der Erfüllung dieser Aufgaben soll eine verantwortungsvolle Bewirtschaftung des Bilanzkreises gewährleitet werden. Die für den Energieausgleich eines Bilanzkreises eingesetzte Regelenergie ist ausschließlich für die Aufrechterhaltung der Systemsicherheit des Übertragungssystems vorgesehen. Ein Bilanzkreisverantwortlicher darf die Ausgleichenergie daher auch nicht als disponible Größe zur Bewirtschaftung seines Bilanzkreises einsetzen.

Werden bei der Bilanzkreisabrechnung signifikante Bilanzkreisabweichungen festgestellt, die sich durch einen Verstoß des BKV gegen die Pflichten des Bilanzkreisvertrages ergeben bzw. durch entsprechendes Handeln des BKV vermeidbar gewesen wären, meldet der zuständige Übertragungsnetzbetreiber den Sachverhalt an die Bundesnetzagentur. Diese entscheidet, ob gegen den BKV ein Aufsichtsverfahren eingeleitet wird, das bis zur Aufhebung des Bilanzkreisvertrag führen kann [147].

3.5.6.5 Bilanzierungsgebiete

Das Netzgebiet eines Verteilnetzbetreibers (VNB) stellt im Regelfall genau ein Bilanzierungsgebiet dar. Das Bilanzierungsgebiet kann mehrere Spannungsebenen und auch mehrere zähltechnisch abgrenzbare Netze eines VNB umfassen. Es bildet virtuell ein oder mehrere Netzgebiete in einer Regelzone ab und wird von einem VNB wirtschaftlich verantwortet. Bilanzierungsgebiete dürfen nicht Netzteile von verschiedenen VNB umfassen [149].

Der Bilanzkoordinator des zuständigen Übertragungsnetzbetreibers vergibt zur eindeutigen Festschreibung und Kennung der Bilanzierungsgebiete analog zum bewährten Energy Identification Code (EIC) für Bilanzkreise Identifikatoren für die VNB-Bilanzierungsgebiete an die VNB. Die Nomenklatur der 16-stelligen Identifikatoren ist so gewählt, dass die Eindeutigkeit des Bilanzierungsgebietes auch regelzonenübergreifend gewährleistet ist. Beispielsweise beginnt der Nummernkreis für die Amprion GmbH mit „11YR“ und für die TransnetBW GmbH mit „11YW“ [150].

Der Bilanzkoordinator überwacht die Bilanzierungsgebietsstruktur der VNB innerhalb seiner Regelzone und plausibilisiert die Netzbilanzen. Strukturelle Veränderungen von Bilanzierungsgebieten innerhalb einer Regelzone muss der VNB daher mit dem Bilanzkoordinator des zuständigen Übertragungsnetzbetreibers abstimmen. Jeder Zählpunkt muss für jeden Zeitpunkt eindeutig einer Regelzone und einem Bilanzierungsgebiet zugeordnet werden. Abb. 3.49 zeigt Beispiele für VNB-Bilanzierungsgebiete, wenn keine 1:1-Beziehungen zwischen VNB, Netz und VNB-Bilanzierungsgebiet bestehen [149, 151].

3.5.7 EEG-Bewirtschaftung

3.5.7.1 Integration erneuerbarer Energien

Eine zentrale Komponente der Energiewende ist der Ausbau der regenerativ erzeugten Energien. In Deutschland wird dieser Ausbau durch das Erneuerbare-Energien-Gesetz (EEG) gefördert [4]. Dieses Gesetz regelt die bevorzugte Einspeisung von Strom aus erneuerbaren Energiequellen in das deutsche Stromnetz. In der aktuellen Fassung des Gesetzes wird besonderer Wert auf den planbaren und mit dem Netzausbau synchronisierten

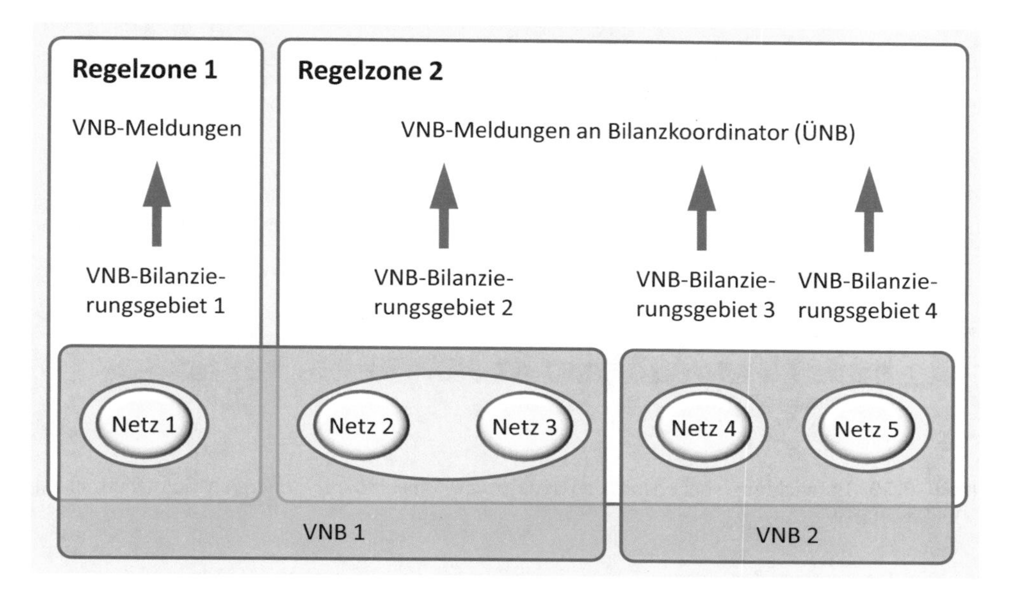

Abb. 3.49 Beispiele für VNB-Bilanzierungsgebiete [151]

Ausbau von erneuerbaren Energien sowie auf deren verbesserte Marktintegration gelegt. Mit dem EEG soll eine nachhaltige Entwicklung der Energieversorgung ermöglicht und deren volkswirtschaftliche Kosten verringert werden. Bis zum Jahr 2050 soll der Anteil erneuerbarer Energien an der Stromversorgung mindestens 80 % betragen. Der sogenannte EEG-Strom wird über ein mehrstufiges System vom EEG-Anlagenbetreiber an den vorgelagerten Übertragungsnetzbetreiber geliefert, welcher den aufgenommenen EEG-Strom an der Börse vermarktet. Die dabei entstehenden Kosten werden über die EEG-Umlage auf die Letztverbraucher verteilt. EE-Anlagen mit einer Leistung ab 100 kW, die ab dem 01.01.2016 in Betrieb gegangen sind, verkaufen den erzeugten Strom entsprechend dem Erneuerbare-Energien-Gesetz (EEG) direkt an einen interessierten Abnehmer (Direktvermarktung).

In dieser Funktion sind die Übertragungsnetzbetreiber Bilanzkreisverantwortliche für die in ihrem Netzgebiet vermarkteten EEG-Anlagen und bewirtschaften diesen EEG-Bilanzkreis am Day-Ahead- und Intraday-Markt ganzjährig rund um die Uhr.

Zur Vorhersage der aus erneuerbaren Energien gewonnenen Energiemengen setzen die Übertragungsnetzbetreiber spezielle Prognosesysteme ein, mit denen die künftige Photovoltaik- und Windenergieerzeugung basierend auf Wettervorhersagen bestimmt werden kann. Um den Prognosefehler bei der Bestimmung der Einspeiseleistung aus Photovoltaik- und Windenergieanlagen zu minimieren, kombiniert ein Expertensystem (siehe auch Abschn. 3.6.5.3) die Vorhersagen verschiedener Anbieter [152, 153]. Die Systemführung kompensiert die Differenzen zwischen der vortägigen EEG-Bewirtschaftung und der untertägigen Prognose der EEG-Einspeisung und gewährleistet damit die Einhaltung der Systembilanz [6].

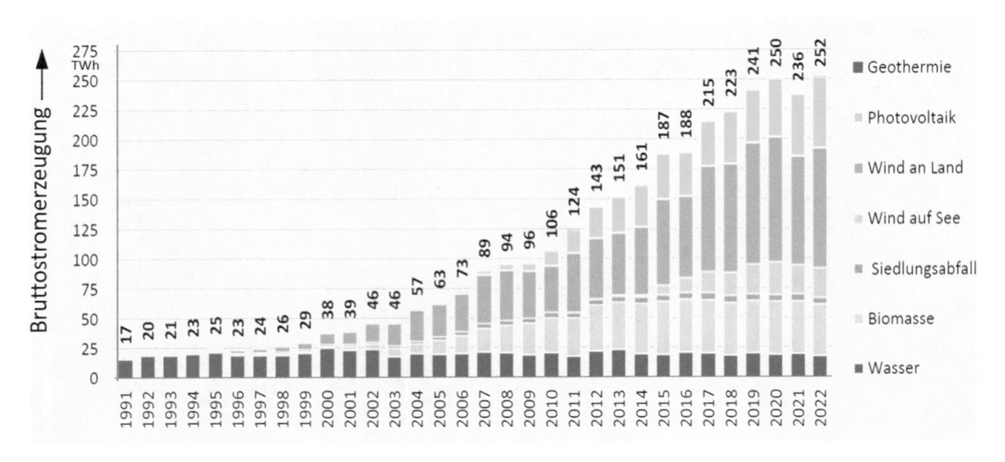

Abb. 3.50 Entwicklung der Stromerzeugung aus erneuerbaren Energien in Deutschland. (Quelle: BDEW)

Die Integration der erneuerbaren Energien in das öffentliche Energieversorgungssystem stellt eine besondere Herausforderung für die Systemführung der Übertragungsnetze dar. Den Übertragungsnetzbetreibern kommt entsprechend den Vorgaben des EEG eine zentrale Aufgabe bei der Bewirtschaftung der EEG-Einspeisungen zu. Neben der energiewirtschaftlichen Abwicklung der eingespeisten Energie sind die Übertragungsnetzbetreiber auch für den bilanziellen Ausgleich der in der Regel auftretenden Differenzenergie verantwortlich. Zur Wahrung der Systembilanz sowie als Information für die Netzführung über die zu erwartende Netzbelastung und Leistungsflusssituation muss im Rahmen der EEG-Bewirtschaftung gemäß [4] die zu erwartende Einspeisung aus erneuerbaren Energien wegen deren hohen Volatilität möglichst genau prognostiziert werden [6].

Die Entwicklung des aus erneuerbaren Energien produzierten Stroms ist in Abb. 3.50 dargestellt. Es ist aus dieser Grafik zu erkennen, dass der deutliche Anstieg des Stroms aus erneuerbaren Energien vor allem durch den Ausbau der Windkraft verursacht wird. Dieser Trend wird sich in den nächsten Jahren noch durch den sich bereits jetzt abzeichnenden Ausbau der Offshore-Windkraftanlagen deutlich fortsetzen. Damit wird es im deutschen Übertragungsnetz immer häufiger zu ausgeprägten Leistungstransporten und zu einer entsprechend hohen Netzauslastung in Nord-Süd-Richtung kommen.

Können die Systembilanz sowie die Systemsicherheit aufgrund der EE-Einspeisung nicht mehr mit den üblichen netz- oder marktbezogenen Maßnahmen eingehalten werden, sind die Übertragungsnetzbetreiber berechtigt, korrektiv die Einsatzfahrpläne von Kraftwerken zu ändern (Redispatch) (siehe Abschn. 3.2.1).

3.5.7.2 EEG-Anlagen

Entsprechend den Vorgaben des EEG soll Strom aus erneuerbaren Energien sowie aus Grubengas vorrangig in das Elektrizitätsversorgungssystem integriert werden.

Zu den Anlagen, die demnach bevorzugt die durch sie erzeugte Energie in das Netz einspeisen dürfen (EEG-Anlagen), zählen nach § 3 EEG [4] Anlagen, die elektrische Energie aus den folgenden Energien bzw. Energieträgern umwandeln:

- Energie aus Biomasse einschließlich Biogas, Biomethan, Deponiegas und Klärgas sowie aus dem biologisch abbaubaren Anteil von Abfällen aus Haushalten und Industrie
- Geothermie
- Grubengas
- solare Strahlungsenergie (Photovoltaik, Solarthermie)
- Wasserkraft einschließlich der Wellen-, Gezeiten-, Salzgradienten- und Strömungsenergie
- Windenergie

Den Betreibern von EEG-Anlagen wird nach § 25 des EEG für bis zu 20 Jahre lang eine festgelegte Vergütung für ihren erzeugten Strom gezahlt. Die Höhe der Vergütung ist so bemessen, dass damit unabhängig von der aktuellen Marktsituation ein wirtschaftlicher Betrieb der geförderten Anlagen möglich ist [4].

3.5.7.3 EEG-Mechanismus

Die erneuerbaren Energien sind bislang noch nicht wettbewerbsfähig. Die Stromproduktion aus diesen Quellen muss daher finanziell unterstützt und deren Ausbau gefördert werden, um die durch die Bundesregierung gesteckten Ziele des Ausbaus der erneuerbaren Energien und damit letztlich die im Bundes-Klimaschutzprogramm formulierten Ziele zu erreichen [155].

Die physikalische und monetäre Abwicklung der vorrangig eingespeisten elektrischen Energie entsprechend dem EEG wird durch das Erneuerbare-Energien-Gesetz und das Energiefinanzierungsgesetz geregelt. Danach werden den Übertragungsnetzbetreibern die aus erneuerbaren Energiequellen generierten Energiemengen gemeldet. Die Übertragungsnetzbetreiber vermarkten den EEG-Strom am Spotmarkt der EEX [4, 154]. Die Einnahmen aus diesen Verkäufen werden mit den an die EEG-Anlagenbetreiber ausgezahlten EEG-Einspeisevergütungen und den gegenüber den Übertragungsnetzbetreibern entstandenen Abwicklungskosten verrechnet. Die durch diesen Mechanismus entstandenen Einnahmen und die Ausgaben werden über ein sogenanntes EEG-Konto abgewickelt, das jeweils von den vier Übertragungsnetzbetreibern (ÜNB) geführt wird, die untereinander zu einem bundesweiten Belastungsausgleich verpflichtet sind, insbesondere in Bezug auf den einspeisevergüteten EE-Strom und die ausgezahlten Förderungen (Abb. 3.51) [4].

Zu den Einnahmen des EEG-Kontos gehören:

- Erlöse aus der Vermarktung von EE-Strom am Intraday- und Day-Ahead-Markt
- Positive Differenzbeträge aus Zinsen
- Erlöse aus der Abrechnung der Ausgleichsenergie

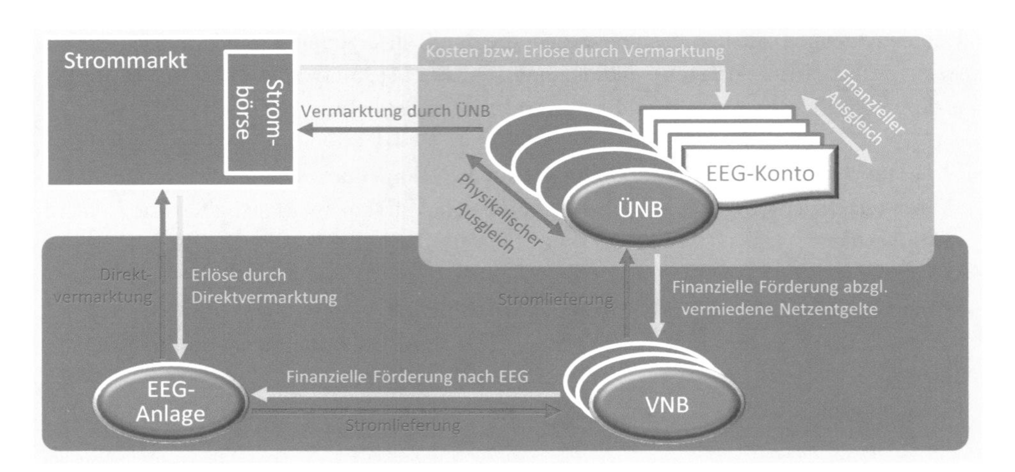

Abb. 3.51 EEG-Mechanismus

Zu den Ausgaben des EEG-Kontos gehören:

- Finanzielle Förderungen von Anlagenbetreibern nach §§ 19, 52 und 100 bis 102 EEG
- Kostenerstattungen nach § 57 EEG
- Negative Differenzbeträge aus Zinsen
- Notwendige Kosten für untertägigen Ausgleich
- Notwendige Kosten aus Abrechnung der Ausgleichsenergie
- Notwendige Kosten für die Erstellung von Prognosen für die Vermarktung

In der Regel sind die Einnahmen auf dem EEG-Konto geringer als die Ausgaben. Bis zum 31.12.2022 leisteten die Stromendkunden (Letztverbraucher) mit der sogenannten EEG-Umlage einen wesentlichen Beitrag zu den Einnahmen des EEG-Kontos. Die durch den Wegfall der EEG-Umlage seit dem 1. Januar 2023 entstandene Finanzierungslücke wird über das Sondervermögen des Klima- und Transformationsfonds (KTF), ehemals Energie- und Klimafonds (EKF), aus dem Bundeshaushalt geschlossen. Für das Jahr 2024 werden etwa 18,5 Mrd. Euro aus Steuermitteln auf das EEG-Konto überwiesen. Künftig wird das Defizit des EEG-Kontos weiter steigen. Gründe hierfür sind die gesunkenen Großhandelspreise, weil dadurch der Strom aus erneuerbaren bei der Vermarktung an der Strombörse erheblich weniger Erlös bringt, sowie die sogenannte Kannibalisierung der erneuerbaren Energien. Damit ist gemeint, dass beispielsweise die Photovoltaikanlagen weitgehend zeitgleich Leistung ins Netz einspeisen. An sonnigen Tagen, besonders im Frühsommer, übersteigt die Einspeisung dann die Last und Strom aus erneuerbaren Energien ist in den betreffenden Stunden am Markt weitgehend wertlos. Trotzdem erhalten die Betreiber der Anlagen ihre garantierte Vergütung. Beim Windstrom sind die Verhältnisse ähnlich, jedoch fallen hier die erzeugten Mengen nicht ganz so zeitsynchron an.

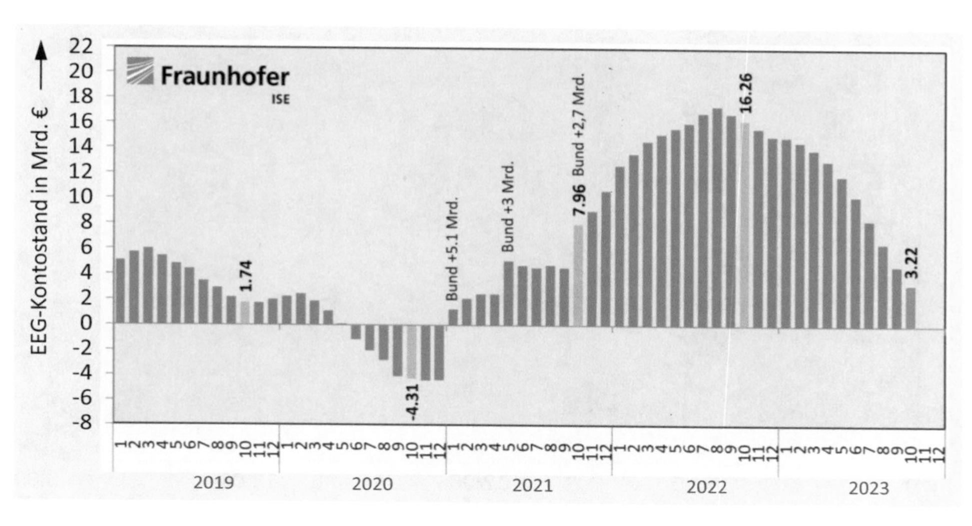

Abb. 3.52 Entwicklung des EEG-Kontostandes. (Quelle: Fraunhofer ISE)

Durch den weiteren Ausbau der erneuerbaren Energien steigt die Anzahl der Stunden, in denen der Strom nichts mehr wert ist. Damit erhöhen sich auch die EEG-Kosten erheblich. Im Jahr 2023 traten während 301 Stunden negative Strompreise auf [264]. Abb. 3.52 zeigt den Verlauf des EEG-Kontostandes in den Jahren 2019 bis 2023.

3.5.8 Besondere Betriebssituationen

3.5.8.1 Herausforderung Sonnenfinsternis

Die Einhaltung der Systembilanz gehört für die Systemführung von Übertragungsnetzbetreibern zum Tagesgeschäft und kann bei den betriebsüblichen Leistungsschwankungen und -differenzen in der Regel durch den Einsatz von vorgehaltener Regelleistung sehr gut ausgeglichen werden.

Eine nicht alltägliche Herausforderung für die Systemführung ist allerdings die Beherrschung der Auswirkungen einer Sonnenfinsternis auf das Betriebsgeschehen. Bei der partiellen Sonnenfinsternis am 20. März 2015 verringerte sich in Deutschland die Einspeisung aus Sonnenenergie innerhalb von etwa 45 min von 12.905 MW auf rund 5441 MW. Am Ende der Sonnenfinsternis erhöhte sich die Einspeisung aufgrund des gegenüber zu Beginn der Sonnenfinsternis höheren Sonnenstandes auf 19.810 MW (Abb. 3.53).

Bei überwiegend klarem Himmel wurden in der Zeit nach der größten Bedeckung steile Gradienten in der Einspeisung von über 4000 MW pro Viertelstunde gemessen (Abb. 3.54). Leistungsgradienten in dieser Größenordnung sind im normalen Betrieb unüblich und nur mit größeren Kraftwerksausfällen zu vergleichen. Aufgrund der guten Prognostizierbarkeit einer Sonnenfinsternis kann sich die Systemführung allerdings rechtzeitig auf ein solches Ereignis vorbereiten und ausreichend Regelleistung einkaufen. Es bleibt dann natür-

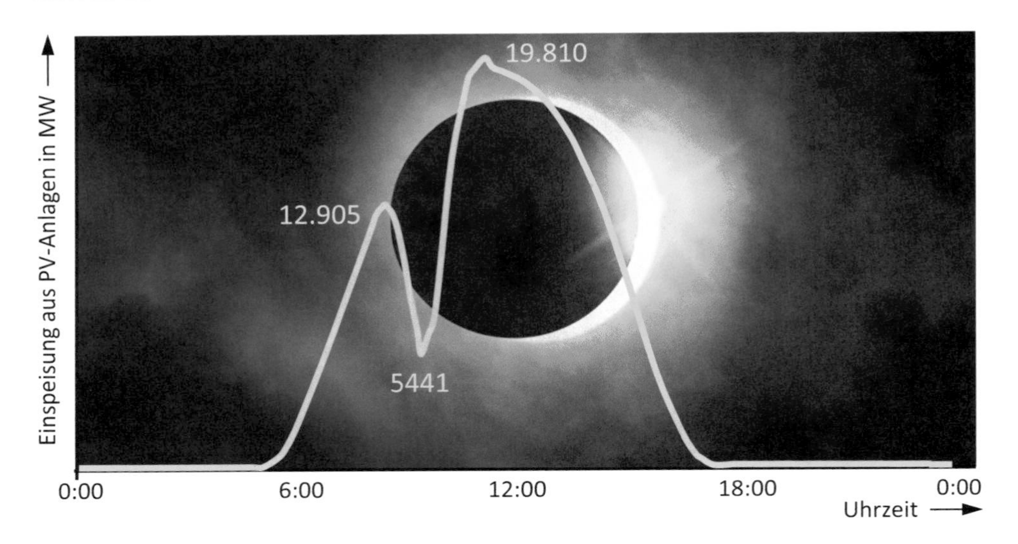

Abb. 3.53 Verlauf der PV-Einspeisung während der partiellen Sonnenfinsternis 2015 [159]

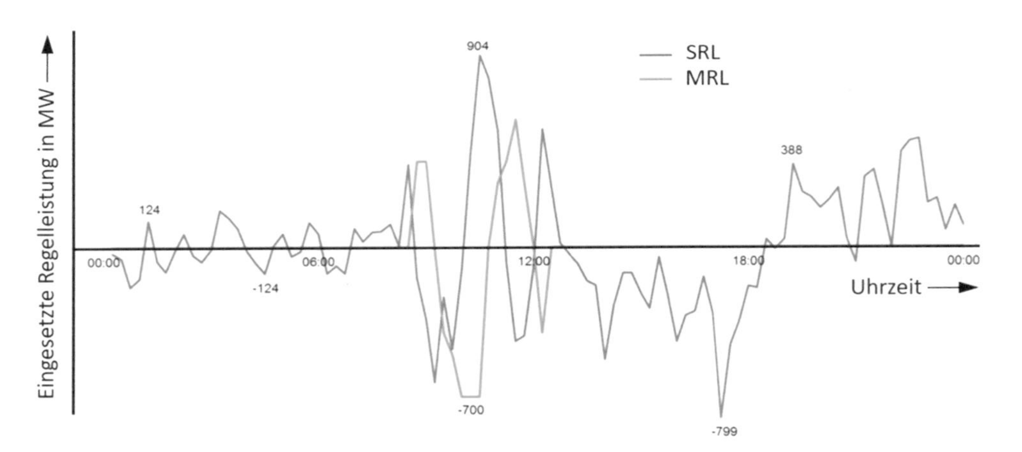

Abb. 3.54 Während der Sonnenfinsternis 2015 eingesetzte Sekundärregelleistung (SRL) und Minutenreserveleistung (MRL) [159]

lich immer noch eine große Herausforderung für die Systemführer, diese Regelleistung möglichst synchron mit dem Rückgang und dem Wiedereinsetzen der Einspeisung aus den Photovoltaikanlagen entsprechend dem Verlauf der Sonnenfinsternis durch das Hoch- bzw. Herunterfahren von konventionellen Kraftwerken und Speicherkraftwerken abzurufen und so einzusetzen, dass die Leistungsbilanz zu jedem Zeitaugenblick ausgeglichen ist. Bei der Sonnenfinsternis gelang es den Systemführungen der Übertragungsnetze, den Leistungsrückgang und die Wiederkehr der Einspeisung aus Photovoltaikanlagen auszugleichen, sodass, gemessen an den Umständen, nur ein verhältnismäßig geringer Einsatz von Regelenergie und vertraglich gebundenen abschaltbaren Lasten notwendig wurde (Abb. 3.54) [159, 160].

3.5.8.2 Der Ball muss ins Netz

Eine andere, für die Systemführung ebenfalls besondere Betriebssituation kann entstehen, wenn das üblicherweise stochastische Verbrauchsverhalten der Endverbraucher von elektrischer Energie durch übergeordnete Ereignisse in bestimmten Zeitbereichen weitgehend synchronisiert wird.

Solche Großereignisse sind beispielsweise Fußballweltmeisterschaften. Je nach Bedeutung eines konkreten Spiels im Turnier, dem Zeitpunkt des Spiels sowie den Mannschaften auf dem Platz kann sich der Ablauf des Spiels signifikant auf den Systemzustand des Übertragungsnetzes auswirken. Direkt im Anschluss des Pfiffes durch den Schiedsrichter zur Halbzeitpause beginnen häufig Millionen von Menschen mit gleichartigen Tätigkeiten. Sie holen sich ein Bier aus dem Kühlschrank, schieben schnell eine Pizza in den Ofen und gehen auf die Toilette. Dies sind alles Tätigkeiten, die mit dem Verbrauch elektrischer Energie verbunden sind. Durch das Fußballspiel finden diese Verbräuche nahezu zeitgleich statt. Dies führt in der Summe zu einem signifikanten, an der Netzfrequenz erkennbaren Mehrverbrauch, der entsprechende Regeleingriffe durch die Systemführung erfordert.

Abb. 3.55 zeigt den Verlauf der Netzfrequenz während des Vorrundenspiels Deutschland-Mexiko während der Fußballweltmeisterschaft 2018. Unmittelbar vor Spielbeginn um 17:00 Uhr sinkt die Frequenz ab, danach steigt sie wieder an. Mit dem Beginn der Halbzeitpause sinkt die Netzfrequenz dann aufgrund der großen Energienachfrage nahezu schlagartig [161].

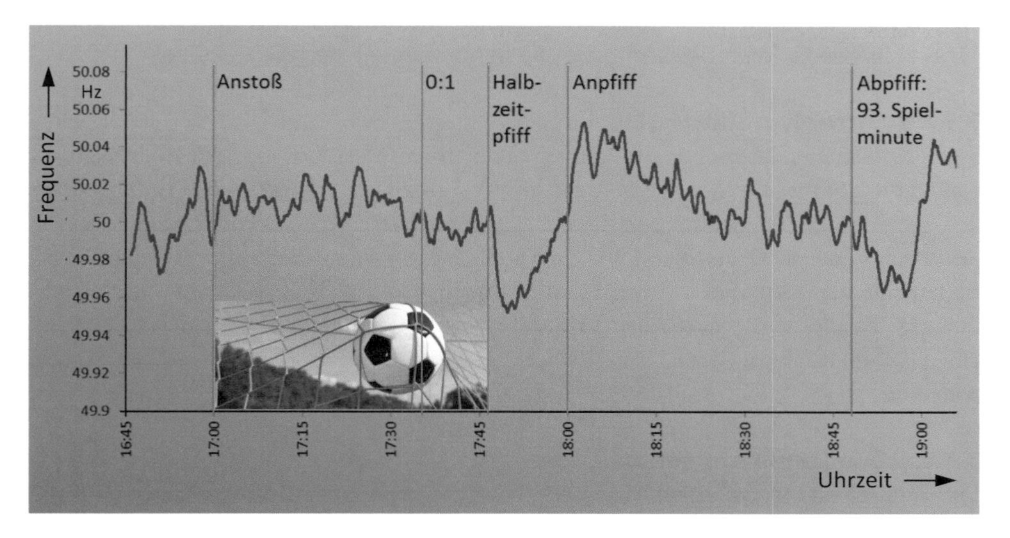

Abb. 3.55 Verlauf der Netzfrequenz während des Fußballspiels Deutschland-Mexiko [161]

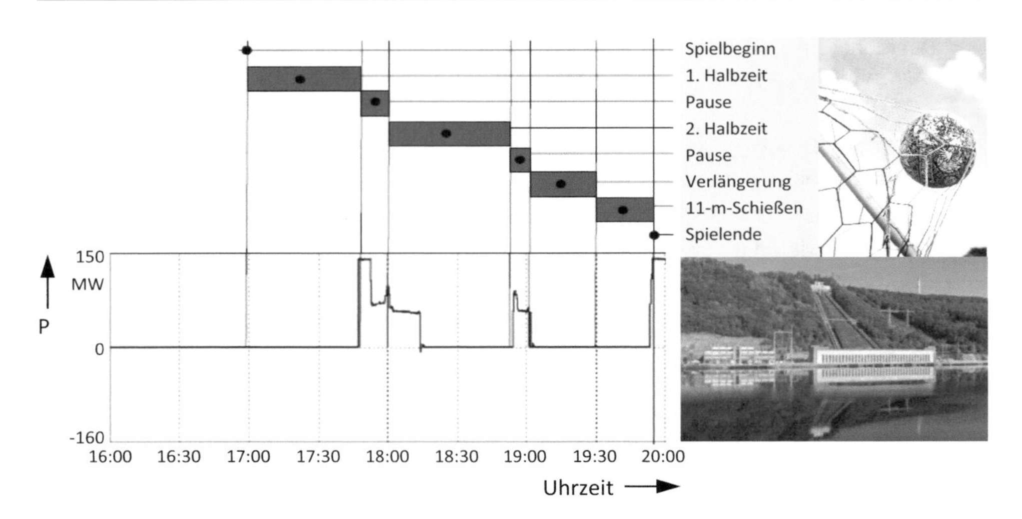

Abb. 3.56 Einsatz des Koepchenwerks beim Viertelfinal-WM-Spiel Deutschland-Argentinien 2006. (Quelle: RWE AG)

Mit dem Einsatz von Regelkraftwerken steuert die Systemführung diesem ungewöhnlichen Verbraucherverhalten entgegen. Während des Viertelfinalspiels Deutschland-Argentinien bei der Fußball-WM 2006 trat in der Halbzeitpause ein Leistungssprung von 1300 MW im deutschen Netz auf. Davon wurden 150 MW durch das Koepchen-Pumpspeicherkraftwerk in Herdecke (Koepchenwerk) ausgeregelt. Die übrige Leistung wurde von anderen Regelkraftwerken übernommen.

Abb. 3.56 zeigt den Einsatz des Koepchenwerks während des gesamten Spielverlaufs. In dem Bild ist zu erkennen, dass das Pumpspeicherkraftwerk im Anschluss an die erste Halbzeit, nach Ablauf der regulären Spielzeit, sowie nach der Verlängerung und dem 11-m-Schießen zu Regelzwecken durch die Systemführung eingesetzt wurde.

3.5.8.3 Earth Hour Aktion „Licht aus!"

Seit 2007 schalten Menschen im Rahmen der symbolischen Aktion Earth Hour weltweit einmal im Jahr für eine Stunde das Licht aus. Im Jahr 2023 fand diese Aktion am 25. März von 20:30 bis 21:30 Uhr statt. Mit diesem synchronisierten Verbraucherverhalten wird die elektrische Last in Deutschland um ca. 1500 MW für den Zeitraum einer Stunde verringert. Da der Zeitpunkt dieser Aktion allgemein bekannt ist, kann auch die Systemführung beispielsweise durch den Einsatz von Pumpspeicherkraftwerken entsprechend gut auf den Rückgang bzw. den Wiederanstieg der Last nach Abschluss der Aktion reagieren.

3.5.8.4 Das Stundenphänomen

Eine weitere und sogar relativ häufig vorkommende besondere Betriebssituation für die Systemführung hat ihre Ursache in der Struktur und den Gepflogenheiten des Energiehandels. So werden die Stromliefer- bzw. Strombezugsverträge in der Regel mit Laufzeiten über ganze Stunden abgeschlossen und der Beginn und das Ende der Lieferungen ist häufig genau auf den Stundenwechsel terminiert. Dies hat zur Folge, dass bei der physikalischen Realisierung der Stromhandelsverträge praktisch zu jeder vollen Stunde Kraftwerke an- und abgefahren sowie Lasten an- und abgeschaltet werden. Die Leistungsänderungsgeschwindigkeit ist bei den verschiedenen Anlagentypen allerdings sehr unterschiedlich. Die Lasten können häufig ohne Zeitverzug ihre Leistung ändern. Pumpspeicherkraftwerke können sogar innerhalb von wenigen Minuten vom Pump- in den Turbinenbetrieb wechseln. Thermische Kraftwerke (Kohle- oder Gaskraftwerke) haben dagegen eine deutlich geringere Leistungsänderungsgeschwindigkeit und benötigen daher auch mehr Zeit, um ihre Leistung an die vereinbarten Handelsverträge anzupassen. In der Regel können Kraftwerke schneller gehen als andere die Leistung übernehmen können.

Durch diese unterschiedliche Leistungsanpassungsfähigkeit entstehen beim Stundenwechsel kurzzeitig Differenzen zwischen der in den Handelsgeschäften vereinbarten der im Netz tatsächlich verfügbaren Strommenge. Die Folge dieser Energielücken sind dann genau zu den Stundenwechseln auftretende kurzzeitige Frequenzabweichungen. Besonders ausgeprägt sind diese Phänomene um sechs Uhr und um 21 Uhr, da europaweit zu diesen Zeitpunkten besonders viele Handelsverträge terminiert sind. So werden regelmäßig um 21 Uhr besonders viele Erzeugungsanlagen vom Netz und damit aus dem Markt genommen, um die Leistung der geringeren Nachfrage in der Nacht anzupassen. Beim Stundenwechsel um sechs Uhr erfolgt die entsprechende Anpassung an die höhere Leistungsnachfrage am Tag [162].

Abb. 3.57 verdeutlich an einem einfachen Beispiel das Phänomen des Stundenwechsels. In diesem Beispiel wird angenommen, dass zum Stundenwechsel die Leistungsbereitstellung von Kraftwerk A auf Kraftwerk B wechselt. Dazu wird Kraftwerk A heruntergefahren und Kraftwerk B erhöht seine Leistung entsprechend. Bei Kraftwerk A erfolgt diese Leistungsanpassung praktisch unverzögert während Kraftwerk B deutlich mehr Zeit für den Leistungsanpassungsprozess benötigt. Dadurch entsteht im System ein Leistungsdefizit, das die Systembilanz stört und ein Absenken der Frequenz bewirkt. Dieser Vorgang

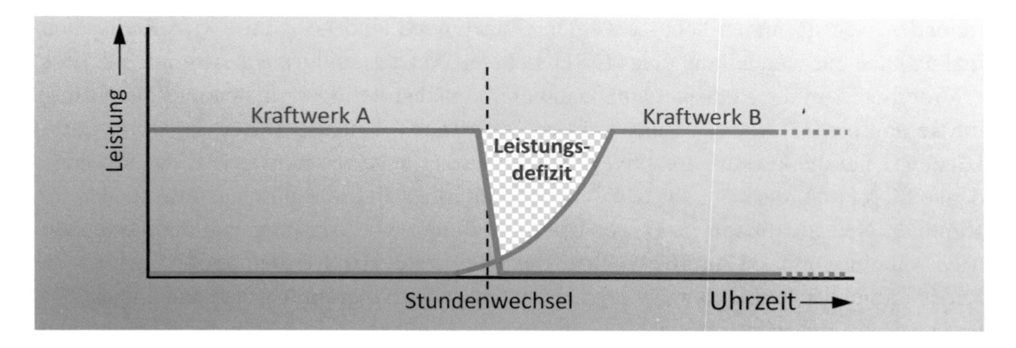

Abb. 3.57 Phänomen des Stundenwechsels [162]

kann auch mit umgekehrtem Vorzeichen auftreten, wenn die übernehmende Anlage eine Leistungsänderungsgeschwindigkeit hat als die abgebende Anlage. In diesem Fall erhöht sich die Netzfrequenz.

Die durch das Stundenwechselphänomen hervorgerufene Leistungsdifferenzen konnten bisher durch die automatisch ablaufende Primärregelung ausgeregelt werden. Zur Vermeidung dieses Phänomens werden zunehmend Rampen in den Leistungsaustauschverträgen vereinbart, mit denen die begrenzten Leistungsänderungsgeschwindigkeiten der Kraftwerke abgebildet werden. Dementsprechend ergeben sich auch Rampen für die Soll-Übergabeleistungen zwischen den Regelzonen, die ja bekanntlich als Eingangsdaten für die Sekundärregelung benötigt werden Die Systemführungen der Übertragungsnetzbetreiber beobachten dennoch sehr aufmerksam diese besonderen Betriebssituationen. Falls zufällig zeitgleich eine Störung auftritt, könnte u. U. die verfügbare Regelleistung nicht mehr ausreichen [162].

3.6 Erweiterte und innovative Systemführung

3.6.1 Kuratives (N-1)-Prinzip

3.6.1.1 Aufgabenstellung

In Energieversorgungsnetzen können zu jedem Zeitpunkt und an jeder beliebigen Stelle Störungen oder Engpässe auftreten. Es handelt sich um sehr stochastische Systeme. Damit durch solche Ereignisse die Versorgung der angeschlossenen Verbraucher nicht unterbrochen wird, wird das Energieversorgungssystem mit entsprechenden systeminhärenten Redundanzen ausgestattet. Dieses Konzept wird als präventive Systemführung bezeichnet und beinhaltet, dass jederzeit ein beliebiges Element der insgesamt N Komponenten des Gesamtsystems ausfallen kann ((N-1)-Prinzip), ohne dass es dadurch zu weiteren Ausfällen oder zu Versorgungseinschränkungen kommt. Die Systemführung überwacht kontinuierlich die Einhaltung des (N-1)-Prinzips (siehe Abschn. 3.2.2.3.1.1).

Die präventive Systemführung erfordert definitionsgemäß eine permanente und redundante Vorhaltung von erheblichen Netzreserven, die nur für die vergleichsweise selten auftretenden Netzstörungen benutzt werden. Zunehmend sind kostenintensive Redispatchmaßnahmen zur Herstellung eines (N-1)-sicheren Netzzustands (siehe Abschn. 3.2.3.3.1) erforderlich. Um die Redispatchmaßnahmen möglichst gering zu halten und gleichzeitig die Ressourcen des Netzes im ungestörten Netzbetrieb möglichst vollständig ausnutzen zu können, kann die kurative (reaktive) Systemführung angewendet werden. Der Grundgedanke hierbei ist, dass nur für den seltenen Fall eines Betriebsmittelausfalls oder in bestimmten Netzsituationen (z. B. der Überschreitung der Auslastung von definierten Betriebsmitteln, Engpass) kurative Maßnahmen (Remedial Action Schemes, RAS), die in der Regel automatisiert ablaufen (Systemautomatiken), durchgeführt werden und dadurch der Engpass beseitigt wird. Neben der geringen Umsetzungszeit sind die hohe Verfügbarkeit, die gute Steuerbarkeit und die Effektivität bzw. Wirksamkeit der kurativen Maßnahmen entscheidend. Mögliche kurative Maßnahmen sind Schaltmaßnahmen (Topologieänderungen), Leistungsflussbeeinflussungen durch HGÜ-Komponenten, PST und FACTS, Batteriespeichersysteme („Netzbooster") sowie Kraftwerke (thermische, hydraulische und EE-Anlagen). Während der Durchführung der kurativen Maßnahmen kann ein kurzfristiges Überschreiten der dauerhaft zulässigen Betriebsmittelgrenzen zugelassen werden.

3.6.1.2 Betriebsmittelgrenzen

Grundsätzlich wird bei der Definition von Betriebsmittelgrenzen zwischen einer dauerhaft zulässigen und einer vorübergehenden (temporären) Belastung unterschieden. Dabei wird mit der dauerhaft zulässigen Belastung (Dauerbetriebsstrom, Permanently Admissible Transmission Loading, PATL) die maximale Belastung bezeichnet, die in einer Übertragungsleitung, einem Kabel oder einem Transformator über einen unbegrenzten Zeitraum ohne Risiko für die Anlage zulässig ist. Die vorübergehend zulässige Belastung (Temporarily Admissible Transmission Loading, TATL) bezeichnet dagegen die maximale Belastung, die über einen begrenzten Zeitraum ohne Risiko für die Anlage zulässig ist. Bestimmende Größen dieser beiden Grenzwerte sind im Wesentlichen die (dauerhafte (bei PATL) bzw. temporäre (bei TATL)) thermische Belastbarkeit der Betriebsmittel, Schutzgrenzwerte, Stabilitätsgrenzwerte und sonstige Grenzwerte (Beeinflussung etc.) [163].

3.6.1.3 Wirkungsweise kurativer Maßnahmen

Das folgende, sehr vereinfachte Beispiel soll den Unterschied zwischen einer präventiven und kurativen Systemführung verdeutlichen [164]. In Abb. 3.58a sind zwei parallele Leitungen dargestellt, die eine direkte Verbindung zwischen einer Schaltanlage, an der ein Windpark angeschlossen ist, und einer Schaltanlage, an der eine Gasturbine oder eine Batterieeinspeisung angeschlossen ist, herstellen. Abb. 3.58b zeigt den Strom auf der Leitung SK2. Im Normalbetrieb ($t < T$) ist die Leitung unter dem dauerhaft zulässigen Strom (I_{PATL}) belastet (rote Kurve). Zum Zeitpunkt T_{F} tritt ein Störungsereignis ein, z. B. durch den Ausfall des Stromkreises SK1. Dies bedingt, dass die Strombelastung auf dem verbleibenden Stromkreis SK2 über den zulässigen Grenzstrom I_{PATL} ansteigt (rote Kurve, $t > T_{\mathrm{F}}$). Mit einer Ausfallsimulationsrechnung kann dieser Zustand vorrausschauend bestimmt werden. Bei der präventiven Systemführung wird nun zur Beherrschung eines solchen (N-1)-Falles durch entsprechende Maßnahmen genügend Redundanz hergestellt. Falls keine geeigneten netzbezogenen Maßnahmen gefunden werden können, muss diese Redundanz durch Redispatch erreicht werden. Damit wird die Leitung entsprechend präventiv entlastet, um in einem evtl. auftretenden (N-1)-Fall über genügend Reserven zu verfügen (Abb. 3.58b, grüne Kurve). Dies wird vorgenommen, ohne dass der (N-1)-Fall auch tatsächlich eintritt. Die präventive Maßnahme muss so umfänglich sein, dass der im (N-1)-Fall auf der Leitung auftretende Strom unter dem Grenzwert I_{PATL} bleibt. Bei der kurativen Systemführung wird die ursprüngliche Leistungsflussverteilung und damit auch die Belastung der Leitung entsprechend Abb. 3.58b, rote Kurve belassen. Nur im Fall, dass der (N-1)-Fall auch tatsächlich eintritt, wird die Systemautomatik aktiviert (z. B. Reduktion

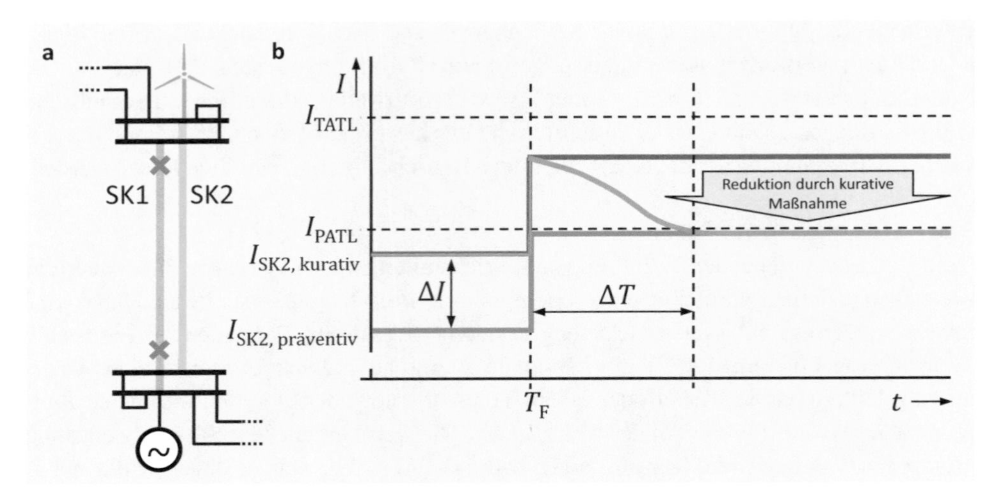

Abb. 3.58 Wirkungsweise kurativer Maßnahmen [164]

der Windparkeinspeisung und gleichzeitig zusätzliche Leistungseinspeisung durch die Gasturbine oder die Batterie). Es kann dabei durchaus zu einem zeitlich begrenzten Überschreiten des I_{PATL} -Wertes kommen. Nach der Zeit ΔT wird der Strom auf der Leitung durch die kurative Maßnahme unter den Grenzwert I_{PATL} zurückgeführt (Abb. 3.58b, blaue Kurve).

3.6.1.4 Konzept des kurativen (N-1)-Prinzips

Das Übertragungsnetz muss durch den mit der Energiewende initiierten Umbau des Energieversorgungssystems deutlich steigende Übertragungskapazitäten bereitstellen. Die Gewährleistung eines gleichbleibend hohen Zuverlässigkeitsniveaus wurde bislang vorwiegend durch die Umsetzung des sogenannten präventiven (N-1)-Kriteriums hergestellt (siehe Abschn. 3.2.2.3.1.1). Dazu gehört bspw. die Vorhaltung redundanter Betriebsmittel zur Nutzung bei Netzfehlern (z. B. Ausfall von Leitungen) oder der präventive Einsatz von kostenintensiven Redispatchmaßnahmen. Dies hat jedoch zur Konsequenz, dass im Normalbetrieb auch für nur sehr selten auftretende Netzfehler Übertragungskapazitäten in beträchtlicher Höhe vorgehalten werden müssen. Das Netz muss in entsprechendem Umfang ausgebaut werden bzw. kann aktuell nur in einem geringeren Maß ausgelastet werden.

Dagegen können bei Sicherstellung des (N-1)-Kriteriums durch einen kurativen Ansatz Betriebsmittel bereits auch im ungestörten Grundfall bis zur technisch vorgesehenen Grenze belastet werden. Dadurch lässt sich ein notwendiger Netzausbau reduzieren, zeitlich verschieben oder sogar ganz vermeiden. Im Falle eines grundsätzlich nicht vermeidbaren Störungsereignisses werden sogenannte Systemautomatiken (Special Protection Schemes, SPS) eingesetzt (siehe Abschn. 3.6.2), mit denen ein zulässiger Netzzustand im Fehlerfall automatisiert und innerhalb kürzester Zeit mit lastflusssteuernden Elementen wiederhergestellt werden kann [165].

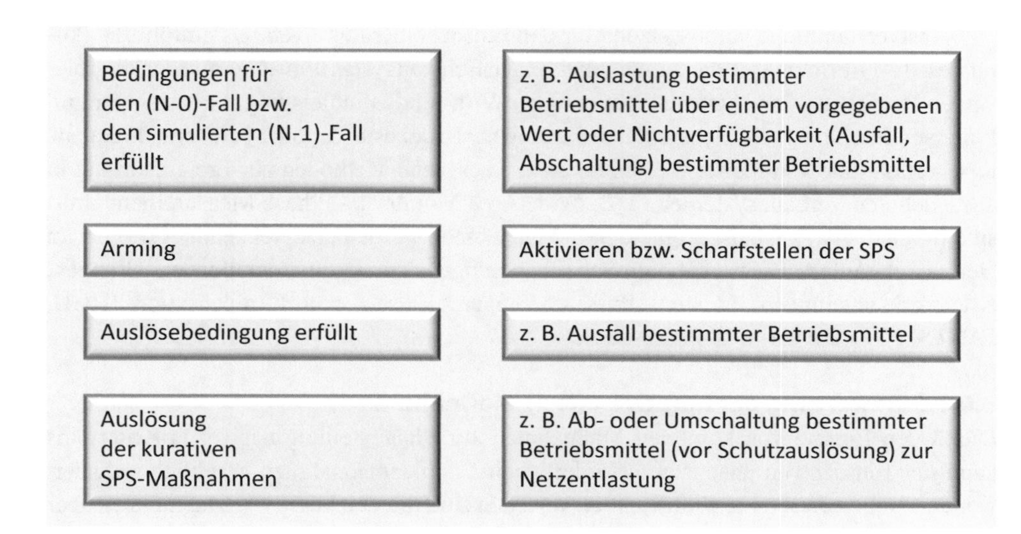

Abb. 3.59 Konzept des kurativen (N-1)-Prinzips

Das prinzipielle Konzept des kurativen (N-1)-Ansatzes ist in Abb. 3.59 dargestellt. Im Allgemeinen wird nach Erfüllung bestimmter Kriterien das SPS aktiviert bzw. scharf gestellt. Dieser Vorgang wird auch als Arming bezeichnet. Diese Kriterien können beispielsweise die Auslastungen von bestimmten Betriebsmitteln sein. Fallen diese Auslastungen im weiteren Verlauf des Netzbetriebs wieder unter die vorgegebenen Werte, wird das SPS wieder deaktiviert (Rearming). Tritt im Arming-Zustand der zu einer bestimmten SPS-Maßnahme gehörige Störungsfall ein, wird durch die vordefinierten Auslösekriterien das SPS ausgelöst und dadurch die gewünschte Netzentlastung bewirkt. Die vorbereitende Aktivierung soll sicherstellen, dass die Auslösung des SPS auch nur in den zuvor definierten Netzsituationen erfolgt. Mögliche Fehlauslösungen des SPS können dadurch weitgehend vermieden werden.

Die Übertragungsfähigkeit des Netzes kann außer durch übliche Leitungsbaumaßnahmen auch durch den Einsatz von leistungsflusssteuernden Maßnahmen zur Verschiebung der Netzbelastung erhöht werden. Im Ergebnis werden durch die Leistungsflusssteuerung weniger belastete Leitungen stärker und stark belastete Leitungen entsprechend weniger belastet. Für die erforderliche Steuerung des Leistungsflusses werden je nach Netzsituation unterschiedliche Technologien eingesetzt [166].

Grundsätzlich wird zwischen netz- und marktbezogenen Maßnahmen unterschieden. Netzbezogene Maßnahmen umfassen im Wesentlichen Netzschaltungen (z. B. Topologieänderungen, Stufenstellungen der Transformatoren) und leistungsflusssteuernde Netzelemente (z. B. Phasenschiebertransformator). Netzbezogene Maßnahmen können auch Spannungsebenen übergreifend (z. B. 220 und 380 kV) durchgeführt werden. Marktbezogene Maßnahmen sind beispielsweise das Redispatch, der Einsatz von ab- bzw. zuschaltbaren Lasten, der Einsatz von Regelenergie und das Engpassmanagement [166].

Selbstverständliche Voraussetzung für den Einsatz einer kurativen Systemführung (kuratives (N-1)-Prinzip) ist die Möglichkeit einer Echtzeitsystemführung, mit der die relevanten Betriebsgrößen (Ströme, Spannungen, Wirk- und Blindleistung, Leitertemperatur, Leiterseildurchhang, Betriebsmittelauslastungen, Ladezustand von Speichern, Frequenz u. a.) erfasst und verarbeitet werden können. Auch neue Methoden zur Ereignisortung in ausgedehnten Verbundsystemen (z. B. Wide Area Monitoring, Phase Measurement Unit) sind möglich [167]. Über geeignete SPS-Maßnahmen werden entsprechende Aktionen im Netz durchgeführt. Hierzu gehören Schalthandlungen, Transformatorstufenverstellungen, Kraftwerksregelungen, Leistungsflusssteuerungen, Einsatz von Kompensation (HGÜ, FACTS, PST), Power-to-X-Prozesse etc.

3.6.1.5 Bewertung der kurativen (N-1)-Maßnahmen

Durch den Einsatz von kurativen Maßnahmen zur Sicherstellung des (N-1)-Kriteriums kann der Einsatz von ansonsten erforderlichen Engpassmaßnahmen erheblich reduziert werden. Neben diesen konzeptgemäßen Vorteilen sind mit den kurativen Maßnahmen aber zwangsläufig auch einige Nachteile für die Systemführung elektrischer Übertragungsnetze verbunden. So werden beispielsweise durch die gezielte und erzwungene Verschiebung des Leistungsflusses in der Regel auch die Netzverluste erhöht.

Bei einem Versagen der kurativen (N-1)-Maßnahmen bleibt allerdings der zu beseitigende Engpass und damit die hohen Netzbelastungen bestehen. Theoretisch mögliche Leistungsflussverlagerungen können daher häufig nicht vollumfänglich im Realbetrieb genutzt werden, um im Versagensfall präventiv genügend Netzreserven zu haben. Umfangreiche Untersuchen haben allerdings gezeigt, dass kurative (N-1)-Maßnahmen zumindest für eng abgegrenzte Netzgebiete genau so zuverlässig sind wie die präventiven (N-1)-Maßnahmen [165].

Der Netzschutz regt typischerweise nach ca. 200 ms an und schaltet den Fehler dann nach ca. 2 s selektiv ab. Die kurativen (N-1)-Maßnahmen müssen daher nach max. 1,5 s ihre volle Wirkung entfalten, damit das Konzept aufgeht. Während der Aktivierung der Maßnahmen sind die Betriebsmittelgrenzen PATL bzw. TATL zu beachten.

Die Ablösung von kapazitätsmäßig begrenzten Batterie-Netzboostern muss durch andere Maßnahmen (z. B. schnellstartende Gaskraftwerke) sichergestellt sein. Dies erfordert zusätzliche Investitionen in erheblichem Umfang.

Des Weiteren ist zu beachten, dass die kurativen (N-1)-Maßnahmen einen großen, sich unter Umständen sogar überlappenden Wirkungsraum haben und sich demnach auch teilweise gegenseitig beeinflussen. Es muss daher eine zeitliche Staffelung bzw. Verriegelung von kurativen (N-1)-Maßnahmen eingerichtet oder durch die Systemführung beachtet werden. Die Auswirkung der kurativen (N-1)-Maßnahmen auf benachbarte Übertragungsnetzbetreiber muss begrenzt bleiben. Die kurativen (N-1)-Maßnahmen müssen auch bei Common-Mode-Ausfällen wirksam bleiben.

Bei der heute üblichen, präventiv geprägten Netzbetriebsführung sind Offline-Berechnungen der Systemstabilität (Spannungsstabilität) in der Regel ausreichend. Bei einem signifikanten Einsatz von kurativen (N-1)-Maßnahmen werden dynamische Online-

Berechnungen („close to real-time“) der Systemstabilität erforderlich, da das System durch die Optimierung deutlich näher an die Stabilitätsgrenzen gebracht wird. Eine solche close to real-time Überwachung der Systemstabilität erfordert allerdings neuartige DSA-Systeme (Dynamic System Assessment), die für so hoch vermaschte Netze, wie sie in Deutschland üblich sind, noch nicht erprobt sind [130].

3.6.2 Special Protection Schemes

3.6.2.1 Konzept SPS

Beim kurativen (N-1)-Prinzip ist die systeminhärente Redundanz konzeptgemäß nicht oder nur unzureichend vorhanden. Es sind daher weiterführende Maßnahmen erforderlich, um auch im (N-1)-Fall eine ungestörte Weiterversorgung zu gewährleisten. Diese Maßnahmen werden im Folgenden unter der Bezeichnung „Special Protection Schemes“ (SPS) zusammengefasst. SPS beschreiben Sonderlösungen zur Beherrschung kritischer Situationen und zur Vermeidung unzulässiger Netzzustände durch geeignete, automatisiert ausgeführte Gegenmaßnahmen [36, 168]. Dieses Konzept wirkt wie ein sekundäres Schutzsystem. Es muss allerdings ggf. zeitlich vor den weiterhin im Netz befindlichen Schutzeinrichtungen agieren [165, 169].

SPS sind meist zustandsspezifisch und können zuvor identifizierten kritischen Situationen (z. B. durch entsprechende Offline-Untersuchungen) entgegenwirken. SPS sind in der Regel ereignisbasiert, d. h. ein konkretes SPS ist auch nur für ein bestimmtes Ereignis (z. B. Ausfall einer Leitung) oder reaktionsbasiert (Auslösung des SPS nach Über- oder Unterschreitung einer definierten Betriebsgröße) ausgelegt. SPS müssen die Situation bzw. die Fehler (unmittelbar) erkennen und entsprechende automatisierte Maßnahmen einleiten. SPS werden vor allem dann eingesetzt, falls das System vom normalen Netzzustand in den gefährdeten Netzzustand oder direkt in den gestörten Netzzustand oder sogar in den zerstörten Netzzustand übergeht (Abb. 3.7).

SPS werden hauptsächlich in Netzbereichen eingesetzt, in denen das präventive (N-1)-Prinzip nicht erfüllt ist und in denen ein konventioneller Netzausbau nicht kurzfristig möglich ist oder aus wirtschaftlichen Gründen nicht sinnvoll ist. Bei diesen Netzbereichen handelt es sich meist um grundsätzlich schwach ausgebaute oder durch angestiegene Einspeisungen (z. B. durch erneuerbare Energien) stark belastete Teile am Rand des Netzes.

Das entscheidende Merkmal von SPS ist, dass die mit diesem Konzept verbundenen Maßnahmen nur dann eingesetzt werden, falls der (N-1)-Fall auch tatsächlich eintritt. Das mit SPS realisierte Konzept wird daher auch als kuratives (N-1)-Prinzip bezeichnet [170].

Ein SPS umfasst eine Reihe von koordinierten und meist automatisiert ablaufenden Maßnahmen, um schnell auf ein Störungsereignis reagieren zu können und um zu gewährleisten, dass sich die Störung nicht über den durch SPS überwachten Bereich hinaus ausweitet. Entsprechend dem Konzept des kurativen (N-1)-Prinzips sind das SPS zweistufig organisiert. Bei Vorliegen einer definierten Netzsituation (z. B. Überschreitung eines festgelegten Auslastungswertes eines bestimmten Transformators) werden die SPS scharf gestellt. Dieser Vorgang wird auch als „Arming" bezeichnet. Wird in diesem Zustand das zur SPS gehörige Auslösekriterium (z. B. Ausfall einer bestimmten Leitung) erfüllt, werden die Maßnahmen dieser SPS automatisiert und in der Regel unverzögert ausgeführt (z. B. Abschaltung einer bestimmten Einspeisung).

Der grundsätzliche Aufbau eines SPS besteht aus Sensoren, Kommunikationsverbindungen, Rechner-Netzwerken oder Auslöselogiken sowie entsprechenden Aktoren. In der Regel werden die Kriterien, die zum Arming des SPS führen, über das zentrale Netzleitsystem bereitgestellt. Die Auslösekriterien sowie die SPS-Maßnahmen selbst werden dagegen meist durch lokale Einrichtungen auf Schaltfeldebene geprüft (z. B. Schalterstellungsinformationen) bzw. durchgeführt (z. B. Auslösebefehl unmittelbar ins Leistungsschalterfeld).

Abb. 3.60 zeigt das Konzept eines FACTS-basierten SPS in der Umgebung des Anschlusses des Baltic-Cable an das deutsche Übertragungsnetz in der Nähe von Lübeck [171]. Die Notwendigkeit eines SPS ergab sich aus einer strukturellen Engpasssituation im 380-kV-Übertragungsnetz, die es erforderlich macht, dass die über das Baltic-Cable übertragene Leistung von bis zu 600 MW teilweise über das 220- und sogar über das 110-kV-Netz geführt werden muss. Dies bedingt netzsituationsabhängig lokale Engpässe.

Die Einrichtungen dieser SPS sind in der 380-kV-Umspannanlage Herrenwyk bei Lübeck installiert. Die Arming-Bedingung ist in diesem Beispiel dann erfüllt, falls der Strombetrag auf der Leitung L1 größer als 450 A wird. Diese Information ergibt sich aus dem Ergebnis einer entsprechenden State Estimation Berechnung im zentralen NLS. Im Arming-Zustand wird von der SPS lokal der Schaltzustand des Transformators T1 überwacht. Fällt dieser aus, wird durch die lokale Auslöselogik das SPS aktiviert. Das SPS gibt dann entsprechende Steuerbefehle an den Umrichter und an den statischen Spannungsregler (SVC). Damit wird der Leistungsfluss über das Baltic-Cable auf den Wert 0 MW redu-

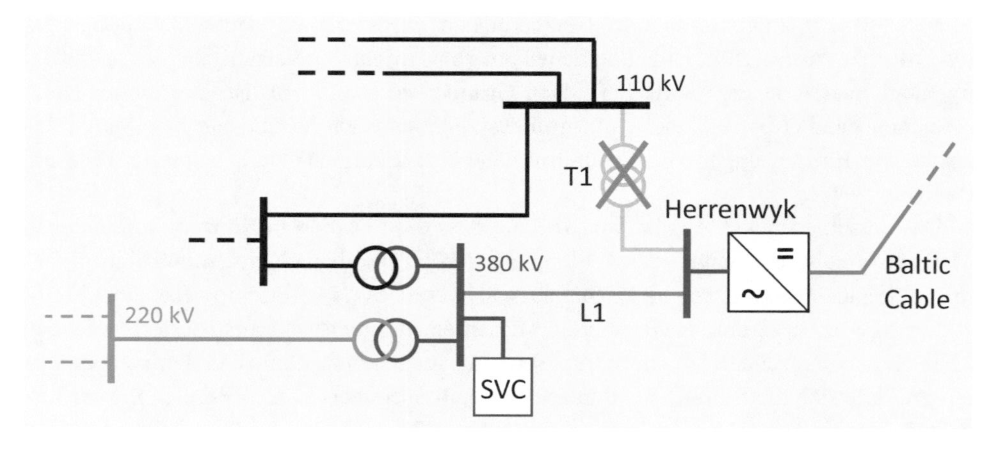

Abb. 3.60 Konzept eines FACTS-basierten SPS [171]

ziert und gleichzeitig die Spannung an der 380-kV-Sammelschiene konstant gehalten, ohne dass eine weitere Kommunikation über das zentrale Netzleitsystem erfolgt.

Am häufigsten werden SPS zur Anpassung des Betriebsverhaltens durch Phasenschiebertransformatoren, durch FACTS (Flexible AC Transmission Systems) oder durch HGÜ, sowie durch Nutzung reaktiver Redispatchmaßnahmen (Netzbooster) und Schaltmaßnahmen (z. B. AEK und EPC) eingesetzt. Auch Kombinationen verschiedener SPS sind möglich.

3.6.2.2 Phasenschiebertransformator

Beim Phasenschiebertransformator (PST) wird sekundärseitig eine senkrecht zur Phasenspannung stehende Zusatzspannung aufgeprägt. Er wird daher häufig auch als Querregeltransformator oder kurz als Querregler bezeichnet. Er ist ein spezieller Leistungstransformator in konventioneller Bauform ohne Leistungselektronik, der in elektrischen Energieversorgungsnetzen eingesetzt wird, um den Leistungsfluss gezielt zu steuern. Durch den Phasenschiebertransformator wird im Wesentlichen der Phasenwinkel zwischen den Spannungen verändert. Aufgrund des großen X/R-Verhältnisses der Leitungsimpedanzen im Hoch- und Höchstspannungsnetz wird durch den Phasenschiebertransformator in diesen Netzebenen hauptsächlich der Wirkleistungsfluss beeinflusst (siehe Abschn. 2.2.3) [47].

Im Übertragungsnetz kommt es immer häufiger zu ungeplanten und ungewünschten Leistungsflüssen zwischen den einzelnen Regelzonen (Ringflüsse), die die Netze sehr stark belasten und evtl. sogar dadurch die Netzsicherheit gefährden können. Mit an den Kuppelstellen eingebauten Phasenschiebertransformatoren lässt sich der regelzonenübergreifende Leistungsfluss entsprechend beeinflussen. Bei Einsatz mehrerer Phasenschiebertransformatoren in einem Netzbereich müssen die Regelstrategien der einzelnen Systemführungen allerdings aufeinander abgestimmt werden, um beispielsweise unerwünschte Ringflüsse zu vermeiden. Im europäischen Verbundsystem sind bereits etliche Phasenschiebertransformatoren zur Vermeidung von Engpasssituationen in Betrieb oder geplant, z. B. in Belgien, den Niederlanden und Österreich [172]. Ebenso sollen an der deutsch-polnischen Grenze ungeplante, die Netzstabilität potenziell gefährdende Leistungsflüsse durch den Einsatz von Phasenschiebertransformatoren vermieden werden [166, 170, 173] (Abb. 3.61).

Die Änderung der Zusatzspannung wird mit dem Stufensteller des Phasenschiebertransformators durchgeführt. Aufgrund der Antriebsmechanik, mit der die einzelnen Wicklungsteile zu- oder abgeschaltet werden, ist die Schaltdynamik der Phasenschiebertransformatoren begrenzt und es können nicht mehr als hundert Schaltspiele pro Tag erfolgen. Auch ist zu beachten, dass die Stufensteller nur für eine begrenzte Anzahl von insgesamt durchzuführenden Schalthandlungen ausgelegt sind. Für häufige Eingriffe in die Leistungsflussverteilung sind daher leistungselektronische Leistungsflussregler wie z. B. Unified Power Flow Controller [174] besser geeignet.

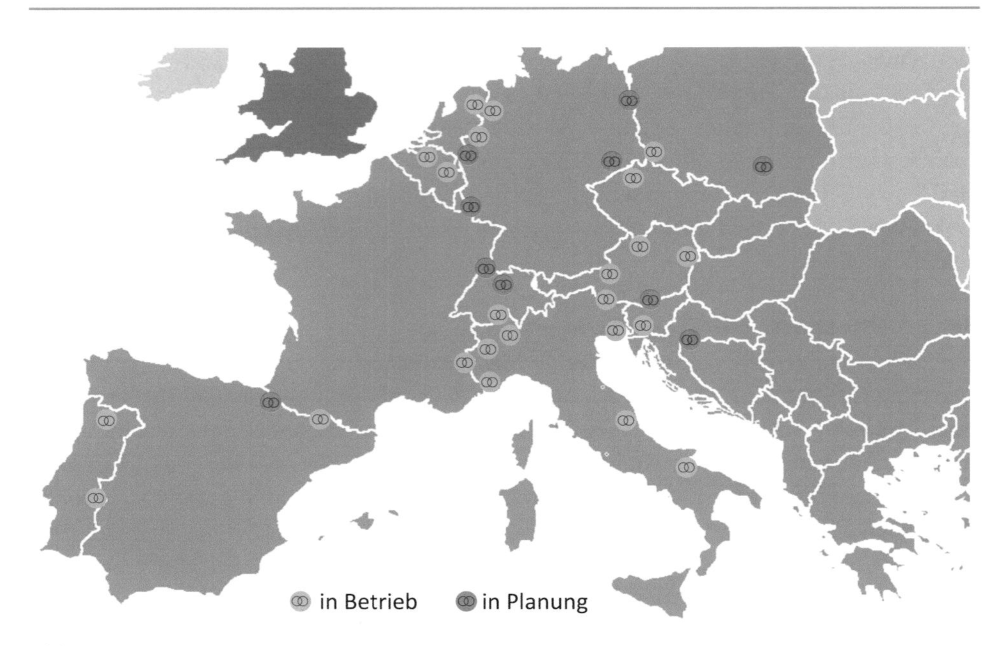

Abb. 3.61 Phasenschiebertransformatoren im kontinentaleuropäischen Verbundnetz [15]

3.6.2.3 Leistungselektronische Leistungsflussregler

Mit leistungselektronischen Komponenten (Flexible AC Transmission Systems, FACTS) lassen sich Spannung, Impedanz und Phasenwinkel und damit der Leistungsfluss in einem elektrischen Energieversorgungsnetz flexibel steuern. Der Vorteil gegenüber konventionellen Phasenschiebertransformatoren ist, dass die Reaktionszeiten von FACTS sehr klein sind und damit entsprechend schnell auf wechselnde Bedingungen reagiert werden kann. FACTS lassen sich im Gegensatz zu PST, die nur über eine begrenzte Anzahl von Schaltspielen verfügen, nahezu beliebig häufig einsetzen. Allerdings erfordert dies einen entsprechenden leistungselektronischen Aufwand [5, 174, 175].

Zu den FACTS gehören beispielsweise kombinierte induktiv-kapazitive (statische) Blindleistungskompensatoren (SVC, Static Var Compensator), elektronisch gesteuerte Reihenkondensatoren (TCSC, Thyristor Controlled Series Compensator und SSSC, Static Synchronous Series Compensator) zur Reihenkompensation von Stromkreisen, kombinierte induktiv-kapazitive Blindleistungskompensatoren (STATCOM, Static Synchronous Compensator) und elektronische Leistungsflussregler (UPFC, Unified Power Flow Controller) [166].

Static Var Compensator (SVC)

Ein Static Var Compensator (SVC) ist eine FACTS-Komponente zur flexiblen Bereitstellung von Blindleistung. Ein SVC besteht im Wesentlichen aus Kombinationen von Induktivitäten (TCR, Thyristor Controlled Reactor) und Kapazitäten (TSC, Thyristor Switched Capacitor) im Parallelbetrieb, die über Thyristoren zugeschaltet werden können.

Durch die Einstellung der Einschaltzeitpunkte der Thyristoren kann der Zeitraum, in dem die Induktivität an das Netz geschaltet ist, variiert und so der induktive Anteil der bereitgestellten Blindleistung eingestellt werden. Die Kapazitäten können aufgrund des hohen Ladestroms dagegen nur im Nulldurchgang zugeschaltet werden. Durch Zuschaltung von verschieden großen Kondensatoren kann der kapazitive Anteil in Stufen variiert werden. Gemeinsam über den eingestellten induktiven und kapazitiven Anteil kann die vom SVC bereitgestellte Blindleistung sehr fein und schnell (30 bis 40 ms) eingestellt werden [5, 175, 176].

Thyristor Controlled Series Compensator (TCSC)
Bereits seit vielen Jahren werden in den elektrischen Energieversorgungsnetzen einzelne Leitungen mit in Serie geschalteten Kondensatoren kompensiert (Reihenkompensation). Die Realisierung dieses erfolgreichen Konzeptes mit leistungselektronischen Komponenten wird als Thyristor Controlled Series Compensator (TCSC) bezeichnet. Bei einem TCSC wird ein Kondensator und eine thyristorgesteuerte Induktivität, die wie eine kontinuierlich veränderbare Induktivität wirkt, parallelgeschaltet. Bei nicht gezündeten Thyristoren liegt die Kapazität im Strompfad. Werden die Thyristoren gezündet, so liegt die Induktivität im Strompfad, da die Kapazität dann quasi kurzgeschlossen ist. Ein TCSC verhält sich damit wie ein aus einer variablen induktiven und einer konstanten kapazitiven Reaktanz aufgebauter, abstimmbarer paralleler Schwingkreis. Abhängig vom eingestellten Arbeitspunkt kann die wirksame Reaktanz kapazitiv oder induktiv sein. Mit der thyristorgeregelten Reihenkompensation lässt sich abhängig vom Stellbereich in gewissen Grenzen eine schnelle Leistungsflusssteuerung realisieren [5, 76].

Static Synchronous Series Compensator (SSSC)
Bei der statischen, synchronen Reihenkompensation (Static Synchronous Series Compensator, SSSC) wird über einen Transformator eine gesteuerte Spannung in die Leitung induziert. Der SSSC befindet sich auf Erdpotenzial. Er muss daher nicht wie der auf Hochspannungspotenzial liegende TCSC über Lichtleiter angesteuert werden.

Die Synthetisierung der für den SSSC erforderlichen Spannung erfolgt mit einem vielpulsigen Stromrichter und einem kapazitiven Energiespeicher. Da die Spannung gegenüber dem Strom um 90° phasenverschoben ist, wird nur Blindleistung ausgetauscht. Wie der STATCOM besitzt auch der SSSC keine äußere Spannungsversorgung [5].

Static Synchronous Compensator (STATCOM)
Bei einem Static Synchronous Compensator (STATCOM) handelt es sich um einen Pulsstromumrichter mit einem Gleichspannungszwischenkreis (VSC, Voltage Source Converter) und einem Kondensator als Energiespeicher [5]. Bei modernen STATCOM-Anlagen werden IGBT als Leistungshalbleiter eingesetzt und es wird durch Pulsweitenmodulation (PWM) ein dreiphasiges Drehspannungssystem mit variabler Spannungsamplitude generiert. Durch eine Änderung der Amplitude der vom Wechselrichter erzeugten Spannung kann die zwischen dem Netz und dem STATCOM ausgetauschte Blindleistung eingestellt

werden. Ist die Amplitude der erzeugten Spannung größer als die Netzspannung, fließt Blindstrom vom Umrichter in das Netz und der Umrichter verhält sich untererregt. Bei einer gegenüber der Netzspannung kleineren Spannungsamplitude fließt Blindstrom aus dem Netz in den Umrichter und der Umrichter verhält sich übererregt. Gegenüber einem SVC bietet ein STATCOM zwei wesentliche Vorteile. So agieren STATCOM schneller als SVC und die bereitgestellte Blindleistung ist nahezu unabhängig von der Spannungshöhe einstellbar. Ein STATCOM kann somit auch im Falle eines Netzfehlers innerhalb weniger Millisekunden die maximale Blindleistung bereitstellen und so das Netz stützen [5, 175, 176].

Unifed Power Flow Controller (UPFC)
Der UPFC ist ein schneller, elektronischer FACTS-Längs-Querregler. Durch die Kombination eines Längs- mit einem Querumrichter kann der Phasenwinkel in einem großen Bereich sehr genau eingestellt und damit der Wirkleistungsfluss in einem Stromkreis gezielt beeinflusst werden. Entsprechend Abb. 3.62 besteht ein UPFC im Wesentlichen aus einem STATCOM und einem SSSC. Ein UPFC ermöglicht die gleichzeitige Einspeisung von Wirk- und Blindleistung und damit eine Regelung der Knotenspannung, der Leitungsreaktanz und des Leitungswinkels. Somit bietet ein UPFC die Möglichkeit, die Wirk- und Blindleistungsflüsse über Leitungen nahezu unabhängig voneinander zu steuern. Da der Parallelteil des FACTS-Reglers durch einen STATCOM realisiert wird, kann ein UPFC ebenfalls für die Bereitstellung von induktiver oder kapazitiver Blindleistung an einem Netzverknüpfungspunkt genutzt werden [5, 175].

3.6.2.4 Hochspannungs-Gleichstrom-Übertragung

Bei einer Hochspannungs-Gleichstrom-Übertragung (HGÜ) kann der Leistungsfluss zwischen zwei Stationen über eine kurze oder längere Gleichstromverbindung mit der zugehörigen Leistungselektronik gesteuert werden. Eine HGÜ-Leitung, die als Freileitung

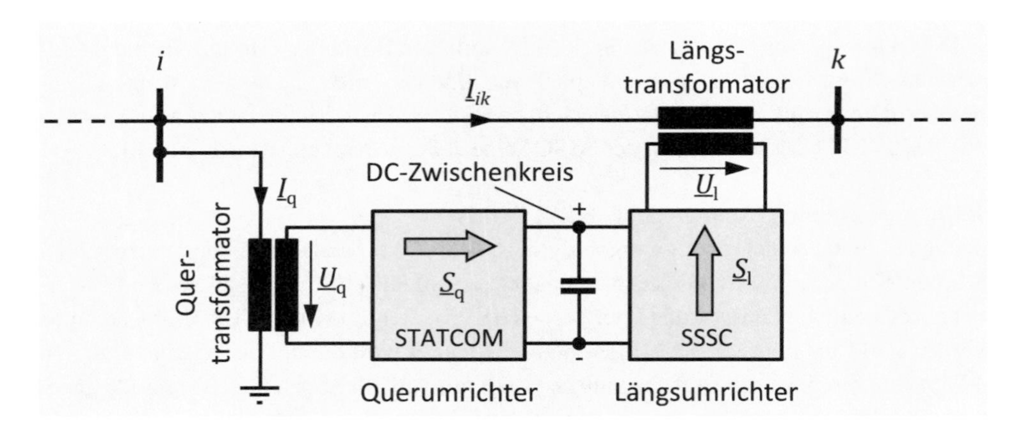

Abb. 3.62 Prinzipdarstellung eines Unified Power Flow Controllers (UPFC)

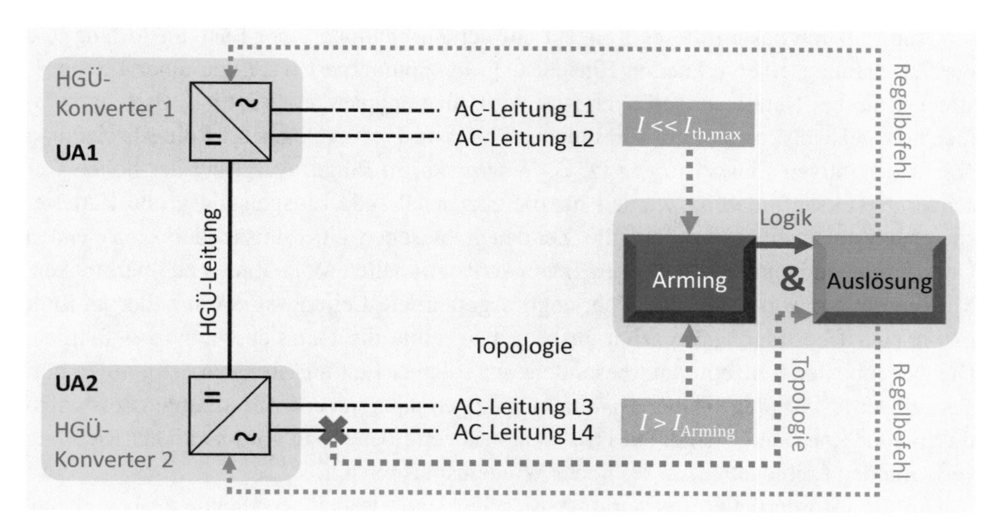

Abb. 3.63 Kuratives Engpassmanagement mit einer HGÜ-Leitung

oder als Kabel ausgeführt werden kann, dient in der Regel zur Übertragung von elektrischer Leistung über größere Entfernungen [166]. Beispiele hierfür sind die geplanten Nord-Süd-Verbindungen des deutschen Overlaynetzes (siehe Abschn. 2.2.1.4) und die HGÜ-Verbindung zwischen Deutschland und Belgien (Projekt Alegro, Abschn. 2.2.3.3.1.5). Aufgrund ihrer guten Steuerbarkeit lassen sich HGÜ auch gut für ein kuratives (N-1)-System nutzen.

Abb. 3.63 zeigt die Einbindung einer HGÜ-Leitung in ein kuratives Engpassmanagement. Danach sind beispielsweise die Bedingungen für das Arming erfüllt, falls die Leitungsauslastung auf einer der beiden AC-Leitungen L3 oder L4 größer als ein vordefinierter Stromwert ist und die Leitungsauslastung auf den beiden AC-Leitungen L1 und L2 jeweils weit unterhalb dem thermischen Bemessungsstrom liegt. Die kurative Maßnahme, in diesem Fall ist das eine entsprechende Steuerung der Wechselrichter in den Anlagen UA1 und UA2, wird nach dem Arming ausgelöst, wenn eine der beiden AC-Leitungen L3 oder L4 ausfällt (N-1-Fall).

3.6.2.5 Netzbooster

Im deutschen Übertragungsnetz ergeben sich immer häufiger Netzsituationen, die durch große Leistungstransporte in Nord-Süd-Richtung geprägt sind. Nach den bisher gültigen Systemführungsregeln sind für diese Situationen zunehmend teure Redispatchmaßnahmen erforderlich, um gezielt den Leistungsfluss zu reduzieren und für diese Situationen präventiv die (N-1)-Sicherheit zu gewährleisten. Zur Vermeidung der damit verbundenen hohen Kosten und zur Entlastung möglicher Engpässe im Störungsfall wird das sogenannte Netzbooster-Konzept eingesetzt.

Grundsätzlich basiert dieses Konzept auf der Zuschaltung einer Last am Anfang und der Zuschaltung einer schnellen Einspeisung als Counterpart am Ende einer Leitungsstrecke, die bei Netzstörungen überlastet wird, also engpassgefährdet ist. Als Last kommen beispielsweise steuerbare Verbraucher, Power-to-Heat-Anlagen oder die Abschaltung von regenerativen Einspeisungen (z. B. Windparks) in Frage. Aufgrund der hohen Geschwindigkeitsanforderung werden für die zuzuschaltende Einspeisung große Batteriespeichersysteme eingesetzt, um die Zeitdauer zwischen einer tatsächlich eintretenden Überlastung und dem Wirksamwerden von konventionellen Maßnahmen zu überbrücken. Mit diesem Konzept ist es möglich, engpassgefährdete Leitungsstrecken näher an ihrer maximalen Übertragungskapazität zu betreiben, ohne die Netzsicherheit zu gefährden. Das Netzbooster-Konzept kann besonders auf solchen Leitungsstrecken erfolgreich eingesetzt werden, bei denen Überlastsituationen regelmäßig mit einer bestimmten Leistungsflussrichtung verbunden sind. Dies tritt beispielsweise bei den in nord-südlicher Richtung verlaufenden Leitungstrecken bei hoher Windeinspeisung auf.

Um die erforderlichen Investitionskosten der Batteriespeichersysteme zu begrenzen, steht mit diesen Systemen nur ein relativ geringer Energieinhalt zur Verfügung. Die netzentlastende Wirkung kann daher nur für eine relativ kurze Zeit (typischerweise bis zu einer Stunde) aufrechterhalten werden und muss durch Eingriffe der Systemführung abgelöst werden. Dies kann durch geeignete topologische Maßnahmen oder das Hochfahren von flexiblen Gasturbinen erfolgen.

Abb. 3.64 stellt das Netzbooster-Konzept schematisch am Beispiel einer zuschaltbaren Last (z. B. eine Batterie, die aufgeladen wird) oder einer abschaltbaren Einspeisung (z. B. ein Windpark) vor dem Engpass und einer Batterie, die entladen wird, hinter dem Engpass dar. Der Netzbooster wird beispielsweise dann aktiviert, wenn der in Abb. 3.64 abgebildete Stromkreis SK1 ausfällt und der dazu parallele Stromkreis SK2 bei einem von Norden nach Süden fließenden Leistungsfluss überlastet wird [163]. Durch die gezielte Einspeisung bzw. Belastung wird die großräumige Leistungsflussverteilung so beeinflusst, dass der Stromkreis SK2 ausreichend entlastet wird. Die Netzbooster müssen nicht in unmittelbarer Nähe zum überlasteten Netzbereich installiert sein.

Mit dem Netzbooster-Konzept kann quasi ein kurativer, Fehler getriggerter Redispatch realisiert werden, bei dem nicht präventiv, wegen eines möglichen Netzengpasses teure Maßnahmen vorab ergriffen werden, sondern erst im Fehlerfall die netzdienliche Flexibilität schnell aktiviert wird. Die für den ungestörten Betriebsfall vorgesehene Erzeugungsverteilung bleibt durch den Netzboostereinsatz unverändert erhalten.

In Abb. 3.65 ist qualitativ der Einsatz eines Netzboosters dargestellt [163]. Zum Zeitpunkt T_{F} tritt das Störungsereignis ein (z. B. der Ausfall des Stromkreises SK1 entsprechend Abb. 3.64. Da konzeptgemäß nicht genügend Reserveleistung (Redundanz) auf dem verbleibenden Stromkreis verfügbar ist, wird SK2 auch über den Grenzwert I_{PATL} hinaus belastet. Nach einer Reaktionszeit ΔT wird der Netzbooster aktiviert. Zu beachten ist dabei, dass die Leistungsänderungsgeschwindigkeit auch bei einem Netzbooster nur endlich groß ist. Zum Zeitpunkt T_{NB} steht die volle Leistung des Netzboosters zur Verfügung. Aufgrund der nur begrenzten, im Netzbooster gespeicherten Energiemenge wird rechtzei-

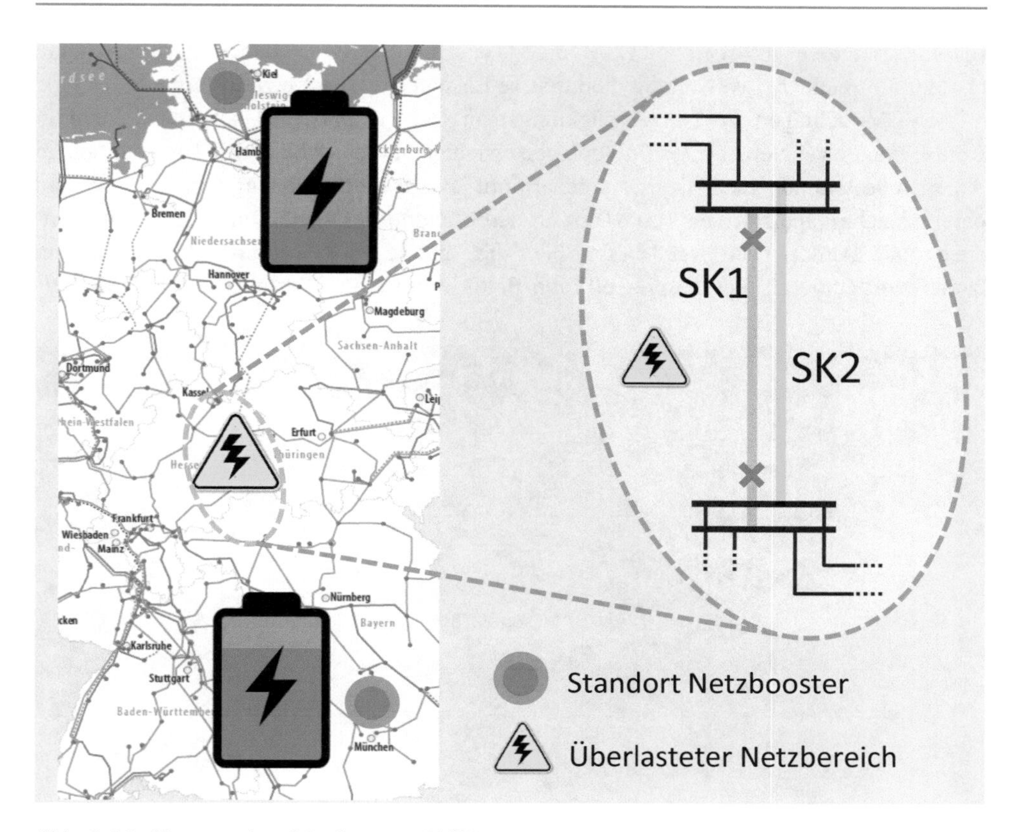

Abb. 3.64 Konzept eines Netzboosters [163]

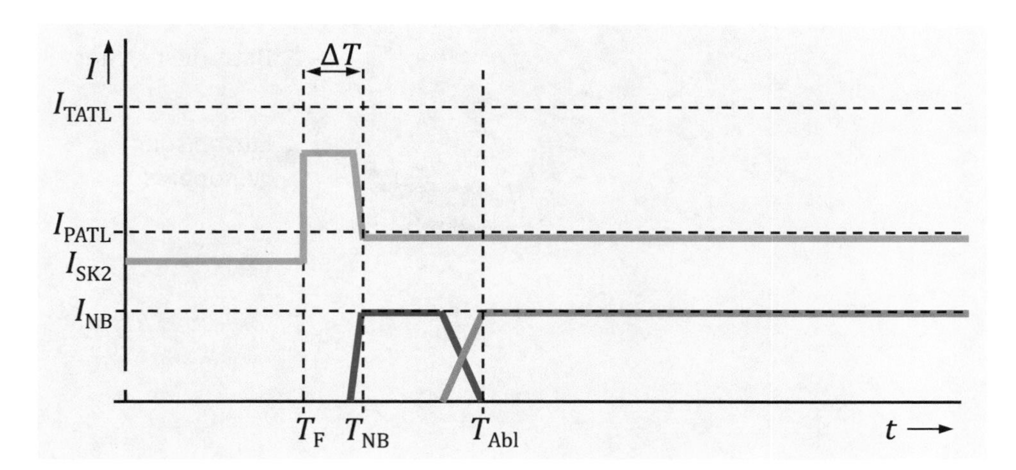

Abb. 3.65 Einsatz eines Netzboosters [163]

tig eine geeignete Ablöseeinheit (z. B. eine Gasturbine) aktiviert. Diese übernimmt dann ab dem Zeitpunkt T_{Abl} vollständig die kurative Einspeisung des Netzboosters.

Nach Vorschlägen im Netzentwicklungsplan (NEP) 2030 [49] sollen bis 2025 in Deutschland zwei Netzbooster-Pilotanlagen errichtet werden (Abb. 3.66). Eine der beiden Anlagen besteht aus zwei Batteriespeichern mit jeweils einer Leistung von 100 MW und einer Speicherkapazität von 100 MWh an den Standorten Ottenhofen östlich von München und Audorf bei Rendsburg. Für die andere Netzbooster-Anlage wird im baden-württembergischen Kupferzell eine Batterie mit einer Leistung von 250 MW er-

Abb. 3.66 Geplante Netzbooster-Pilotanlagen in Deutschland [49]

Abb. 3.67 Visualisierung der Netzbooster-Anlage in Kupferzell. (Quelle: TransnetBW GmbH)

richtet. Im Fall einer erforderlichen Leistungseinspeisung durch diese Batterie wird die Einspeisung von Offshore-Windparks in der Schaltanlage Dörpen/West um den entsprechenden Leistungswert reduziert, um das Leistungsgleichgewicht wiederherzustellen [49, 246].

Mit dem Netzbooster in Kupferzell sollen beispielsweise die von Grafenrheinfeld nach Süden führenden Leitungen in bestimmten Betriebsfällen, z. B. bei hoher Stromeinspeisung durch Windenergieanlagen in Norddeutschland, entlastet werden. Der Netzbooster kommt kurativ (teil-)automatisiert erst dann zum Einsatz, wenn eine Leitung tatsächlich ausgefallen ist (z. B. aufgrund eines durch Sturm umgefallenen Mastes) und den umliegenden Leitungsstrecken aufgrund der verringerten Transportkapazität eine Überlastung droht. Abb. 3.67 zeigt die exemplarische Ansicht der geplanten Netzbooster-Anlage in Kupferzell.

Ein vergleichbarer Effekt wie durch einen Netzbooster könnte natürlich auch mit entsprechend eingesetzten Kraftwerken erreicht werden. Dabei würde in einem (N-1)-Fall ein diesem konkreten Ausfall zugeordnetes Kraftwerkpaar seine Leistung um einen bestimmten Wert erhöhen bzw. verringern. Allerdings sind aufgrund der gegenüber batteriegestützten Netzboostern deutlich geringeren Leistungsänderungsgeschwindigkeit die Reaktionszeiten thermischer Kraftwerke für den Einsatz als kurative (N-1)-Maßnahme zu groß.

3.6.2.6 Automatische Entlastungskontrolle

Ein Spannungsebenen übergreifendes SPS ist die automatische Entlastungskontrolle (AEK). Sie wird beispielsweise eingesetzt bei Transformatoren zwischen dem Übertragungsnetz und dem Hochspannungs-Verteilnetz. Die potenzielle Überlastung eines parallel geschalteten Transformators bei Ausfall eines anderen Transformators wird bei diesem Konzept durch die Abregelung von Erneuerbare-Energien-Anlagen (z. B. Windparks) im direkt angeschlossenen Verteilnetz behoben.

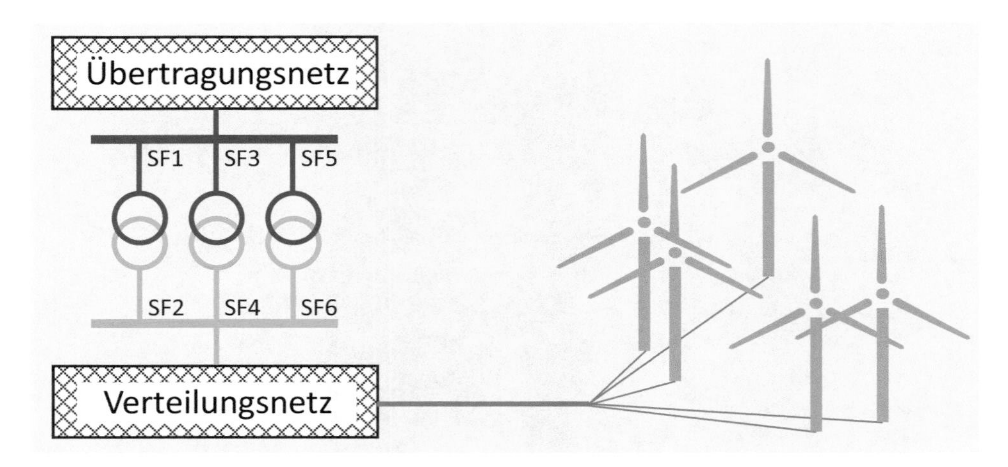

Abb. 3.68 Beispiel automatische Entlastungskontrolle

Das Konzept der AEK wird mit dem Beispiel nach Abb. 3.68 beschrieben. Es werden drei Transformatoren überwacht, die direkt mit dem Verteilnetz gekoppelt sind. Gemessen werden die Ströme sowie die Leistungsflussrichtung in den drei Transformatorschaltfeldern.

Aufbauend auf den Ergebnissen der State Estimation erfolgt die Berechnung der (N-1)-Auslastung im zentralen Netzleitsystem des Übertragungsnetzbetreibers (ÜNB). Falls ein vordefinierter Grenzwert (z. B. 130 %) überschritten wird, wird im Netzleitsystem des Verteilnetzbetreibers (VNB) berechnet, ob genügend Absenkpotential vorhanden ist. Eine direkte, datenmäßige Kopplung der beiden Netzleitsysteme des ÜNB und des VNB zum Austausch dieser Informationen ist hierfür erforderlich. Ist genügend Absenkpotential im Verteilnetz vorhanden und wird Leistung aus dem Verteilnetz ins Übertragungsnetz rückgespeist, wird die AEK scharfgeschaltet (Arming). Beträgt die mit der State Estimation im Netzleitsystem des Übertragungsnetzbetreibers bestimmte Grundfallauslastung (N-0) in den überwachten Transformatorstromkreisen (Schaltfelder SF1 bis SF6) mehr als 100 % der zulässigen Bemessungsleistung, wird die AEK ausgelöst. Das entsprechende Signal wird vom Netzleitsystem des Übertragungsnetzbetreibers direkt in das Netzleitsystem des Verteilnetzbetreibers übertragen (Abb. 3.69). Nach Signaleingang beim Verteilnetzbetreiber werden die mit der Bestimmung des Absenkpotentials bestimmten Erzeugungsanlagen abgeregelt.

3.6.2.7 Emergency Power Control

Bei der Emergency Power Control (EPC) werden im Wesentlichen Schaltmaßnahmen zur Einhaltung der (N-1)-Sicherheit eingesetzt. Diese Schaltmaßnahmen können Leitungsum- oder -abschaltungen sein oder Schaltmaßnahmen, mit denen definierte Einspeisungen abgeschaltet werden und damit den Leistungsfluss geeignet verändern. Wie beim AEK erfolgt auch beim EPC das Arming auf der Basis der Estimationsergebnisse im zentralen

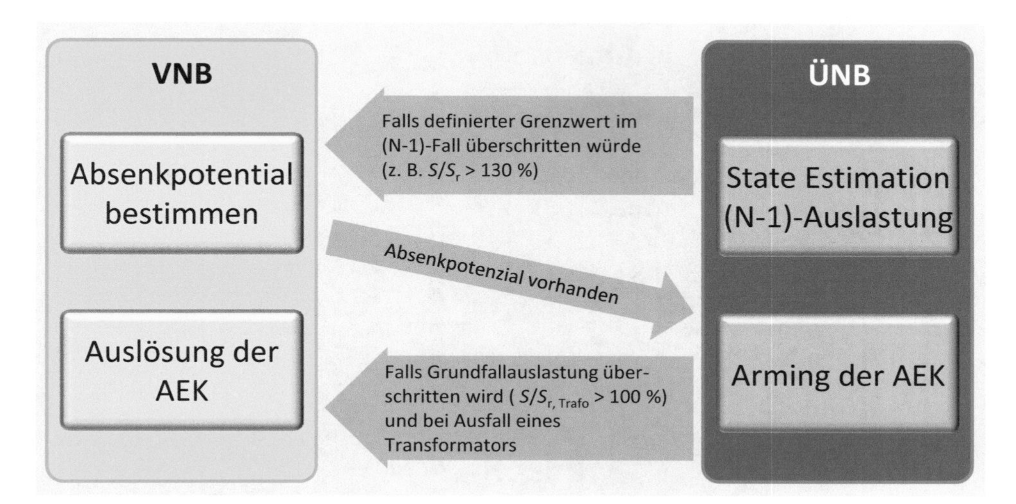

Abb. 3.69 Ablauf automatische Entlastungskontrolle

Netzleitsystem des Übertragungsnetzbetreibers. Falls bei einem bestimmten Betriebsmittel ein vordefinierter Grenzwert überschritten wird, wird das EPC scharf geschaltet.

Die Auslösung der Schaltmaßnahmen durch das EPC erfolgt dann ebenfalls über eine lokale Logik, die die Auslösekriterien verarbeitet und den Ausschaltbefehl an die entsprechenden Komponenten leitet.

Abb. 3.70 zeigt das Beispiel eines EPC zum automatisierten Kraftwerksabwurf bei bestimmten Stromkreisausfällen und die dazugehörige Schaltlogik. Das EPC wird beispielsweise aktiviert (d. h. in Bereitschaft versetzt, sog. Arming) sobald ein bestimmter Strom auf den Stromkreisen A-B, A-C und/oder B-C überschritten wird. Es können allerdings je nach Netzsituation auch weitere oder andere Kriterien für das Arming Verwendung finden.

Im Falle einer Schutzauslösung bei einem der vier überwachten Leistungsschalter (ODER-Glied) der beiden Leitungen A-B und B-C und bei gleichzeitiger Erfüllung der Arming-Bedingungen (UND-Glied) wird der Leistungsschalter im Kraftwerksanschlussfeld KW1 geöffnet und das Kraftwerk in Schnellzeit abgeschaltet. Mit der Verdreifachung des UND-Glieds und der anschließenden „2 aus 3 Auswahl"-Logik können eine zusätzliche Redundanz für z. B. unterschiedliche Datenverbindungen innerhalb der Schaltanlage oder auch verschiedene Armingsignale realisiert werden. Die Entscheidungslogik ist vor Ort (z. B. in einer lokalen Umspannanlage) installiert. Die zentrale Leitstelle ist in die automatisierte Kommandoabfolge nicht mehr eingebunden. Damit haben auch evtl. Fehler und Laufzeitverzögerungen auf den Kommunikationsverbindungen zwischen der zentralen Leitstelle und der lokalen Schaltanlage keinen Einfluss auf den Funktionsablauf der EPC. Diese Art der ereignisbasierten Abschaltung von Einspeisungen wird häufig auch als Mitnahmeschaltung bezeichnet.

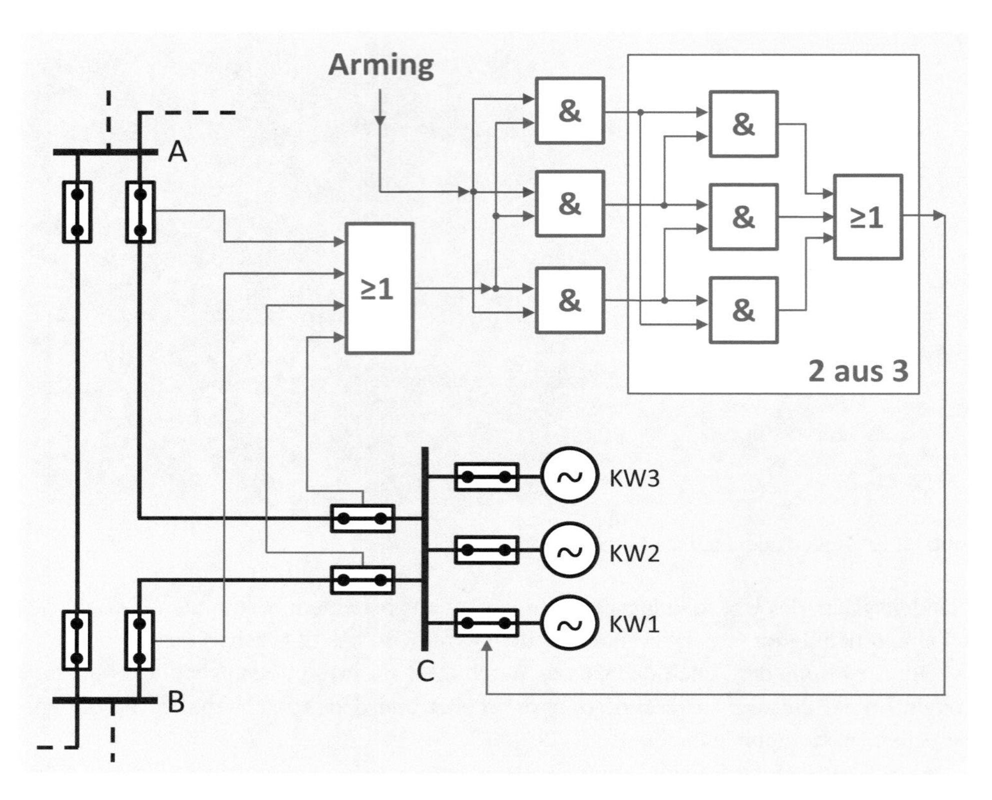

Abb. 3.70 Beispiel EPC mit zugehöriger Schaltlogik

3.6.2.8 Rotierende Phasenschieber

Im Übertragungsnetz wurden für die Systemführung wichtige Systemdienstleistungen wie Blindleistungsbereitstellung und Momentanreserve bislang überwiegend von Großkraftwerken mit ihren Turbinen und Generatoren übernommen. Im Zuge der Energiewende werden diese großen Erzeugungsanlagen jedoch schrittweise vom Netz genommen und das Energieerzeugungssystem wandelt sich von einem Schwungmassensystem in ein Stromrichtersystem. Das durch diese Transformation entstehende Defizit bei der Bereitstellung von Systemdienstleistungen sollen zunehmend rotierende Phasenschieber (RPSA) ausgleichen.

Ein RPSA ist konstruktiv ähnlich aufgebaut wie ein Generator in einem konventionellen Kraftwerk mit den Hilfssystemen zur Schmierölversorgung für die Generatorlager, Belüftung und Kühlung und je nach Leistungsgröße ggf. die Wasserstoff- und Dichtölversorgung, das Erregersystem, und Maschinentransformator zur Netzanbindung etc. Der Generator des RPSA bezieht seine Leistung über einen Maschinentransformator und wird nicht über eine Turbine angetrieben. Die Bemessungsspannung des RPSA beträgt typischerweise zwischen 10,5 kV und 27 kV je nach Leistung der Anlage. Der RPSA erzeugt in einem sehr weiten Regelbereich induktive bzw. kapazitive Blindleistung. Die elektrische Wirkleistung ist bis auf geringe Verluste praktisch null.

Der RPSA kann wie alle Synchronmaschinen kann nicht selbsttätig anlaufen und wird mit einer Anfahreinrichtung bis zum Betriebszustand „Netz-Synchronisierung" beschleunigt. Während des Betriebs sind nur die Leerlauf- und Blindstromverluste des Phasenschiebers wirksam sowie die Eigenbedarfsenergie für die Hilfssysteme. Der RPSA arbeitet praktisch im Leerlauf, und die vom Netz geforderte Blindleistung wird durch die Höhe des regelbaren Erregerstroms bestimmt.

Die in einem RPSA eingesetzte Synchronmaschine wirkt wie eine dynamische Blindleistungskompensationsanlage und nimmt zur Spannungshaltung Blindleistung auf oder speist sie ins Netz ein. Zusätzlich kann ein RPSA mit seiner großen rotierenden Masse Momentanreserve bereitstellen und damit Frequenzschwankungen im Netz dämpfen. Dieser Effekt wird häufig durch eine zusätzliche, mit dem RPSA gekoppelte Schwungmasse verstärkt. Aufgrund ihrer physikalischen Eigenschaften liefern RPSA einen Beitrag zur sogenannten Kurzschlussleistung, die für einen sicheren Netzbetrieb unabdingbar ist.

Abb. 3.71 zeigt den im Juli 2024 in der Umspannanlage Hoheneck nach vierjähriger Bauzeit installierten rotierenden Phasenschieber zur Bereitstellung von rund 300 Mvar Blindleistung für die Spannungshaltung im Übertragungsnetz [268]. Durch seine Generatormasse von 360 t und der zusätzlichen Schwungmasse von 133 t kann der Phasenschieber Momentanreserve bereitstellen und stabilisiert damit zusätzlich die Netzfrequenz [269]. Rechts im Bild ist der Maschinentransformator des Phasenschiebers abgebildet. Gut zu erkennen sind die Generatorableitungen. Der Generator, die zusätzliche Schwungmasse sowie die Hilfseinrichtungen befinden sich in der Maschinenhalle links daneben.

Abb. 3.71 Rotierender Phasenschieber in der Umspannanlage Hoheneck. (Quelle: Amprion GmbH)

3.6.3 Erhöhung der Übertragungsfähigkeit

Die Umsetzung der Energiewende bedingt einen zusätzlichen Transportbedarf in den Netzen. Die dazu erforderlichen Verstärkungs- und Ausbaumaßnahmen sind jedoch zeitintensiv und häufig mit Akzeptanzproblemen konfrontiert. Ergänzend wird daher der Einsatz neuer (innovativer) Technologien und Netzbetriebskonzepte diskutiert, mit denen das bestehende Netz höher ausgelastet werden kann [239].

3.6.3.1 Freileitungsmonitoring

Im Übertragungsnetz sind die Leitungen bis auf wenige Ausnahmen als Freileitungen ausgeführt. Die über diese Leitungen übertragbare Leistung wird durch die maximale Betriebstemperatur von meist 80 °C [177] des Leiterseils begrenzt. Wird diese über einen gewissen Zeitraum überschritten, so führt dies zu einer Längung des Leiterseils und damit zu einer unter Umständen unzulässigen Erhöhung des Leiterdurchhangs und einer Unterschreitung der zulässigen Leiterabstände [126, 178].

Die zulässige statische Dauerstrombelastbarkeit (PATL) von Freileitungen wird gemäß DIN EN 50182 [177] bestimmt. In dieser Norm werden die Worst-Case-Wetterbedingungen eines heißen Sommertages ohne Wolken und praktischer Windstille für die Bestimmung der maximalen Strombelastung angenommen (Außentemperatur 35 °C, Globalstrahlung 900 W/m^2, und Windgeschwindigkeit 0,6 m/s). Da in Mittel- und Nordeuropa solche Wetterbedingungen nur selten vorkommen, verfügen die Freileitungen in diesen Regionen über eine erhebliche, in der Regel ungenutzte Übertragungsreserve [179].

Mit einer alternativen, witterungsabhängigen Betriebsweise, die als Freileitungsmonitoring (FLM) bezeichnet wird, kann die zulässige Strombelastbarkeit durch die Systemführung den aktuellen Wetterverhältnissen dynamisch angepasst werden. Damit kann die aktuell zulässige Übertragungskapazität auf bereits bestehenden Freileitungsabschnitten des Höchstspannungsnetzes durch einen witterungsabhängigen Freileitungsbetrieb (WAFB) um bis zu 50 % gegenüber dem Normwert erhöht und u. U. ein ansonsten erforderlicher Netzausbau vermieden werden [180].

Das Potenzial des Freileitungsmonitorings korreliert allgemein mit dem Winddargebot. Daher ist die erreichbare Erhöhung der Übertragungskapazität in Regionen mit hohem Windkraftpotenzial (wie z. B. im Norden Deutschlands) höher als in windärmeren Regionen. Hier kann aufgrund schwächerer Winde und des abschirmenden Effekts durch die Vegetation nur bis zu 30 % (in der Mitte) und 15 % (im Süden Deutschlands) an Kapazitätserhöhung erreicht werden [181]. In jedem Fall eröffnet das Freileitungsmonitoring der Systemführung zusätzliche Freiheitsgrade beim Betrieb eines hoch ausgelasteten Übertragungsnetzes.

Beim Freileitungsmonitoring wird die zulässige Übertragungsleistung nicht aus den statischen Worst-Case-Annahmen der DIN-Norm 50182, sondern aus der aktuell vorliegenden Wettersituation bestimmt. Dafür sind zwei Vorgehensweisen möglich. Entweder wird die Betriebstemperatur der Leiterseile direkt gemessen, oder die witterungsbedingte Kühlung des Leiterseils wird auf der Basis von aktuellen Wetterdaten (Lufttemperatur,

Globalstrahlung, Windgeschwindigkeit, Windrichtung, Luftdruck) modelliert. Die entsprechenden Messeinrichtungen werden dafür entlang der Leitungstrasse oder direkt an den Leiterseilen installiert (Abb. 3.73). Wichtig dabei ist, dass der gesamte Leitungsverlauf messtechnisch erfasst wird und sich nicht aufgrund lokaler Wetterverhältnisse (z. B. Windschatten in einem Waldgebiet oder durch einen Höhenzug) lokale Hotspots auf der Leitung ausbilden. Es ist daher immer die ungünstigste Messung bzw. Leitungsabschnitt für die Parametrierung der Gesamtleitung bestimmend.

Bei Starkwind, niedrigen Außentemperaturen oder ähnlich günstigen Witterungsbedingungen, können die Leiter gegenüber den klimatischen Normbedingungen stärker belastet werden. Diese dynamische Strombelastbarkeit der Leitung wird aus den in Echtzeit gewonnenen Daten bestimmt [182]. Die Systemführung kann dann die aktuell verfügbaren, in der Regel höheren Übertragungsreserven nutzen. Abb. 3.72 zeigt exemplarisch für eine 380-kV-Freileitung in Norddeutschland die berechnete Jahresdauerlinie ihrer Strombelastbarkeit mit Freileitungsmonitoring (dynamisch) im Vergleich zur statischen Auslegung nach DIN EN 50182 für das Wetterjahr 2013 [180]. Gegenüber der normentsprechenden, maximal zulässigen Belastung von 645 A kann die Leitung mit Freileitungsmonitoring in mehr als 90 % der Zeit deutlich höher belastet werden.

Natürlich ist es erforderlich, die mit dem Freileitungsmonitoring bestimmten maximalen Stromgrenzwerte auch unmittelbar im Netzleitsystem zu hinterlegen und die Parameter der dezentralen Schutzeinrichtungen entsprechend zu aktualisieren (Abb. 3.73) [183]. Dies erfordert den Einsatz adaptiver Netzschutzsysteme. Die Zulässigkeit der dynamisch bestimmten Stromgrenzwerte muss hinsichtlich der Einhaltung der zulässigen Kurz-

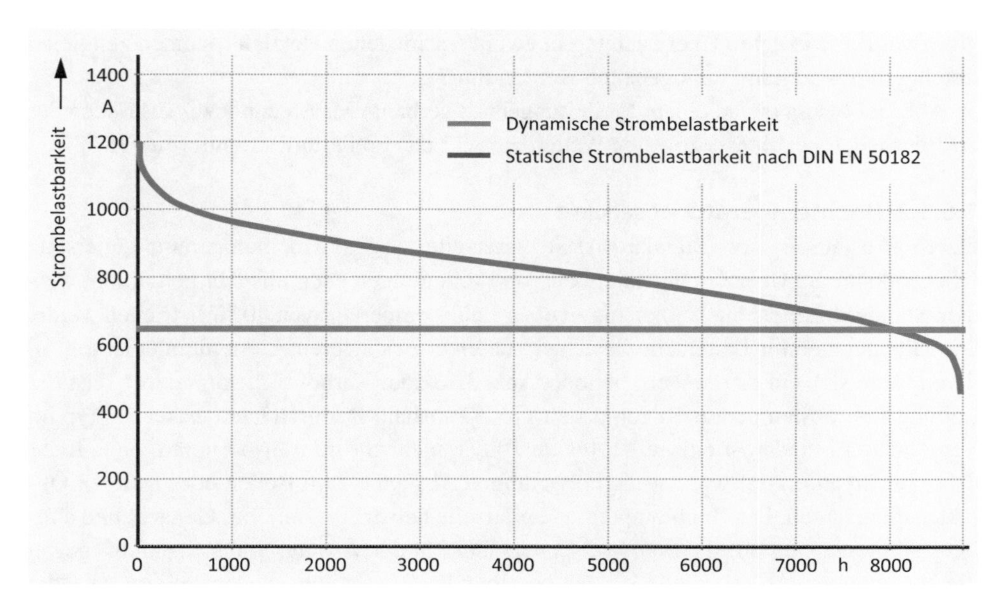

Abb. 3.72 Strombelastbarkeit einer 380-kV-Freileitung mit und ohne Freileitungsmonitoring [180]

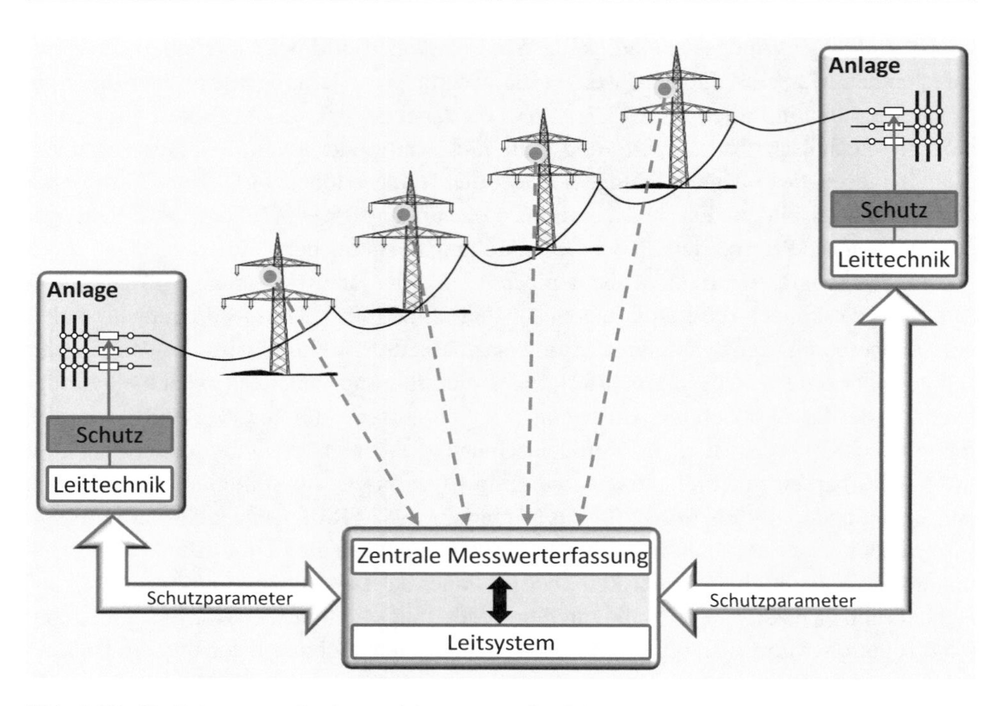

Abb. 3.73 Freileitungsmonitoring und Anpassung der Schutzparameter [183]

schlussleistung überprüft werden. Bei Kuppelleitungen ist ein Freileitungsmonitoring deutlich komplexer, da die Einbindung des Systems und die Aktualisierung der Stromgrenzwerte sowie deren Überwachung in zwei verschiedenen Netzleitsystemen zeitgleich durchgeführt und konsistent gehalten werden muss.

Abb. 3.74 zeigt die an einem Freileitungsmast verbaute Messtechnik zur Erfassung der erforderlichen positionsbezogenen Wetterdaten für das Freileitungsmonitoring [184].

3.6.3.2 Hochtemperaturbeseilung

Durch Austausch der Standard-Al/St-Leiterseile gegen Hochtemperatur-Leiterseile (HTLS) kann die Übertragungsfähigkeit von Freileitungen ebenfalls deutlich erhöht werden. Standard-Leiterseile können bis zu einer Leitertemperatur von 80 °C betrieben werde. Die Hochtemperatur-Leiterseile bestehen aus einer besonderen Aluminiumlegierung, in deren Mitte sich ein Karbonkern befindet Abb. 3.75. Der Karbonkern sorgt dafür, dass die Leitung Betriebstemperaturen von bis zu 175 °C aushält. Dadurch kann dieser Seiltyp im Vergleich zu Standard-Leiterseilen bis zu 100 % mehr Strom transportieren, ohne mehr durchzuhängen. Somit werden die notwendigen Abstände zum Boden oder anderen Objekten eingehalten. Die Hochtemperatur-Leiterseile haben ein ähnliches Gewicht und ähnliche Abmessungen wie die Standard-Leiterseile. Für den Austausch der Standard- gegen die Hochtemperatur-Leiterseile können bestehenden Freileitungsmasten weiterverwendet werden. Mit der Umbeseilung einer Bestandstrasse auf Hochtemperatur-Leiterseile

Abb. 3.74 Messtechnik für das Freileitungsmonitoring. (Quelle: G. Lufft Mess- und Regeltechnik GmbH)

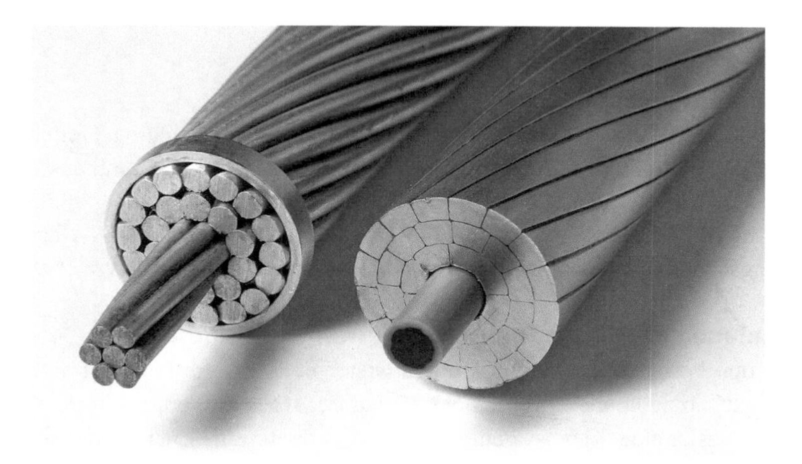

Abb. 3.75 Standard-Al/St-Leiterseil und Hochtemperatur-Leiterseil mit Karbon-Kern. (Quelle: wikimedia CC License/Dave Bryant)

kann u. U. ein ansonsten erforderlicher Netzausbau vermieden werden. Eine Anpassung der Schaltgeräte und des zugehörigen Netzschutzes an die höheren Betriebsströme ist ggf. zusätzlich erforderlich [166].

Konventionelle Leiterseile von Freileitungen bestehen aus einer Kombination aus Stahl und Aluminium (Verbundseile). Für das Kernmaterial wird Stahl aufgrund seiner mechanischen Eigenschaften gewählt, während für den Mantel Aluminium bzw. Aluminiumlegierungen aufgrund der höheren elektrischen Leitfähigkeit gegenüber Stahl zum Einsatz kommen. Die mechanischen Eigenschaften des Seils bestimmen deren maximale Betriebstemperatur von 80 °C für den Dauerbetrieb. Bei höheren Leitertemperaturen wird der Durchhang des Seiles zu groß und die zulässigen Abstände zwischen Leiterseil und Erdoberfläche werden zu gering.

Neue hochtemperaturfähige Aluminiumlegierungen sowie neue Kernmaterialien mit verbesserten mechanischen Eigenschaften lassen höhere Betriebstemperaturen zu und erreichen damit eine gegenüber konventionellen Seilen um bis zu 90 % erhöhte Strombelastbarkeit. Es werden aufgrund ihres Aufbaus zwei Gruppen von Hochtemperaturleiterseilen unterschieden.

- Leiter aus einer hochtemperaturbeständigen Aluminiumlegierung haben wie konventionelle Leiterseile einen Kern aus Stahl, können aber bis zu einer Temperatur von 150 °C dauerhaft betrieben werden. Sie besitzen aufgrund der höheren Temperaturfestigkeit gegenüber konventionellen Leiterseilen eine größere Übertragungskapazität.
- Leiter mit neuartigen Kernmaterialien (z. B. Karbon), die eine geringere thermische Ausdehnung besitzen, können bis zu einer Temperatur von 210 °C dauerhaft betrieben werden. Sie weisen aufgrund des verbesserten Kernmaterials bei gleicher Strombelastung einen geringeren Durchhang auf. Daher eignen sie sich besonders gut für den Austausch der Seile an bestehenden Masten.

3.6.3.3 Spannungsumstellung

Beim Ausbau des 220-kV-Netzes wurden in der Vergangenheit häufig Freileitungen errichtet, die bereits für den Betrieb mit 380 kV ausgerüstet waren (z. B. mit ausreichend dimensionierten Gestängeabmessungen), aber zunächst mit einer Spannung von 220 kV betrieben wurden. Mit einer Einbindung dieser Leitungen in das 380-kV-Netz kann die Übertragungsleistung dieser Leitungen um den Faktor $\sqrt{3}$ erhöht werden.

3.6.3.4 Anlagen mit Verwendung von Supraleitertechnologie

Um die in den kommenden Jahren deutlich ansteigenden Anforderungen an die Stromnetze beherrschen zu können, werden derzeit auf der Hochtemperatur-Supraleitertechnologie (HTS) basierende Kabelsysteme für die Anwendung in Energienetzen entwickelt und erprobt. Supraleiter sind Materialien, deren elektrischer Widerstand beim Unterschreiten einer bestimmten Temperatur, der Sprungtemperatur, auf null fällt. In der Folge leiten diese Materialien Strom nahezu verlustfrei. Die neuartigen konzeptionellen Supraleiterkabel für das Übertragungsnetz basieren auf sogenannten Hochtemperatursupraleitern aus Keramik. Während konventionelle Tieftemperatursupraleiter Sprungtemperaturen unterhalb 23 °K haben, also − 250 °C, weisen Hochtemperatursupraleiter vergleichsweise hohe Sprungtemperaturen auf. Sie werden mit flüssigem Stickstoff auf eine Arbeitstemperatur von etwa 77 °K, dies entspricht − 196 °C, gekühlt und können vergleichsweise kostengünstig betrieben werden, weil bei der Kühlung weniger Energie aufgewendet werden muss.

Der Vorteil dieser Technologie gegenüber konventionellen Kabelsystemen liegt darin, dass HTS-Trassen einen geringeren Platzbedarf (signifikant kleinere Grabenbreite) haben, HTS deutlich höhere Ströme als konventionelle Kabel tragen können, hohe Ströme nahezu ohne Verluste und Spannungsfall übertragen, bei tiefen Betriebstemperaturen arbeiten, die thermische und chemische Alterungsprozesse minimieren, und durch die Verwendung supraleitender Schirme keine elektromagnetischen Felder emittieren. Aufgrund ihrer Konstruktionsweise sind HTS-Kabelsysteme thermisch perfekt von der Umgebung getrennt. Durch die hohe Stromtragfähigkeit ist der Transport großer Leistungen auf vergleichsweise niedrigen Spannungsebenen möglich.

HTS-Kabelsysteme werden aus den vorgenannten Gründen also dort eingesetzt werden, wo wegen gestiegenen Bedarfs ein Ausbau der Übertragungskapazitäten erforderlich wird und konventionelle Kabelsysteme zu viel Platz beanspruchen würden.

3.6.4 Wide Area Monitoring Systems

Mit den bisher üblichen Netzleitsystemen wird der aktuelle Netzzustand auf Basis der konventionellen SCADA-Technologie (Supervisory Control and Data Acquisition) etwa alle 4 bis 6 s bestimmt. Dies ist ausreichend, um die quasistationären Netzzustände bei langsamen Systemänderungen mit ausreichender zeitlicher Auflösung zu erfassen. Um dynamische Ereignisse auch in räumlich weit ausgedehnten Netzen (z. B. Spannungsoszillationen) abbilden zu können, muss der Netzzustand in deutlich geringeren Zeitabständen bestimmt werden [185]. Hierfür wurden sogenannte Wide Area Monitoring Systems (WAMS) entwickelt [174, 186], mit denen dynamisch das Verhalten des Netzes aufgezeichnet wird, um damit kritische Netzzustände rechtzeitig zu erkennen und gegebenenfalls zu stabilisieren. Damit können Störungen und Blackouts vermieden werden. Für die Überwachung eines großräumigen Netzgebiets in Echtzeit mit einem WAMS sind zeitlich synchronisierte Messungen von relevanten elektrischen Größen (Spannung, Strom und Phasenwinkel) an geografisch verteilten Orten notwendig [187].

Für diese Messungen werden sogenannte „Phasor Measurement Units" (PMU) eingesetzt. Aufgrund der großen zeitlichen Auflösung müssen die Messungen zum jeweils gleichen Zeitpunkt vorgenommen werden. Für die zeitliche Synchronisation der PMU wird üblicherweise das GPS-Zeitsignal verwendet. Jede Messung wird mit einem Zeitsignal verknüpft. Die mit einem solchen Zeitstempel versehene Messung wird „Synchrophasor" genannt. Üblicherweise werden diese Messdaten in regionalen Kontrollzentren gesammelt, vorverarbeitet und dann zu einer Leitwarte gesendet. Dort werden sie aufbereitet, ausgewertet und ggf. als Grundlage für Steuerbefehle genutzt. Ein WAMS ist zunächst nur ein reines Messwerterfassungssystem. Wird das WAMS mit schneller Auswertungs-, Steuerungs- und Schalttechnik verbunden, so kann ein WAMS schrittweise zu einem automatisierten Wide Area Control System (WACS) bzw. Protection System (WAPS) ausgebaut werden [187–189].

PMU sind in der Lage, bis zu 50 Messwerte pro Sekunde aufnehmen zu können. Damit ist diese Technologie geeignet, auch sich sehr schnell verändernde Systemzustände zu erfassen. Neben der hohen Datenerfassungsgeschwindigkeit ist ein entscheidender Vorteil von WAMS gegenüber konventionellen SCADA-Systemen, dass die Daten zwischen verschiedenen Netzbetreibern weiträumig und international ausgetauscht werden können. Damit können auch Störungsereignisse, die zwar weit außerhalb des Verantwortungsbereiches (Responsibility Area, siehe Abschn. 2.2.4.1) eines Übertragungsnetzbetreibers liegen, aber sehr wohl gravierende Auswirkungen auf dessen Netzbetrieb haben können, leicht erfasst werden [187, 190].

Die ersten Installationen von PMU erfolgten in den späten 1990er-Jahren im Übertragungsnetz der Bonneville Power Administration, deren Netzgebiet im Nordwesten der USA liegt [191]. Bis 2010 waren in Nordamerika bereits über 200 PMU installiert. Nicht zuletzt geprägt durch einige Blackout-Situationen werden weltweit immer mehr PMU installiert [185]. Beispielsweise wurde in Italien ein flächendeckendes WAMS mit PMU als unmittelbare Folge der Großstörung im Jahr 2003 aufgebaut [192]. Weitere Installationen von PMU erfolgten in Österreich, der Schweiz, Kroatien, Finnland und Thailand [193]. Etwas zögerlich ist die Nutzung von PMU in Deutschland. Der länderübergreifende Übertragungsnetzbetreiber Tennet hat damit begonnen, ein WAMS in dessen deutscher Regelzone und in den Niederlanden aufzubauen [187, 194].

Perspektivisch könnte eine Weiterentwicklung von WAMS in Kombination mit FACTS und anderen aktiven Komponenten im Netz zu einem „selbstheilenden" Energieversorgungsnetz führen. Dieses smarte Netz könnte sich, so die Vision, automatisch allen kritischen Betriebssituationen anpassen und eventuell auftretende Probleme schnell erkennen, diagnostizieren und ggf. geeignete Gegenmaßnahmen (z. B. Umschaltungen) einleiten, bevor sich eine ungünstige Netzsituation kaskadenförmig ausbreiten und zu einem großräumigen Netzausfall (Blackout) führen kann [167, 195].

Abb. 3.76 zeigt den prinzipiellen Aufbau und das Messprinzip einer PMU. Mit einer Abtastrate von bis zu 50 Hz werden bei einer PMU die komplexen Strom- und Spannungszeiger ermittelt und mithilfe eines GPS-Signals zeitsynchronisiert. Die sich aus der Abtastung ergebenden Strom- und Spannungsmessungen werden mit der diskreten Fourier-Transformation (DFT) und einem Referenzsignal in komplexe Zeigergrößen überführt. Die Frequenz wird aus der zeitlichen Änderung der Spannungswinkel bestimmt. Die erzeugten Phasoren werden anschließend kontinuierlich in einem festen Zeitintervall an einen zentralen PDC (Phasor Data Concentrator) weitergeleitet [196, 197].

Mit mehreren, im Netz verteilten PMU ist eine Weitbereichsüberwachung (Wide Area Monitoring) von elektrischen Energieversorgungsnetzen möglich. Dabei können unterschiedliche Aufgaben sowohl im operativen Betrieb (z. B. Stabilitätsbewertungen) als auch bei der Planung von Netzen oder für Post-Mortem-Analysen durchgeführt werden. Auch neue Methoden zur Ereignisortung sind selbst in ausgedehnten Verbundsystemen möglich [186, 196, 198].

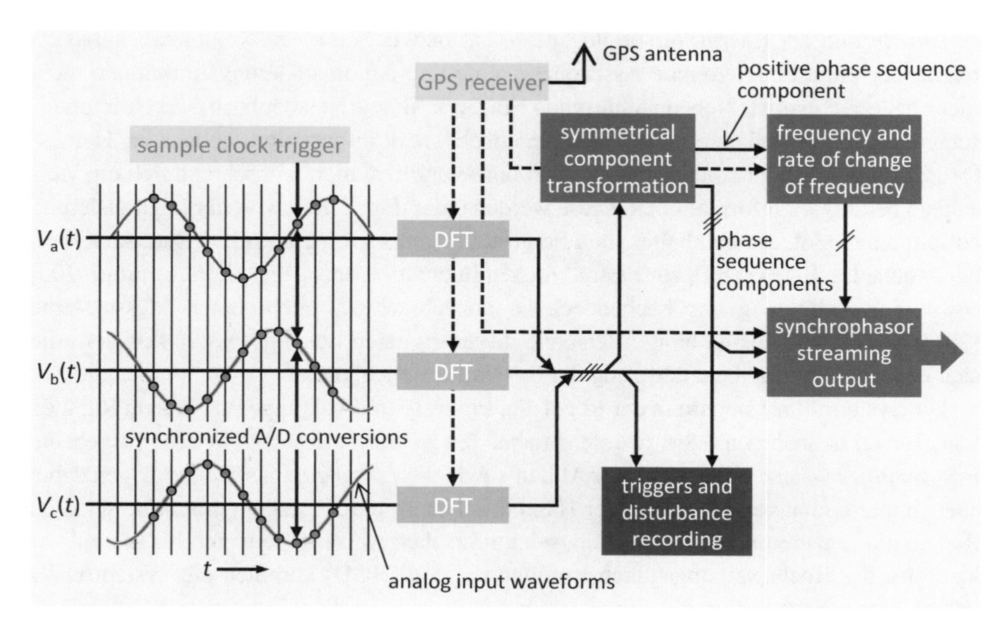

Abb. 3.76 Aufbau und Messprinzip zeitsynchronisierter Phasormessgeräte [196]

Aufgrund der hohen Abtastrate generieren PMU sehr große Datenmengen, deren Auswertung einen entsprechend hohen Aufwand erfordert und innerhalb der verfügbaren Zeit nicht mit konventionellen Datenanalysesystemen durchgeführt werden kann. Um die zeitlichen Anforderungen zu erfüllen, kommen geeignete KI-basierte Methoden zum Einsatz (siehe Abschn. 3.6.5.6).

3.6.5 Innovationen für die Systemführung

3.6.5.1 Digitalisierung und Automatisierung der Energieversorgung

Das System zur Versorgung mit elektrischer Energie unterliegt seit über 20 Jahren einer stetigen und tiefgreifenden Transformation, die wir als Energiewende bezeichnen. Die damit einhergehenden Herausforderungen sind hinlänglich bekannt [199]. Zur Beherrschung der damit verbundenen, zunehmenden Kleinteiligkeit, der engeren Verzahnung der einzelnen Akteure über ihre Systemgrenzen hinweg, der zunehmenden Dynamik und damit zur Gewährleistung einer sicheren, zuverlässigen und kostengünstigen Verfügbarkeit elektrischer Energie werden aus dem Bereich der angewandten Informatik entsprechende Lösungsansätze erarbeitet. Hinzu kommt, dass durch den Ausbau der erneuerbaren Energien bei weiterhin verzögertem Netzausbau die Stromnetze zunehmend an ihre Kapazitätsgrenzen gebracht werden.

Der Betrieb der Energieversorgungsnetze hat inzwischen einen Komplexitätsgrad erreicht, der ohne umfangreiche Assistenzsysteme und Automatisierungsfunktionen nicht mehr beherrschbar ist. Neben technischen Fragen z. B. zur Netzbeobachtbarkeit in unterschiedlichen Zeitskalen ergeben sich juristische und informationstechnische Herausforderungen bei Datenerhebung, -transport und -verarbeitung allein schon durch die Vielzahl an benötigten Informationen. Diese werden unter dem Schlagwort der Digitalisierung zusammengefasst. Sie beinhaltet auch Fragestellungen zu Big Data, Grid Data Analytics, Künstliche Intelligenz (KI), zur bestmöglichen Integration neuartiger Betriebsmittel [200] sowie zur Anbindung der flächendeckend ausgebrachten, intelligenten Messsysteme [201]. Im Folgenden sind einige Beispiele dieser digitalen Lösungsansätze skizziert, die sich besonders für die Unterstützung der Systemführung eignen.

Die Systemführer steuern in der Regel alle Prozesse und Vorgänge im Netz im Rahmen von Einzelmaßnahmen. Sie werden dabei zwar durch immer weiter ausgebaute Informationssysteme unterstützt, der Ablauf sowie die Entscheidungsfindung liegen dabei aber immer und ausschließlich in der Hand der Systemführer. Bedingt durch die schnelle Regelbarkeit insbesondere von leistungselektronischen Netzkomponenten bis hin zu Anlagen für die Hochspannungsgleichstromübertragung (HGÜ) kommen die Systemführer jedoch immer häufiger an die Grenzen ihrer Möglichkeiten. Für einen auch in Zukunft sicheren Netzbetrieb sind daher schnelle und automatisierte Mechanismen für die Systemführung erforderlich. Diese Notwendigkeit wird noch verstärkt durch neue Anforderungen, wie beispielsweise der mittlerweile sehr umfangreiche Redispatch und die Netz-Markt-Koordination.

Der Prozess der Automatisierung der Systemführung wird natürlich nicht in einem Schritt vom bisher üblichen Open-Loop-Betrieb, in dem der Systemführer im Mittelpunkt der Entscheidungsfindung steht, zu einem vollständig autonomen Closed-Loop-Betrieb, bei dem rechnerbasiert alle Entscheidungen automatisiert getroffen und umgesetzt werden, realisiert. Erste Funktionen einer automatisierten Systemführung sind bereits heute in den Leitstellen der Übertragungsnetze zu finden. Hierzu gehören beispielsweise Netzengpassmanagementsysteme und Systeme für den Netzwiederaufbau als Entscheidungsunterstützung (Decision Support) für das Systemführungspersonal. Ebenfalls wird eine Teilautomatisierung bereits für Schaltprogramme eingesetzt. Perspektivisch wird auch die Teilstörungsbeseitigung und der Lastabwurf teilautomatisiert ausgeführt. Eine vollständige Automatisierung der Systemführung ist sicher erst in der nächsten oder übernächsten Dekade zu erwarten. Über Teilautomatisierungsstufen kann die zunehmende Komplexität allerdings entsprechend anteilig beherrscht und die Netzführung sicherer und effizienter ausgestaltet werden [202].

3.6.5.2 Genetische Algorithmen

Mit „genetische Algorithmen" oder „evolutionäre Algorithmen" wird eine Klasse von Optimierungs-Algorithmen bezeichnet, die mit den aus der Natur bekannten Strategien der Evolution Lösungen für bestimmte Probleme finden. Diese Art von Algorithmen wird dann eingesetzt, wenn konventionelle Berechnungsverfahren die optimale Lösung gar nicht, nicht schnell genug oder nicht zuverlässig genug finden. Ein genetischer Algorithmus arbeitet mit einer Menge, die Population genannt wird. Eine Population besteht aus mehreren Individuen („Elter“). Der Netzzustand wird dabei mit einem Vektor, der alle erforderlichen betrieblichen Parameter (Transformatorstufenstellungen, Schalterstellungen etc.) enthält, abgebildet. Der Algorithmus basiert auf den Hauptoperatoren der Selektion, der Rekombination („Crossover“) aus zwei oder mehr Elternvektoren zur Bildung einer neuen Generation („Kind“) und der Mutation, um zufällig zusätzliche positive Eigenschaften zu generieren, sowie der Evaluation, bei der jedem Individuum einer Generation entsprechend seiner Güte ein Wert mit einer problemspezifischen Fitnessfunktion zugewiesen wird. Jedes Individuum einer Population entspricht einem Zustand im Zustandsraum des Optimierungsproblems. Es repräsentiert damit beispielsweise jeweils einen bestimmten Netzzustand. Die Suche nach einer optimalen Lösung erfolgt auf Basis des Überlebens der stärksten Individuen („Fitness“) der Population. Der prinzipielle Ablauf eines genetischen Algorithmus’ ist in Abb. 3.77 dargestellt [40].

Genetische Algorithmen werden bereits u. a. bei Verfahren zur Bestimmung von optimalen Topologiemaßnahmen im Rahmen des Netzengpassmanagements [40], zur Energieeinsatzoptimierung [203] und zur multikriteriellen Optimierung von Systemdienstleistungen für Energieübertragungssysteme [204] eingesetzt.

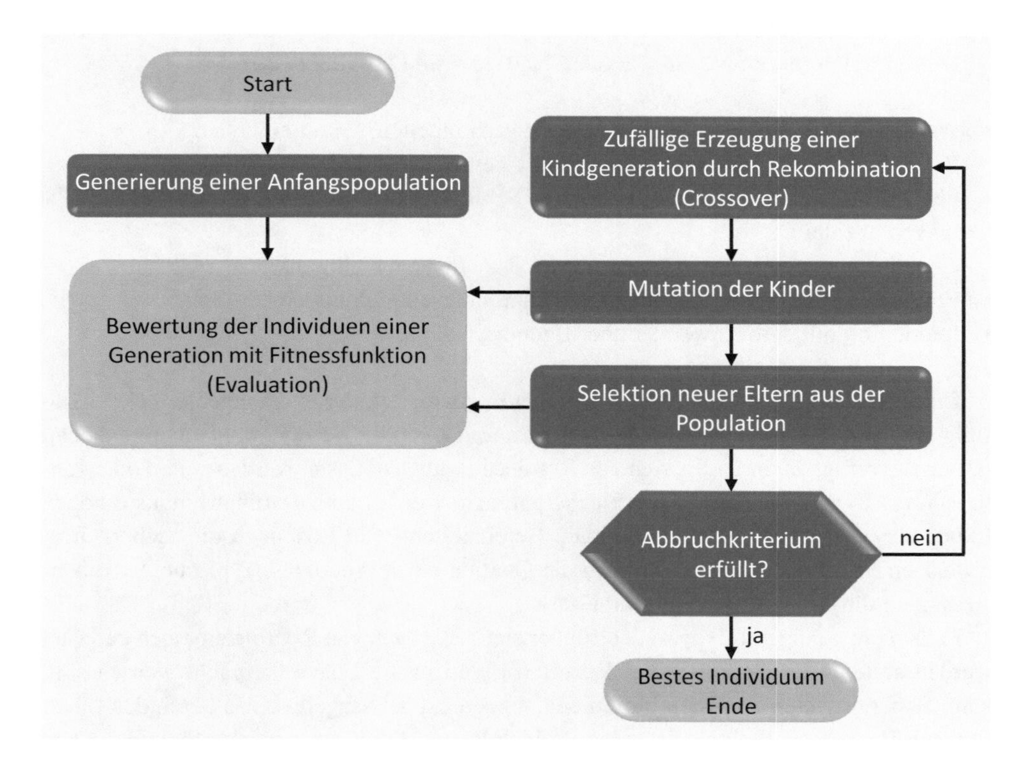

Abb. 3.77 Prinzipieller Ablauf eines genetischen Algorithmus’

3.6.5.3 Expertensysteme

3.6.5.3.1 Merkmale, Aufgaben und Aufbau

Ein Expertensystem unterstützt das Betriebspersonal durch die Bereitstellung von Handlungsempfehlungen, ähnlich wie ein zur Problemlösung hinzugezogener Experte. Daraus leitet sich auch die Bezeichnung dieses Verfahrens ab. Die Problemlösungsvorschläge und Handlungsempfehlungen generiert das Expertensystem mithilfe von Methoden der Künstlichen Intelligenz (KI) aus einer sogenannten Wissensbasis. In dieser Wissensbasis ist das formalisierte, problembezogene Expertenwissen meist in Form von Wenn-dann-Regeln gespeichert. Dabei wird zwischen generischem und fallbezogenem Wissen unterschieden. Mit einer Wissenserwerbskomponente kann die Wissensbasis durch das Hinzufügen von neuen Fakten und Regeln erweitert werden. Die Vollständigkeit und Konsistenz des gespeicherten Wissens wird automatisch durch die Wissenserwerbskomponente überprüft.

Expertensysteme können das aus Regeln und Fakten bestehende Wissen interpretieren und daraus eigene Schlussfolgerungen ableiten. Wie und in welcher Reihenfolge oder Form die Regeln und Fakten zur Problemlösung verwendet und verknüpft werden, wird in der Inferenzmaschine des Expertensystems entschieden. Über den Benutzerdialog wird dem Anwender die gefundene Problemlösung präsentiert. Die Erklärungskomponente erläutert dem Betriebspersonal das Zustandekommen der Problemlösungen und der Handlungsempfehlungen [205, 206].

Die zentralen Merkmale eines Expertensystems sind [109, 205, 207]:

- Wissensbasis mit einer großen Menge an gesammeltem Expertenwissen
- Beschränkung auf die Problemlösung in einem spezifischen Fachgebiet
- Fähigkeit, aus der Wissensbasis eigene Schlussfolgerungen und Handlungsempfehlungen abzuleiten
- Generierung von neuem Wissen mithilfe Künstlicher Intelligenz
- Erläuterung der Problemlösungen und Handlungsempfehlungen
- Interaktion mit dem Anwender über Benutzerdialoge

Ein Expertensystems kann den Menschen in einem definierten Fachgebiet bei der Lösung von Problemen zu unterstützen. Dies kann notwendig werden, falls nicht genügend Experten verfügbar sind, Experten von Routineaufgaben entlastet werden sollen oder zentralisiertes Expertenwissen in die Fläche gebracht werden soll. Darüber hinaus erhöhen Expertensysteme durch die unmittelbare Bereitstellung von Lösungen die Sicherheit in kritischen Situationen oder verbessern die Qualität eines Produktes. Typische Aufgabenstellungen für Expertensysteme sind [205]:

Falls nicht genügend Experten verfügbar sind, Experten von Routineaufgaben entlastet werden sollen oder zentralisiertes Expertenwissen in die Fläche gebracht werden soll, kann Expertensysteme können für ein eng abgegrenztes Fachgebiet, das durch den Inhalt seiner Wissensbasis definiert ist, eine Problemlösungskompetenz zur Verfügung stellen. Der Einsatz eines solchen Systems ist besonders dann sinnvoll, falls das aktuell verfügbare

Betriebspersonal nicht über genügend Expertenwissen verfügt oder von Routineaufgaben entlastet werden soll. Mit einem Expertensystem kann das darin gespeicherte Wissen einem größeren Nutzerkreis zugänglich gemacht werden. Gerade in kritischen Betriebssituationen kann durch den Zugriff auf Expertenwissen die Systemsicherheit aufrechterhalten werden, ohne dass speziell ausgebildetes Personal vor Ort ist. Besonders eignen sich Expertensysteme beispielsweise für das Erkennen von Fehlerursachen und für die Reduzierung von Arbeitsfehlern, für die Beseitigung kritischer Zustände durch das Einleiten von Aktionen, für die Interpretation von Daten durch den Vergleich von Soll- und Ist-Werten, für die Prognose von Ereignissen auf der Basis bestimmter Geschehnisse sowie für die Klassifizierung von Ereignissen [205].

Bei der Realisierung von Expertensystemen werden in Abhängigkeit des Anwendungsfalls klassifizierende, regelbasierte oder fallbasierte Systeme eingesetzt. Bei einem Expertensystem auf Basis eines klassifizierenden Systems werden mit Hilfe Entscheidungsbäumen eigenständige Lernprozesse generiert. Dabei werden aus den bekannten Fakten mit dem sogenannten induktiven Lernen Thesen für neue Problemstellungen abgeleitet. Sehr verbreitet sind regelbasierte Systeme. Sie wenden vorgegebene Wenn-dann-Regeln an und lösen durch das Finden und Anwenden der zur Problemstellung passenden Regeln die vorliegenden Probleme. Bei einem fallbasierten System sucht das Expertensystem für eine bestimmten Problemstellung in der Wissensbasis eine ähnliche Situation und überträgt die dazugehörige Lösung auf die aktuelle Problemstellung [205, 207].

3.6.5.3.2 Anwendungsbeispiele für Expertensysteme in elektrischen Energieversorgungssystemen

Der Einsatz von Expertensystemen ist immer dann besonders sinnvoll, falls Experten z. B. in einer bestimmten Betriebssituation nicht verfügbar sind oder von der Auswertung großer Datenmengen entlastet werden sollen [205]. Bei der Systemführung von elektrischen Energieversorgungssystemen kann mit Expertensystemen die Beherrschung von sehr komplexen oder selten auftretenden Systemzuständen unterstützt werden. Eine solche extreme Situation ist beispielsweise der Netzwiederaufbau nach einer Großstörung. Hierbei liegen bei den aktuell betriebsführenden Personen aufgrund der Seltenheit dieses Ereignisses in der Regel keine eigenen Erfahrungen vor. Hier kann mit einem Expertensystem das Wissen und die situationsspezifische Erfahrung von anderen Personen hinterlegt und entsprechend angepasst in der aktuellen Betriebssituation verarbeitet werden [108, 109].

Schnelligkeit und Umsicht sind besonders in den seltenen Fällen gefordert, wo es zu großen Netzstörungen bis hin zum völligen Netzzusammenbruch kommt. Ein Einsatz von Expertensystemen zur Unterstützung der Systemführung ist immer dann sinnvoll, wenn sehr große Datenmengen (Big Data) bei der Alarmverarbeitung (Alarm Processing) und dem Auftreten von sogenannten Meldungsschauern die Interpretation des eigentlichen Betriebsgeschehens für das Betriebspersonal sehr schwierig gestalten [208].

Ein Expertensystem, in dem die Reaktionen auf eine spezifische außergewöhnliche Netzsituation festgelegt sind, kann das volle Spektrum seiner theoretischen Möglichkeiten ausspielen:

- Es kann auch beim Auftreten großer Datenmengen (z. B. bei Meldungsschauern) gegenüber dem Menschen schneller Schlussfolgerungen generieren.
- Da große Netzstörungen selten sind, ist der Erfahrungsschatz des einzelnen Betriebsführers klein und auf spezielle Fälle begrenzt. Der Zusammenfassung von Erfahrung mehrerer Betriebsführer kommt große Bedeutung zu.
- Durch die Möglichkeit zur unmittelbaren Einbeziehung von Ergebnissen numerischer Berechnungen kann der Entscheidungshorizont des Expertensystems zusätzlich erweitert werden.
- Im Fall unvollständiger oder fehlender Information kann auf Heuristiken zurückgegriffen werden. Dadurch bleibt die Handlungsfähigkeit erhalten.
- Das heuristische Wissen kann leicht zu Regeln erweitert werden, die aus der Modelluntersuchung von aktuellen und potenziellen Störfällen erarbeitet werden. Damit kann eine durch die Komplexität verursachte kombinatorische Explosion möglicher Vorgehensweisen verhindert werden.
- Erfahrungen aus neuen Störfällen können ohne großen Programmieraufwand zugefügt werden. Damit wird die Wissensbasis ständig erweitert und aktuell gehalten.
- Über eine Erklärungskomponente kann dem betriebsführenden Personal auch mitgeteilt werden, warum das Expertensystem eine bestimmte Vorgehensweise vorschlägt. Der Lösungsweg bleibt transparent, was insbesondere aus Gesichtspunkten des Trainings des Betriebspersonals von Bedeutung ist.

Beim Netzwiederaufbau kann ein Expertensystem das volle Spektrum seiner theoretischen Möglichkeiten zur Unterstützung der Systemführung ausspielen [19, 41, 109]. In der Regel sind nach einer Großstörung (Blackout) praktisch alle Betriebsmittel grundsätzlich funktionsfähig. Nur einzelne Netzelemente können dauerhaft nicht mehr zur Verfügung stehen. Die meisten Betriebsmittel sind allerdings ab- bzw. ausgeschaltet bzw. ihr Zusammenwirken ist extrem desorganisiert. Beim Netzwiederaufbau besteht das wesentliche Problem für das Betriebspersonal in der Bewertung und Verarbeitung einer großen Anzahl unterschiedlichster Informationen bei gleichzeitig situationsbedingt größtem Stress. In einer solchen Situation kann ein Expertensystem als Entscheidungshilfe für den Netzwiederaufbau das Betriebspersonal basierend auf der potenziellen Netztopologie bei der Auswahl sinnvoller Aufbaualternativen unterstützen, indem beispielsweise prozessbegleitend ein Vorschlag für die Zuschaltung des nächsten zuzuschaltenden Betriebsmittels (Generator, Leitung, Last usw.) unterbreitet wird. In der Regel liefert das Expertensystem auch eine Begründung für die vorgeschlagene Alternative und hilft dadurch dem Betriebspersonal, die getroffene Auswahl nachzuvollziehen.

Weitere Expertensysteme wurden als Pilotanwendungen für die Netzsicherheitsüberwachung und -korrektur (Netzsicherheitsanalyse, siehe Abschn. 3.2.2) elektrischer Energieversorgungsnetze entwickelt und bereits eingesetzt [209–213].

Die Netzsicherheitsanalyse basiert auf konsekutiv programmierten, meist deterministischen mathematischen Modellen beträchtlichen Umfangs, anhand derer sich die gewünschten Ergebnisse relativ schnell und genau ermitteln lassen. Solche Modelle mittels Regeln zu programmieren oder durch ungenauere heuristische Regeln zu ersetzen, ist nicht sinnvoll. Es gibt allerdings im Rahmen der Netzsicherheitsanalyse durchaus Teilaufgaben, für die Expertensysteme vorteilhaft eingesetzt werden könnten. Die Aufgabe des Wissensingenieurs ist es, nicht nur einen Betriebsführer zu befragen, sondern möglichst alle erfahrenen Betriebsführer, und das gesamte Erfahrungsgut in ein Regelsystem umzusetzen. Auf diese Weise kann ein Expertensystem zustande kommen, das schneller und mit größerer Umsicht arbeitet als der einzelne Betriebsführer [214]. Der Aufbau der Wissensbasis kann dabei durchaus unternehmensübergreifend gestaltet werden.

- Die Ergebnisse der Modellrechnungen liegen oft in Form eines sehr großen Datensatzes vor. Das Urteil, ob dieser Datensatz einen brauchbaren Betriebsfall darstellt oder nicht, bleibt dem betriebsführenden Personal überlassen. Die Regeln, nach denen es zu einem Urteil kommt, lassen sich in einem Expertensystem niederlegen, das eine Vordiagnose trifft und erörtert [213, 215].
- Bei der Auswahl von Maßnahmen zur Verbesserung bzw. Korrektur eines Netzzustandes ist aufgrund der Kombinatorik der möglichen topologischen Maßnahmen das Auffinden geeigneter Maßnahmen durch das betriebsführende Personal nur schwer innerhalb der zur Verfügung stehenden Zeit möglich [211, 213, 215]. Ein Expertensystem findet deutlich schneller eine Lösung.
- Mit einer Kontingenzanalyse (i.e. Ausfallanalyse) können wegen der Kombinatorik nicht alle im Netz möglichen Fehlerfälle in sinnvoller Zeit durchgerechnet werden. Ein Expertensystem trifft eine Auswahl kritischer Ausfälle, die anschließend in der Kontingenzanalyse bearbeitet werden [210].
- Bei der Lastprognose treten gelegentlich spezielle Einflussgrößen oder Tage (z. B. Feiertage) mit speziellen Gegebenheiten auf, die mit mathematischer Statistik nicht fassbar sind. Hier muss letztlich das betriebsführende Personal aufgrund seiner Erfahrung Annahmen treffen. Als Beispiel eines Expertensystems für die Prognose sei hier das vom Fraunhofer-Institut IWES entwickelte Wind Power Management System (WPMS) genannt. In diesem Prognosetool wird ein neuronales Netz, das auf numerische Wettermodelle trainiert ist, für die Day-Ahead-Vorhersage der Energieerzeugung aus Wind verwendet [214, 216].
- Die Ex-Post-Auswertung eines Störungsereignisses (i.e. Störungsanalyse) ist aufgrund der zu berücksichtigenden Datenmenge in der Regel eine aufwändige und aufgrund der vielfältigen technischen Zusammenhänge auch eine komplexe Aufgabe. Durch ein entsprechendes Expertensystem kann zumindest eine Vorauswahl möglicher Störungsinterpretationen erstellt werden [208].

Durch den weiteren Zubau von erneuerbaren Energieerzeugungsanlagen, den Einsatz von Speichern, die Flexibilisierung von Lasten und die dadurch größer werdende Komplexität der zu bearbeitenden Prozesse steigt der Bedarf an intelligenten Systemen zur Unterstützung der Systemführung. Zunehmend wird trotz nicht vollständiger (z. B. aufgrund von Übermittlungsfehlern oder Messgeräteausfällen) oder ungenauer Informationen (z. B. durch Abweichungen bei Last- und Einspeiseprognosen) eine systemführungsrelevante Entscheidung herbeigeführt werden müssen. Insbesondere die Behandlung kritischer Zustände des Systems nach Störungen (z. B. Kurzschlüsse, Komponentenausfälle) werden für die Systemführung zunehmend häufiger und komplexer. Hier können Expertensysteme eine wesentliche Unterstützung für das Betriebsführungspersonal bieten [214].

3.6.5.4 Blockchain

Eine noch relativ junge IT-Technologie ist die sogenannte Blockchain, die zum Internet of Value (IoV) gezählt wird. Damit wird ein digitales Netzwerk beschrieben, in dem elektronisch und in der Regel vollautomatisch Transaktionen realisiert werden. Die ersten IoV-Anwendungen waren Finanztransaktionen, die bislang bekannteste ist die sogenannte Krypto-Währung Bitcoin. Zunehmend wird die Blockchain-Technologie aber auch in anderen Bereichen, wie beispielsweise in Energiesystemen, eingesetzt. Eine Blockchain funktioniert wie ein dezentrales Kassenbuch („Distributed Ledger"), das die einzelnen Einträge automatisiert selbst verifiziert. In einer Blockchain wird eine Transaktion durch die jeweils vorhergegangene Transaktion validiert. Dafür wird der Header des Datenblocks einer Transaktion im Block der nachfolgenden Transaktion gespeichert Auf diese Weise entsteht eine eindeutige, nachträglich nicht mehr veränderbare Kette von Transaktionen. Aus dieser Verkettung leitet sich auch der Name dieser Technologie ab [217].

Ein wesentliches und für Anwendungen in Energiesystemen besonders bedeutsames Merkmal ist die inhärente Sicherheit der Blockchain-Technologie. Das beispielhaft betrachtete Kassenbuch wird parallel auf allen Rechnern des Netzwerks gespeichert. Ein Angriff auf einzelne Knotenpunkte im Netzwerk reicht also nicht aus, um die Kassenbucheintragungen zu verfälschen. Eine Manipulation des Kassenbuchs ist nur möglich, wenn mehr als 50 % der Knotenpunkte korrumpiert werden. Aufgrund des Aufbaus des Rechnernetzwerks ist es auch nicht notwendig, die einzelnen Transaktionen von einer zentralen Instanz bestätigen zulassen. Eine Blockchain ist eine die logisch zentral aufgebaute Technologie, die jedoch physikalisch dezentral funktioniert.

Ein denkbarer Einsatzzweck von Blockchains in Energiesystemen ist die Selbstorganisation des Strommarktes über Smart Meter. Die Energieversorgungsunternehmen könnten beispielsweise hier als vertrauenswürdige Dienstleister agieren und über eine bereitgestellte Plattform Prosumer (i.e. Marktsteilnehmer, die gleichzeitig Produzenten und Verbraucher sind) und reine Produzenten von Ökostrom zusammenbringen. Ausgestattet mit Smart Metern wird die Stromproduktion dezentraler Anlagen sowie der Verbrauch von Stromabnehmern kontinuierlich überwacht. Durch die Blockchain kann ein Verbraucher, der mehr Strom benötigt, automatisch bei teilnehmenden Produzenten auf der Blockchain diesen Strom einkaufen lassen. Die sonst erforderlichen Bank-, Broker-

und Börsengeschäftsprozesse entfallen. Langfristig könnten dadurch die Stromkosten sinken und es könnte sich daraus eine sich selbst organisierende Stromlandschaft aus dezentralen Anlagen entwickeln [217].

Ein weiterer, für die Systemführung elektrischer Energieversorgungsnetze bedeutender Anwendungsfall von Blockchains könnte die Koordination zwischen der Übertragungsnetz- und der Verteilnetzebene sein. Mit der gegenwärtig gültigen Regelung erfolgt die Kommunikation unmittelbar zwischen den Aggregatoren von Regelenergie und den Übertragungsnetzbetreibern. Für den Verteilnetzbetreiber ist es dadurch nur schwer nachzuvollziehen, wie die Nachfrage nach Regelenergie von Aggregatoren durch Anlagen, die an das Verteilnetz angeschlossen sind, bereitgestellt wird. Dieses Überspringen des Verteilnetzbetreibers in der Kommunikation beim Abruf von Regelenergie kann dort in letzter Konsequenz zu Engpässen oder Überlastungen führen. Blockchains könnten in diesem Fall als digitaler Kommunikationskanal genutzt werden. Alle Transaktionen sind gleichzeitig auf allen Knotenpunkten hinterlegt. Dadurch kann auch der Verteilnetzbetreiber erkennen, wenn eine Regelenergieanfrage an eine Anlage gesendet wird. Es wäre dann denkbar, dass der Verteilnetzbetreiber über ein entsprechendes Interface gegen den beabsichtigten Regelenergieabruf Einspruch einlegen oder seinerseits Bedarfsanfragen zur Verteilnetzstabilisierung ausschreiben könnte [206, 217].

Mehrere Übertragungsnetzbetreiber erproben auf der Plattform Equigy verschiedene Blockchains, mit denen weitere Flexibilitätsquellen für die Systemführung bereitgestellt werden können. Mit einem dieser Projekte wird für die Übertragungsnetzbetreiber der Zugang zu der flexiblen Speicherkapazität eines Netzes von miteinander verbundenen Hausbatterien organisiert. Die Blockchain verbindet die Hausbatterien und passt das Management der Batterieladung ständig an die jeweilige Netzsituation an. Mit einer anderen Blockchain erhalten die Übertragungsnetzbetreiber Zugang zu den flexiblen Speicherkapazitäten eines Netzwerks von miteinander verbundenen Elektrofahrzeugen und Ladepunkten. Hintergrund der Aktivitäten auf der Blockchain-Plattform ist, dass für den Ausgleich der Schwankungen von Stromerzeugung und -verbrauch sowie zur Beherrschung von Netzengpässen in Zukunft immer weniger konventionelle Erzeugungsleistung aus Großkraftwerken zur Verfügung steht. Die Flexibilitätspotenziale von Millionen dezentraler Kleinstanlagen könnten daher einen wichtigen Beitrag für das Engpassmanagement und damit zur Systemstabilität leisten [218, 219].

3.6.5.5 Multiagentensysteme

Eine weitere KI-Technologie, die auch Verwendung bei der Betriebsführung elektrischer Energieversorgungssysteme findet, sind sogenannte Multiagentensysteme. Diese Technologie ist auch unter dem Begriff „verteilte Künstliche Intelligenz“ bekannt. Hierbei handelt es sich um Systeme mit mehreren, interagierenden „Agenten“, die zwar jeweils weitgehend autonom organisiert sind, aber insgesamt zur Lösung einer gemeinsamen Aufgabenstellung beitragen [220]. Vorbild dieser Technologie sind Insektenkolonien, bei denen jedes Insekt sowohl lokale Zielsetzungen, die den eigenen Erhalt gewährleisten sollen, als auch globale Ziele, die für den Erhalt der Kolonie insgesamt erforderlich sind, verfolgt. Die Koordination der Insektenkolonie wird durch die Interaktion der Insekten untereinander realisiert, wodurch komplexe Strukturen, wie bspw. der Bau einer sogenannten Ameisenbrücke, realisiert werden können. Die Koordination aller Insekten durch ein einziges Insekt wäre hingegen kaum möglich. Aus diesem Grund nutzen viele Insektenarten unterschiedliche Mechanismen zur Koordination von großen Insektenkolonien [221].

Analog hierzu ist ein Multiagentensystem dadurch charakterisiert, dass jeder Agent nur eine unvollständige Sicht auf das Gesamtsystem besitzt. Das bedeutet, dass jeder Agent nur beschränkte Informationen und begrenzte Problemlösefähigkeiten hat. In einem Multiagentensystem gibt es keine zentrale Systemkontrolle, die Daten werden dezentral gespeichert und die Berechnungen laufen asynchron ab.

Die Eigenschaften eines (Software)-agenten lauten wie folgt:

- **Reaktivität:** Der Agent nimmt seine Umwelt wahr und kann auf Zustandsänderungen in seiner Umwelt dynamisch reagieren.
- **Proaktivität:** Neben der passiv ausgestalteten reaktiven Fähigkeit können Agenten aktiv die Umwelt gezielt beeinflussen. Sie verfolgen lokale Zielsetzungen und können Aktionsfolgen zur Erreichung ihrer Ziele planen.
- **Interaktivität:** Ein Agent ist häufig in einer Umgebung mit mehreren Agenten eingebettet und ist hierin in der Lage, mit anderen Agenten zu interagieren. Die Fähigkeit der Interaktion wird insbesondere durch die sozialen Eigenschaften der Koordination, der Kooperation und der Verhandlungsfähigkeit ermöglicht.
- **Autonomie:** Neben der Anerkennung einer gewissen Selbstständigkeit, die in Form einer eigenständigen Entscheidungsfindung ausgestaltet sein kann, ist die physische Autonomie von wesentlicher Bedeutung. Jeder Agent besitzt die Voraussetzung autonom auf einer Hardware ohne zusätzliche Software zu „existieren“.
- **Zielgerichtetes Handeln:** Der Agent verfolgt Ziele, die er selbst definiert oder die durch andere Agenten vorgegeben werden können. Hierbei kann der Agent auch selbst definierte, lokale Zielsetzungen verfolgen, deren Ausgestaltung durch andere Agenten beeinflusst werden kann.

Anhand dieser fünf Eigenschaften lässt sich ableiten, dass das Konzept des Softwareagenten auf der Interaktion von vielen eigenständigen Softwareagenten beruht. Die Verknüpfung mehrerer Softwareagenten wird als Multiagentensystem bezeichnet und besitzt ihren Ursprung in der Erkenntnis, dass durch eine Interaktion von vielen Softwareagenten das Systemverhalten häufig besser als durch den Entwurf eines einzelnen Systems beschrieben werden kann. Diese Eigenschaft kann dazu genutzt werden, die Struktur eines Energieversorgungssystems abzubilden. Erste Anwendungen von Multiagentensystemen wurden bereits für die Automatisierung von Verteilnetzen realisiert [222].

3.6.5.6 Künstliche Neuronale Netze

Mit dem Begriff Künstliche Neuronale Netze (KNN) werden informationstechnische Systeme bezeichnet, deren Struktur und Funktionsweise Analogien zum menschlichen Gehirn aufweisen. Sie gehören zu den maschinellen Lernverfahren. Die technische Adaption beruht dabei auf der Nachbildung der biologischen Nervenzellen und den dazugehörigen neuronalen Verbindungen. Die Neuronen bilden die funktionellen Grundeinheiten der Künstlichen Neuronalen Netze. Sie sind in mehreren Schichten angeordnet und miteinander verbunden (Abb. 3.78a). Die Schichten unterteilen sich in die Eingangsschicht (Input Layer), die verdeckten Schichten (Hidden Layer) und die Ausgangsschicht (Output Layer). Die Neuronen einer Schicht sind ausschließlich mit den Neuronen der vorherigen und der nachfolgenden Schicht verbunden. Den Verbindungen zwischen den Neuronen werden Gewichte zugeordnet, die die Relevanz einer Verbindung kennzeichnen. Die angelegten Signale x_i der Eingabeschicht (Eingangsdaten) werden an die direkt verbundenen Knoten weitergegeben. In den Knoten werden die Gewichte aufsummiert, an eine Aktivierungsfunktion übergeben und der entsprechende Ausgabewert berechnet. Die Informationsverarbeitung erfolgt somit in den verdeckten Schichten in Richtung von der Eingangs- zur Ausgangschicht. Dabei sind die Anzahl der verdeckten Schichten, die Anzahl der enthaltenen Neuronen und die verwendete Aktivierungsfunktion freie Parameter bei der Konfiguration des KNN (Modell). Für das Trainieren der neuronalen Netzstruktur, also dem Ändern der Gewichte bei den Verbindungen, werden Lernverfahren verwendet. Eines der bekanntesten Verfahren ist der Backpropagation-Algorithmus. Dabei erfolgt die Korrektur der Netzgewichte w mittels Gradientenabstiegsverfahren zur Fehlerminimierung. Durch das trainierte Netz erfolgt die Abbildung des Prognosewertes (Prädiktion) $\hat{x}_i$ in der Ausgabeschicht [223]. Abb. 3.78b zeigt die Struktur eines KNN zur Prädiktion der Netzlast.

Erste Anwendungen Künstlicher Neuronaler Netze zur Unterstützung der Systemführung elektrischer Übertragungsnetze wurden zur Verbesserung der Netzverlustprognose [223] und beim Einsatz der im Folgenden beschriebenen zeitsychronisierten Phasormessungen [196] realisiert.

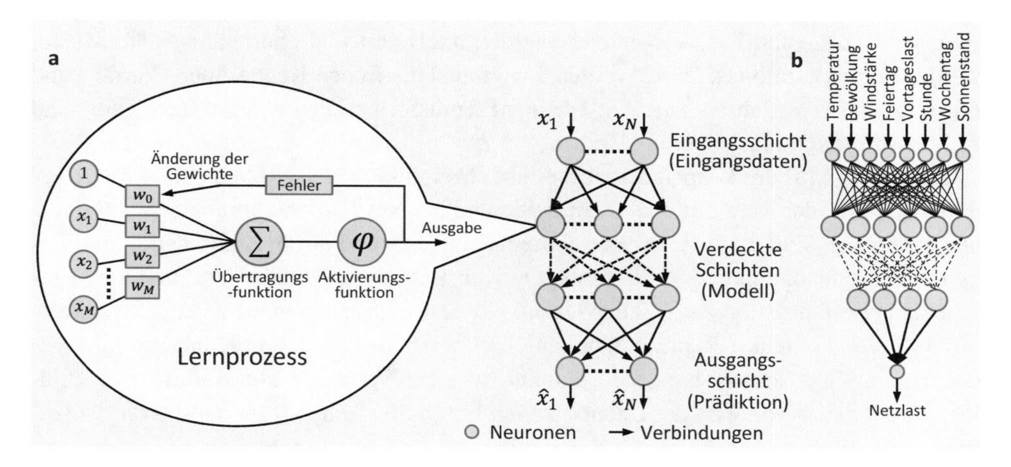

Abb. 3.78 Künstliches Neuronales Netz

Die auch als Energiewende bezeichnete Transformation des elektrischen Energiesystems kann man in zwei Abschnitten unterteilen. Der erste Abschnitt, der bereits weit vorangeschritten ist, beschreibt den Ausbau der erneuerbaren Energien sowie den Rückbau der Kernenergie und der kohlebefeuerten Kraftwerksanlagen. Im zweiten Abschnitt, der erst am Anfang seiner Entwicklung steht, müssen die erneuerbaren Energien in die optimale Systemführung integriert werden. Bedingt durch den massiven Anstieg von dezentralen, volatilen Einspeisern wie Photovoltaik- und Windkraftanlagen sowie durch den vermehrten Einsatz von aktiven Netzkomponenten wie FACTS-Regler treten immer öfter stark wechselnde und kurzzeitig auftretende, große Leistungsflüsse auf. Dadurch erhöht sich die Netzbelastung vor allem im dynamischen Zeitbereich und führt zu einer hohen Anfälligkeit des elektrischen Energieversorgungssystems gegenüber Versorgungsausfällen oder Instabilitäten. Dies stellt die Systemführung zunehmend vor neue Anforderungen [196].

Um Gefährdungen des Netzzustandes auch bei sehr dynamischen Systemänderungen möglichst früh zu erkennen und um ggf. geeignete Gegenmaßnahmen zur Erhaltung eines stabilen und sicheren Netzzustands einzuleiten, die u. U. auch automatisiert erfolgen können, ist eine Echtzeitbewertung des Netzzustands auf Basis hochdynamischer Messungen erforderlich.

Eine vielversprechende Möglichkeit, mit der Messwerte hochdynamisch erfasst werden können und die seit einigen Jahren erfolgreich vor allem in den USA und Indien eingesetzt wird, ist die Phasormesstechnik (Phasor Measurement Unit, PMU). Bei dieser Methode werden mit einer hochfrequenten Abtastung die komplexen Strom- und Spannungszeiger ermittelt und mithilfe eines GPS-Signals zeitsynchronisiert (siehe Abschn. 3.6.4).

Nachteilig beim Einsatz von Phasormessungen ist allerdings der damit verbundene immense Datenumfang, der je nach Einsatzgebiet mehrere GByte pro Tag betragen kann. Diese Menge an Informationen ist mit manuellen Auswertungsmethoden auch nicht annähernd zu beherrschen. Mit Methoden der Künstlichen Intelligenz (KI) können solche Datenmengen allerdings effizient und automatisiert ausgewertet werden. Die Messsignale im Zeit- und Frequenzbereich werden analysiert und charakteristische Muster werden daraus extrahiert. Diese werden dann mit statistischen Kenngrößen (Varianz und Entropie) oder Verfahren zur Zeit-Frequenz-Transformation (Wavelet-Zerlegung und Z-Transformation) ausgewertet [196].

Mit diesen Mustern können dann bestimmte Ereignisse im Netz (Anomalien, Betriebsmittelausfälle oder Kurzschlüsse) identifiziert und der Netzbetriebsführung gemeldet werden. Allerdings sind diese Verfahren sehr rechenintensiv und nur in Kombination mit Verfahren zur Datenkompression für den operativen Betrieb geeignet, um schnell eine Entscheidung treffen zu können. Mit den Datenkompressionsverfahren werden die Messwerte im Vorfeld in kompakte Repräsentationen (Zustände) überführt und redundante Informationen eliminiert. Damit lässt sich, ähnlich wie bei Verfahren zur Audio- oder Bildkompression, das Volumen der Datensätze um bis zu 80 % ohne Informationsverlust verringern [224].

In einem weiteren Schritt werden mit den erhobenen Phasormessdaten neuronale Netze angelernt. Dabei werden die neuronalen Netze mit Beispielen typischer Betriebsstörungen unmittelbar auf der Rohdatenbasis trainiert (End-to-End-Learning). Die neuronalen Netze lernen auf diese Weise, normale Betriebssituationen von potenziellen Betriebsstörungen zu unterscheiden. Im Anschluss an die Trainingsphase werden die neuronalen Netze auf die in Echtzeit bestimmten Daten der Phasormessungen angewendet. Trotz des hohen Trainingsaufwands sind Künstliche Neuronale Netze zu einer schnellen Entscheidungsfindung fähig, da die Modellausführung aus relativ einfachen Matrixoperationen besteht. Vordefinierte Betriebsstörungen oder Fehler wie Generator- und Leitungsausfälle können identifiziert und lokalisiert werden. Zusätzlich wird die Eintrittswahrscheinlichkeit der identifizierten Ereignisse automatisiert und in Echtzeit abgeschätzt [196].

Damit lassen sich neuartige Assistenzsysteme für die Systemführung entwickeln, die als Entscheidungshilfe die Systemführer in den Leitwarten unterstützen. Verfahrenstypisch ist bei neuronalen Netzen allerdings, dass die vom Modell getroffenen Entscheidungen kaum nachvollzogen werden können. Dies kann u. U. die Akzeptanz dieser Systeme beim Betriebspersonal erheblich reduzieren.

Abb. 3.79 zeigt den prinzipiellen Aufbau einer KI-basierten Fehleridentifikation und Fehlerlokalisierung auf Basis von PMU-Daten (a) sowie exemplarisch die Struktur eines Klassifikators auf Basis von Long-Short-Term-Memories (LSTM) – einer speziellen Form rekurrenter neuronaler Netze (b). Dabei werden die PMU-Daten mithilfe der Z-Trans-

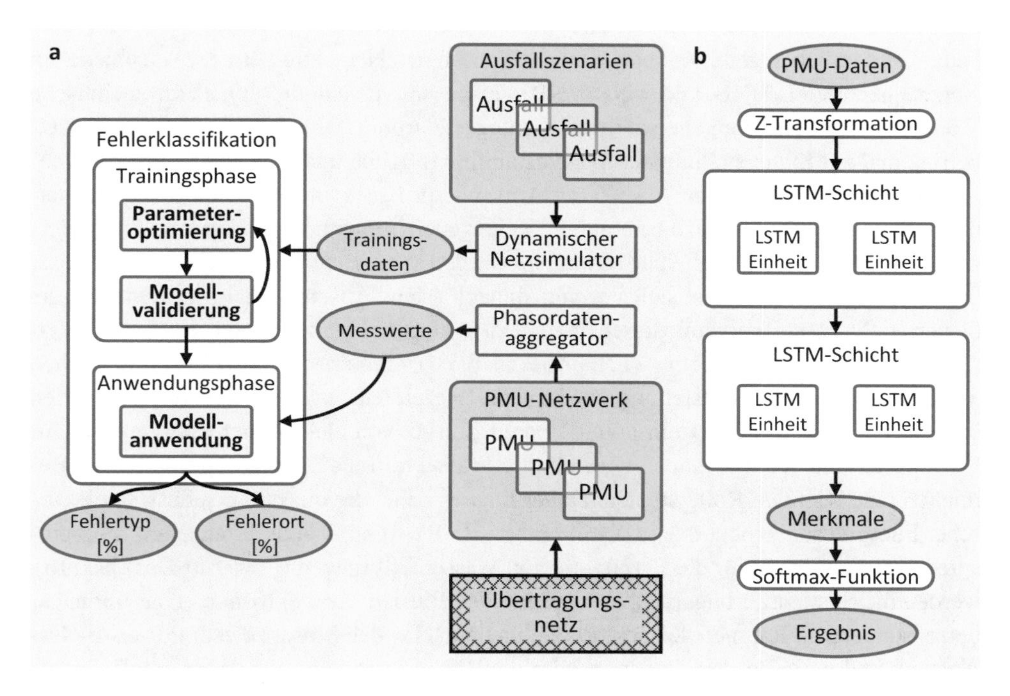

Abb. 3.79 Fehleridentifikation und -lokalisierung (**a**) sowie LSTM-Klassifikator (**b**) [196]

formation vorverarbeitet und über mehrere, in Schichten angeordnete LSTM-Einheiten zur Bildung eines Merkmalsvektors weiterverarbeitet. Anschließend wird die Prädiktion über einen linearen Klassifikator mithilfe einer Softmax-Aktivierungsfunktion (i.e. normalisierte Exponentialfunktion) in den Entscheidungsvektor transformiert, der unter Angabe von Wahrscheinlichkeiten als Ergebnis die Informationen über den vorliegenden Fehlertyp sowie den Fehlerort enthält [196].

3.6.6 Neue Aufgaben der Systemführung

Bislang wurden die Systemdienstleistungen vor allem durch konventionelle Kraftwerke bereitgestellt. Aufgrund der Transformation des Stromversorgungssystems im Rahmen der Energiewende müssen diese Dienstleistungen nun aber verstärkt durch andere Erzeugungs-, Speicher- und Verbrauchsanlagen erbracht und das Aufgabenspektrum der erneuerbaren Erzeugungsanlagen und weiterer Anlagen weiterentwickelt werden. Mit dem beschleunigten Ausbau der erneuerbaren Energien, insbesondere der Windkraft und der Photovoltaik, und einem möglichen vorgezogenen Kohleausstieg 2030, kommt dem Anpassungsprozess eine besondere Bedeutung zu. Die erneuerbaren Energien sind im Vergleich zu konventionellen Großkraftwerken i. d. R. im Verteilnetz und über leistungselektronische Stromrichter an das Stromnetz angeschlossen. Daraus ergeben sich neue und andere Anforderungen an die erneuerbaren Erzeugungsanlagen aber auch neue Möglichkeiten, um einen sicheren und robusten Netzbetrieb zu gewährleisten. Außerdem bedarf es deutlich engerer Kooperationen zwischen den Netzbetreibern der verschiedenen Netzebenen (VNB/ÜNB und VNB/VNB). Insgesamt macht dieser „elektrotechnische Wandel“ (vom Synchrongenerator zur Leistungselektronik) neue Lösungen für den Netzbetrieb und zur Sicherstellung der Systemstabilität möglich und gleichzeitig erforderlich.

Durch den zunehmenden Ausbau der Anlagen zur Erzeugung von Strom aus erneuerbaren Energiequellen wird zu bestimmten Zeiten auch immer mehr elektrische Energie erzeugt, die nicht mehr unmittelbar verbraucht werden kann. Eine weitere Abregelung dieser überschüssigen Leistung ist sicher wenig sinnvoll (siehe Abschn. 3.2.1.4). Ebenso ist die bisherige Praxis des Verkaufs dieser Energie zu u. U. beliebig niedrigen Preisen volkswirtschaftlich nicht mehr vertretbar (siehe Abschn. 6.3.4). Gleichzeitig muss in den Bereichen Verkehr und Wärmebereitstellung zunehmend Energie aus erneuerbaren Energiequellen eingesetzt werden. Neben dem unmittelbaren Einsatz von elektrischer Energie z. B. für E-Mobilität und Wärmepumpen wird künftig Wasserstoff als Energieträger in diesen Bereichen eine wichtige Rolle spielen. Daher liegt es nahe, die quasi überschüssige elektrische Energie aus erneuerbaren Quellen (z. B. PV- und Windkraftanlagen) mit entsprechenden Anlagen für die Erzeugung von Wasserstoff nutzen (Power-to-Gas). Künftig werden die Systemführungen daher nicht nur den Betrieb der elektrischen Übertragungsnetze, sondern im Rahmen der Sektorkopplung auch für den Einsatz dieser Power-to-Gas-Anlagen und ggfs. für den Transport oder die Rückverstromung von Wasserstoff verantwortlich sein.

Aufgrund der hohen Anzahl der zukünftig am Netz angeschlossenen Anlagen und der zunehmend erforderlichen Digitalisierung steigen Komplexität und Risiken des Stromversorgungssystems, auch hinsichtlich der Systemstabilität. Es bedarf deshalb der Entwicklung eines robusten und fehlertoleranten Systems auch unter den sich verändernden Rahmenbedingungen. Das Ziel ist ein sicherer und robuster Betrieb der Stromnetze mit 100 % erneuerbaren Energien [251].

3.7 IKT Systemsicherheit

3.7.1 IKT Struktur

Die wesentlichen Komponenten eines elektrische Energieversorgungsnetzes sind die Freileitungen, Kabel, Transformatoren und Schaltanlagen. Diese Netzbetriebsmittel, die auch als Primärtechnik bezeichnet werden, werden zur Erfassung der aktuellen Betriebsdaten wie bspw. Spannung und Strom mit Messgeräten und Sensortechnik überwacht. Mit steuerbaren Schaltgeräten, wie bspw. Leistungsschalter, Trennschalter, Transformatorstufensteller lassen sich die Topologie und der Systemzustand beeinflussen (siehe Abschn. 2.2.3). Die Steuerungsvorgänge werden entweder durch entsprechende Steuerungsbefehle aus der Schaltleitung aktiviert oder sie werden automatisiert vor Ort in der jeweiligen Station bspw. durch Schutzeinrichtungen ausgelöst. Die physikalische Umsetzung der Steuerbefehle wird über eine Steuerungs- oder Kontrolleinheit an einen Aktor (z. B. Motorantrieb eines Stufenstellers) des jeweiligen Betriebsmittels weiterleitet, der dann den eigentlichen Steuerungs- oder Schaltvorgang realisiert. Alle Elemente des Steuerungsprozesses sind mit entsprechenden Komponenten aus der Informations- und Kommunikationstechnik (IKT) ausgestattet [225].

Durch die Energiewende wird die Anzahl solcher IKT-Schnittstellen in einem immer digitaler werdenden Energiesystem deutlich ansteigen. Zum einen werden künftig sehr viel mehr Erzeugungsanlagen in das Netz einspeisen als in der Vergangenheit und zum anderen wird die informationstechnische Vernetzung deutlich anwachsen. Hinzu kommen noch eine Vielzahl von neuartigen Komponenten, die an das Energieversorgungsnetz angeschlossen werden und über IKT-Schnittstellen verfügen. Hierzu gehören beispielsweise Elektroautos incl. der Ladeinfrastruktur, Smart Meter, Smart-Home-Anwendungen, Speichersysteme sowie steuerbare Prozesse in der Industrie. Mit der Anzahl dieser zusätzlichen Komponenten steigt auch der Informationsbedarf und -austausch, der für eine kontinuierliche Überwachung, Steuerung und Integration dieser Komponenten in das Gesamtsystem erforderlich ist, entsprechend deutlich an. Für die Systemführung künftiger Energieübertragungsnetze werden die IKT-Schnittstelleneine zentrale Bedeutung haben. Daher muss die Funktionalität dieser Schnittstellen jederzeit sichergestellt werden (Interoperabilität). Eine wichtige Voraussetzung hierfür ist die eindeutige Verwendung einheitlicher und geeigneter Standards für die sehr unterschiedlichen Arten von Schnittstellen (z. B. Datenformate, Kommunikationsprotokolle, physische Verbindungen). Zur Analyse

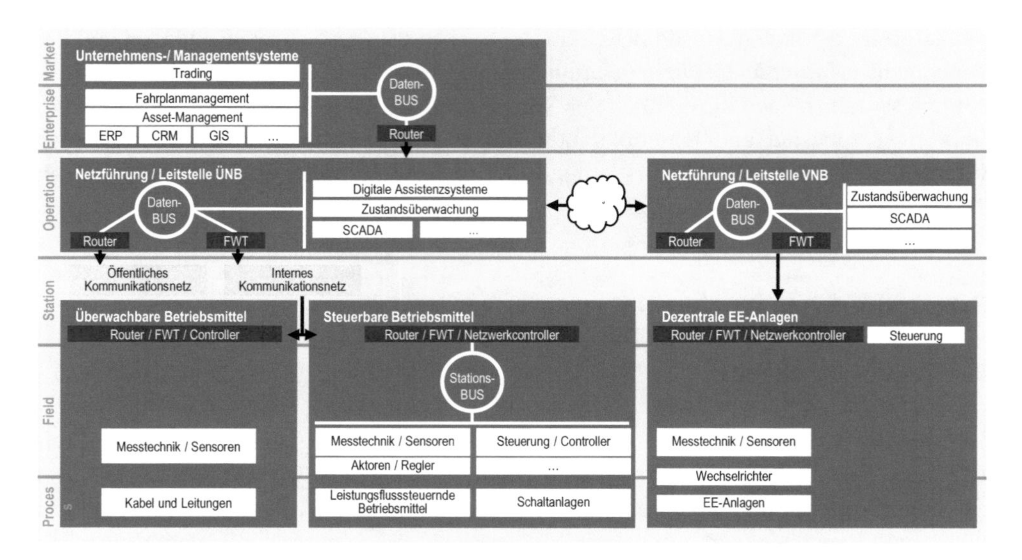

Abb. 3.80 Component Layer eines Übertragungsnetzbetreibers [225]

und zur Beschreibung von Schnittstellen und Standards in Energiesystemen wird üblicherweise das sogenannte Smart-Grid-Architecture-Model (SGAM) verwendet [225].

Für einen Netzbetreiber bildet die Systemführung, die u. a. für den Netzbetrieb und die Überwachung der Netzkomponenten zuständig ist, und die eher planerischen Aufgaben (Asset Management, Ressourcenplanung etc.) die Unternehmensebene dieses Modells. Die Systemführung überwacht und steuert aktiv und in Echtzeit die Betriebsmittel des Netzes. Bei den planerischen und nicht so zeitkritischen Aufgaben stehen eher die Sammlung und die Verwaltung der Anlagen und Betriebsmittel im Focus. Eine exemplarische Übersicht der interagierenden Komponenten eines Übertragungsnetzes im Smart Grid Architecture Model ist in Abb. 3.80 dargestellt [225].

3.7.2 IKT Sicherheit

Um den steigenden Herausforderungen zur Umsetzung der Energiewende zu entsprechen, muss nicht nur die klassische Primär- und Sekundärtechnik der Energiesysteme ausgebaut werden. Mit der Nutzung von intelligenten Betriebsführungsstrategien und -komponenten auch als Alternative zu konventionellen Netzausbaumaßnahmen (siehe Abschn. 3.6.2) werden zunehmend informationstechnische Anlagen im Energieversorgungsnetz installiert. Durch die damit immer stärker werdende informationstechnische Vernetzung wird die Energieversorgung zunehmend auch über Informations- und Kommunikationstechnologien gesteuert und ist damit in immer größerem Maß von diesen automatisierten System- und IT-Anbindungen abhängig, um eine funktionierende Energieversorgung zu gewährleisten [226]. Gleichzeitig werden auch bei den elektrischen Verbrauchern und den dezentralen Einspeisern immer mehr informationstechnische Geräte in die Infrastruktur der elektrischen Energieversorgungsnetze eingebunden. Man kann davon ausgehen, dass künftig nahezu alle an das Energiesystem angeschlossenen Geräte (wie Smart Meter in den Haushalten, Ladestellen für Elektrofahrzeuge, Wechselrichter von Photovoltaikanlagen etc. [142]) über einen Anschluss an das Internet verfügen. Immer mehr Geräte, Gegenstände und Sensoren, die über das öffentliche Netz mit Energie versorgt werden, sind auch gleichzeitig in das Internet eingebunden. Dieses allein in Europa aus vielen Milliarden Elementen bestehende „Internet of Things" wird von vielen Experten auch als mögliche Bedrohung für die Sicherheit der Energiesysteme angesehen [227, 228].

Auch wenn durch entsprechende Einrichtungen (z. B. Firewalls) ein gewisser Schutz vor unberechtigten Zugriffen besteht, steigt damit auch die Anzahl potenzieller Angriffspunkte im elektrischen Energiesystem. Dadurch erhöht sich natürlich auch die Gefahr von Missbräuchen und vor allem Angriffen auf die informationstechnische Infrastruktur der Netzbetreiber. Diese Angriffe können im schlimmsten Fall das Betriebsverhalten von Netzkomponenten beeinflussen.

Eine sichere IT-Infrastruktur wird somit künftig zur wesentlichen Grundvoraussetzung einer funktionierenden Energieversorgung. Im IT-Sicherheitsgesetz [229] werden die Betreiber „Kritischer Infrastrukturen", also auch die Übertragungsnetzbetreiber, verpflichtet, strenge gesetzliche Anforderungen für ihre IT-Sicherheit zu erfüllen und einen vertrauensvollen Informationsaustausch zur aktuellen Lage ihrer IT-Sicherheit mit den zuständigen staatlichen Behörden zu pflegen. Entsprechend dieser gesetzlichen Grundlage hat die Bundesnetzagentur im Dezember 2018 einen neuen IT-Sicherheitskatalog [230] für Betreiber von Energieanlagen veröffentlicht, um eine sichere IT-Infrastruktur gewährleisten zu können (siehe Abschn. 3.7.3).

Die Systemführung von Übertragungsnetzen muss solche Angriffe möglichst frühzeitig erkennen können und über geeignete Abwehrmaßnahmen verfügen. Einerseits werden viele energietechnische Komponenten zur Zustandserfassung und Regelung zunehmend informationstechnisch vernetzt, andererseits muss zur Gewährleistung eines sicheren und zuverlässigen Netzbetriebs sichergestellt sein, dass durch die neuartigen Kommunikationsschnittstellen und -strukturen kein externer Eingriff in den Netzbetrieb möglich ist. Die steigende Anzahl dezentraler Endpunkte, die oft nur schlecht physikalisch gesichert sind, bedeutet für die Sicherheit der in der Regel zentral gesteuerten Stromnetze eine besondere Herausforderung.

Die Einrichtungen der Energieversorgungssysteme werden, wie auch andere technische Strukturen, immer häufiger zum Ziel von Cyberangriffen. Sind solche Angriffe erfolgreich, wird dadurch nicht nur die Bereitstellung elektrischer Energie unterbrochen, sondern es werden mittelbar damit auch grundlegende von elektrischer Energie abhängige Strukturen beeinträchtigt (siehe Kap. 1). Als kritische Infrastruktur sind Energiesystembetreiber daher gesetzlich dazu verpflichtet, sich besonders gut gegen Cyberangriffe zu schützen. Der systematische Aufbau von präventiven informationstechnischen Sicherheitskonzepten wird als Sustainable Cyber Resilience bezeichnet [231].

Bisher konnte die Sicherheit der Energieversorgung allein durch die Einhaltung des sogenannten (N-1)-Kriteriums gewährleistet werden (siehe Abschn. 3.2.2.3.1.1). Mit diesem Kriterium wird eine systemimmanente Robustheit des Systems garantiert, da auch beim Ausfall einer beliebigen Komponente mit den verbleibenden Betriebsmitteln die Systemsicherheit weiter aufrechterhalten werden kann. Da das Energiesystem künftig immer mehr an seinen Grenzen belastet sein wird, muss es künftig mehr auf Resilienz statt auf Robustheit bzw. Redundanz ausgerichtet werden müssen [100]. Das Energiesystem der Zukunft darf sich in einem Störungsfall nicht mehr passiv verhalten. Es soll auf aktiv auf das Störungsereignis reagieren und damit seine grundlegende Funktionsfähigkeit beibehalten. Nach der Beseitigung der Störung soll es selbsttätig seine volle Leistungsfähigkeit wiederherstellen (siehe auch Abschn. 3.6) [232].

In der Vergangenheit wurde die Energieversorgung durch einige wenige große Kraftwerke sichergestellt. Mit der Energiewende werden diese durch eine Vielzahl dezentraler Photovoltaik- und Windkraftanlagen ersetzt. Zugleich wird elektrische Energie zunehmend in Bereichen eingesetzt, wo bisher andere Energieformen genutzt wurden. Beispiele hierfür sind die Elektromobilität im Verkehrsbereich oder die Wärmepumpen zur Gebäudebeheizung. Aufgrund dieser Komplexität wird es künftig nicht mehr möglich sein, Störungen im Energieversorgungssystem grundsätzlich und vollständig zu verhindern. Allein schon wegen der großen Anzahl wird nicht für jede an das Energieversorgungssystem angeschlossene Anlage oder jedes angeschlossene Gerät eine vollständige IKT-Sicherheit gewährleistet werden können. Das System muss daher so ausgestaltet werden, dass Störungsereignisse ohne gravierende Folgen überstanden werden können (Resilienz) [232].

Die Resilienz des Energieversorgungssystems kann mit geeigneten digitalen Technologien aufgebaut werden, Damit können beispielsweise kontinuierlich und in kurzen Zeitabständen die Betriebsdaten des Energiesystems (z. B. Spannung, Strom, Frequenz) aufgenommen und automatisiert analysiert werden. Im Störungsfall steht der Systemführung damit in Echtzeit ein Lagebild des Systemzustands vor. Auf dieser Basis können dann geeignete Maßnahmen zur Wiederherstellung der Systemsicherheit eingeleitet werden. Darüber hinaus können aus den gewonnenen Daten auch strukturelle Schwächen des Energiesystems ermittelt und Empfehlungen für einen gezielten Netzausbau abgeleitet werden. Mit Hilfe von künstlicher Intelligenz oder Expertensystemen können aus diesen Daten mögliche Störungen im Voraus erkannt werden. Damit ist es möglich, bereits präventiv Maßnahmen einzuleiten, bevor eine Beeinträchtigung der Energieversorgung eintritt [232].

Mit dem präventiven Sicherheitskonzept der Sustainable Cyber Resilience werden unter anderem folgende organisatorische und technische Sicherheitsmaßnahmen verbunden [233, 234].

- **Bestandsaufnahme des vorhandenen IT-Systems**
  In einem ersten Schritt werden alle Applikationen, Geräte und Systeme erfasst, die im Unternehmensnetzwerk miteinander verbunden sind. Dazu gehören neben den eigentlichen Steuerungssystemen für die technischen Einrichtungen in den Kraftwerken und Netzen auch die administrativen IT-Systeme. Außer den unternehmenseigenen

IT-Systemen müssen in diese Bestandsaufnahme auch noch die Geräte auf der Kundenseite aufgenommen werden. Hierzu gehören beispielsweise Smart Meter und intelligente Stromzähler, die über das Internet mit dem Energieversorger verbunden sind. Im Ergebnis wird eine solche Bestandsaufnahme zeigen, dass das vorhandene IT-System sowohl aus Legacy-Systemen (Altsysteme), die eigentlich erneuert werden müssten, als auch aus Geräten, die den neuesten IT-Standards entsprechen, aufgebaut ist. Der Umfang der Unzulänglichkeiten und Sicherheitslücken wird in einem solchen historisch gewachsenen System sehr unterschiedlich sein. Eine der wesentlichen Aufgaben wird es daher sein, zunächst die Schwachstellen in einem Vulnerability Scan zu identifizieren [233, 234].

- **Einrichtung eines Schwachstellen-Management-Systems**
  Mit einem Schwachstellen-Management-System (Vulnerability Management) werden die bei der Bestandsausnahme identifizierten Schwachstellen im Unternehmensnetzwerk beseitigt. In einem ersten Schritt definieren die Energieversorgungsunternehmen ihre kritischen Assets und legen ihre IT-Sicherheitsziele fest. Mit einem Schwachstellen-Management-Tool werden dann alle im Netzwerk angeschlossenen Geräte kontinuierlich auf Sicherheitslücken gescannt und entsprechend ihrem potenziellen Risiko priorisiert. Das Schwachstellen-Management-Tool schlägt Patches vor, mit denen die Schwachstellen dann geschlossen werden können [233, 234].
- **Physische Absicherung der Systeme**
  Ebenso wichtig wie die informationstechnische Sicherheit ist die physische Sicherheit der IT(Information Technology)- und OT(Operation Technology)-Systeme für die Gewährleistung der Sicherheit der IKT-Infrastruktur. Zu den möglichen physischen Einwirkungen auf die IT-Systeme gehören beispielsweise Feuer, Wasser oder Sabotage. Zur Vermeidung dieser Gefährdungen müssen Betriebsgebäude mit entsprechenden Sicherungssystemen mit Feuer-, Rauch-, Gas- und Feuchtigkeitsmeldern und CO_2-Löschanlagen ausgestattet sein. Eine ausreichende Klimatisierung der Serverräume ist zum Schutz vor Überhitzung der IT-Systeme erforderlich. Die Leitstellen, Umspannwerke und sonstigen infrastrukturellen Einrichtungen der elektrischen Energiesysteme müssen mit entsprechenden Zugangskontrollsystemen vor unberechtigtem Zutritt geschützt werden. Hierzu gehört auch der Schutz vor unbefugten Zugriffen auf Server und Netzwerkkomponenten durch unberechtigte Personen. Bestandteile der Zugangskontrollsysteme sind u. a. Personenschleusen mit elektronischen Zutrittscodes, Magnetkarten oder biometrischen Daten, Zaunanlagen, Alarmsysteme, Überwachungskameras etc. (siehe Abschn. 5.2.1) [233].
- **Festlegung der Security-Prozesse und Verantwortlichkeiten**
  Zur eindeutigen und sicheren Vergabe von Zugriffsrechten auf das IT-System ist die Einrichtung eines sogenannten Information Security Management System (ISMS) empfehlenswert. Damit kann das Energieversorgungsunternehmen genau die für die Systemkomponenten und Nutzer erforderlichen Rechte festlegen. Mit einem ISMS kann man aufgetretene Sicherheitsvorfälle nachsimulieren, analysieren und daraus konkrete Schritte zur Verbesserung des IT-Systems ableiten [233]. Da ein Energiever-

sorgungssystem in der Regel hochvernetzt ist, sind bei der Durchführung von IT-Sicherheitsmaßnahmen auch immer deren systemische Auswirkungen zu berücksichtigen.

- **Sensibilisierung des Betriebspersonals**
  Neben der technischen Absicherung des IT-Systems muss das Betriebspersonal durch entsprechende Schulungen für das IT-Gefährdungspozential sensibilisiert werden. Es ist immer wieder erstaunlich, wie gering das Risiko beispielsweise einer Phishing-E-Mail für die IT-Sicherheit des gesamten Unternehmens durch das Betriebspersonal eingeschätzt wird. Besonders groß ist die Gefahr, wenn das IT-System mit einer professionellen Schadsoftware wie beispielsweise „Emotet" durchgeführt wird [233, 235]. Auch Fehlbedienungen des IT-Systems, mangelnde Datenqualität oder Fehler bei der Softwareinstallation können im schlimmsten Fall zu einem Blackout führen.
- **Resilienz der Energieversorgungssysteme herstellen**
  Da Angriffe auf die IT-Systeme von Energieversorgungsnetzen nicht (mehr) grundsätzlich zu vermeiden oder auszuschließen sind, müssen die IKT-Systeme fehlertolerant (resilient) werden. Auch IT-Systeme, auf die erfolgreich ein unberechtigter Zugriff erfolgte (gehackte Systeme), müssen zumindest teilweise weiter in Betrieb bleiben, um die Energieversorgung nicht wegen des IT-Angriffs unterbrechen zu müssen [100]. Dadurch werden allerdings die Analyse und Fehlerbeseitigung deutlich erschwert. Störungen und sogar Unterbrechungen der Energieversorgung können auch von manipulierten IT-Systemen hervorgerufen werden, die nicht in die eigentliche Infrastruktur des Energieversorgungsnetzes eingebunden sind. Hierzu gehören beispielsweise die Markt- und Handelssysteme.
- **Schwarzfallfestigkeit**
  Um die möglichst schnelle Wiederherstellung der Versorgung mit elektrischer Energie nach einem Blackout wiederherzustellen, muss die IKT-Infrastruktur der Betreiber von Energieversorgungssystemen auch in der Fläche eine gewisse Zeit (ca. 72 h) ohne Energie aus dem öffentlichen Stromnetz betrieben werden können. Dies kann beispielsweise durch den Einsatz von ausreichend dimensionierten Akkumulatoren gewährleistet werden.
- **Redundante Technologie**
  Die IKT-Infrastruktur muss jederzeit in der Lage sein, den Ausfall einzelner Komponenten zu kompensieren. Dies kann beispielsweise durch überlappende Funkzellen oder vermaschte Netzarchitekturen erreicht werden.

Insgesamt sind die Betreiber kritischer Infrastrukturen in der Pflicht, aktiv Vulnerability Management zu betreiben [229]. Nur in einem zwischen erforderlicher Sicherheit und notwendiger Risikobereitschaft ausgewogenen Zusammenspiel von physischer Sicherheit, vordefinierten Security-Prozessen und Mitarbeitersensibilisierung können die Energieversorgungsunternehmen die vorhandenen Risiken beherrschen und ihre Anlagen und Systeme nachhaltig gegen Cyberangriffe widerstandsfähig (Sustainable Cyber Resilience) machen [234].

3.7.3 IT-Sicherheitskatalog für Energieanlagen

Auch die an das Energieversorgungssystem angeschlossenen Energieanlagen, die von besonderer Relevanz für die Netzstabilität und Versorgungssicherheit sind, müssen vor Gefahren für die IT-Sicherheit geschützt werden. Hierzu wurde von der BNetzA in Abstimmung mit dem Bundesamt für Sicherheit in der Informationstechnik (BSI) der IT-Sicherheitskatalog für Energieanlagen erstellt [230]. Dieser Katalog dient zum Schutz gegen Bedrohungen der für einen sicheren Betrieb von Energieanlagen notwendigen Telekommunikations- und elektronischen Datenverarbeitungssysteme. Danach müssen Energieanlagen jederzeit so betrieben werden, dass sie nicht den sicheren Netzbetrieb gefährden und die nachfolgenden Schutzziele erfüllen. Erzeugungsanlagen und Speicheranlagen müssen elektrische Leistung entsprechend den vereinbarten Fahrplänen und den Vorgaben aus § 13 EnWG auf Anforderung des Übertragungs- bzw. des Verteilnetzbetreibers bereitstellen. Diese Anlagen müssen schwarzstartfähig und den Netzbetreiber beim Netzwiederaufbau unterstützen, sofern dies technisch möglich ist und vertraglich mit dem Netzbetreiber vereinbart wurde [1, 230].

Die Betreiber von Energieanlagen, die entsprechend [236] als kritische Infrastruktur eingestuft wurden und an ein Energieversorgungsnetz angeschlossen sind, müssen alle in der Energieanlage eingesetzten IKT-Systeme einer der sechs im IT-Sicherheitskatalog definierten Zonen (Abb. 3.81) zuordnen [1, 230].

Zur Zone 1 gehören alle IKT-Systeme, die zwingend für den sicheren Betrieb der Energieanlage notwendig sind. Der Fokus dieser IKT-Systeme liegt auf der Verfügbarkeit der Daten und Systeme bzw. der Funktionalität und auf der Integrität der Messungen und

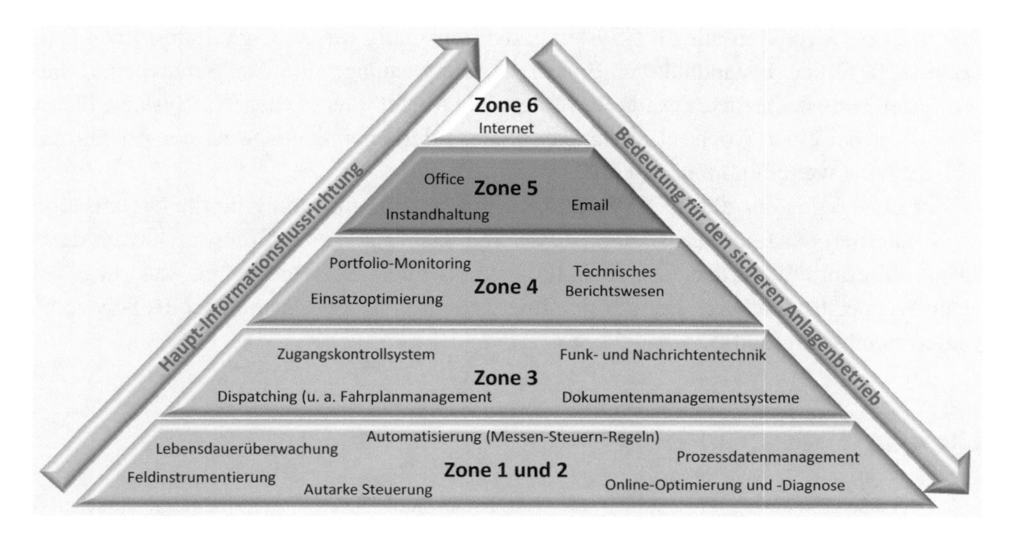

Abb. 3.81 Zonenmodell der Zuordnung von Anwendungen, Systemen und Komponenten aus dem Anlagen-Katalog [230]

Signale zum Schutz von Menschen, Anlagen und Umwelt. Eine Manipulation von Daten oder Systemen führt unmittelbar zu Auswirkungen auf die angesteuerten Anlagenteile. Die IKT-Systeme dieser Zone besitzen keine Ausfalltoleranz, eine Anlage bzw. Anlagenteile schalten sich bei Fehlfunktionen dieser Systeme umgehend ab [230].

Zur Zone 2 gehören alle IKT-Systeme, die dauerhaft notwendig für den Betrieb der Energieanlage sind. Der Fokus dieser IKT-Systeme liegt auf der Integrität der Messungen, Signale und Daten und der Verfügbarkeit der Daten und Systeme bzw. der Funktionalität. Eine Manipulation der Daten oder Systeme kann indirekt zu falschen Bedienhandlungen führen. Die Ausfalltoleranz der IKT-Systeme dieser Zone liegt bei wenigen Minuten bis zu einer Stunde. Eine Energieanlage kann kurzfristig mit erhöhtem personellem Einsatz zur manuellen Überprüfung von Funktionalitäten, zur manuellen Steuerung oder Hand-Nachrechnung von Werten ohne Beeinträchtigung von Menschen, Anlage und Umwelt weiter betrieben werden [230].

Zur Zone 3 gehören alle IKT-Systeme, die notwendig für den Betrieb der Energieanlage und zur Erfüllung gesetzlicher Anforderungen sind. Der Fokus dieser IKT-Systeme liegt auf der Integrität der Daten. Eine Manipulation der Daten oder Systeme kann indirekt Auswirkungen auf die Fahrweise der betriebenen Anlagen haben. Die Ausfalltoleranz der IKT-Systeme dieser Zone liegt bei wenigen Stunden. Die Energieanlage wird nicht planmäßig betrieben, Netzdienstleistungen entfallen, Daten der Energieanlage sind extern nicht verfügbar, Instandhaltung ist erschwert oder nicht mehr möglich [230].

Zur Zone 4 gehören alle IKT-Systeme, die bedingt notwendig für den kontinuierlichen Betrieb der Energieanlage sind. Der Schutzbedarf dieser Systeme muss spezifisch ermittelt werden. Die Ausfalltoleranz der IKT-Systeme dieser Zone liegt bei wenigen Tagen. Ein sicherer Betrieb der Energieanlage ist bei Ausfall der IKT-Systeme weiterhin möglich [230].

Zur Zone 5 gehören alle IKT-Systeme, die notwendig für die organisatorischen Prozesse (z. B. Office, Instandhaltung, Email) der Energieanlage sind. Der Schutzbedarf dieser Systeme muss spezifisch ermittelt werden. Die Ausfalltoleranz der IKT-Systeme dieser Zone liegt bei einer Woche. Ein sicherer Betrieb der Energieanlage ist bei Ausfall der IKT-Systeme weiterhin möglich [230].

Zur Zone 6 gehören alle IKT-Systeme, die nur bedingt notwendig für die Organisation (z. B. Internet) der Energieanlagenprozesse sind. Der Schutzbedarf dieser Systeme muss spezifisch ermittelt werden. Die Ausfalltoleranz der IKT-Systeme dieser Zone liegt bei einer Woche. Ein sicherer Betrieb der Energieanlage ist bei Ausfall der IKT-Systeme weiterhin möglich [230].

Literatur

1. Deutscher Bundestag, Gesetz über die Elektrizitäts- und Gasversorgung (Energiewirtschaftsgesetz – EnWG), Berlin, 2023.
2. Entso-E, „Operation Handbook," Brüssel, 2009.

3. Deutsche Übertragungsnetzbetreiber, TransmissionCode 2007 – Netz- und Systemregeln der deutschen Übertragungsnetzbetreiber, VDN, Hrsg., Berlin: Verband der Netzbetreiber – VDN, 2007.
4. Deutscher Bundestag, Gesetz für den Ausbau erneuerbarer Energien (Erneuerbare-Energien-Gesetz – EEG), Berlin, 2023.
5. A. Schwab, Elektroenergiesysteme, 7. Aufl., Berlin: Springer, 2022.
6. C. Schneiders, „Visualisierung des Systemzustandes und Situationserfassung in großräumigen elektrischen Übertragungsnetzen," Dissertation, Bergische Universität Wuppertal, 2014.
7. Deutsche Energie-Agentur, „Innovationsreport Systemdienstleistungen," Berlin, 2017.
8. Amprion, „Instrumentenkasten der Systemführung," [Online]. Available: https://www.amprion.net/%C3%9Cbertragungsnetz/Systemf%C3%BChrung/Netzf%C3%BChrung/Instrumentenkasten-der-Systemf%C3%BChrung.html. [Zugriff am 18.11.2020].
9. Deutsche Bundesregierung, Verordnung über Vereinbarungen zu abschaltbaren Lasten (Verordnung zu abschaltbaren Lasten – AbLaV), Berlin, 2016.
10. T. Horstmann und K. Kleinekorte, Strom für Europa, 75 Jahre RWE-Hauptschaltleitung Brauweiler 1928–2003, RWE, Hrsg., Essen: Klartext-Verlag, 2003.
11. Bundesministerium für Wirtschaft und Energie, Strom 2030, Berlin: BMWi, 2017.
12. J. Vanzetta, „Der europäische Strommarkt," *BWK,* Bd. 11, pp. 6–8, 2006.
13. J. Vanzetta, C. Schneiders, K. Brown, T. Carolin, N. Cukalevski, O. Gjerde, H. Jones, B. Li, T. Papazoglou, M. Power, N. Singh und U. Spanel, „Annual report SC C2 – System Operation and Control," *Electra,* Nr. 257, pp. 32–41, 2011.
14. H.-J. Haubrich, „Optimierung und Betrieb von Energieversorgungssystemen," RWTH Aachen, Aachen, 2007.
15. M. Luther, „Echtzeitsystemführung: Konzept, Umsetzung und Forschungsbedarf," in *Wissenschaftsdialog 2017 – Stromnetze zukunftssicher gestalten*, Bonn, 13.10.2017.
16. T. Dyliacco, „The Adaptive Reliability Control System," *IEEE Trans PAS,* Bd. 86, Nr. 5, 1967.
17. H. Glavitsch, „Computergestützte Netzbetriebsführung," *E und M,* Bd. 101, Nr. 5, pp. 222–225, 1984.
18. L. Fink und K. Carlsen, „Operating under stress and strain," *IEEE Spectrum,* Nr. 3, pp. 48–53, 1978.
19. K. F. Schäfer, Netzberechnung, 2. Aufl., Wiesbaden: Springer-Vieweg, 2023.
20. G. Balzer, Kurzschlussströme in Drehstromnetzen, Wiesbaden: Springer-Vieweg, 2020.
21. Bundesnetzagentur, „Bericht über die Systemstörung im deutschen und europäischen Verbundsystem am 4. November 2006," Februar 2007. [Online]. Available: https://www.bundesnetzagentur.de/SharedDocs/Downloads/DE/Sachgebiete/Energie/Unternehmen_Institutionen/Versorgungssicherheit/Berichte_Fallanalysen/Bericht_9.pdf?__blob=publicationFile&v=2.
22. Entso-E, „Incident Classification Scale," Brüssel, 2019.
23. R. Schmaranz, Zuverlässigkeits- und sicherheitsorientierte Auslegung und Betriebsführung elektrischer Netze, Graz: Verlag der Technischen Universität Graz, 2015.
24. Deutsche Bundesregierung, Verordnung zur Regelung der Beschaffung und Vorhaltung von (Netzreserveverordnung, NetzResV), Berlin, 2019.
25. P. Konstantin, Praxisbuch Energiewirtschaft, Berlin: Springer, 2013.
26. VDN, Netzleitstellen im Querverbund, Berlin: Verband der Netzbetreiber – VDN – e.V. beim VDEW, 2003.
27. EUCLID, „EUCLID," [Online]. Available: https://www.euclid.org/. [Zugriff am 2.5.2021].
28. M. Diem: Lastprognose- und Forecastverfahren. [Zugriff am 19.11.2023].
29. Bundesnetzagentur, „Monitoringbericht 2019," Bonn, 2020.
30. M. Fiedeldey, Analyse und Prognose elektrischer Lastgangzeitreihen, Cuvillier Verlag, Göttingen, 2010.

31. Netz:Kraft, Grundlagen der Netzwiederaufbaukonzepte der deutschen ÜNB, 2015.
32. Next Kraftwerke, „Was sind Dispatch, Redispatch & Redispatch 2.0?," [Online]. Available: https://www.next-kraftwerke.de/wissen/dispatch-redispatch. [Zugriff am 17.11.2023].
33. Deutscher Bundestag, Gesetz zum Ausbau von Energieleitungen (Energieleitungsausbaugesetz – EnLAG), Berlin, 2009.
34. Deutscher Bundestag, Netzausbaubeschleunigungsgesetz Übertragungsnetz (NABEG), Berlin, 2011.
35. BDEW, „Das Projekt Redispatch 2.0 im BDEW," [Online]. Available: https://www.bdew.de/energie/redispatch-20/#Das Projekt Redispatch 2.0 im BDEW. [Zugriff am 21.6.2024].
36. Deutsche Übertragungsnetzbetreiber, „Grundsätze für die Ausbauplanung des deutschen Übertragungsnetzes," Juli 2020. [Online]. Available: https://www.50hertz.com/de/Netz/Netzentwicklung/LeitlinienderPlanung/NetzplanungsgrundsaetzedervierdeutschenUebertragungsnetzbetreiber.
37. R. Baumann, K. Eggenberger, D. Klaar, O. Obert, R. Paprocki, T. Türkucar und J. Vanzetta, "TSC: Increase security of supply by an intensified regional cooperation based on a cooperation platform and common remedial actions," in *CIGRE Symposium "Assessing and Improving Power System Security, Reliability and Performance in Light of Changing Energy Sources"*, Recife, Brasilien, 2011.
38. DKE, Hrsg., DIN VDE 0102: Berechnung von Kurzschlußströmen in Drehstromnetzen, Berlin: VDE-Verlag, 1990.
39. G. Hosemann, Hrsg., Elektrische Energietechnik, Bd. 3: Netze, Berlin: Springer, 2001.
40. A. Kaptue Kamga, Regelzonenübergreifendes Netzengpassmanagement mit optimalen Topologiemaßnahmen, Dissertation, Bergische Universität Wuppertal, 2009.
41. Deutsche Übertragungsnetzbetreiber, „Systemschutzplan der vier deutschen Übertragungsnetzbetreiber," 2018.
42. VDE, Hrsg., DIN EN 50160 Merkmale der Spannung in öffentlichen Elektrizitätsversorgungsnetzen, Berlin: Beuth-Verlag, 2011.
43. VDE, Hrsg., DIN EN 50341 Freileitungen über AC 45 kV, Berlin: VDE-Verlag, 2009.
44. VDE, Hrsg., VDE-AR-N 4210–5 Anwendungsregel: Witterungsabhängiger Freileitungsbetrieb, Berlin: VDE-Verlag, 2011.
45. Europäische Kommission, Verordnung (EU) 2017/1485 Festlegung einer Leitlinie für den Übertragungsnetzbetrieb, Brüssel, 2017.
46. J. Schlabbach und D. Metz, Netzsystemtechnik, Berlin: VDE-Verlag, 2005.
47. K. F. Schäfer, Adaptives Güteindex-Verfahren zur automatischen Erstellung von Ausfalllisten für die Netzsicherheitsanalyse, Dissertation, Bergische Universität Wuppertal, 1988.
48. D. Haß, P. G. J. Schwarz und H. Zimmermann, „Das (n-1)-Kriterium in der Planung von Übertragungsnetzen," *Elektrizitätswirtschaft,* Bd. 80, Nr. 25, pp. 923–926, 1981.
49. Bundesnetzagentur, „Netzentwicklungsplan 2030 (2019)," [Online]. Available: https://www.netzentwicklungsplan.de/de/netzentwicklungsplaene/netzentwicklungsplan-2030-2019. [Zugriff am 21.6.2024].
50. Amprion, „Grundsätze für die Planung des deutschen Übertragungsnetzes," April 2015. [Online]. Available: http://www.amprion.net/sites/default/files/150423%20final%20Planungsgrunds%C3%A4tze%20%C3%9CNB_0.pdf. [Zugriff am 27.10.2016].
51. Deutsche Verbundgesellschaft e.V. (Hrsg.), Das (n-1)-Kriterium für die Hoch- und Höchstspannungsnetze der DVG-Unternehmen, Heidelberg: Deutsche Verbundgesellschaft e.V., 1997.
52. Ecofys GmbH, „Entwicklung von Maßnahmen zur effizienten Gewährleistung der Systemsicherheit," Berlin, 2018.
53. R. Eichler, Rechnergestützte Bestimmung von Schaltmaßnahmen gegen unzulässige Betriebszutsände in Hochspannungsnetzen, Dissertation, RWTH Aachen, 1983.

54. M. Medeiros, Schnelle Überlastreduktion durch korrektives Schalten, Dissertation, TU Darmstadt, 1987.
55. H. Müller, Korrektives Schalten, Dissertation, TU Darmstadt, 1981.
56. R. Hoffmann und A. Bergmann, Betrieb von elektrischen Anlagen: Erläuterungen zu DIN VDE 0105-100:2009-10, Berlin: VDE-Verlag, 2010.
57. E.-G. Tietze, Netzleittechnik Teil 1: Grundlagen, Berlin: VDE-Verlag, 2006.
58. E.-G. Tietze, Netzleittechnik Teil 2: Systemtechnik, Berlin: VDE-Verlag, 1995.
59. VDE, Betrieb von elektrischen Anlagen – Teil 100: Allgemeine Festlegungen, 2009: Beuth Verlag, Berlin.
60. Europäische Union, „Richtlinie 96/92/EG des Europäischen Parlaments und des Rates betreffend gemeinsame Vorschriften für den Elektrizitätsbinnenmarkt," 19 Dezember 1996. [Online]. Available: http://www.gesmat.bundesgerichtshof.de/gesetzesmaterialien/15_wp/ErnEnerg_KWK_14_Wp/RL_96-92-EG.pdf.
61. Bundesnetzagentur, „Monitoringbericht 2016," [Online]. Available: https://www.bundesnetzagentur.de/SharedDocs/Downloads/DE/Sachgebiete/Energie/Unternehmen_Institutionen/DatenaustauschUndMonitoring/Monitoring/Monitoringbericht2016.pdf?__blob=publicationFile&v=2.
62. Bundesnetzagentur, „Engpassmanagement," [Online]. Available: https://www.bundesnetzagentur.de/DE/Sachgebiete/ElektrizitaetundGas/Unternehmen_Institutionen/Versorgungssicherheit/Engpassmanagement/engpassmanagement-node.html.
63. Bundesamt für Bevölkerungsschutz und Katastrophenhilfe (BBK), Stromausfall – Grundlagen und Methoden zur Reduzierung des Ausfallrisikos der Stromversorgung, Bonn, 2014.
64. Deutsche Bundesregierung, Verordnung über den Zugang zu Elektrizitätsversorgungsnetzen (Stromnetzzugangsverordnung – StromNZV), Berlin, 2005.
65. Verband der Netzbetreiber – VDN, „DistributionCode," Berlin: VDN, 2007.
66. V. Weinreich, „Sicherheit der Elektroenergieversorgung im Zeichen der Energiewende," Kassel, 2016.
67. Bundesministerium für Wirtschaft und Energie, Zukünftige Bereitstellung von Blindleistung und anderen Maßnahmen für die Netzsicherheit, BMWi, Hrsg., Berlin, 2016.
68. 50Hertz Transmission, „Spannungshaltung," [Online]. Available: https://www.50hertz.com/de/Vertragspartner/Systemdienstleistungen/Spannungshaltung. [Zugriff am 24.11.2020].
69. P. Murty, Operation and Control in Power Systems, Hyderabad: BS Publications, 2009.
70. FNN, „Studie Statische Spannungshaltung," Berlin: VDE Verlag, 2014.
71. M. Lösing, „Unterstützung der Spannungshaltung im 380-kV-Netz der Amprion durch den Phasenschieber Biblis A," in *FNN-/ETG-Tutorial Schutz- und Leittechnik*, Düsseldorf, 2014.
72. M. Lösing, „Umbau des Generators Biblis A zum rotierenden Phasenschieber zur Blindleistungsbereitstellung und Spannungsstützung im 380-kV-Amprion-Netz," in *RWE Hochschuldialog*, Brauweiler, 2012.
73. DK-CIGRE, „18. CIGRE/CIRED Informationsveranstaltung „Strom, Wärme, Mobilität – alles grün und digital?"", Leipzig, 13.10.2020.
74. T. Bohn, „Von statischer Spannungshaltung bis Kurzschlussstrom – Blindleistung für einen sicheren Systembetrieb," in dena-Workshop „Beschaffung von Systemdienstleistungen", Berlin, 05.11.2019.
75. Deutsche Übertragungsnetzbetreiber, „Netzentwicklungsplan 2012 – Netzanalysen," [Online]. Available: https://www.netzentwicklungsplan.de/sites/default/files/paragraphs-files/NEP_2012_Kapitel_5_Netzanalysen.pdf.
76. Bundesnetzagentur, „Netzentwicklungsplan 2012," Bonn.
77. M. Mittelstaedt, „Planungsgrundsätze für erweiterte Stabilitätsbetrachtungen im europäischen Stromversorgungsnetz," 2015. [Online]. Available: https://forschung-stromnetze.info/projekte/

planungsgrundsaetze-fuer-erweiterte-stabilitaetsbetrachtungen-im-europaeischen-stromversorgungsnetz/.
78. R. Joswig, „Der Betrieb des Übertragungsnetzes," in *Vortragsreihe Übertragungsnetz*, Energieversorgung Schwaben, Hrsg., Stuttgart, 1990.
79. U. Van Dyk, Spannungs-Blindleistungs-Optimierung in Verbundnetzen, Dissertation, Bergische Universität Wuppertal, 1989.
80. M. Stobrawe, Minimierung von Verlust- und Blindleistungsbezugskosten der Hoch- und Höchstspannungsnetzbetreiber, Dissertation, RWTH Aachen, 2002.
81. M. Markovic, „Blackout-Vorsorge, Netzwiederaufbau, Frequenzplan," 5. November 2012. [Online]. Available: http://fachportal.ph-noe.ac.at/fileadmin/_migrated/content_uploads/5d_Blackout-Vorsorge__Markovic.pdf.
82. W. Sattinger, „Blackout – Grossstörung im Verbundnetz," 20. Juni 2016. [Online]. Available: http://www.usz.ch/news/veranstaltungen/Documents/20160620_D_GrossstoerungVerbundnetz_WalterSattinger.pdf.
83. R. Schmaranz, „Es wird immer stürmischer um unsere Netze," 14.11.2018. [Online]. Available: https://www.kelag.at/files/Publikationen/KEE/Es-wird-immer-stuermischer-um-unsere-Netze_Schmaranz.pdf.
84. H. Becker und et al., „Netzwiederaufbaukonzepte: Mögliches Zusammenspiel zwischen Windenergieanlagen und thermischen Kraftwerken," *VGB Power Tech,* Nr. 10, pp. 57–62, 2016.
85. P. Niggli, „Blackout – Ursachen und Wiederaufbau," 02.09.2016. [Online]. Available: https://www.netzwerk-risikomanagement.ch/wp-content/uploads/2016/07/Paul-Niggli-Blackout.pdf.
86. P. Niggli, „Strommangellage," 23.5.2017. [Online]. Available: https://www.szsv-fspc.ch/images/2017/fachtagung/Strommangellage.pdf.
87. Next Kraftwerke, „Was ist ein Brownout?," [Online]. Available: https://www.next-kraftwerke.de/wissen/brownout. [Zugriff am 7.5.2021].
88. Wikipedia, „Stromausfall," [Online]. Available: https://de.wikipedia.org/wiki/Stromausfall#cite_note-5.
89. Council of European Energy Regulators, CEER Benchmarking Test, Brüssel: CEER, 2018.
90. J. Vanzetta, „CIGRE Presentation in Workshop "Large Disturbances"," in *CIGRE Session*, Paris, 2010.
91. M. Elsberg, BLACKOUT – Morgen ist es zu spät, München: Blanvalet Taschenbuch Verlag, 2013.
92. T. Petermann, H. Bradtke, A. Lüllmann, M. Poetzsch und U. Riehm, Was bei einem Blackout geschieht: Folgen eines langandauernden und großflächigen Stromausfalls, edition sigma Hrsg., Bd. 2. Aufl., Nomos Verlag, Baden-Baden, 2013.
93. U.S.-Canada Power System Outage Task Force, „Final Report on the August 14, 2003 Blackout in the United States and Canada: Causes and Recommendations," 2004. [Online]. Available: http://www.nerc.com.
94. UCTE, „Final Report System Disturbance on 4 November 2006," 2007. [Online]. Available: https://www.entsoe.eu.
95. Wikipedia, „Liste historischer Stromausfälle," [Online]. Available: https://de.wikipedia.org/wiki/Liste_historischer_Stromausf%C3%A4lle. [Zugriff am 7.5.2021].
96. Büro für Technikfolgen-Abschätzung beim Deutschen Bundestag, Gefährdung und Verletzbarkeit moderner Gesellschaften – am Beispiel eines großräumigen Ausfalls der Stromversorgung, Berlin, 2010.
97. Entso-E, „System Separation in the Continental Europe Synchronous Area on 8 January 2021 – Interim Report," 26 Februar 2021. [Online]. Available: https://www.entsoe.eu/news/2021/02/26/system-separation-in-the-continental-europe-synchronous-area-on-8-january-2021-interim-report/. [Zugriff am 5.3.2021].

98. Deutsche Bundesregierung, Verordnung zur Gewährleistung der technischen Sicherheit und Systemstabilität des Elektrizitätsversorgungsnetzes (Systemstabilitätsverordnung – SysStabV), Berlin, 2012.
99. Amprion, 11. CIGRE/CIRED Informationsveranstaltung „Herausforderung Systemsicherheit: Übertragungs- und Verteilnetzbetreiber in der Pflicht", Wiesbaden, 24.10.2013.
100. Cigre WG C2.25, Operating strategies and preparedness for system operational resilience, Bd. Technical Brochure 833, Paris, 2021.
101. Europäische Kommission, „Festlegung eines Netzkodex über den Notzustand und den Netzwiederaufbau des Übertragungsnetzes, Verordnung (EU) 2017/2196," 2017.
102. Deutsche Übertragungsnetzbetreiber, „Modalitäten für Anbieter von Systemdienstleistungen zum Netzwiederaufbau," 2018. [Online]. Available: https://www.netztransparenz.de/portals/1/Content/EU-Network-Codes/ER-VErordnung/20181015_Vorschlagsdokument_Dienstleister_NWA.PDF.
103. Deutsche Übertragungsnetzbetreiber, „Modalitäten für Anbieter von Systemdienstleistungen zum Netzwiederaufbau – Begleitdokument," 2018. [Online]. Available: https://www.netztransparenz.de/portals/1/Content/EU-Network-Codes/ER-VErordnung/20181015_Begleitdokument_Dienstleister_NWA.PDF.
104. Wikipedia, „Inselanlage," [Online]. Available: https://de.wikipedia.org/wiki/Inselanlage. [Zugriff am 21.6.2024].
105. Wikipedia, „Schwarzstart," [Online]. Available: https://de.wikipedia.org/wiki/Schwarzstart#cite_note-1. [Zugriff am 21.6.2024].
106. S. Russel und P. Norvig, Künstliche Intelligenz, München: Pearson, 2012.
107. G. Görz, Einführung in die künstliche Intelligenz, Bonn, Paris, Reading: Addison-Wesley, 1995.
108. D. Rumpel und J. Sun, Netzleittechnik, Berlin: Springer, 1989.
109. G. Krost, Expertensysteme im Betrieb elektrischer Energieversorgungsnetze – realisiert mit einem Trainingssystem für den Netzwiederaufbau nach Groß-Störungen, Dissertation, Universität Duisburg, 1992.
110. J. Verstege, „Expertenanhörung „Regelenergie" beim Bundesministerium für Wirtschaft und Energie," Berlin, 19.11.2003.
111. J. Vanzetta, „Systemführung im (europäischen) Übertragungsnetz," in Zukünftige Herausforderungen für die Übertragungsnetze – Offshore und Optimierung, EnergieAgentur.NRW online Konferenz, 02.12.2020.
112. M. Scherer und B. Geissler, „Das Konzept Netzregelverbund – Hintergründe der Kooperation von Übertragungsnetzbetreibern," *Bulletin SEV,* pp. 27–29, 2012.
113. Deutsche Übertragungsnetzbetreiber, „Internetplattform zur Vergabe von Regelleistung," [Online]. Available: https://www.regelleistung.net/. [Zugriff am 3.11.2020].
114. A. Schäfer, „Portfoliooptimierung in dezentralen Energieversorgungssystemen," Dissertation, RWTH Aachen, 2013.
115. D. Oeding und B. Oswald, Elektrische Kraftwerke und Netze, Berlin: Springer, 2011.
116. P. Anderson und A. Fouad, Power System Control and Stability, New Dehli: Wiley, 2003.
117. S. Gupta, Power System Operation Control & Restructuring, New Dehli: I.K. International Publishing House, 2015.
118. T. Wulff, Integration der Regelenergie in die Betriebsoptimierung von Erzeugungssystemen, Dissertation, Bergische Universität Wuppertal, 2006.
119. P. Zolotarev, M. Treuer, T. Weißbach und M. Gökeler, „Netzregelverbund – Koordinierter Einsatz von Sekundärregelleistung," in *VDI-Berichte 2080*, pp. 2–4, Ludwigsburg, VDI-Verlag, 2009.
120. G. Brückner, Netzführung, Renningen-Malmsheim: expert, 1997.

121. Swissgrid, „Frequenz," [Online]. Available: https://www.swissgrid.ch/swissgrid/de/home/experts/topics/frequency.html. [Zugriff am 21.6.2024].
122. U. Leuschner, „Streit auf dem Balkan stört Netzfrequenz," 2018. [Online]. Available: http://www.energie-chronik.de/180303d1.htm. [Zugriff am 21.6.2024].
123. TransnetBW, „Stromnetz 2050," 2019. [Online]. Available: https://www.transnetbw.de/de/stromnetz2050/content/TBW_Zukunftsstudie2050.pdf. [Zugriff am 4.9.2024].
124. Anonym, „Netzregelverbund," [Online]. Available: https://deacademic.com/dic.nsf/dewiki/2521530. [Zugriff am 21.6.2020].
125. EnBW, „„„Gegeneinanderregeln" gehört in Deutschland der Vergangenheit an – Netzregelverbund seit 1. Mai 2010 bundesweit realisiert," Pressemitteilung, Stuttgart, 2010.
126. K. Heuck, K.-D. Dettmann und D. Schulz, Elektrische Energieversorgung: Erzeugung, Übertragung und Verteilung elektrischer Energie, Wiesbaden: Vieweg + Teubner, 2011.
127. Bundesnetzagentur, „Bundesnetzagentur ordnet Netzregelverbund für die deutschen Stromnetze an," 16 März 2010. [Online]. Available: https://www.bundesnetzagentur.de/SharedDocs/Pressemitteilungen/DE/2010/100316NetzregelverbundStrom.html. [Zugriff am 21.6.2024].
128. Deutsche Übertragungsnetzbetreiber, „Netzregelverbund," [Online]. Available: https://www.regelleistung.net/ext/static/gcc.
129. P. Zolotarev, Netzregelverbund – Regelzonengrenzen übergreifende Optimierung der Ausregelung von Wirkleistungsungleichgewichten unter Berücksichtigung von Netzengpässen, Dissertation, Universität Stuttgart, 2013.
130. S. Savulescu, Hrsg., Real-Time Stability in Power Systems, Heidelberg: Springer, 2014.
131. Bundesnetzagentur, „Beschluss in dem Verwaltungsverfahren wegen der Festlegung zum Einsatz von Regelenergie," Beschlusskammer 6 der Bundesnetzagentur, Bonn, 2010.
132. Entso-E, „Entso-E Member Companies," [Online]. Available: https://www.entsoe.eu/about/inside-entsoe/members/.
133. J. D. Sprey, A. Klettke und A. Moser, „Regelleistungsbedarf im Europäischen Übertragungsnetz," in *14. Symposium Energieinnovation TU Graz*, Graz, 2016.
134. O. Doleski, Herausforderung Utility 4.0, Wiesbaden: Springer-Vieweg, 2017.
135. Deutsche Übertragungsnetzbetreiber, „Information zum Netzregelverbund und der internationalen Weiterentwicklung," 01.04.2020. [Online]. Available: https://www.regelleistung.net/ext/download/marktinformationenApg.
136. Bundesnetzagentur, „Regelenergie," [Online]. Available: https://www.bundesnetzagentur.de/DE/Sachgebiete/ElektrizitaetundGas/Unternehmen_Institutionen/Versorgungssicherheit/Engpassmanagement/Regelenergie/start.html. [Zugriff am 25.6.2021].
137. Amprion, „Regelreserve in Deutschland," [Online]. Available: https://www.amprion.net/Strommarkt/Marktplattform/Regelenergie/. [Zugriff am 30.6.2021].
138. J. Müller-Kirchenbauer und I. Zenke, „Wettbewerbsmarkt für Regel- und Ausgleichsenergie," *Energiewirtschaftliche Tagesfragen,* Bd. 51. Jg., Nr. Heft 11, pp. 696–702, 2001.
139. Deutscher Industrie- und Handelskammertag – DIHK, Strombeschaffung und Stromhandel, Berlin: DIHK, 2018.
140. Next Kraftwerke, „Was ist der Intraday-Handel?," [Online]. Available: https://www.next-kraftwerke.de/wissen/intraday-handel. [Zugriff am 21.6.2024].
141. Next Kraftwerke, „Was ist ein Bilanzkreis?," [Online]. Available: https://www.next-kraftwerke.de/wissen/bilanzkreis. [Zugriff am 2.5.2021].
142. Deutscher Bundestag, Gesetz zur Digitalisierung der Energiewende, Berlin, 2016.
143. 50Hertz Transmission, „Bilanzkreisprozesse," [Online]. Available: https://www.50hertz.com/de/Markt/Bilanzkreisprozesse. [Zugriff am 7.7.2021].
144. H.-P. Schwintowski, Handbuch Energiehandel, Berlin: Erich-Schmidt-Verlag, 2018.

145. Deutsche Übertragungsnetzbetreiber, „Berechnung des regelzonenübergreifenden einheitlichen Bilanzausgleichsenergiepreises (reBAP)," 1. Juli 2020. [Online]. Available: https://www.amprion.net/Dokumente/Strommarkt/Bilanzkreise/Ausgleichsenergiespreis/Modellbeschreibung-der-reBAP-Berechnung_01.07.2020.pdf.
146. Bundesnetzagentur, „Marktregeln für die Durchführung der Bilanzkreisabrechnung Strom (MaBiS)," Bonn, 19.09.2019.
147. Amprion, „Die Ware Strom," [Online]. Available: https://www.amprion.net/Netzjournal/Beiträge-2019/Die-Ware-Strom.html. [Zugriff am 5.7.2020].
148. Next Kraftwerke, „Was ist Ausgleichsenergie?," [Online]. Available: https://www.next-kraftwerke.de/wissen/ausgleichsenergie. [Zugriff am 2.5.2021].
149. TransnetBW, „Bilanzierungsgebiete," [Online]. Available: https://www.transnetbw.de/de/strommarkt/bilanzierung-und-abrechnung/bilanzierungsgebiete. [Zugriff am 21.6.2024].
150. BDEW, „Energy Identification Code," [Online]. Available: https://bdew-codes.de/Codenumbers/EnergyIdentificationCode. [Zugriff am 21.6.2024].
151. VDN, „Richtlinie Datenaustausch und Mengenbilanzierung," Verband der Netzbetreiber, Hrsg., Berlin, 2006.
152. J. Vanzetta und C. Schneiders, "Current challenges for the European Interconnected System and Situation Awareness in Transmission System Operation," *CIGRE Canada Conference "Technology and Innovation for the Evolving Power Grid"*, 2012.
153. J. Vanzetta und C. Schneiders, „Das europäische Übertragungsnetz – Anforderungen an den Betrieb einer kritischen Infrastruktur," *Jahrbuch der Sicherheitswirtschaft 2012*, pp. 27–35, 2013.
154. Deutscher Bundestag, Gesetz zur Finanzierung der Energiewende im Stromsektor durch Zahlungen des Bundes und Erhebung von Umlagen (Energiefinanzierungsgesetz – EnFG), Berlin, 2022.
155. Deutscher Bundestag, Bundes-Klimaschutzgesetz (KSG), Berlin, 2023.
156. F. Prillwitz und M. Krüger, „Netzwiederaufbau nach Großstörungen," Universität Rostock, Institut für Elektrische Energietechnik, 2007.
157. C. Jehle, „Netzwiederaufbau nach einem Netzzusammenbruch," 10.5.2022. [Online]. Available: https://www.telepolis.de/features/Netzwiederaufbau-nach-einem-Netzzusammenbruch-7080238.html. [Zugriff am 8.4.2023].
158. Fraunhofer IEE, „Systemdienliche Anforderungen an Dezentrale Erzeugungsanlagen zur Unterstützung in kritischen Netzsituationen und des Netzwiederaufbaus," Kassel, 2023.
159. Bundesnetzagentur, „Feststellung des Reservekraftwerksbedarfs für den Winter 2015/2016 sowie die Jahre 2016/2017 und 2019/2020," Bonn, 30.04.2015.
160. K. Eberding, „PV-Strom während der Sonnenfinsternis," [Online]. Available: https://www.energie-forum-zorneding.de/2015/03/pv-strom-waehrend-der-sonnenfinsternis/. [Zugriff am 25.11.2020].
161. B. Schürmann und T. Veith, „Der Ball im Netz," *BWK*, Bd. 72, pp. 36–39, 2020.
162. Amprion, „Phänomen zur vollen Stunde," [Online]. Available: https://www.amprion.net/Netzjournal/Beitr%C3%A4ge-2021/Ph%C3%A4nomen-zur-vollen-Stunde.html. [Zugriff am 19.11.2023].
163. A. Wasserrab, „Innovationen in der Systemführung bis 2030," in *dena-Symposium „Optimierte Auslastung durch innovativen Stromnetzbetrieb"*, 30.09.2020.
164. T. Van Leeuwen und A. Meinerzhagen, „Integration kurativer Maßnahmen in das Engpassmanagement im deutschen Übertragungsnetz," in *16. Symposium Energieinnovation*, Graz, 2020.
165. F. Möhrke, K. Kamps, M. Zdrallek, K. F. Schäfer, A. Wasserrab, R. Schwerdfeger und M. Thiele, „Kurativ oder präventiv (n-1)-sicherer Betrieb?," *ew – Magazin für die Energiewirtschaft*, Nr. H. 11–12, pp. 74–79, 2019.

166. Deutsche Energie-Agentur, Höhere Auslastung des Stromnetzes, Berlin, 2017.
167. M. Heidl, „Verbesserung der Netzsicherheit mit Wide Area Monitoring," 2008. [Online]. Available: https://publik.tuwien.ac.at/files/PubDat_168768.pdf.
168. D. Westermann und et al., „Curative actions in the power system operation to 2030," in *ETG Kongress*, Esslingen, 2019.
169. K. Kamps, F. Möhrke, K. F. Schäfer, M. Zdrallek, A. Wasserrab, R. Schwerdfeger und M. Thiele, „Modelling and Risk Assessment of Special Protection Schemes in Transmission Systems," *PMAPS 2020,* Liege, 2020.
170. Entso-E, Special Protection Schemes, Brussels: European Network of Transmission System Operators for Electricity (Entso-E), 2012.
171. M. Heine, „Automatisierte Betriebsführung – Herausforderungen für die Netzleittechnik," in *Wissenschaftsdialog 2017 – Stromnetze zukunftssicher gestalten*, Bonn, 13.10.2017.
172. J. Fabian, T. Hager und M. Muhr, „Technologie-Visionen zur elektrischen Energieübertragung," in *12. Symposium Energieinnovation*, Graz, 2012.
173. 50Hertz Transmission, „50Hertz und PSE Operator kooperieren beim Einsatz von Phasenschiebern zur besseren Steuerung der grenzüberschreitenden Stromflüsse," *Presseinformation,* 22.12.2012.
174. R. Grünwald, Moderne Stromnetze als Schlüsselelement einer nachhaltigen Energieversorgung, Berlin: TAB, 2014.
175. J. Weber, Analyse des Blindleistungspotentials von zukünftigen Verteilnetzen, Dissertation, Bergische Universität Wuppertal, 2023.
176. „Flexible Drehstromübertragungssysteme gewinnen weiter an Bedeutung," *ew – Magazin für die Energiewirtschaft,* Nr. 7, 2017.
177. DIN, DIN EN 50182: Leiter für Freileitungen – Leiter aus konzentrisch verseilten runden Drähten, Berlin: Beuth, 2001.
178. VDE, VDE-AR-N 4210-5 Witterungsabhängiger Freileitungsbetrieb, Offenbach: VDE, 2011.
179. DIN, DIN EN 50341: Freileitungen über AC 1 kV, Berlin: Beuth, 2016.
180. F. Samweber, „Freileitungsmonitoring," [Online]. Available: https://www.ffe.de/publikationen/veroeffentlichungen/639-freileitungsmonitoring. [Zugriff am 26.7.2019].
181. L. Jarass, G. Obermair und W. Voigt, Windenergie: zuverlässige Integration in die Energieversorgung, Berlin: Springer, 2009.
182. G. Biedenbach, „Monitoring macht den Betrieb von Freileitungen sicherer," *ew – Magazin für die Energiewirtschaft,* Bd. 108, Nr. 14–15, pp. 74–83, 2009.
183. C. Schneiders, „Eigenschaften moderner Leitsysteme," 2017. [Online]. Available: https://www.vde.com/resource/blob/1676996/7d2eec5f5570439b549a58a995a41695/7-schneiders-data.pdf. [Zugriff am 21.6.2024].
184. M. Maly, „Wie Wetterdaten unser Stromnetz besser machen," 15 Mai 2020. [Online]. Available: https://www.lufft.com/blog/wie-wetterdaten-unser-stromnetz-besser-machen/. [Zugriff am 24.10.2020].
185. NERC (North American Electric Reliability Corp.), „Real-Time Application of Synchrophasors for Improving Reliability," 2010. [Online]. Available: www.nerc.com/docs/oc/rapirtf/RAPIR%20final%20101710.pdf.
186. Cigre Working Group C2.17, Wide area monitoring systems – Support for control room applications, Cigre, Paris, 2018.
187. Deutscher Bundestag, Moderne Stromnetze als Schlüsselelement einer nachhaltigen Stromversorgung – Drucksache 18/5948, Berlin, 2015.
188. Entso-E, „Research and Development Plan – European Grid: Towards 2020 Challenges and Beyond," 2011. [Online]. Available: https://www.entsoe.eu/fileadmin/user_upload/_library/Key_Documents/121209_R_D_Plan_2011.pdf. [Zugriff am 21.6.2024].

189. H. Kühn und M. Wache, „Wide Area Monitoring mit Synchrophasoren," in *ETG Kongress 2009*, Düsseldorf, 2009.
190. M. Heidl, „Dynamisches Sicherheitsmonitoring in elektrischen Übertragungssystemen," 2009. [Online]. Available: http://publik.tuwien.ac.at/files/PubDat_180868.pdf. [Zugriff am 21.6.2024].
191. C. Taylor, „Wide-Area-Measurement Systems (WAMS) in Western North America," 2006. [Online]. Available: https://www3.imperial.ac.uk/pls/portallive/docs/1/4859960.PDF.
192. D. Cirio, D. Lucarella, G. Giannuzzi und F. Tuosto, „Wide area monitoring in the Italian power system: architecture, functions and experiences," *European Transactions on Electrical Power,* Bd. 21, pp. 1541–1556, 2011.
193. ABB, „Wide Area Monitoring Systems – Portfolio, applications and experiences," 2012. [Online]. Available: www05.Abb.com/global/scot/scot221.nsf/veritydisplay/3d85757b8c7f3bb6c125784d0056a586/$file/1KHL501042%20PSGuard%20WAMS%20Overview%202012–04.pdf.
194. TenneT TSO, „Freileitungs-Monitoring – Optimale Kapazitätsauslastung von Freileitungen," 2010. [Online]. Available: www.tennettso.de/site/binaries/content/assets/press/information/de/100552_ten_husum_freileitung_du.pdf.
195. M. Heidl, „Störungsortung im Übertragungsnetz durch intelligentes Wide Area Monitoring," in *ETG Kongress 2009*, Düsseldorf, 2009.
196. A. Kummerow, „Sensoren und Künstliche Intelligenz überwachen das Stromnetz," *Elektronik Praxis,* pp. 28–30, Juni 2019.
197. S. Nuthalapati, Power System Grid Operation Using Synchrophasor Technology, Cham Schweiz: Springer, 2019.
198. Cigre Working Group C4.601, Wide Area Monitoring and Control for Transmission Capability Enhancement, Cigre, Paris, 2007.
199. K.-D. Maubach, Strom 4.0, Wiesbaden: Springer-Vieweg, 2015.
200. M. Wolter und D. Westermann, „Digitalisierung der Energieversorgung," *at – Automatisierungstechnik,* Nr. 9, pp. 709–710, 2020.
201. M. Richter, A. Naumann, R. Schülke, R. Rottmann und T. Raak, „Bereit für die Digitalisierung der Energiewende: Praxistests zur Anbindung intelligenter Messsysteme bei der 50Hertz," *at – Automatisierungstechnik,* Bd. 68, Nr. 9, pp. 781–789, 2020.
202. VDE, „Systematisierung der Autonomiestufen in der Netzbetriebsführung," Juli 2020. [Online]. Available: https://www.vde.com/resource/blob/1979784/a73eec5f684abdc94ba63b03232b00d5/vde-impuls%2D%2Dsystematisierung-der-autonomiestufen-in-der-netzbetriebsfuehrung%2D%2Ddata.pdf.
203. T. Werner, Evolutionsstrategien zur kurzfristigen Einsatzoptimierung hydrothermischer Kraftwerkssysteme, Dissertation, Bergische Universität Wuppertal, 1998.
204. A. Schmitt, Multikriterielle Optimierung von Systemdienstleistungen für Energieübertragungssysteme, Dissertation, Bergische Universität Wuppertal, 2003.
205. S. Luber und N. Litzel, „Was ist ein Expertensystem?," 25 April 2019. [Online]. Available: https://www.bigdata-insider.de/was-ist-ein-expertensystem-a-819539/. [Zugriff am 26.6.2021].
206. F. Puppe, Einführung in Expertensysteme, Berlin: Springer, 1991.
207. C. Beierle und G. Kern-Isberner, Methoden wissensbasierter Systeme, Wiesbaden: Springer-Vieweg, 2014.
208. J. R. McDonald, G. M. Burt, J. S. Zielinski und S. D. J. McArthur, Intelligent knowledge based systems in electrical power engineering, Dordrecht: Springer, 1997.
209. D. Reichelt, Über den Einsatz von Methoden und Techniken der Künstlichen Intelligenz zu einer übergeordneten Optimierung des elektrischen Energieübertragungsnetzes, Dissertation, ETH Zürich, 1990.

210. K. Schäfer, C. Schwartze und J. Verstege, „Contex: An Expert System for Contingency Selection," *Electric Power Systems Research,* Bd. 22, pp. 189–194, 1991.
211. K. Schäfer, C. Schwartze und J. Verstege, „Ein Expertensystem zur Reduktion unzulässig hoher Kurzschlußleistungen," *etz,* Bd. 112, Nr. 11, pp. 526–531, 1991.
212. K. Schäfer, C. Schwartze, J. Verstege und M. Zöllner, „Netzzustandsbewertung mit wissensbasierten Methoden," *Elektrizitätswirtschaft,* Bd. 91, Nr. 3, pp. 91–94, 1992.
213. W. Hoffmann, „Wissensbasiertes System für die Bewertung und Verbesserung der Netzsicherheit elektrischer Energieversorgungssysteme," Dissertation, Universität Dortmund, 1990.
214. Z. A. Styczynski, K. Rudion und A. Naumann, Einführung in Expertensysteme, Heidelberg: Springer-Vieweg, 2017.
215. M. Zöllner, „Bewertung und Verbesserung der Netzsicherheit elektrischer Versorgungssysteme mit wissensbasierten Methoden," Dissertation, Bergische Wuppertal, 1997.
216. L. Adzic, Ü. Cali, B. Lange, R. Mackensen, K. Rohrig und F. Schlögl, „Wind Power Management System im internationalen Einsatz," 31.12.2020. [Online]. Available: https://www.iee.fraunhofer.de/de/projekte/suche/laufende/wind_power_management_system_einsatz_international.html.
217. Next Kraftwerke, „Wie funktioniert Blockchain in der Energiewirtschaft?," [Online]. Available: https://www.next-kraftwerke.de/wissen/blockchain. [Zugriff am 21.6.2024].
218. 50Hertz Transmission, „50Hertz und TenneT erproben Blockchain-Plattform Equigy für Prozesse im Engpassmanagement mit Kleinstanlagen," 10.12.2020. [Online]. Available: https://www.50hertz.com/de/News/Details/id/7314/50hertz-und-tennet-erproben-blockchain-plattform-equigy-fuer-prozesse-im-engpassmanagement-mit-kleinstanlagen-.
219. Tennet TSO, „Blockchain-Pilot zeigt Potenzial von dezentralen Heimspeichern für das Energiesystem von morgen," 8. Mai 2019. [Online]. Available: https://www.tennet.eu/de/news/news/blockchain-pilot-zeigt-potenzial-von-dezentralen-heimspeichern-fuer-das-energiesystem-von-morgen-1/.
220. G. Görz, U. Schmid und T. Braun, Handbuch der Künstlichen Intelligenz, Berlin: De Gruyter, 2021.
221. B. Hölldobler und E. O. Wilson, The Ants, Cambridge, Mass: Belknap Press of Harvard University Press, 1990.
222. M. Ludwig, Automatisierung von Niederspannungsnetzen auf Basis von Multiagentensystemen, Dissertation, Bergische Universität Wuppertal, 2020.
223. S. Klaiber, F. Bauer und P. Bretschneider, „Verbesserung der Netzverlustprognose für Energieübertragungsnetze," *at – Automatisierungstechnik,* Bd. 68, Nr. 9, pp. 738–749, 2020.
224. A. Kummerow, S. Nicolai und P. Bretschneider, „Spatial and temporal PMU data compression for efficient data archiving in modern control centres.," in *IEEE International Energy Conference (ENERGYCON)*, Limassol, Cyprus, 2018.
225. E.-L. Limbacher und P. Richard, „Schnittstellen und Standards für die Digitalisierung der Energiewende," dena, Berlin, 2018.
226. D. Rösch, A. Kummerow, S. Ruhe, K. Schäfer, C. Monsalve und S. Nicolai, „IT-Sicherheit in digitalen Stationen: Cyber-physische Systemmodellierung, -bewertung und -analyse," *at – Automatisierungstechnik,* Bd. 68, Nr. 9, pp. 720–737, 2020.
227. BDEW, „Die Anforderungen an die IT-Sicherheit wachsen," [Online]. Available: https://www.bdew.de/energie/digitalisierung/die-anforderungen-an-die-it-sicherheit-wachsen/. [Zugriff am 24.5.2020].
228. VDE, „Informationssicherheit in Energienetzen," [Online]. Available: https://www.vde.com/de/fnn/arbeitsgebiete/sicherer-betrieb-ikt/it-sicherheit. [Zugriff am 24.5.2020].
229. Deutscher Bundestag, Gesetz zur Erhöhung der Sicherheit informationstechnischer Systeme (IT-Sicherheitsgesetz), Berlin, 2015.

230. Bundesnetzagentur, „IT-Sicherheitskatalog," Bonn, 2018.
231. Cigre WG D2.50, „Electric Power Utilities' Cybersecurity for Contingency Operations," Cigre, Paris, 2021.
232. R. Spanheimer, „Ausfallsicherheit des Energieversorgungssystems – Von der Robustheit zur Resilienz," Bitkom Bundesverband Informationswirtschaft, Telekommunikation und neue Medien e. V., Berlin, 2018.
233. D. Schrader, „Cyber Resilience im Energiesektor: In fünf Schritten zur widerstandsfähigen IT-Infrastruktur," ap-verlag, [Online]. Available: https://ap-verlag.de/cyber-resilience-im-energiesektor-in-fuenf-schritten-zur-widerstandsfaehigen-it-infrastruktur/51715/. [Zugriff am 21.6.2024].
234. Greenbone, Sustainable Cyber Resilience im Energiesektor – Whitepaper, Osnabrück: Greenbone Networks GmbH, 2018.
235. J. Geiger, „Achtung bei vermeintlichen Office-Updates: Gefährlicher Trojaner tarnt sich mit fiesem Trick," CHIP, 27.10.2020. [Online]. Available: https://www.chip.de/news/Getarnt-als-Office-Update-Trojaner-Emotet_180839140.html. [Zugriff am 11.11.2020].
236. Bundesministerium des Innern, Verordnung zur Bestimmung Kritischer Infrastrukturen nach dem BSI-Gesetz (BSI-Kritisverordnung – BSI-KritisV), Berlin, 2016.
237. E.ON SE, „Connect+ – Ein Netzbetreiberprojekt" [Online]. Available: https://netz-connectplus.de. [Zugriff am 9.8.2021].
238. Deutsche Übertragungsnetzbetreiber, „Prozessbeschreibung Fahrplananmeldung in Deutschland", 2021.
239. Deutsche Energie-Agentur dena, Höherauslastung der Stromnetze, Berlin, 2022.
240. Deutsche Übertragungsnetzbetreiber, Deutsches Grenzwertkonzept – Regeln zur Ermittlung und Überwachung von Grenzwerten für die Systemführung des deutschen Übertragungsnetzes, 2021.
241. Next-Kraftwerke, „Was ist ein Schwarzstart?", [Online]. Available: https://www.next-kraftwerke.de/wissen/schwarzstart. [Zugriff am 19.11.2023].
242. E-Control, Regelreserve und Ausgleichsenergie. [Online]. Available: https://www.e-control.at/marktteilnehmer/strom/strommarkt/regelreserve-und-ausgleichsenergie. [Zugriff am 19.11.2023].
243. Westnetz, Systemdienliche Anforderungen an dezentrale Erzeugungsanlagen zur Unterstützung in kritischen Netzsituationen und des Netzwiederaufbaus, 2023.
244. Europäische Kommission, „Festlegung einer Leitlinie über den Systemausgleich im Elektrizitätsversorgungssystem, Verordnung (EU) 2017/2195", 2017.
245. TU Dortmund, Optimierung der Ausregelung von Leistungsungleichgewichten, Dortmund, 2009.
246. Netzpraxis, Zwei Netzbooster für mehr Kapazität im Übertragungsnetz, 12.07.2023, [Online]. Available: https://www.energie.de/netzpraxis/news-detailansicht/nsctrl/detail/News/zwei-netzbooster-fuer-mehr-uebertragungskapazitaet-im-uebertragungsnetz. [Zugriff am 24.11.2023].
247. Bundesstelle für Flugunfalluntersuchung, BFU, Untersuchungsbericht zum Störfall vom 30.09.2018 in Bottrop, Braunschweig, 2018.
248. Netze BW GmbH, Anweisungen für den Netzbetrieb, Stuttgart, 2020.
249. E.ON, Richtlinie für Arbeiten und Netzführung im Verteilnetz, Essen, 2023.
250. K.F. Schäfer, Blackout, Wiesbaden: Springer-Vieweg, 2024.
251. BMWK, Roadmap Systemstabilität, 06.12.2023, [Online]. Available: https://www.bmwk.de/Redaktion/DE/Dossier/roadmap-systemstabilitaet.html. [Zugriff am 2.5.2024].
252. D. Van Hertem, The Use of Power Flow Controlling Devices in the liberalized Market, Dissertation, Katholieke Universiteit Leuven, 2009.

253. C. Rehtanz und J.-J. Zhang, "New types of FACTS-devices for power system security and efficiency", IEEE PowerTech, Lausanne, Schweiz, 1.- 5. Juli 2007.
254. Martin Wolfram, Netzbetriebsverfahren zur Koordinierung von Phasenschiebertransformatoren und HGÜ-Verbindungen im Verbundnetz, Dissertation, Universität Ilmenau, 2019.
255. TSCNET, Our Services. [Online]. https://www.tscnet.eu/services/. [Zugriff am 12.5.2024].
256. Coreso, „Coordinated Security Analysis", [Online]. https://www.coreso.eu/services/csa/. [Zugriff am 12.5.2024].
257. ENTSO-E, "Network Code on Operational Security", [Online]. https://eepublicdownloads.entsoe.eu/clean-documents/pre2015/resources/OS_NC/130227-AS-NC_OS_final_.pdf. [Zugriff am 12.5.2024].
258. ENTSO-E, "Network Code on Operational Planning and Scheduling", [Online]. Available: https://www.entsoe.eu/fileadmin/user_upload/_library/resources/OPS_NC/130924-AS_NC_OPS_2nd_Edition_final.pdf. [Zugriff am 12.5.2024].
259. ENTSO-E, „Continental Europe Operation Handbook P4 – Policy 4: Coordinated Operational Planning", [Online]. Available: https://www.entsoe.eu/Documents/Publications/SOC/Continental_Europe/oh/160302_TOP_6_Policy%204-Draft_V4_2.pdf. [Zugriff am 12.5.2024].
260. B. Lange et al., „Prognosen der zeitlich-räumlichen Variabilität von Erneuerbaren" in Transformationsforschung für ein nachhaltiges Energiesystem: Jahrestagung 2011, Berlin, Deutschland, 12. – 13. Oktober 2011, Berlin: FVEE, 2011, S. 93–101.
261. UCTE, „UCTE Operation Handbook – Appendix 3: Operational Security", [Online]. Available: https://www.entsoe.eu/fileadmin/user_upload/_library/publications/entsoe/Operation_Handbook/Policy_3_Appendix_final.pdf. [Zugriff am 12.5.2024].
262. ENTSO-E, „Technical Report: Bidding Zones Review Process", [Online]. Available: https://www.entsoe.eu/Documents/MC%20documents/140123_Technical_Report_-_Bidding_Zones_Review__Process.pdf. [Zugriff am 12.5.2024].
263. Coreso, „Coordinated Capacity Calculation", [Online]. Available: https://www.coreso.eu/services/ccc/. [Zugriff am 12.5.2024].
264. B. Janzing, „Dem EEG-Konto fehlen 7,8 Milliarden", 27.01.2024. [Online]. Available: https://taz.de/Strommarktreform/!5985549/. [Zugriff am 2.7.2024].
265. ZfK, „Schwaben: Neuste Technik für die Netzstabilität", 12.09.2018. [Online]. Available: https://www.zfk.de/energie/strom/schwaben-neuste-technik-fuer-die-netzstabilitaet. [Zugriff am 5.7.2024].
266. IWR, „Stabile Stromnetze: Amprion nimmt ersten rotierenden Phasenschieber in Baden-Württemberg in Betrieb", 04.07.2024. [Online]. Available: https://www.iwr.de/news/stabile-stromnetze-amprion-nimmt-ersten-rotierenden-phasenschieber-in-baden-wuerttemberg-in-betrieb-news38727. [Zugriff am 4.7.2024].
267. C. Semmler, „Der rotierende Phasenschieber kommt", 13.05.2024. [Online]. Available: https://www.op-online.de/region/main-kinzig-kreis/grosskrotzenburg/der-rotierende-phasenschieber-kommt-93071004.html. [Zugriff am 5.7.2024].
268. EW, „Amprion und Siemens Energy entwickeln asynchronen Phasenschieber". 26.03.2020. [Online]. Available: https://www.energie.de/ew/news-detailansicht/nsctrl/detail/News/amprion-und-siemens-entwickeln-asynchronen-phasenschieber. [Zugriff am 5.7.2024].
269. N. Tenberge, „Amprion nimmt rotierenden Phasenschieber in Hoheneck in Betrieb". 03.07.2024. [Online]. Available: https://www.amprion.net/Presse/Presse-Detailseite_69442.html. [Zugriff am 5.7.2024].

Systemsicherheit im europäischen Verbundsystem

4

4.1 Koordinierung des europäischen Energieaustauschs

Neben den eigentlichen Systemführungsaufgaben innerhalb der eigenen Regelzone übernehmen die Übertragungsnetzbetreiber weitere nationale Aufgaben in ihrem Regelblock und internationale Aufgaben zur Gewährleistung der Systemsicherheit im kontinentaleuropäischen Übertragungsnetz (Abb. 4.1). So stimmen sie beispielsweise mit den aus-

Abb. 4.1 Europäisches Übertragungsnetz. (Quelle: Entso-E)

K. F. Schäfer, *Systemführung*, https://doi.org/10.1007/978-3-658-47006-7_4

ländischen Regelblöcken und den Entso-E-Koordinationszentren die Programme zum Energieaustausch ab. Sie organisieren die Leistungs-Frequenzregelung und überwachen den nationalen Regelblock [1, 2].

Die Netze der deutschen Übertragungsnetzbetreiber sind über Kuppelleitungen mit den anderen Übertragungsnetzen im deutschen Regelblock und den benachbarten Netzen der Entso-E verbunden und werden frequenzsynchron betrieben. Ähnliche Zusammenschlüsse existieren auch für die anderen Regional-Gruppen der Entso-E im europäischen Verbundsystem. Sie ermöglichen den internationalen, grenzüberschreitenden Austausch von Energie sowie die großräumige, gegenseitige Unterstützung bei Störungsereignissen [3, 4]. Für die beteiligten Übertragungsnetzbetreiber ergeben sich daraus zahlreiche technische und wirtschaftliche Vorteile. Im stark vermaschten europäischen Verbundsystem wird die Austauschleistung zwischen den einzelnen Regelzonen mit der Leistungs-Frequenz-Regelung auf dem eingestellten Sollwert gehalten und damit die Einhaltung des Leistungsgleichgewicht zwischen Erzeugung und Verbrauch in dem jeweiligen Regelblock gewährleistet (siehe Abschn. 3.5.2) [1, 2].

Die Kooperation innerhalb des kontinentaleuropäischen Verbundsystems ist hierarchisch gegliedert. Der gesamte Synchronverbund ist aus einzelnen Regelblöcken aufgebaut, die wiederum aus einer oder mehreren Regelzonen bestehen können (Abb. 4.2) [1, 2]. In den meisten europäischen Ländern bildet nur ein Übertragungsnetzbetreiber mit seiner Regel-

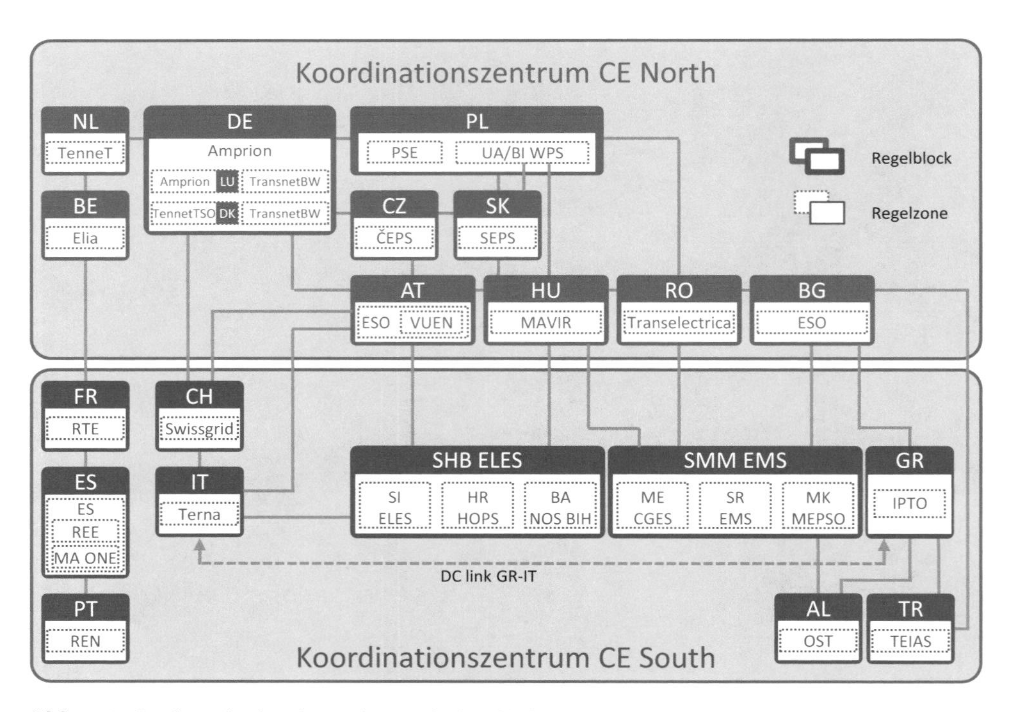

Abb. 4.2 Struktur des kontinentaleuropäischen Verbundsystems [1, 2, 5]

zone einen Regelblock. In Deutschland besteht der Regelblock aus den Regelzonen der vier deutschen Übertragungsnetzbetreiber sowie aus Teilen von Dänemark und Luxemburg [1, 3]. Innerhalb des deutschen Regelblocks wird die Aktivierung von Regelleistung durch einen Netzregelverbund optimiert (siehe Abschn. 3.5.3).

Zur Koordinierung des Austausches elektrischer Energie zwischen den europäischen Regelblöcken sowie zur Validierung der Austauschprogramme wurden zwei Koordinationszentren Nord und Süd für das nördliche (CE North) und für das südliche kontinentaleuropäische Übertragungsnetz (CE South) eingerichtet. Die hierarchische Struktur des kontinentaleuropäischen Übertragungsnetzes von Koordinationszentren, Regelblöcken und Regelzonen ist in Abb. 4.2 dargestellt. Das Koordinationszentrum CE North wird von der Systemführung Amprion, das Koordinationszentrum CE South wird von der Systemführung der Swissgrid organisiert.

Gemeinsam übernehmen Swissgrid und Amprion die Rolle des „Frequenz-Koordinators". Als Synchronous Area Monitor überwachen sie die Netzfrequenz für Kontinentaleuropa und nehmen im Fall größerer oder länger andauernder Frequenzabweichungen Kontakt zu den europäischen Partnern auf, leiten Notfallprozeduren ein, koordinieren die Umsetzung und berichten über diese.

Darüber hinaus stimmen Amprion und Swissgrid in den Koordinationszentren Nord und Süd die grenzüberschreitenden und geplanten Stromflüssen im kontinentaleuropäischen Netzgebiet ab. Zusätzlich verantworten die beiden Koordinationszentren die Koordination der Abrechnung zwischen den Übertragungsnetzbetreibern in Kontinentaleuropa.

Die Summe der von den Koordinationszentren validierten Austauschprogramme mit dem Ausland bildet den Sollwert für den Leistungs-Frequenz-Regler des jeweiligen Regelblocks. Zur Aufrechterhaltung der Systemsicherheit muss diese Summe im gesamten kontinentaleuropäischen Übertragungsnetz jederzeit ausgeglichen sein [1, 3, 4].

4.2 Regionale Koordinierungszentren

Photovoltaik- und Windkraftanlagen speisen wetterabhängig mit u. U. extremen Leistungsschwankungen in das Netz ein. Im Zuge der Energiewende werden diese Energiequellen einen immer größeren Anteil an der Versorgung mit elektrischer Energie übernehmen. Die Anzahl der PV- und Windkraftanlagen wird als noch deutlich steigen. Konzeptgemäß wird die Energie aus diesen Anlagen über große Entfernungen beispielsweise von Nord- nach Süddeutschland transportiert. Als weitere Folge der volatilen Energieerzeugung steigt der grenzüberschreitende Handel mit elektrischer Energie, der das europäische Verbundsystem zusätzlich belastet. So wird es für die Systemführer immer anspruchsvoller, die zunehmenden operativen Anforderungen des Systembetriebs im Sinne der Versorgungszuverlässigkeit effizient zu erfüllen und damit Erzeugung und Verbrauch elektrischer Energie im Gleichgewicht und damit das Übertragungsnetz stabil und sicher zu halten.

Um diese Anforderungen auch weiterhin erfüllen zu können, arbeiten seit 2008 betroffene Übertragungsnetzbetreiber der Entso-E in verschiedenen regionalen Koordinierungszentren (Regional Coordination Centres, RCC), bis 2022 (Regional Security Coordinators, RSC), zusammen, die jeweils für eine bestimmte Anzahl von Übertragungsnetzen zuständig sind. Dabei können einzelne Übertragungsnetzbetreiber durchaus Mitglied in verschiedenen Koordinierungszentren sein. Die Aufgabe der Koordinierungszentren ist es, die Stromflüsse im europäischen Übertragungsnetz im Zuge von gemeinsamen Netzsicherheitsberechnungen möglichst exakt zu prognostizieren und gemeinsame Maßnahmen zur Erhöhung der Systemsicherheit zu koordinieren. Dabei nutzen sie gemeinsame IT-Plattformen und Informationssysteme, die Daten zur Netzsituation für jeden Prognosezeitpunkt bereitstellen. Auf dieser Basis führen die Koordinierungszentren die Daten aus den einzelnen Netzen zusammen und erstellen daraus Kapazitätsvoraussagen und Netzsicherheitsberechnungen für ihren jeweiligen Zuständigkeitsbereich [6].

Die Koordinierungszentren erstellen für die Systemführungen der Übertragungsnetzbetreiber überregionale Prognosen, wie viel Strom aus erneuerbaren Energien und konventionellen Kraftwerken in jeder Stunde des nächsten Tages eingespeist wird. Sie ermitteln und koordinieren geplante Nichtverfügbarkeiten von Betriebsmitteln. Zusätzlich bestimmen sie die verfügbaren Übertragungskapazitäten auf den Interkonnektoren zwischen benachbarten ÜNB und überprüfen die Übertragungsnetze auf sich evtl. ergebende Engpässe. Auf Basis dieser Analysen geben sie entsprechende Empfehlungen an die Systemführungen der in den jeweiligen Koordinierungszentren organisierten Übertragungsnetzbetreiber. Mit diesen netz- und regelzonenübergreifenden Analysen können die erneuerbaren Energien besser eingebunden und das europäische Verbundsystem stabil betrieben werden [6].

Abb. 4.3 zeigt die Arbeitsbereiche einiger dieser Koordinierungszentren. Aus dieser Darstellung sind auch die Netzbereiche zu erkennen, die von verschiedenen Sicherheitszentren überlappend überwacht werden.

Die TSCNET ist eine Kooperation von 16 europäischen Übertragungsnetzbetreibern aus 13 europäischen Ländern mit Sitz in München [23]. Mitglieder dieses Koordinierungszentrums sind 50Hertz Transmission (Deutschland), Amprion (Deutschland), APG (Österreich), ČEPS (Tschechien), Creos (Luxemburg), ELES (Slowenien), Energinet (Dänemark), HOPS (Kroatien), MAVIR (Ungarn), PSE (Polen), SEPS (Slowakei), Statnett (Norwegen), Swissgrid (Schweiz), TenneT TSO (Deutschland), Tennet (Niederlande), Transelectrica (Rumänien), und TransnetBW (Deutschland). Abb. 4.4 zeigt den Operator Room von TSCNET in München.

Eine Kooperation zwischen Amprion (Deutschland) sowie der Tennet Niederlande und der TenneT TSO Deutschland ist das Security Service Centre (SSC) in Rommerskirchen bei Köln [25]. Bereits seit 2009 ist das SSC als Europas erstes Koordinierungszentrum dieser Art in Betrieb. Das Team internationaler Experten analysiert rund um die Uhr die Systemsicherheit der Höchstspannungsnetze in Deutschland und den Niederlanden. Das

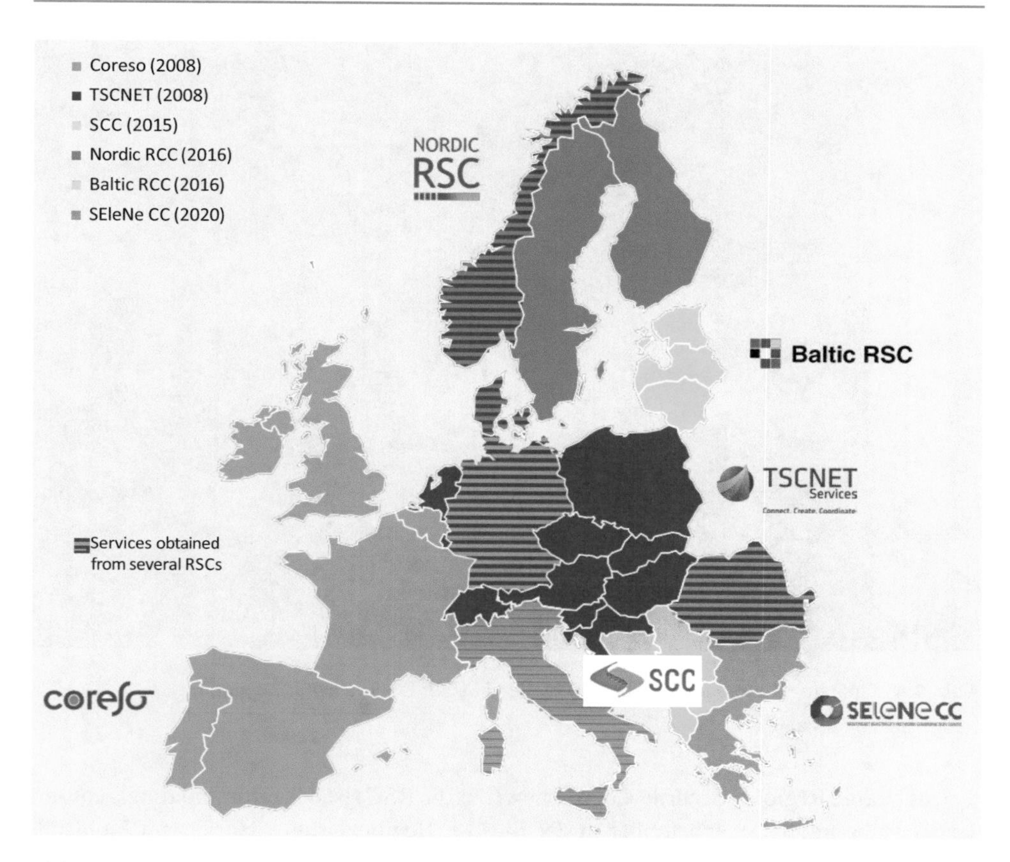

Abb. 4.3 Regional Coordination Centres der Entso-E [21]

SSC liefert den beteiligten Übertragungsnetzbetreibern für den Folgetag Prognosen über die Einspeisung aus erneuerbaren Energien und konventionellen Kraftwerken. Die Systemführungen von Amprion und TenneT TSO erhalten damit zugleich eine Übersicht über die verfügbaren Übertragungskapazitäten und über evtl. bestehende Engpässe im Übertragungsnetz [6].

Das Koordinierungszentrum Coreso ist ein Gemeinschaftsunternehmen der Übertragungsnetzbetreiber 50Hertz Transmission (Deutschland), Amprion (Deutschland), EirGrid (Irland), Elia (Belgien), National Grid (UK), REE (Spanien), REN (Portugal), RTE (Frankreich), Soni (Nordirland), TenneT TSO (Deutschland), Terna (Italien) und TransnetBW (Deutschland) [24].

Das Baltic RSC mit Sitz in Tallinn ist das Koordinierungszentrum der drei baltischen Übertragungsnetzbetreiber AST, Elering und Litgrid.

Abb. 4.4 Operator Room von TSCNET. (Quelle: TSCNET Services/Q. Leppert)

Das Nordic Regional Security Coordinator (Nordic RSC) ist das Koordinierungszentrum der vier Übertragungsnetzbetreiber in der Entso-E Regionalgruppe Nordic mit Finnland, Norwegen, Schweden und Dänemark.

Das Security Coordination Centre (SCC) in Belgrad ist das erste Koordinierungszentrum im Südwesten des Entso-E-Gebietes (SEE). Mitglieder sind die Übertragungsnetzbetreiber EMS (Serbien), CGES (Montenegro) und NOSBiH (Bosnien und Herzegowina).

Das Southeast Electricity Network Coordination Center (SEleNe CC) in Thessaloniki ist für die Länder Bulgarien, Griechenland, Italien und Rumänien zuständig.

Mit der Installation des European Awareness System (EAS) haben die europäischen Übertragungsnetzbetreiber ein neues Sicherheitssystem für den sicheren Betrieb ihrer Stromnetze eingeführt. Das European Awareness System liefert jedem ÜNB in Echtzeit einen Überblick über die Leistungsflüsse und den Systemzustand aller europäischen Netze. Damit können sich die Netzbetreiber bei Störungen und Extremsituationen im stark verflochtenen europäischen Stromnetz koordinieren. Mit dem EAS ist das noch umfassender als bisher und vor allem schneller und effizienter möglich [8, 9]. In Abb. 4.5 ist die Situation mit einer Fehlbilanz in Südeuropa dargestellt. In diesem Beispiel sind Italien und Frankreich zusammen um ca. 2000 MW unterdeckt [7].

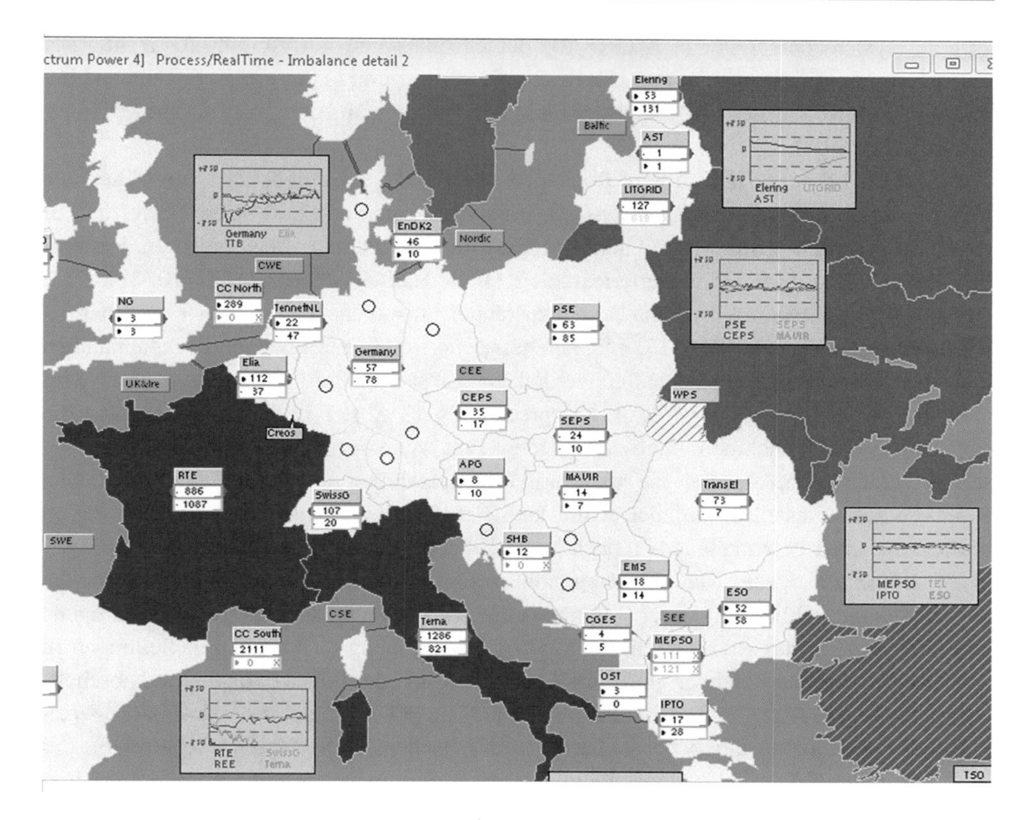

Abb. 4.5 Darstellung der Systembilanz im Entso-E-System mit dem EAS [7]

4.3 Systemschutzplan

Die vier deutschen Übertragungsnetzbetreiber 50Hertz, Amprion, Tennet TSO und TransnetBW haben einen gemeinsamen Systemschutzplan entwickelt, um in kritischen Notsituationen (z. B. bei Großstörungen) geeignete Maßnahmen zur Aufrechterhaltung der Netz- und Systemsicherheit im Synchrongebiet zur Verfügung zu haben [10]. Der Systemschutzplan enthält geeignete Notfallmaßnahmen zur Aufrechterhaltung der Handlungsfähigkeit der Systemführungen im deutschen Übertragungsnetz. Die Notfallmaßnahmen sind sowohl zwischen den deutschen ÜNB als auch mit den europäischen Partnern im europäischen Synchronverbund abgestimmt und harmonisiert.

Im Systemschutzplan werden sowohl die Aktivierungskriterien als auch die gegebenenfalls automatisch ablaufenden oder manuell einzuleitenden Notfallmaßnahmen definiert. Die Aktivierung des Systemschutzplans erfolgt dann, wenn sich das Energieversorgungssystem entsprechend Art. 18 (3) der europäischen Verordnung 2017/1485 zur Festlegung einer Leitlinie für den Übertragungsnetzbetrieb [11] in einem Notzustand befindet oder auf Basis der Sicherheitsanalysen Maßnahmen aus dem Systemschutzplan erforderlich sind [10, 12].

Der aktuell Systemzustand wird üblicherweise anhand verschiedener Kenngrößen wie beispielsweise Area Control Error (ACE), Frequenz, Spannung und Strom bewertet. Für diese Kenngrößen wurden zum Schutz zur Aufrechterhaltung eines sicheren Systembetriebs entsprechende Grenzwerte festgelegt (siehe auch Abschn. 3.2.2.2) [10, 22].

Eine erforderliche Abhilfe kann bei Notzuständen entsprechend § 13 Abs. 1 des Energiewirtschaftsgesetzes (EnWG) [13] mit netzbezogenen oder marktbezogenen Maßnahmen und zusätzlichen Reserven geschaffen werden. Die Einsatzreihenfolge der Maßnahmen wird ebenfalls durch das EnWG geregelt. Entsprechend § 13 Abs. 1 EnWG müssen zuerst die netzbezogenen Maßnahmen eingesetzt werden. Erst wenn der Notzustand damit nicht beseitigt werden kann, kommen die marktbasierte Maßnahmen und danach die zusätzlichen Reserven zum Einsatz. Kann auch damit kein sicherer Systemzustand hergestellt werden müssen die ÜNB Letztmaßnahmen nach § 13 Abs. 2 EnWG durchzuführen [10, 12].

Zu den netzbezogenen Maßnahmen gehören topologische Eingriffe in das Netz sowie die Ausnutzung betrieblich zulässiger Toleranzbänder für Spannung und Strom. Marktbezogene Maßnahmen sind das Redispatch, die Kapazitätsbegrenzung an Grenzkuppelleitungen in Abstimmung mit den Nachbar-ÜNB, das Countertrading, der Einsatz von zu- und abschaltbaren Lasten, die Aktivierung zusätzlicher Leistungsreserven (siehe Abschn. 4.4), die Wirkleistungsunterstützung durch benachbarten ausländischen ÜNB (Notreserveverträge), der Einsatz von Regelenergie (Frequenzhaltungsreserven, automatische und manuelle Frequenzwiederherstellungsreserven), sowie Börsengeschäfte [10].

4.4 Netzreserve, Kapazitätsreserve und Sicherheitsbereitschaft

4.4.1 Reserveleistungsvorhaltung

Die Umgestaltung des Energieversorgungssystems im Rahmen der Energiewende führt zu einem stetig wachsenden Anteil erneuerbarer Energien im deutschen Strommix (i. e. Stromerzeugung aufgeteilt nach Energieträgern). Insbesondere bei der installierten Leistung aus Windenergieanlagen an Land und zur See ist zu beobachten, dass nach wie vor ein deutliches geografisches Ungleichgewicht zwischen den Standorten der Erzeugungsanlagen im Norden Deutschlands und den Lastzentren im Süden besteht [14].

Neben dem Ausbau der erneuerbaren Energien schreitet auch der Ausstieg aus der Nutzung der Kernenergie in Deutschland weiter voran. Bis Ende 2022 wird das letzte deutsche Kernkraftwerk seinen kommerziellen Leistungsbetrieb einstellen. Auch bei den übrigen konventionellen Erzeugungstechnologien ist zum einen bedingt durch die Marktkräfte und zum anderen durch den geplanten Ausstieg aus der Verstromung von Kohle ein stetiger Rückgang der am Netz befindlichen Kapazitäten festzustellen. Zudem führen die Änderungen des europäischen Strommarktdesigns dazu, dass die grenzüberschreitenden Handelstätigkeiten stetig an Volumen zulegen und nationale Engpässe des Übertragungsnetzes ungeachtet ihres Auftretens eine immer geringere Rolle bei der Vergabe der Handelskapazitäten spielen. Eine besondere Belastung für das Übertragungsnetz entsteht dabei durch den Import elektrischer Energie aus nördlichen Nachbarländern und Skandinavien bei gleichzeitigem Export elektrischer Energie in das benachbarte südliche Ausland. Dies bewirkt ein deutliches Nord-Süd-Gefälle beim Stromtransport im Übertragungsnetz. Dieses überlagert sich mit der Anforderung, Strom aus den Erzeugungszentren im Norden Deutschlands in die Lastzentren Süddeutschlands zu transportieren [14].

Das Gesetz zur Weiterentwicklung des Strommarktes (Strommarktgesetz) [15] sieht die Einrichtung verschiedener Mechanismen zur Reserveleistungsvorhaltung vor. Damit soll sichergestellt werden, dass genügend zusätzliche Kraftwerkskapazitäten aktiviert werden können, falls einmal nicht genug Strom im Markt bereitstehen sollte, um die Stromnachfrage zu decken. Das Strommarktgesetz legt als Mantelgesetz Änderungen vieler strommarktbezogener Gesetze und Verordnungen fest, zum Beispiel des Erneuerbare-Energien-Gesetzes (EEG) [16], des Energiewirtschaftsgesetzes (EnWG) [13], der Reservekraftwerksverordnung (jetzt NetzResV) [17] und der Stromnetzentgeltverordnung (StromNEV) [18]. Damit wird insbesondere die Netzreserve, die Kapazitätsreserve und die Sicherheitsbereitschaft von Braunkohlekraftwerken organisiert [19].

4.4.2 Netzreserve

Die Netzreserve (umgangssprachlich auch „Winterreserve") entsprechend der Netzreserveverordnung (NetzResV) [17] sieht vor, dass die Übertragungsnetzbetreiber jährlich eine sogenannte Systemanalyse durchführen, um die zukünftig erforderliche Kraftwerksreservekapazität für netzstabilisierende Redispatchmaßnahmen festzustellen [19]. Betrachtungshorizonte dieser Bedarfsfeststellung sind der kommende Winter (t+1) sowie das Jahr (t+5). Die Bundesnetzagentur überprüft die Systemanalyse der Übertragungsnetzbetreiber und veröffentlicht in einer jährlichen Feststellung den Bedarf an Erzeugungskapazität für die Netzreserve [14]. Auf der Grundlage der jeweils für den nächsten Winter betrachteten Bedarfsermittlung ist die demnach notwendige Netzreserve für den nächsten Winter zu beschaffen.

Um die Netzstabilität auch in kritischen Situationen zu gewährleisten, setzen die Übertragungsnetzbetreiber gezielt Kraftwerke (Redispatch) ein und wirken so Leitungsüberlastungen entgegen, falls dies allein mit netzbezogenen Maßnahmen entsprechend dem EnWG nicht möglich ist [20]. Die Systembilanz wird durch diese Eingriffe nicht beeinträchtigt, da stets abgeregelte Mengen durch das gleichzeitige Hochregeln bilanziell ausgeglichen werden. Erfahrungsgemäß ist der Redispatchbedarf während des Winterhalbjahres am höchsten, da in diesem Zeitraum oftmals gleichzeitig eine hohe Nachfrage nach elektrischer Energie besteht und eine große Leistung aus Windenergieanlagen im Norden und Nordosten Deutschlands eingespeist wird [14]. Diese Konstellation führt regelmäßig zu ausgeprägten überregionalen Leistungsflüssen in die Lastzentren Süddeutschlands und in das südliche Ausland. Treten dabei im Übertragungsnetz Engpässe auf, so müssen diese mittels Redispatch behoben werden [14].

Der Netzbetreiber beschafft aus den vorhandenen, aber inaktiven Kraftwerken die zur Sicherstellung der Sicherheit und Zuverlässigkeit des Elektrizitätsversorgungssystems erforderliche Erzeugungskapazität, falls nicht genügend gesicherte, marktbasierte Kraftwerkskapazitäten zur Durchführung von Redispatchmaßnahmen vorhanden sind. Die Kraftwerke in der Netzreserve werden nur zur Vermeidung von Engpässen im Übertragungsnetz und nicht wegen zu geringer Erzeugungskapazitäten benötigt. Die Netzreservekraftwerke werden ausschließlich außerhalb des Energiemarktes und exklusiv zum Redispatch eingesetzt [14].

Die Ermittlung des Reservekraftwerksbedarfs zur Beherrschung kritischer Netzsituationen gemäß § 3 NetzResV („Systemanalyse") [17] wird mit einem vierschrittigen Verfahren entsprechend Abb. 4.6 durchgeführt [14].

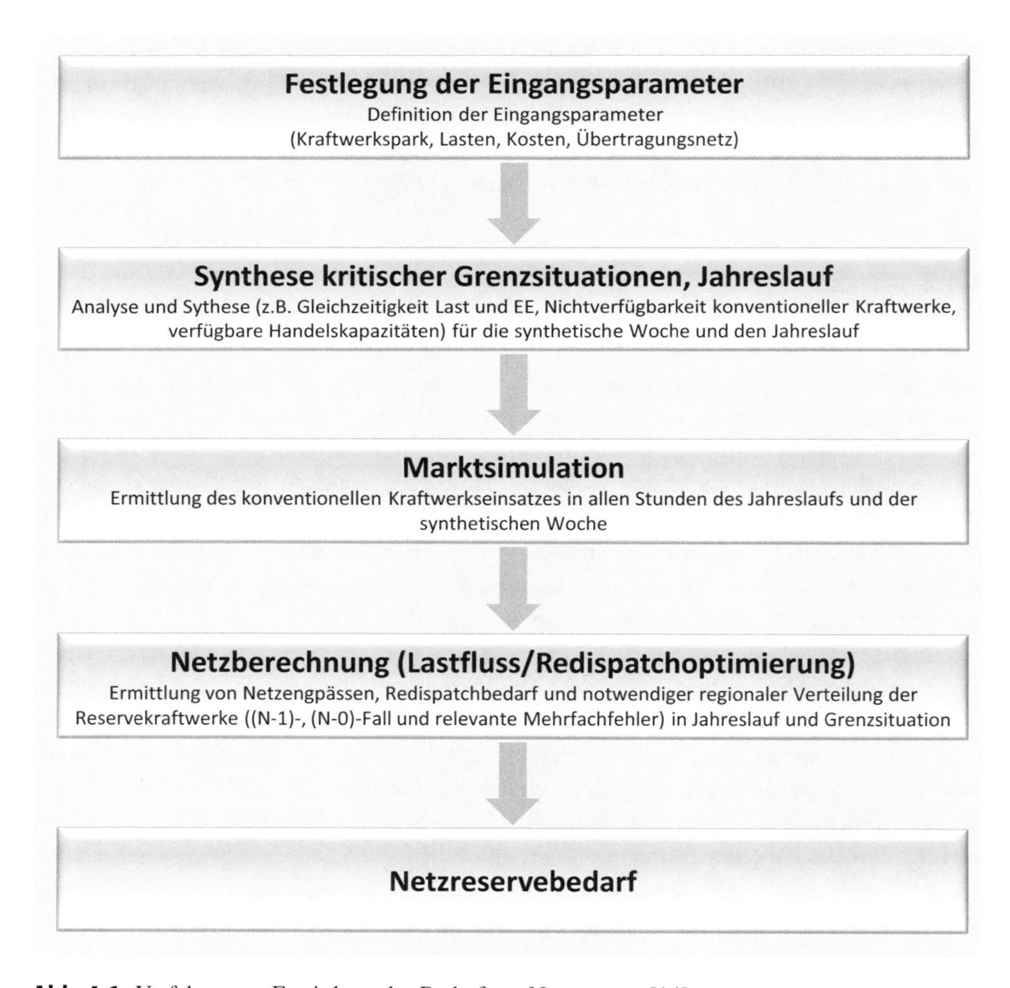

Abb. 4.6 Verfahren zur Ermittlung des Bedarfs an Netzreserve [14]

Im ersten Schritt des Verfahrens werden die Eingangsparameter der Systemanalyse mittels einer Prognose der energiewirtschaftlichen Situation für die Betrachtungsjahre bestimmt. Hierbei werden der Kraftwerkspark (installierte Leistungen, Nichtverfügbarkeiten, Brennstoffkosten, CO_2-Preise etc.) und die Höchstlasten prognostiziert. Außerdem werden die im jeweiligen Betrachtungszeitraum zu erwartende Netztopologie und Handelskapazität bestimmt.

Aufbauend auf den Eingangsparametern werden im zweiten Schritt als möglich eingestufte, ungünstige Kombinationen der relevanten Einflussfaktoren festgelegt, die auf entsprechende Erfahrungen mit kritischen Netzsituationen (z. B. hohe Windeinspeisung bei gleichzeitig hoher Stromnachfrage) basieren. Auf Basis dieser Informationen wird eine synthetische Woche konstruiert, aus der die für die Bestimmung des Redispatchbedarfs maßgebliche kritische Stunde (Grenzsituation, Worst Case) abgeleitet wird. Im Modell der synthetischen Woche werden auch die Höhe der geplanten und ungeplanten Nichtverfügbarkeiten von Kraftwerken (z. B. aufgrund von Revisionen oder Kraftwerksausfällen) berücksichtigt. Damit wird sichergestellt, dass ausgehend von historischen Erfahrungen erwartbare, netztechnisch kritische Situationen durch den ermittelten und dann zu kontrahierenden Reservebedarf abgedeckt werden können [14].

Im dritten Schritt wird mithilfe einer Simulation des europäischen Elektrizitätsmarkts die Einspeisung der konventionellen Erzeugungsanlagen in den einzelnen Stunden des Jahreslaufs und der synthetischen Woche zur Deckung der Last prognostiziert. In dieser Prognose werden die erwartete Einspeisung erneuerbarer Energien, die Kraftwerksnichtverfügbarkeiten und die Handelskapazitäten berücksichtigt. Das Modell bestimmt auch, welche Im- und Exporte aus dem und in das europäische Ausland sich in den jeweiligen Netznutzungsfällen einstellen.

Im vierten Schritt der Netzanalyse wird mit Leistungsflussberechnungen übergeprüft, ob das vorhandene Übertragungsnetz auch unter Einhaltung des (N-1)-Kriteriums den Strom engpassfrei vom Erzeuger zum Verbraucher transportieren kann. Verbleiben auch nach der Umsetzung ggf. erforderlicher netzbezogener Maßnahmen noch Engpässe im Netz bestehen, so müssen diese durch marktbezogene Maßnahmen (z. B. Redispatch) behoben werden. Die Gesamtmenge der notwendigen Anpassungen an Kraftwerksleistung zur Erlangung eines engpassfreien Netzes ist sodann der Redispatchbedarf [14].

Entsprechend der Systemanalyse der deutschen Übertragungsnetzbetreiber wird durch die Bundesnetzagentur für jeden Winter der Bedarf an Erzeugungskapazitäten aus Netzreservekraftwerken festgestellt. Der Netzreservebedarf wird in der Regel aus inländischen Netzreservekraftwerken gedeckt. Ist diese Leistung nicht ausreichend, wird zusätzliche Netzreserveleistung aus ausländischen Kraftwerken beschafft. In Abb. 4.7 sind für den Zeitraum 2011/2012 bis 2024/2025 die summierten Leistungswerte der kontrahierten Netzreservekraftwerke aufgeführt [14].

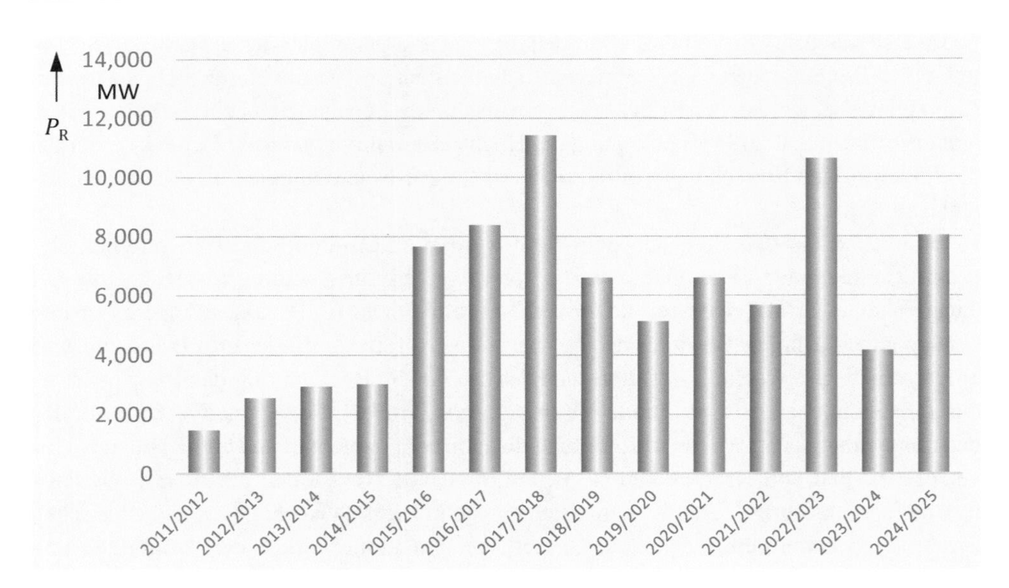

Abb. 4.7 Entwicklung der Netzreserveleistung. (Quelle: BNetzA)

4.4.3 Kapazitätsreserve

Die Übertragungsnetzbetreiber müssen nach den Bestimmungen des EnWG (§ 13e) [13] eine Kapazitätsreserve vorhalten, um damit Leistungskapazitäten hochfahren zu können, falls Angebot und Nachfrage auf den deutschen Strommärkten nicht vollständig ausgeglichen werden können. In der zeitlichen Abfolge steht der Abruf der Kapazitätsreserve damit hinter der Strombörse und den Regelenergiemärkten. In der Kapazitätsreserve sind sowohl Kraftwerke (Einspeiser) als auch Lasten (Stromverbraucher) enthalten. Die in die Kapazitätsreserve überführten Kraftwerke dürfen nicht mehr aktiv auf den Strommärkten agieren (Vermarktungsverbot) und sie dürfen ihre Leistung nur auf eine entsprechende Anforderung der ÜNB erhöhen. Diese Kraftwerke dienen ausschließlich dazu, den Strombedarf zu decken, falls über die vorhandenen Marktmechanismen nicht genug Leistung bereitgestellt werden kann. Dies tritt vor allem im Winter auf, wenn insbesondere Photovoltaik-Anlagen nur wenig Leistung einspeisen können [19].

Die Übertragungsnetzbetreiber führen regelmäßig ein wettbewerbliches Ausschreibungsverfahren durch, damit rechtzeitig eine ausreichende Kapazitätsreserve bereitsteht. Die in die Kapazitätsreserve aufgenommenen Anlagen erhalten für die Bereitstellung und Vorhaltung, für die Instandhaltung, für die Anfahrvorgänge, für den Eigenstromverbrauch, für Nachbesserungen sowie für den Werteverzehr eine jährliche Vergütung. Kosten, die von den Übertragungsnetzbetreiber zusätzlich angefordert werden, um beispielsweise die Schwarzstartfähigkeit herzustellen oder Blindleistung ohne Wirkleistung einzuspeisen, werden gesondert vergütet. Ebenfalls erfolgt eine zusätzliche Vergütung für Einspeisungen, die innerhalb der Kapazitätsreserve oder Netzreserve angefordert wurden, für die Sicherstellung der Brennstoffversorgung und für variable Instandhaltungskosten von Einspeisungen innerhalb der Netzreserve. Die für die Bereitstellung der Kapazitätsreserve entstehenden Kosten werden über die Netzentgelte refinanziert. Für Kraftwerke gilt, dass sie dauerhaft stillgelegt werden müssen, wenn sie aus der Kapazitätsreserve genommen werden (Rückkehrverbot). Diese Einschränkung gilt nicht für die in der Kapazitätsreservevorgehaltenen Lasten (Stromverbraucher) [19].

4.4.4 Sicherheitsbereitschaft

Damit die für die netzstabilisierenden Maßnahmen (wie Redispatch, Regelenergie, abschaltbare Lasten, Netzreserve und Kapazitätsreserve) erforderlichen Kapazitäten nicht zu gering werden, sieht das Energiewirtschaftsgesetz die Möglichkeit vor, Erzeugungsanlagen, die der Betreiber eigentlich stilllegen möchte, vorläufig zur Gewährleistung der Systemsicherheit in Betrieb zu halten [14]. Die Kraftwerke in der sogenannten Sicherheitsbereitschaft dürfen nicht mehr am Markt aktiv sein (Vermarktungsverbot) [19].

Die Sicherheitsbereitschaft wird zusätzlich zur Netzreserve und zur Kapazitätsreserve gebildet. Da sie ausschließlich aus Braunkohlekraftwerken besteht, wird sie umgangssprachlich „Braunkohlereserve" oder auch „Klimareserve" genannt. Die Bevorzugung von Braunkohlekraftwerken für die Sicherheitsbereitschaft ist dadurch begründet, dass Braunkohle zurzeit zwar 50 % der CO_2-Emissionen des Stromsektors verursacht, aber nur 24 % des deutschen Strombedarfs deckt. Die Braunkohle ist damit mit Abstand der klimaschädlichste Energieträger im deutschen Strommix (siehe Abb. 2.2). Die stufenweise Stilllegung der Braunkohlekraftwerke ist in § 13g des EnWG geregelt [13]. Für die Sicherheitsbereitschaft sind aktuell acht Kraftwerksblöcke mit einer Gesamtleistung von 2,7 GW vorgesehen. Die Kraftwerke sollen vorläufig stillgelegt und nach jeweils vier Jahren in der Sicherheitsbereitschaft endgültig stillgelegt werden [19].

Die Anlagen in der Sicherheitsbereitschaft müssen bei einer Anforderung durch die Übertragungsnetzbetreiber innerhalb von 240 h betriebsbereit sein. Nach Herstellung der Betriebsbereitschaft müssen sie innerhalb von 11 h auf Mindestteilleistung und innerhalb von weiteren 13 h auf Nettonennleistung angefahren werden können [19].

4.4.5 Besondere netztechnische Betriebsmittel

Um auch den zukünftigen Anforderungen an das Übertragungsnetz gerecht zu werden, werden sogenannte besondere netztechnische Betriebsmittel (bnBm) vorgesehen. Bei bnBm handelt es sich um Erzeugungsanlagen (z. B. Gaskraftwerke), die nach einem tatsächlichen Ausfall eines oder mehrerer Betriebsmittel im Übertragungsnetz (sog. kurativer Redispatch) nach § 11 Abs. 3 EnWG idF v. 22.7.2017 (eingeführt durch Art. 1 G.v.17.7.2017 (BGBl. I S. 2503) zur kurzfristigen Wiederherstellung der Netzstabilität eingesetzt werden [2]. Als

Abb. 4.8 Gasturbinenkraftwerk in Biblis als bnBm-Anlage. (Quelle: RWE)

erste bnBm-Anlage in Deutschland wurde am Standort des Kernkraftwerks Biblis für Amprion ein Gaskraftwerk errichtet und in 2023 in Betrieb genommen (Abb. 4.8). Das modular aufgebaute Gaskraftwerk hat insgesamt elf Turbinen mit jeweils 33 MW Leistung. Gasturbinen bieten die Vorteile einer kurzen Startzeit, eines hohen Lastgradienten sowie kurzer Revisionszeiten. Auch wenn eine der Gasturbinen nicht verfügbar ist, kann die Systemführung von Amprion damit jederzeit eine Leistung von mindestens 300 MW abrufen. Eine bnBm-Anlage dient ausschließlich der Sicherheit und Zuverlässigkeit des Übertragungsnetzes und steht nicht dem Markt zur Verfügung [3]. Eine ähnliche Anlage wird aktuell für TransnetBW in Marbach gebaut.

Literatur

1. C. Schneiders, „Visualisierung des Systemzustandes und Situationserfassung in großräumigen elektrischen Übertragungsnetzen," Dissertation, Bergische Universität Wuppertal, 2014.
2. Entso-E, „Operation Handbook," Brüssel, 2009.
3. J. Vanzetta, „Der europäische Strommarkt," *BWK,* Nr. 11, pp. 6–8, 2006.
4. T. Horstmann und K. Kleinekorte, Strom für Europa, 75 Jahre RWE-Hauptschaltleitung Brauweiler 1928–2003, RWE, Hrsg., Essen: Klartext-Verlag, 2003.
5. J. Vanzetta, „Systemführung im (europäischen) Übertragungsnetz," in *Zukünftige Herausforderungen für die Übertragungsnetze – Offshore und Optimierung*, online Konferenz, 02.12.2020.
6. Amprion, „Sicherheitsinitiativen," [Online]. Available: https://www.amprion.net/%C3%9Cbertragungsnetz/Systemf%C3%BChrung/Sicherheitsinitiativen/. [Zugriff am 21.6.2024].
7. C. Schneiders, „Eigenschaften moderner Leitsysteme," 2017. [Online]. Available: https://www.vde.com/resource/blob/1676996/7d2eec5f5570439b549a58a995a41695/7-schneiders-data.pdf. [Zugriff am 21.6.2024].
8. J. Frantisek, M. Jedinak und I. Sulc, „Awareness System Implemented in the European Network," *Journal of Electrical Engineering,* Bd. 65, Nr. 5, pp. 320–324, 2014.
9. energate-messenger, „neues-sicherheitssystem-fuer-europas-stromnetz," [Online]. Available: https://www.energate-messenger.de/news/132237/neues-sicherheitssystem-fuer-europas-stromnetz. [Zugriff am 21.6.2024].

10. Deutsche Übertragungsnetzbetreiber, „Systemschutzplan der vier deutschen Übertragungsnetzbetreiber“, 2021.
11. Europäische Kommission, Verordnung (EU) 2017/1485 Festlegung einer Leitlinie für den Übertragungsnetzbetrieb, Brüssel, 2017.
12. Deutsche Übertragungsnetzbetreiber, „Informationsplattform der vier deutschen Übertragungsnetzbetreiber,“ [Online]. Available: https://www.netztransparenz.de/. [Zugriff am 21.6.2024].
13. Deutscher Bundestag, Gesetz über die Elektrizitäts- und Gasversorgung (Energiewirtschaftsgesetz – EnWG), Berlin, 2023.
14. Bundesnetzagentur, Bericht Feststellung des Bedarfs an Netzreserve für den Winter 2020/2021 sowie für das Jahr 2024/2025, Bonn, 2020.
15. Deutscher Bundestag, Gesetz zur Weiterentwicklung des Strommarktes (Strommarktgesetz), Berlin, 2016.
16. Deutscher Bundestag, Gesetz für den Ausbau erneuerbarer Energien (Erneuerbare-Energien-Gesetz – EEG), Berlin, 2017.
17. Deutsche Bundesregierung, Verordnung zur Regelung der Beschaffung und Vorhaltung von (Netzreserveverordnung, NetzResV), Berlin, 2019.
18. Deutsche Bundesregierung, Verordnung über die Entgelte für den Zugang zu Elektrizitätsversorgungsnetzen (Stromnetzentgeltverordnung StromNEV), Berlin, 2019.
19. Next Kraftwerke, „Was sind Netzreserve, Kapazitätsreserve & Sicherheitsbereitschaft?,“ [Online]. Available: https://www.next-kraftwerke.de/wissen/netzreserve-kapazitatsreserve-sicherheitsbereitschaft. [Zugriff am 21.6.2024].
20. Bundesnetzagentur, Monitoringbericht 2019, Bonn, 2020.
21. Entso-E, Annual Report 2022, Brüssel, 2023.
22. Deutsche Übertragungsnetzbetreiber, Deutsches Grenzwertkonzept – Regeln zur Ermittlung und Überwachung von Grenzwerten für die Systemführung des deutschen Übertragungsnetzes, 2021.
23. TSCNET Services GmbH, “MAVIR has been granted full membership of the TSO Security”, Sep. 2014. Online verfügbar unter: https://www.tscnet.eu/wp-content/uploads/2014/09/201409_TSC_PressRelease_MAVIR_final.pdf. [Zugriff am 8.5.2024].
24. Coreso, “Annual Report 2016: Ensuring Operational Safety on the European Interconnected Grid”, Aug. 2017. Online verfügbar unter: https://www.coreso.eu/wp-content/uploads/Coreso-Annual-Report-2016-online-publication.pdf. [Zugriff am 8.5.2024].
25. D. Tubic, “Security Coordination Centre SCC – Present and future” in Security of Supply Coordination Group, Sub-Group for Electricity: Wien, Österreich, 16. Dezember 2015, 2015.

Schaltleitung 5

5.1 Aufgaben

Für die Umsetzung bzw. Ausführung der Systemführungsaufgaben stehen dem Betriebsführungspersonal zentrale Einrichtungen zur Verfügung. Wobei sich „zentral" nicht auf die geografische Lage dieser Einrichtungen, sondern auf deren Bedeutung für den Netzbetrieb bezieht. Zu diesen Einrichtungen gehören beispielsweise Prozessrechenanlagen, Fernwirkanbindungen zur Übertragung von Daten aus dem Netz und von Schaltbefehlen an die im Netz verteilten Komponenten, Anzeigen zur Darstellung des Netzes und für die Systemführung relevanter Informationen. Die Gesamtheit dieser Infrastruktur einschließlich der erforderlichen administrativen Einrichtungen wird als Leitstelle, Schaltleitung oder Control Center bezeichnet. Bei regional übergeordneter Funktion heißt diese „Gruppenschaltleitung", bei systemführender Funktion „Hauptschaltleitung". Der Begriff „Schalt"leitung leitet sich aus der, historisch betrachtet, hervorgehobenen Bedeutung von Schaltvorgängen in Schalt- und Umspannanlagen ab. Die Aufgaben moderner Schaltleitungen sind viel komplexer und umfassen heute weit mehr als nur den eigentlichen Schaltdienst (siehe Abschn. 3.2.3.2.3).

Zu den Hauptaufgaben einer Schaltleitung zählt die operative Betriebsführung mit der Überwachung und Steuerung des elektrischen Übertragungs- bzw. Verteilnetzes. Zudem ist die Vermeidung von Verbraucherabschaltungen zu den Hauptaufgaben zu zählen. Die technische Voraussetzung zur Erfüllung dieser Aufgaben ist ein sogenanntes Netzleitsystem, das die Schaltleitung bidirektional mit dem Netz und seinen Komponenten verbindet [1, 2].

K. F. Schäfer, *Systemführung*, https://doi.org/10.1007/978-3-658-47006-7_5

5.2 Aufbau

5.2.1 Gebäude

Da elektrische Energieversorgungsnetze grundsätzlich zu den kritischen Infrastrukturen zählen, deren Ausfall zu schwerwiegenden Auswirkungen auf die Gesellschaft führen kann, sind deren Betriebsführungszentren (i.e. Schaltleitungen) besonders sensible Komponenten dieses Gesamtsystems und daher besonders zu schützen. Die Gebäude der Schaltleitungen müssen daher die organisatorischen und technischen Anforderungen erfüllen und darüber hinaus auch einen ausreichenden Schutz gegen äußere Bedrohungen und Angriffe sicherstellen. Neben der reinen baulichen Festigkeit und den üblichen Schutzeinrichtungen (z. B. gegen Feuer- oder Wasserschäden) sind für den Schutz der Schaltleitungen entsprechende Sicherheitseinrichtungen wie Zaunanlagen, Zufahrtskontrollen, Zufahrtsperren, Personen- und Fahrzeugvereinzelungsanlagen und übliche Werkschutzfunktionen erforderlich.

Die meisten Räume einer Schaltleitung unterscheiden sich nicht von normalen Büroarbeitsplätzen. Besondere Bereiche sind die gesondert abgeteilten und gesicherten Rechenanlagen und Fernwirkeinrichtungen innerhalb des Schaltleitungsgebäudes. Der beeindruckendste Bereich einer Schaltleitung ist allerdings die Netzwarte. Hier sind die Arbeitsplätze des diensttuenden Schaltpersonals (Systemführer). Die Netzwarte ist funktional das Zentrum der Schaltleitung. Abb. 5.1 zeigt das Wartengebäude des österreichischen Übertragungsnetzbetreibers APG.

Abb. 5.1 Gebäude der APG-Steuerzentrale am Umspannwerk Wien-Südost. (Quelle: Austrian Power Grid AG)

5.2.2 Netzwarte

Optisch beherrschende Komponente in der Netzwarte ist in der Regel das sogenannte Rückmeldebild. Dieses wurde früher als Mosaikschaltbild ausgeführt und konnte ausschließlich ein statisches Abbild des zu überwachenden Netzes darstellen. Gegebenenfalls waren noch einzelne Anzeigeinstrumente in das Rückmeldebild eingefügt, um Daten von wichtigen Netzpunkten anzuzeigen. Heutige Rückmeldebilder sind dynamische Großbildprojektionssysteme, mit denen sich von einer Übersicht des gesamten eigenen Netzes, der Netzumgebung, ausgewählte Stationen bis hin zu einzelnen Schaltfeldern alle betrieblich relevanten Informationen detailliert (z. B. welche Kraftwerke gerade ins Netz einspeisen und welche Leitungen sowie Umspannanlagen aktuell wieviel Strom übertragen) oder im Zusammenhang darstellen lassen.

Das Rückmeldebild ergänzt damit die selbstverständlich vorhandene Ausstattung der Systemführerarbeitsplätze mit Einzelmonitoren. Das Rückmeldebild bietet darüber hinaus auch eine gemeinsame Informationsplattform für die in der Netzwarte arbeitenden Personen bei gemeinschaftlich zu bewältigenden Aufgaben.

Entsprechend den Aufgaben der Systemführung (siehe Abschn. 3.1.1) sind in der Netzwarte separate Arbeitsplätze für die Netzführung, die Einhaltung der Systembilanz, die Betriebsplanung, sowie für die Bewirtschaftung der nach dem EEG eingespeisten Energiemengen (inkl. Handel dieser Energiemengen an der Energiebörse in Leipzig) eingerichtet, die im 24/7-Betrieb besetzt sind. Abb. 5.2 zeigt die Netzwarte der TransnetBW GmbH in

Abb. 5.2 Arbeitsplätze in der Netzwarte der TransnetBW GmbH. (Quelle: TransnetBW GmbH)

Wendlingen. Zentral ist das 65 m² große Rückmeldebild zu erkennen. Davor sind von links nach rechts die Arbeitsplätze der Betriebsplanung für die nationale und internationale Koordination der Netzsicherheit, der Netzführung für die Einhaltung des (N-1)-Kriteriums und der Systembilanz für das Fahrplanmanagement sowie für die Leistungs-Frequenz-Regelung im deutschen Netzregelverbund angeordnet.

Exemplarisch werden auf dem Rückmeldebild in Abb. 5.2 verschiedene Teildarstellungen, die für die Systemführung von Bedeutung sind, angezeigt. Aktuell sind auf dem Rückmeldebild das Netzbild (1, „Weltbild", siehe Abschn. 5.3), das European Awareness System EAS (2, siehe Abschn. 4.2), die geografische Karte des Versorgungsgebiets der TransnetBW (3), die Systembilanz (4), die Kraftwerkserzeugung (5), die Photovoltaik- und Winderzeugung (6a Vortagsprognose, 6b aktuelle Werte), Korrekturwerte aus dem internationalen Netzregelverbund (7, siehe Abschn. 3.5.3), Lastverläufe (8), Regelbandgrenzen und Bedarf an Sekundärregelleistung (9) sowie die Frequenz, die Leistungsabweichung und der Netzregelfehler in der Regelzone (10) aufgeschaltet [3].

Natürlich können auch andere (z. B. Blitzmonitor, siehe Abschn. 3.2.1.2) bzw. nur ein Teil dieser Bilder auf dem Rückmeldebild angezeigt werden. Ebenfalls können eine unterschiedliche Platzierung und Größe der angezeigten Teildarstellungen gewählt werden.

In den Zeiten, in denen üblicherweise das Netz weniger belastet ist und weniger geplante Prozesse stattfinden (z. B. Wartungsmaßnahmen), wie beispielsweise in der Nacht oder am Wochenende, sind nicht alle Arbeitsplätze besetzt. In diesen Zeiten werden die einzelnen Aufgaben in Personalunion übernommen (z. B. EEG-Bewirtschaftung gemeinsam mit der Betriebsplanung). Häufig werden in der Warte selbst oder in unmittelbarer Nähe Trainingsarbeitsplätze zur Schulung von Mitarbeitern oder zur Erfüllung von Sonderaufgaben eingerichtet. Von den Trainingsarbeitsplätzen kann aus Sicherheitsgründen in der Regel nur lesend auf die aktuellen Prozessinformationen zugegriffen werden.

5.2.3 Netzleitsystem

5.2.3.1 Anforderung

Die technischen Voraussetzungen für die Systemführung werden durch die Einrichtungen des Netzleitsystems geschaffen, das die Mess-, Steuerungs- und Regelungstechnik des überwachten elektrischen Energieversorgungsnetzes umfasst.

Mit dem Netzleitsystem werden die für die Systemführung wesentlichen Prozessinformationen wie Zählwerte, Messwerte und Meldungen in die Schaltleitung übertragen. Dort werden diese Daten ausgewertet, weiterverarbeitet (z. B. mit einer Leistungsflussrechnung), bedienergerecht aufbereitet und dargestellt. In der Gegenrichtung werden über das Netzleitsystem Steuer- und Stellbefehle des Betriebspersonals an den Prozess ausgegeben. Netzleittechnik ist daher im Wesentlichen Kommunikationstechnik, da es sich bei der Systemführung um einen räumlich weit verteilten Prozess handelt. Parallel zu der Entwicklung der Informationstechnologie in der Bürokommunikation hat sich auch die Kommunikationstechnik in der Netzleittechnik von analog geprägter Technik hin zur

Digitaltechnik entwickelt. Allerdings bestehen bei der Netzleittechnik erhebliche höhere Anforderungen an die Zuverlässigkeit und insbesondere an die EMV-Festigkeit der Geräte, sodass in der Regel keine Standardkomponenten aus der Büro-IT verwendet werden können. Häufig sind die Anlagen eines Energieversorgungssystems in Gebieten platziert, die weit von den Anschlussstellen an öffentliche Kommunikationsnetze entfernt sind. Dies hat zur Entwicklung spezieller „Fernwirksysteme" geführt.

Die Bedeutung des Netzleitsystems für die Systemführung wird durch ihre charakteristischen Merkmale deutlich. Die Schaltleitung wird 24/7 mit einer Verfügbarkeit von über 99,96 % betrieben. Informationen aus dem Netz müssen prozessparallel in Echtzeit verarbeitet werden. Das Leitsystem besitzt mehrere Leitplätze mit jeweils bis zu zehn Bildschirmen. Zur Koordinierung der Betriebsführung besteht eine Rechnerkopplung zu benachbarten Netzleitstellen. Bei Störungen müssen bis zu 1000 Ereignisse/Min. aus Unterstationen an die Schaltleitung übertragen und verarbeitet werden können. Das System muss mehr als 100.000 Objekte (Meldungen, Messwerte, Befehle, Zählwerte, u. a.) verwalten. Änderungen des Objektbestands müssen im laufenden Betrieb online durchgeführt werden können.

Die in den aktuellen Netzleitsystemen eingesetzte Rechnertechnik dient primär der Netzsteuerung und Netzüberwachung. Zusätzlich können damit auch beliebige Netzzustände und Netzfehler simuliert und analysiert werden. Diese Rechnertechnik wird auch für das Training und die Schulung des Betriebspersonals, sowie für die Ermittlung und Einstellung optimaler Netzzustände eingesetzt.

An ein modernes Netzleitsystem werden die folgenden prinzipiellen Anforderungen gestellt [4]:

- Flexibilität (im Hinblick auf neue Anforderungen)
- Leistungsfähige Datenaufbereitung (z. B. schneller Datenmodellwechsel)
- Gute Bedienbarkeit (Graphic User Interface (GUI), Monitore, Tastaturen usw.)
- Höchste IKT-Sicherheit
- Höchste Zuverlässigkeit (inkl. Notfallstandort)
- Hohe Performance (auch bei Mengenerweiterungen)
- Flexible Schnittstellen (Komplexitätsreduzierung)
- Moderne Software- und Systemarchitektur
- Dauerhaft gesicherte Lieferantenverfügbarkeit (Erweiterungen und Support)
- Einbindung in unternehmensweite Informationssysteme (z. B. Standard entsprechend IEC 61850)
- Prozessankopplung über Prozessbus

Wesentlich wird die Funktionalität einer Netzleitstelle durch die auf den Rechnersystemen installierte Anwendersoftware definiert. Üblicherweise wird die Anwendersoftware in die Funktionen SCADA (Supervisory Control and Data Acquisition, siehe Abschn. 3.2.1.1) und HEO (Höhere Entscheidungs- und Optimierungsfunktionen, siehe Abschn. 3.2.1.3) gegliedert.

Die Überwachung und Steuerung des Netzes erfolgt in der Regel über geeignete Visualisierungssysteme. Zentral in der Netzwarte ist das große Rückmeldebild. Die Wartenarbeitsplätze sind normalerweise mit einem Arbeitsplatzrechner und mit mehreren Monitoren ausgestattet.

Der Gestaltung der Schnittstelle zwischen dem Wartenpersonal und dem Netzleitsystem, dem sogenannten Mensch-Maschine-Interface (MMI), kommt sehr große Bedeutung zu, um das Personal in geeigneter Weise zu unterstützen (siehe Abschn. 5.3).

Die Sicherheit der IT-Infrastruktur des Netzleitsystems muss stets gewährleistet sein (siehe Abschn. 3.7).

5.2.3.2 Hardwarestruktur

Moderne Netzleitstellen bestehen heute aus einer verteilten Rechnerarchitektur (i. d. R. Workstations). Die einzelnen Rechner kommunizieren über ein LAN (Local Area Network) miteinander. Aus Redundanzgründen wird das LAN meist doppelt ausgeführt und parallel betrieben.

Abb. 5.3 zeigt die Hardwarestruktur einer modernen Netzleitstelle mit Anwendungen für die übergeordnete Steuerung (SCADA), Netzberechnungen (EMS) und Lastfrequenzsteuerung (LFC), für DMS- und TMS-Aufgaben. Jedes Kästchen in der Abbildung entspricht dabei jeweils einer Funktion, die auf einem zugehörigen Server abläuft.

In herkömmlichen Konzepten werden die prozessführenden Rechner gedoppelt, sodass bei Ausfall eines Rechners der Stand-by-Rechner unterbrechungsfrei übernehmen kann. Bei modernen Architekturen gibt es keine feste Zuordnung von Funktionen zu bestimmten Servern. Daher kann bei Ausfall eines Servers prinzipiell jeder andere Server die Funktionen des ausgefallenen Servers übernehmen.

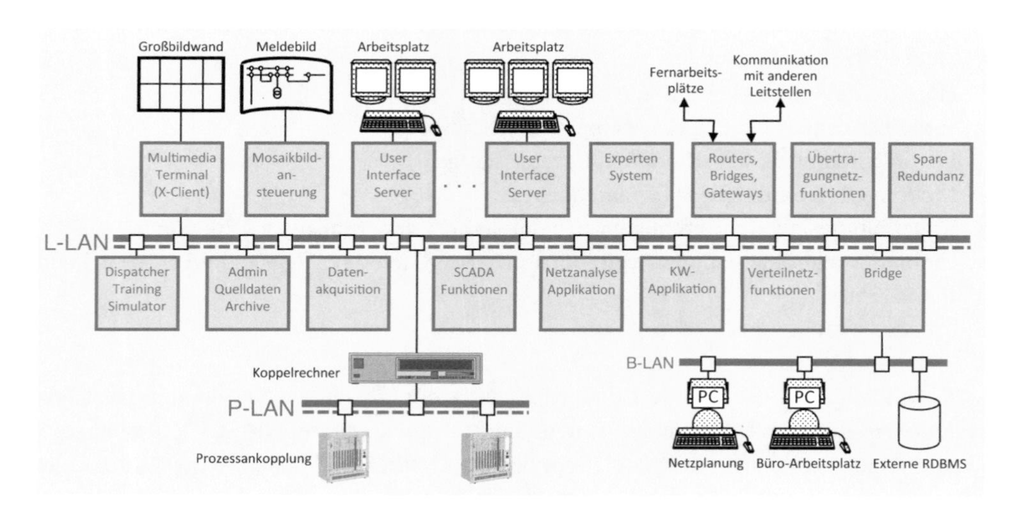

Abb. 5.3 Hardwarestruktur einer Netzleitstelle. (Quelle: Siemens AG)

In einer verteilten Rechnerarchitektur steht jedem Arbeitsplatz neben den für die Visualisierung und Bedienung notwendigen Applikationen die komplette technologische Verarbeitungssoftware exklusiv zur Verfügung. Die Zentralrechner nehmen diejenigen Aufgaben wahr, die nur einmal im System vorhanden sein müssen oder dürfen. Dies sind vornehmlich Aufgaben der Archivierung, der Quelldatenhaltung und der Datenmodellgenerierung. Die Aufteilung des Netzwerkes in ein Prozess- (P-LAN) und ein Leit-LAN (L-LAN) ermöglicht die unabhängige Kommunikation zwischen den redundanten Prozessankopplungen und den Koppelrechnern. Diese Rechner übernehmen die Aufgaben der Befehlsausgabe und Überwachung sowie der Messwertverarbeitung. Zusätzlich verriegeln die Koppelrechner konkurrierende Prozesseingriffe.

Dieses System zeichnet sich durch eine hohe Redundanz und eine damit verbundene hohe Zuverlässigkeit und Verfügbarkeit nach DIN 19244 aus, da jeder Arbeitsplatzrechner in Verbindung mit einem Koppelrechner ein eigenes Leitsystem darstellt. Durch den Einsatz von Broadcast-Mechanismen (einmaliges Senden, alle empfangen, betroffene Rechner verarbeiten) kann die Datenlast auf dem L-LAN gering gehalten werden. Die Verteilung stellt jedoch erhöhte Anforderungen an die Datenkonformität, da alle Arbeitsplatzrechner jederzeit über identische Datenmodelle verfügen müssen.

Unabhängig vom Rechnerkonzept sehen moderne Leitsysteme eine Kopplung (Bridge) zur Bürowelt (B-LAN) vor. Die im Leitsystem einlaufenden Daten können auf diese Weise den entsprechenden Abteilungen für Abrechnungen, Analysen und Weiterverarbeitung zur Verfügung gestellt werden. Des Weiteren kann über diese Schnittstelle das Leitsystem an eventuell vorhandene E-Mail- und Internet-Server angebunden werden. In diesen Fällen sind besondere Vorkehrungen gegen unbefugte Zugriffe auf das Leitsystem zu treffen (siehe Abschn. 3.7).

5.2.3.3 Softwarestruktur

Auch die Software des Netzleitsystems ist strukturiert und modularisiert (Abb. 5.4). Analog zur Hardwarearchitektur existiert ein Softbus, über den die gesamte Datenver- und entsorgung abgewickelt wird. Die wesentlichen Eigenschaften der Softwarestruktur in einer Netzleitstelle sind

- Systematische und normierte Kommunikation von Nachrichten und Daten
- Unterstützung unterschiedlicher Betriebsmodi
- Optimierung der Kommunikation durch automatische Blockbildung
- Test- und Simulationsdienste
- Verwaltung des Doppel-LANs
- Zeitgesteuerte Verarbeitungsfunktionen für die Kommunikation
- (unverzögert, verzögert, periodisch)
- Transparente Kommunikationsdienste für Prozesse auf gleichen oder unterschiedlichen Workstations/Servern
- Aufbau auf TCP/IP und ISO/OSI
- Anwenderschnittstellen für verschiedene Programmiersprachen

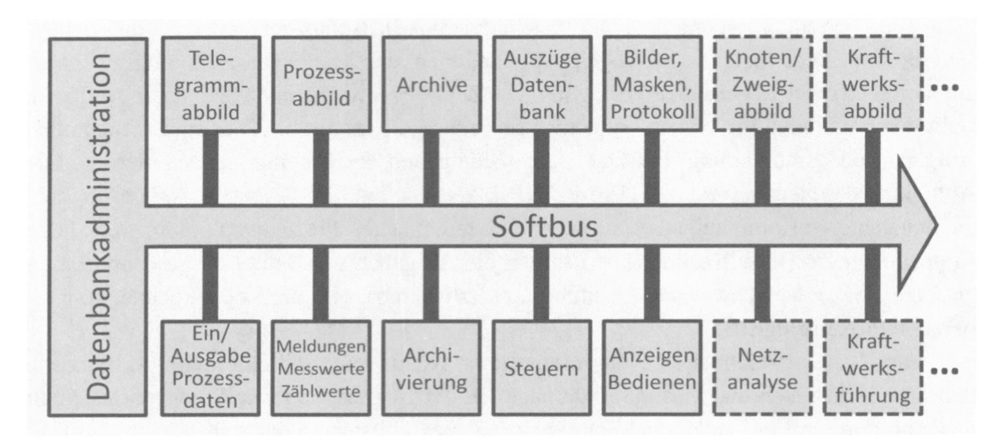

Abb. 5.4 Softwarestruktur einer Netzleitstelle. (Quelle: Siemens AG)

Bisher wurde die Netzleitstellensoftware üblicherweise mit einer monolithischen Architektur entworfen. Monolithisch bedeutet in diesem Zusammenhang, dass alles in einem Stück konzipiert ist. Die Komponenten des Programms sind eng miteinander verbunden, voneinander abhängig und fest gekoppelt. Dabei müssen jede Komponente und alle zugehörigen Komponenten vorhanden sein, damit das Programm ausgeführt oder kompiliert werden kann. Natürlich werden dabei auch standardisierte Protokolle und Schnittstellen (z. B. für den Softbus) benutzt. Die gesamte Software ist bei einer monolithischen Lösung aber stark herstellergeprägt. Eine solche Architektur ist in einer Zeit schneller Veränderungen jedoch zu starr. Neuentwicklungen oder Anpassungen müssen in Zukunft jedoch mit geringerem Zeit- und Kostenaufwand möglich werden, da im Zuge des Ausbaus der Erneuerbaren Energien auf Erzeugungs- und Verbrauchsseite mit einem starken Anstieg von Messdaten, Ereignissen und Aktionen im elektrischen System zu rechnen ist.

Ein neuer Ansatz, mit dem die notwendige Stabilität weiter gewährleistet und der steigende Bedarf an Flexibilität gedeckt wird, ist das Modular Control Center System (MCCS). Diese neue Netzleitsystemarchitektur soll als Plattform zukünftig die notwendige Flexibilität, Anpassungsfähigkeit und Skalierbarkeit gewährleisten, die für die digitale Umsetzung der Energiewende erforderlich ist [30, 31].

5.2.4 Notwarte

Um auch in extremen Krisensituationen, in denen die reguläre Warte eventuell nicht zur Verfügung steht, wenigstens einen Notbetrieb der Systemführung aufrechterhalten zu können, haben einige Netzbetreiber Notwarten eingerichtet. Diese befinden sich in besonders gesicherten, autarken Einrichtungen auf dem Standort der regulären Netzwarte oder sind räumlich getrennt untergebracht (z. B. auf dem Gelände einer zum Netz gehörigen

Umspannanlage). Diese Notwarten befinden sich üblicherweise im Stand-by-Betrieb und können jederzeit personell besetzt werden, um die Führung des Energieversorgungsnetzes zu übernehmen.

In den Zeiten des Kalten Krieges wurde auf Veranlassung der Bundesregierung am Standort der Hauptschaltleitung der Amprion GmbH in Brauweiler ein Bunkersystem mit einer Notwarte errichtet. In diesem Bunker waren neben den technischen Einrichtungen zur Systemführung des Übertragungsnetzes in einer Kriegssituation auch alle erforderlichen Einrichtungen zur Unterbringung und Versorgung des Betriebspersonals untergebracht. Diese Anlage ist allerdings nicht mehr in Betrieb.

Besondere Einrichtungen zur Unterbringung des Betriebspersonals sind durchaus sinnvoll in besonderen Krisensituationen. So begab sich bei einigen Netzbetreibern das Betriebspersonal während der Coronakrise 2020 prophylaktisch in getrennten Schichtgruppen in freiwillige Quarantäne („Kasernierung"), um eine gegenseitige Infektion mit dem Virus zu vermeiden und den Betrieb des Stromnetzes während der Pandemie sicherzustellen.

5.3 Prozessvisualisierung für die Systemführung

5.3.1 Visualisierung des Systemzustands

Eine der wesentlichen Funktionen der Systemführung ist die kontinuierliche Überwachung und Identifikation des Systemzustandes im Übertragungsnetz (siehe Abschn. 3.1.2). Beim Echtzeit-Betrieb in der Netzleitstelle werden die relevanten Informationen dem Betriebspersonal über geeignete Visualisierungssysteme zur Verfügung gestellt.

Für die meisten Tätigkeiten der Systemführung werden die grafischen Darstellungen auf den Monitoren der einzelnen Arbeitsplätze genutzt. Dies gilt sowohl für die Beobachtung des überwachten Netzes als auch für die erforderlichen Eingriffe in das Systemverhalten, wie beispielsweise die Durchführung von Schaltmaßnahmen.

Zusätzlich werden Großbildprojektionssysteme zur Darstellung größerer Netzzusammenhänge eingesetzt. Mit diesen, oft wandgroßen Darstellungen können auch sehr große Netzgebiete mit einem hohen Detaillierungsgrad übersichtlich präsentiert werden. Mit der Kennzeichnung spannungsfreier Netzelemente oder Teilnetze durch eine dynamische Topologieeinfärbung kann sehr gut ein Überblick über die aktuelle Netzsituation insbesondere im Falle einer Störung vermittelt werden [4].

Die überwiegend visuelle Schnittstelle (Mensch-Maschine-Interface, MMI) zwischen Prozess und Betriebspersonal umfasst nicht nur die erforderliche Hardware, sondern auch die Funktionen selbst, die der Systemführung zur Überwachung, Steuerung und Regelung des Übertragungsnetzes zur Verfügung stehen. Beispiele der Grundfunktionen eines MMI sind das Verändern des Darstellungsmaßstabes (Zooming), die Anpassung des Detaillierungsgrades an den Darstellungsmaßstab (Decluttering) und das Verschieben eines Ausschnitts über das Weltbild (Scrolling bzw. Panning).

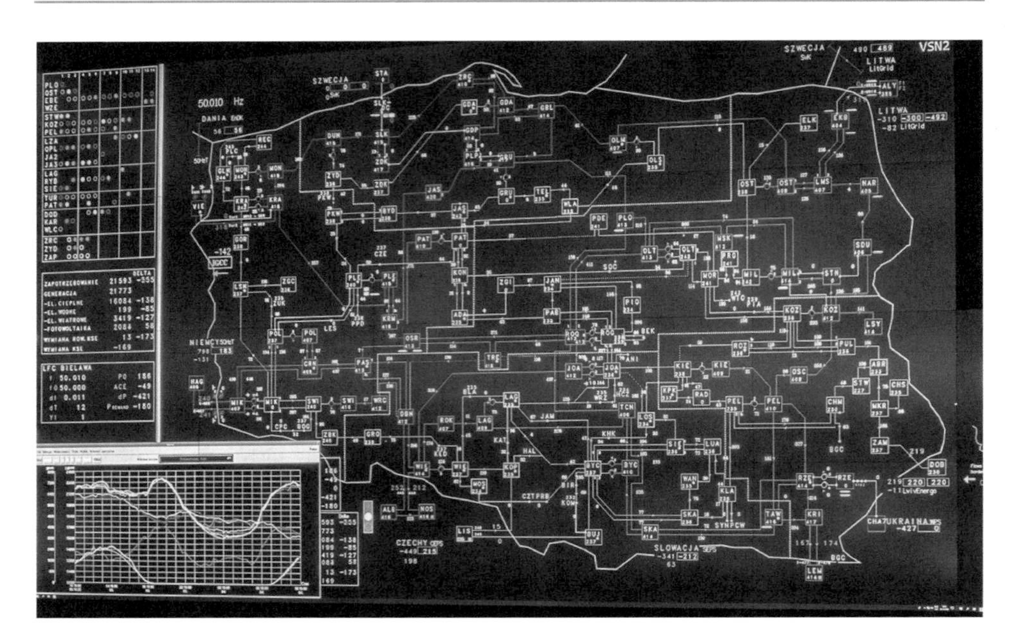

Abb. 5.5 Netzdarstellung Weltbild. (Quelle: PSE S.A.)

Die Darstellung der für die Systemführung relevanten Informationen basiert häufig auf einem sogenannten Weltbild (siehe Abb. 5.5) [5–7], mit dem das gesamte Netz mit schematischen Netzplänen, den Einliniendiagrammen, abgebildet wird. Das Netz kann wahlweise auf den Arbeitsplatzmonitoren des Betriebspersonals und auf einer Großbilddarstellung in der Leitwarte dargestellt werden (Abb. 2.6, HSL Brauweiler).

Je nach erforderlichem Informationsbedarf kann kontinuierlich von einer großräumigen Netzabbildung in die Darstellung eines einzelnen Schaltfeldes gezoomt werden. Der Informationsgehalt bei einer detaillierteren Darstellung einzelner Stationen oder Schaltfelder wird in Abhängigkeit von der Zoomstufe mittels „Cluttering“ beziehungsweise „Decluttering“ angepasst. Dies bedeutet, je detaillierter eine Darstellung ist, desto mehr Einzelheiten werden abgebildet (Abb. 5.6).

Durch Verschieben des Auswahlbereichs („Panning“) kann der Schaltingenieur nach und nach das gesamte Netzgebiet sichten („abscannen“) und beispielsweise das Überschreiten bestimmter Schwellwerte beobachten [8].

Neben dem Weltbild mit der Gesamtdarstellung des Netzes werden Übersichtsbilder oder separate Darstellungen vordefinierter Anlagen bereitgestellt [7]. Diese Bilder sind in der Regel direkt anwählbar und können beispielsweise zusammengefasste Informationen beinhalten. Man unterscheidet in der Regel vier Ebenen (Gesamtnetz, Teilnetz, Stationen, Betriebsmittel) (Abb. 5.7), die jeweils einen unterschiedlichen Detaillierungsgrad der Informationen bieten. Der Systemführer kann je nach Bedarf auf die einzelnen Ebenen zugreifen. Das Problem besteht allerdings darin, einerseits die Übersicht über (große) Netze herzustellen und andererseits Detailinformationen zur Verfügung zu stellen. Weiter besteht

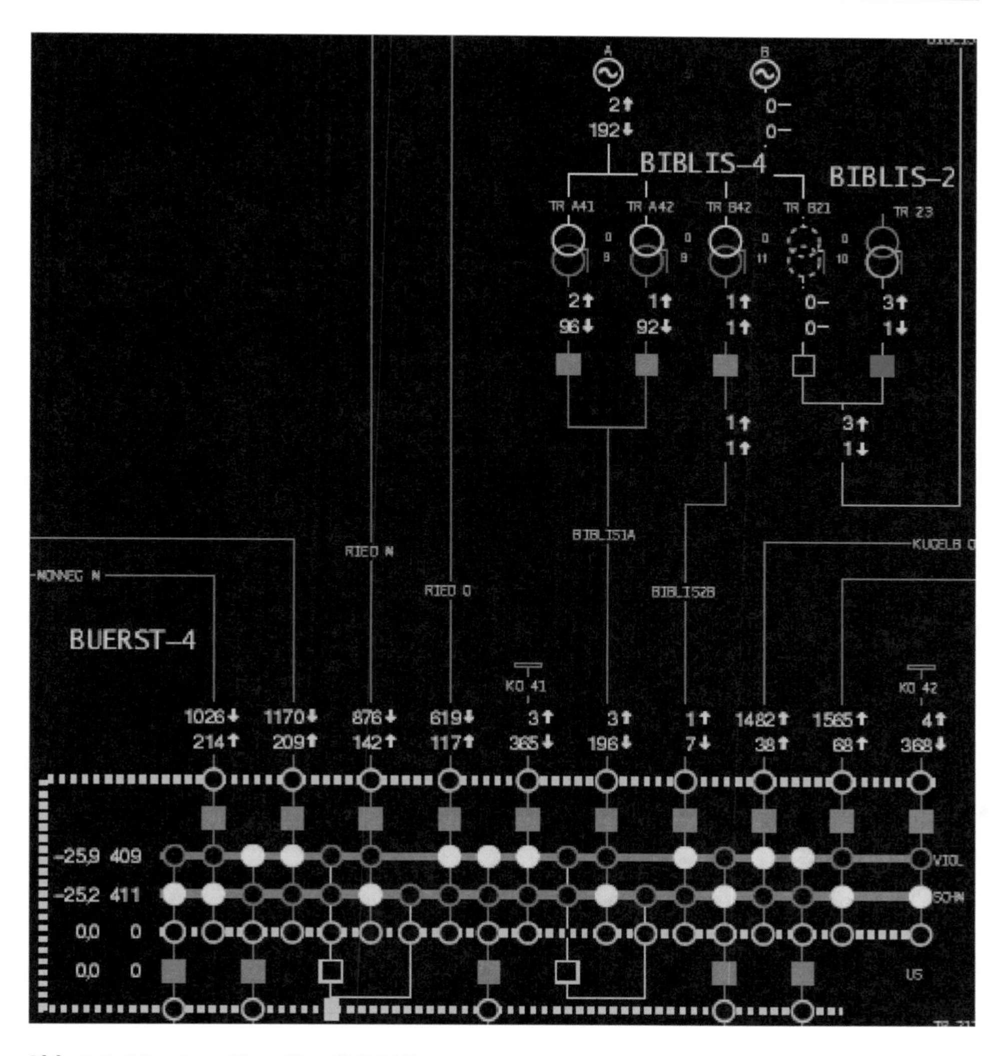

Abb. 5.6 Netzdarstellung Detailbild [4]

das Problem, schnell und komfortabel aus der Fülle der Bilder und Informationen auf die wesentlichen Darstellungen zugreifen zu können. Insbesondere bei größeren Störungen ist dies entscheidend, um Fehlentscheidungen des Systemführers zu vermeiden [4].

In die grafischen Abbildungen des Netzes bzw. der Netzteile und Anlagen können dann je nach Aufgabenstellung relevante numerische Informationen wie z. B. Betriebsdaten (Spannungsbeträge, Stromwerte, prozentuale Auslastung) als Messwerte oder als Ergebnisse von Berechnungen eingeblendet werden. Abb. 5.8 zeigt exemplarisch die Darstellung einer Schaltanlage mit den Auswahlmöglichkeiten für die einzelnen Datenfelder.

Zusätzlich erfolgt noch situationsabhängig eine Einfärbung bestimmter Netzteile, um besondere Situationen zu kennzeichnen. Beispielsweise wird durch die farbliche Gestal-

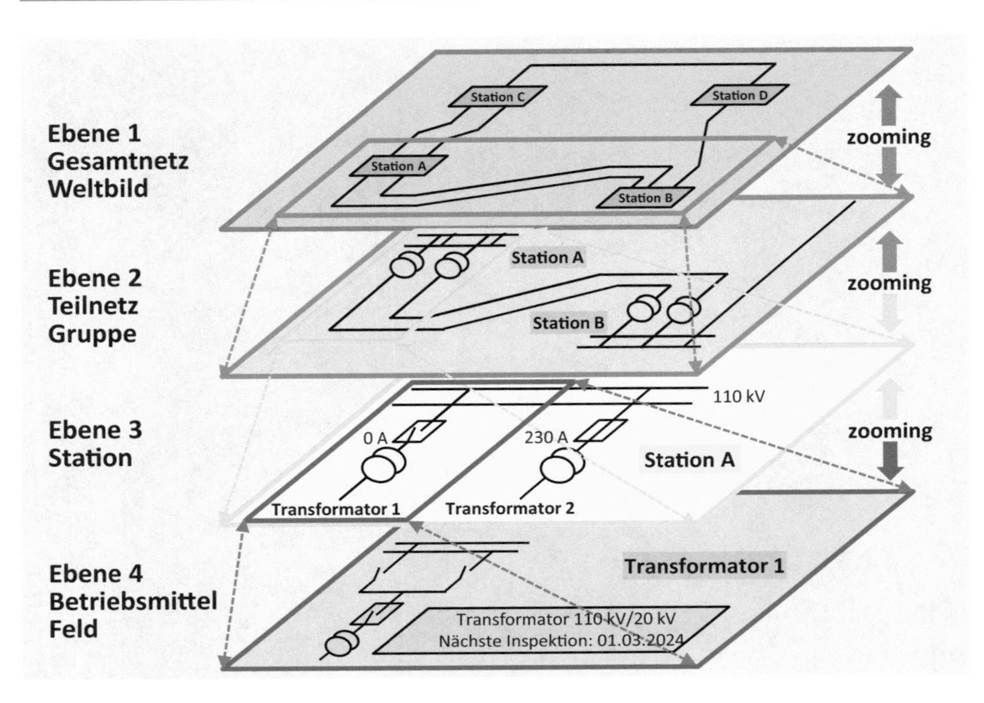

Abb. 5.7 Hierarchischer Aufbau der Netzbilder. (Quelle: Siemens AG)

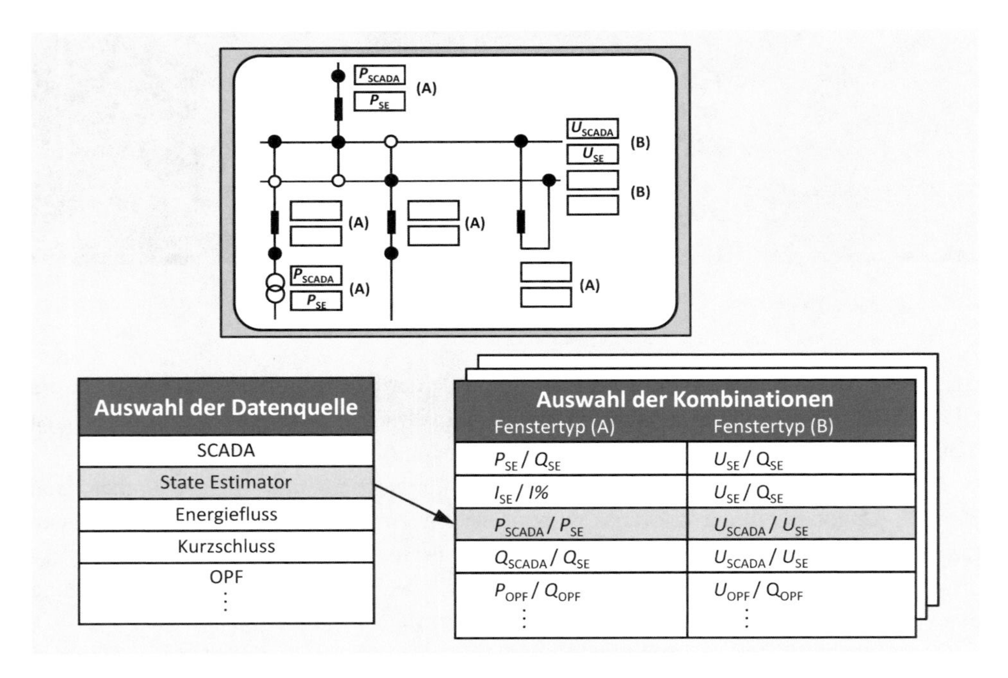

Abb. 5.8 Möglichkeiten der Werteauswahl für Netzbilder. (Quelle: Siemens AG)

tung von Leitungsdarstellungen der Auslastungsgrad einer Leitung markiert (weiß: Leitung unter 50 % ausgelastet, gelb: 50–80 %, rot: über 80 %). Weitere Informationen, wie z. B. die Ergebnisse von Berechnungsprogrammen werden dem Betriebspersonal häufig tabellarisch angezeigt.

Aus dem Zusammenhang von grafischem Netzabbild und Betriebsdaten kann das Betriebspersonal nun den Zustand eines Netzes oder die Eingriffe in die Netzsituation bewerten. Gerade bei großräumigen Netzgebieten ist es trotz der grafischen Darstellung des aktuellen Netzzustands für das Betriebspersonal immer noch schwierig, eine korrekte Bewertung der gegebenen Situation vorzunehmen.

Hier können geeignete Darstellungen beispielsweise durch die Reduktion auf die in der aktuellen Situation relevanten Zweige durch Ausblendung der übrigen Netzelemente [9] oder durch die Hervorhebung von bestimmten Netzelementen bei der Bewertung helfen. Die Aufmerksamkeit wird auf stark ausgelastete Netzelemente gelenkt, indem bei der Leitungsdarstellung die Liniendicke in Abhängigkeit der Auslastung angepasst wird [4]. Ebenso kann durch eine Einfärbung des Hintergrunds mit sogenannten Isoflächen (siehe Abb. 5.9) die Strombelastung der Leitungen oder der Spannungen an den Netzknoten visualisiert werden [10].

Mit einer solchen Darstellung, die auch als Heatmap bezeichnet wird, können auch bei sehr großen Netzgebieten kritische Regionen schnell erfasst werden. Die Farbwahl entspricht dabei den üblichen Zuordnungen. Mit „grün" sind die Bereiche gekennzeichnet, in denen die abgebildeten Parameter im zulässigen Bereich liegen. Entsprechend zeigen gelbe und rote Regionen die Gebiete, in denen die Parameter in der Nähe bzw. außerhalb der zulässigen Grenzwerte liegen. Diese Übersichtsdarstellung hat allerdings nur qualitativen Charakter, da beispielsweise Spannungswerte interpoliert und nicht realitätsgetreu

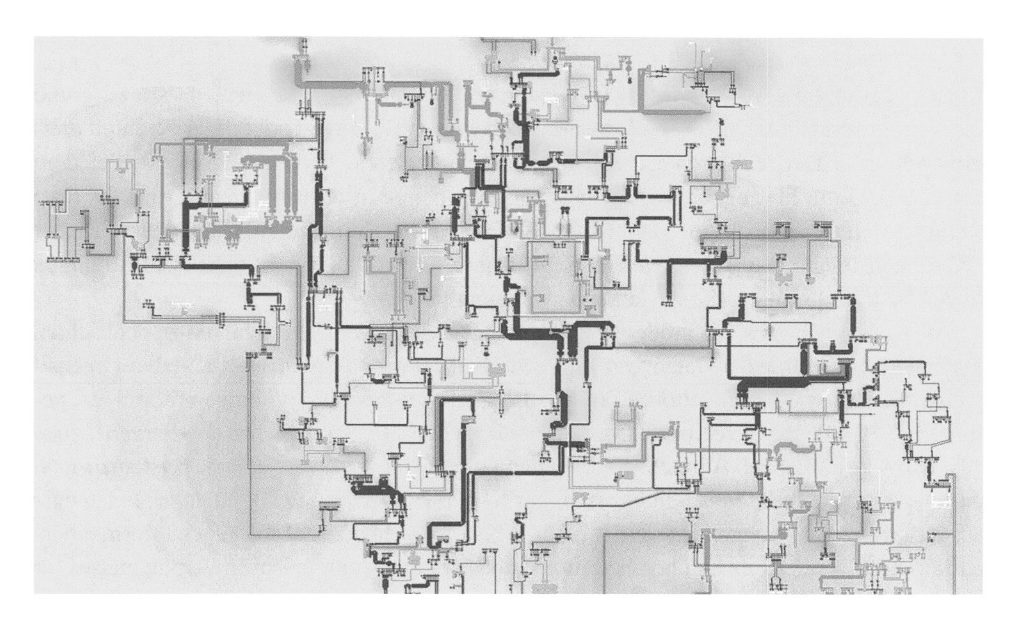

Abb. 5.9 Isoflächendarstellung [10]

abgebildet werden. Die Systemführung benötigt jedoch für die Entscheidungsfindung eindeutige, exakte Informationen, die durch die Isoflächendarstellung nur bedingt bereitgestellt werden. Bei der Interpolation ist zudem zu beachten, dass die elektrische Nähe der dargestellten Komponenten korrekt berücksichtigt wird und nicht lediglich die Spannung in Abhängigkeit der geografischen oder schematischen Netzdarstellung berechnet wird [4].

Im Beispiel nach Abb. 5.9 werden gleichzeitig das Spannungsniveau und die Leistungsflüsse angezeigt. Dabei wird die Kontur gemäß dem gegebenen Spannungsprofil eingefärbt und die Leistungsflüsse simultan durch die Linienbreite als Maß der Leitungsauslastung sowie die Linienfarbe für Auslastungsklassen codiert (siehe Abb. 5.9). Zusätzlich könnte noch die Richtung des (Wirk-)Leistungsflusses mittels sich entlang der Leitungen bewegender Pfeile visualisiert werden. Mit dieser Kombination verschiedener Darstellungen können mehrere Informationen gleichzeitig im Netzabbild dargestellt werden. Dadurch ergibt sich jedoch eine unruhige, häufig wechselnde Darstellung, die weniger für den Echtzeit-Betrieb, sondern eher für Analyse- und Studienzwecke geeignet erscheint [4, 7].

Mit den heute verfügbaren grafischen Systemen lassen sich auch dreidimensionale Netzdarstellungen realisieren (Abb. 5.10). Damit können recht anschauliche Übersichtsbilder über dem geografischen Netzschema generiert werden. Beispielsweise lassen sich dann geografisch zuordenbare Größen wie

- Spannungsgebirge
- Darstellung der Erzeugung und des Verbrauchs
- Darstellung der Blindleistungserzeugung und der Spannung
- Sicherheitsindizes oder andere knotenbezogene Kenngrößen
- Ergebnisse einer Ausfallsimulationsrechnung in Form eines Überlastgebirges oder -bandes darstellen.

Solche Darstellungen sind gut zu Demonstrationszwecken geeignet, da sie aufgrund ihres geografischen Bezugs oft sehr realitätsnah wirken [7]. Ein gravierender Nachteil dreidimensionaler Darstellungen ist allerdings der auftretende Verdeckungseffekt, bei dem einzelne u. U. für die gegebene Betriebssituation wichtige Informationen aufgrund der Darstellung nicht erkennbar sind. Die Navigation in der Netzleittechnik ist üblicherweise für zweidimensionale Darstellungen ausgelegt. Daher finden dreidimensionale Darstellungen in der Systemführung praktisch keine Anwendung [4, 12].

Als Konsequenz aus den größeren Netzstörungen, die in den letzten Jahren zu beobachten waren [13, 14], wurde der Datenaustausch zwischen den Übertragungsnetzbetreibern intensiviert [15], Systeme zur Situationserfassung, beispielsweise bei großräumigen Störungen, gefordert [13, 14] sowie regionale Systemmonitore [15, 16] und Sicherheitszentren (siehe Abschn. 4.2) aufgebaut. Ähnlich wie bei einer Ampel soll damit der globale Systemzustand und die gegenseitige Bereitstellung wichtiger Systemkenngrößen (z. B. aktueller Leistungsaustausch, Frequenz) angezeigt werden (siehe Abb. 5.11). Mit dem gegenseitigen Informationsaustausch soll ein Überblick über die Situation des gesamten europäischen Verbundnetzes für alle beteiligten Übertragungsnetzbetreiber realisiert werden. In Störungsfällen verfügen die beteiligten Systemführungen damit über eine gemeinsame Informationsplattform und Dis-

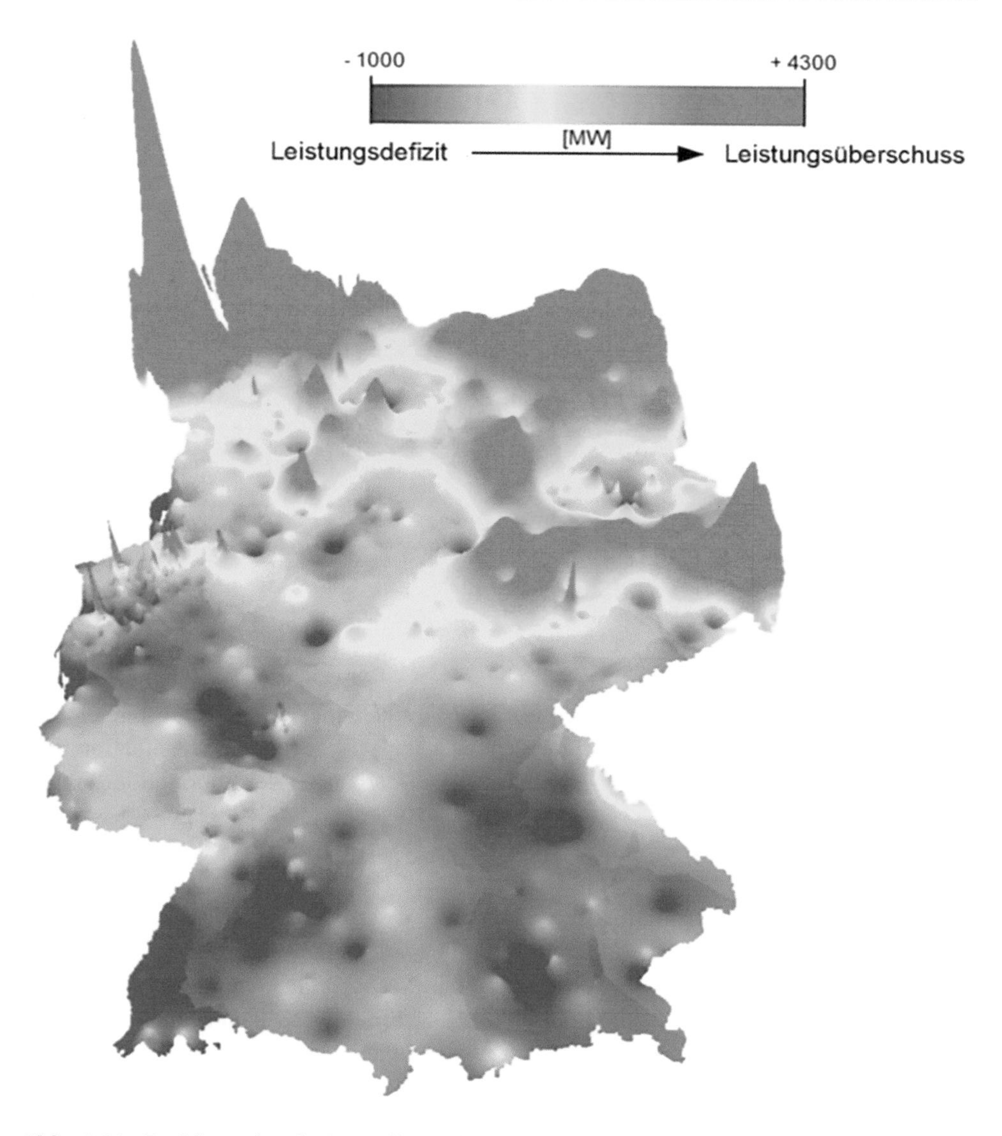

Abb. 5.10 Dreidimensionale Darstellung der für den 2. Juni 2030, 17 Uhr prognostizierten Leistungsdefizite bzw. -überschüsse an den deutschen Höchstspannungsknoten (Stunde 3666, Szenario B 2030), Netzentwicklungsplan [11]

kussionsgrundlage. Der jeweilige Systemführer muss dann noch die auf der gemeinsamen Informationsplattform dargestellten Informationen auf sein eigenes Netzgebiet beziehen und interpretieren. Die Darstellungen in solchen Informationssystemen orientieren sich zumeist an den geografischen Grenzen der jeweiligen Unternehmen. Die netztechnischen Zusammenhänge bleiben dabei weitgehend unberücksichtigt. Visualisierungen für den gestörten Netzbetrieb oder auch bei Netztrennungen auch mit der Berücksichtigung der netztechnischen Abhängigkeiten werden beispielsweise in [17, 18] entwickelt [4].

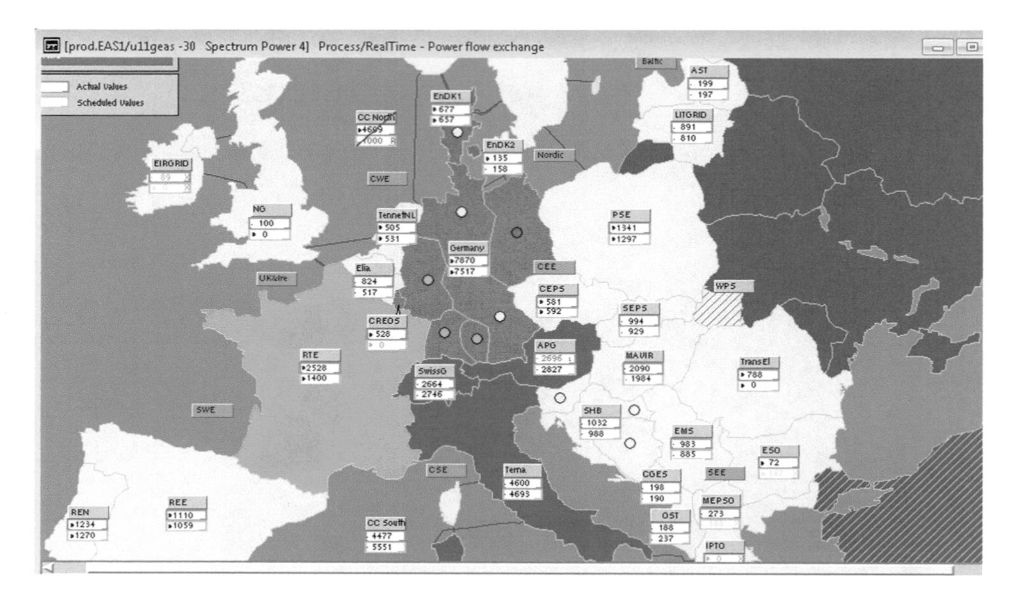

Abb. 5.11 Echtzeit-Informationssystem „Real-time Awareness and Alarm System". (Quelle: Entso-E)

Die bisherigen Visualisierungssysteme zur Unterstützung der Betriebsführung elektrischer Energieversorgungssysteme sind darauf ausgelegt, die gegebene Netzsituation relativ passiv „eins zu eins" abzubilden. Eine inhaltliche Bearbeitung der Informationen findet in der Regel nicht statt.

5.3.2 Innovative Visualisierung

Die Systemführung muss zur Gewährleistung der Netzsicherheit immer größere Netzgebiete (Beobachtungsbereich, siehe Abschn. 2.2.4.1) mit einer zunehmenden Menge an Informationen und Daten beobachten. Mit dem Ausbau der erneuerbaren Energien und der Liberalisierung des Strommarktes haben sich Aufgaben in der Netzleitstelle, die zu verarbeitenden Informationen sowie die Anzahl der Schnittstellen deutlich erhöht. Die Systemführung ist immer häufiger mit komplexer werdenden Systemzuständen konfrontiert.

Um eine Überlastung der Systemführer durch zu viele Detailinformationen zu vermeiden, wird eine intelligentere Prozessvisualisierung erforderlich, die die vorhandenen Informationen vorverarbeitet und konzentriert. Die Aufmerksamkeit der Systemführer soll dadurch vorzugsweise auf das wesentliche Prozessgeschehen gelenkt werden [19].

Durch eine geeignete visuelle Präsentation der Systemdaten sollen die Systemführer insbesondere bei komplexen Dauerüberwachungstätigkeiten kognitiv entlastet werden. Dies wird erreicht, indem die Wahrnehmungskette durch eine geeignete grafische Aufbereitung verkürzt wird. Es wird damit eine mentale Entlastung der Systemführer erreicht und sie können sich dadurch besser auf ihre Hauptaufgaben konzentrieren. Sie sollen mit einer geeigneten grafischen Darstellung möglichst auf einen Blick den globalen Systemzustand erfassen und konkrete Problemstellen im Netz erkennen [20].

Wesentliche Merkmale einer intelligenten Prozessvisualisierung sind die Gruppierung der Informationen zur Unterstützung von Mustererkennung und Erkennung von Kausalitäten, die Datenreduktion und Identifikation der relevanten Systemzustandsinformationen, die intuitive Erkennung von Abweichungen, die frühzeitige Erkennung von Trendentwicklungen, gemeinsame Situationserfassung bei mehreren diversen Arbeitsplätzen in der Netzleitstelle, die Sicherstellung einer fundierten Entscheidungsfindung und die Beachtung der Anwenderakzeptanz [4].

Beispiele einer innovativen Prozessvisualisierung sind in [4] und in [21] angegeben. Mit einer hierarchisch strukturierten Informationsdarbietung wird den Systemführern ereignisgesteuert genau die Information präsentiert, die für die jeweilige Situation erforderlich ist (Abb. 5.12).

Dabei entsprechen die Darstellungen in der Ebene 3 dieses Visualisierungskonzeptes den bisher in der Systemführung üblichen Anzeigen, wie Weltbild, Feld- und Anlagendarstellung etc.

Ein Beispiel für eine Übersichtanzeige der Ebene 2 ist die Darstellung des Leistungsaustauschs zwischen verschiedenen Regelzonen (RZ) als sogenanntes Kiviatdiagramm nach Abb. 5.13. Damit bleibt die spezifische Detailinformation der dargestellten Kenngröße erhalten. Leistungsimporte (rot) und Leistungsexporte (blau) sind gut voneinander zu unterscheiden. Aufgrund der geografischen Anordnung der Datenpunkte lässt sich aus dem Diagramm leicht erkennen, dass in der angezeigten Netzsituation ein signifikanter

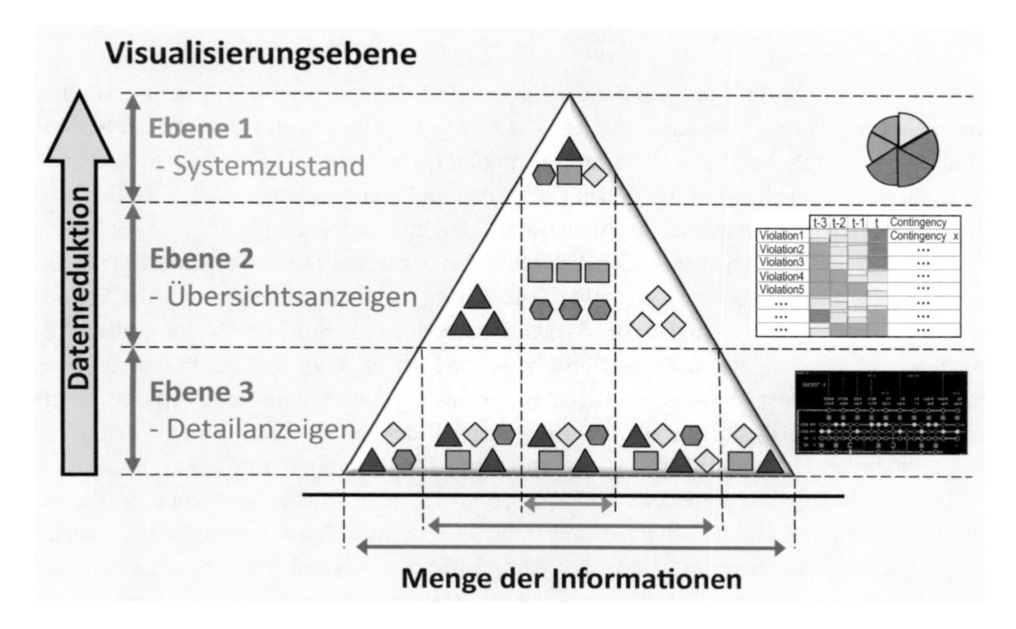

Abb. 5.12 Hierarchisch strukturierte Informationsdarbietung für die Systemführung [4]

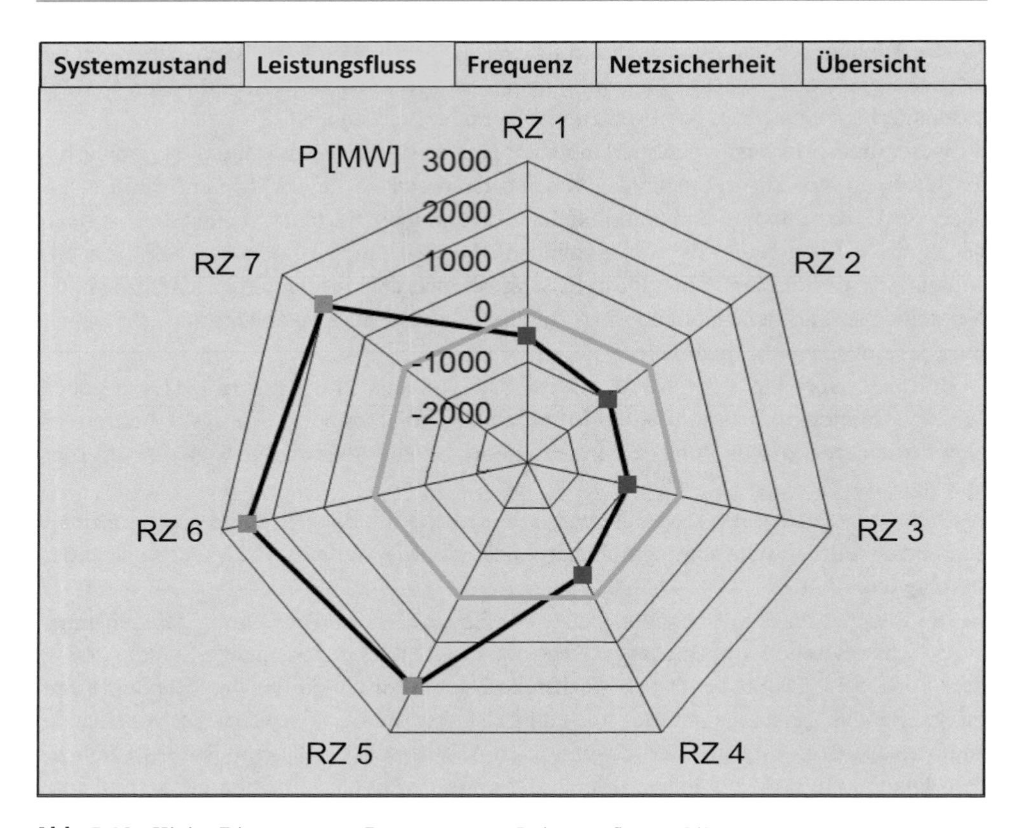

Abb. 5.13 Kiviat-Diagramm zur Bewertung von Leistungsflüssen [4]

Leistungstransport von Ost nach West erfolgt. Durch die spezifische Differenz von einer vorgegebenen Form (beispielsweise Kreis oder regelmäßiges N-Eck), wird eine Abweichung von einzuhaltenden Sollwerten gut erkannt. Die grüne Linie kennzeichnet eine neutrale Austauschsituation. Es ließen sich aber durch entsprechende andere Linien beispielsweise auch die Sollwerte für Austauschprogramme vorgeben [4].

Ein weiteres Beispiel dieser Visualisierungsebene ist eine Darstellung des Stabilitätszustands des Energienetzes (Abb. 5.14). Mit diesem Stabilitätsmonitor kann die Polradwinkelstabilität, die die Fähigkeit der Synchronmaschinen im Netz, nach einer großen Störung, wie einem dreipoligen Kurzschluss, stabil und synchron zu bleiben, beschreibt (i. e. transienter Stabilität, siehe Abschn. 3.2.2.2.6), sowie die Spannungsinstabilität, die bei Überschreitung der physikalischen Übertragungskapazität des Netzes durch große Stromtransporte gefährdet sein kann (Spannungskollaps), übersichtlich dargestellt werden [10].

Die Abbildungen in der Ebene 1 haben den höchsten Abstraktionsgrad und die größte Informationskonzentration. Mit ihnen sollen die Systemführer den aktuellen Systemzustand möglichst auf einen Blick erfassen [20]. Abb. 5.15 zeigt den Entwurf einer solchen Darstellung. Darin wird für eine definierte Auswahl an Betriebsparametern (z. B. Spannungen

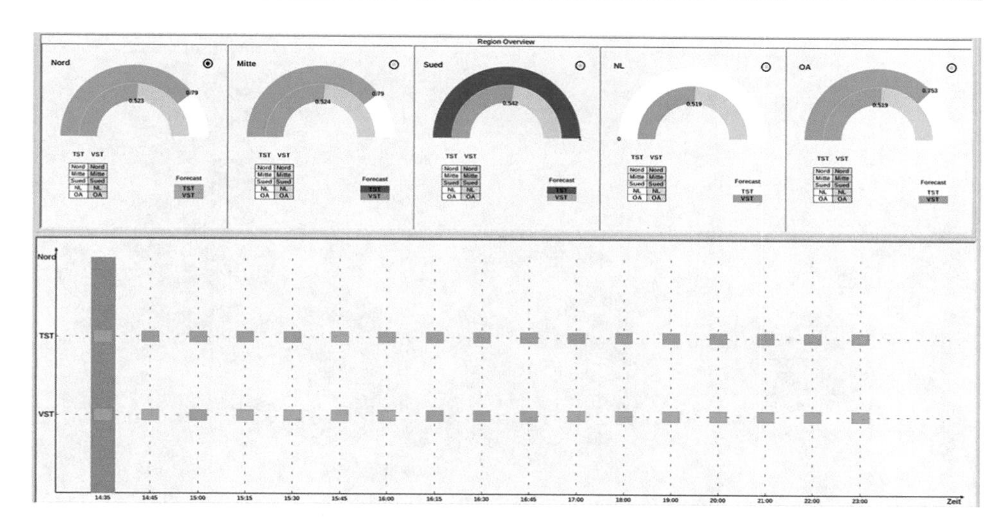

Abb. 5.14 Stabilitätsmonitor [10]

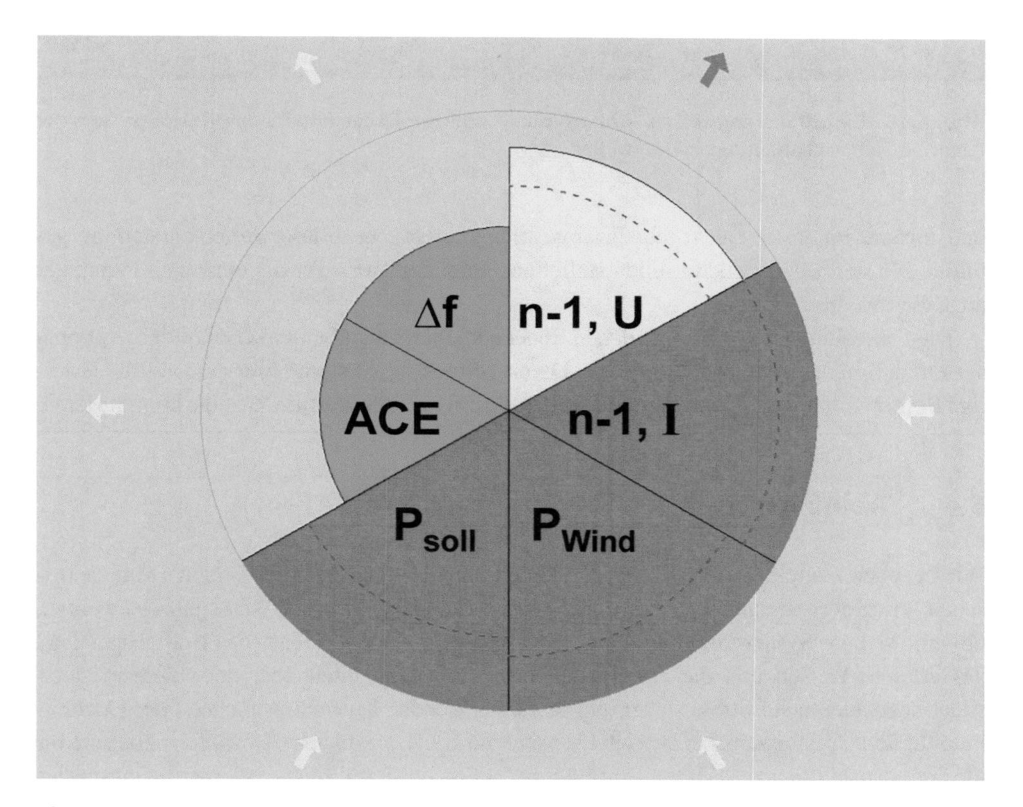

Abb. 5.15 Anzeige des Systemzustands [4]

Abb. 5.16 Einbettung innovativer Prozessvisualisierungen in das Großbildprojektionssystem der Amprion-Hauptschaltleitung in Brauweiler [4]

und Ströme im (N-1)-Fall, Frequenzabweichungen etc.) generierte Ampeldarstellung gebildet. Mit den zusätzlichen Pfeildarstellungen kann der Trend für die einzelnen Parameter angezeigt werden.

Die Darstellungen der verschiedenen Ebenen können gut auf einem Großbildprojektionssystem kombiniert werden (Abb. 5.16). Damit können die Systemführer eine auf die jeweilige Betriebssituation und die individuellen Bedürfnisse abgestimmte Anzeige konfigurieren.

5.4 Trainingssysteme

Wie bei allen komplexen technischen Systemen muss auch das Betriebspersonal von elektrischen Energieversorgungssystemen sorgfältig aus- und kontinuierlich weitergebildet werden, um eine sichere Systemführung zu gewährleisten. Hierzu gehört, dass das Betriebspersonal das erlernte Wissen und die erworbenen Handlungsfähigkeiten über verschiedene Netzsituationen auch unter Stress sicher und schnell anwenden kann. Entsprechend der EU-Leitlinie für den Übertragungsnetzbetrieb [22] sind die ÜNB verpflichtet, sowohl Programme für die Grundausbildung zur Zertifizierung seiner für die Systemführung des Übertragungsnetzes zuständigen Mitarbeiter (Systemführer) als auch ein weiterführendes Trainingsprogramm für deren permanente Weiterbildung zu entwickeln. Die Ausbildungs- und Trainingsprogramme der ÜNB müssen Kenntnisse über die Übertragungsnetzbetriebsmittel und den Übertragungsnetzbetrieb, die Anwendung der praktischen Systeme und Verfahren, den ÜNB-übergreifenden Betrieb, Marktregelungen, die Erkennung außergewöhnlicher Situationen im Netzbetrieb und die Reaktion auf diese Situationen sowie über die Tätigkeiten und Instrumente für die Betriebsplanung vermitteln [22, 23, 29].

Die für die Systemführung zuständigen Mitarbeiter erwerben darüber hinaus auch Kenntnisse der Interoperabilität zwischen den Übertragungsnetzen. Die Ausbildungs- und Trainingsprogramme umfassen praktisches Training am Arbeitsplatz (On-the-job-Training) und simulatorgestütztes Training (Offline-Training) [22].

Die Trainingsprogramme orientieren sich dabei häufig an neu eingesetzten Netzelementen und deren Verhalten im Übertragungsnetz, zusätzlich angeschlossenen Kunden und deren Anlagen, der Auswertung von Störungen und kritischen Netzsituationen und schlussendlich auch an den geltenden rechtlichen Rahmenbedingungen für einen diskriminierungsfreien Netzzugang. Die Programme umfassen nach [22] in der Regel die folgenden Inhalte:

- eine Beschreibung der Übertragungsnetzbetriebsmittel
- den Betrieb des Übertragungsnetzes in allen Netzzuständen, einschließlich des Netzwiederaufbaus
- die Anwendung der operativen Systeme und Prozesse
- die ÜNB-übergreifende Koordination des Betriebs und die Marktregelungen
- die Erkennung außergewöhnlicher Betriebssituationen und die Reaktion darauf
- relevante Bereiche der elektrischen Energietechnik
- relevante Aspekte des Elektrizitätsbinnenmarktes der Europäischen Union
- relevante Aspekte der gemäß den Artikeln 6 und 18 der Verordnung (EG) Nr. 714/2009 entwickelten Netzkodizes und -leitlinien [24]
- Personenschutz und Betriebssicherheit von kerntechnischen und sonstigen Betriebsmitteln im Übertragungsnetzbetrieb
- Zusammenarbeit und Koordination zwischen verschiedenen ÜNB beim Echtzeitbetrieb und bei der Betriebsplanung für alle Hauptleitwarten, wobei die Veranstaltung in englischer Sprache abzuhalten ist, soweit nichts anderes vereinbart ist
- gemeinsame Trainingsmaßnahmen mit VNB und signifikanten Netznutzern (SNN), die über einen Übertragungsnetzanschluss verfügen, soweit relevant
- Handlungskompetenzen, insbesondere was das Stressmanagement, das Verhalten in kritischen Situationen, das Verantwortungsbewusstsein und die Motivationsfähigkeit betrifft
- Betriebsplanungsverfahren und -instrumente, einschließlich der bei der Betriebsplanung mit den relevanten regionalen Sicherheitskoordinatoren genutzten Verfahren und Instrumente

Die Art der durchgeführten Übungen kann dabei unterschiedlich sein. Sie können nur die zuvor beschriebenen Inhalte umfassen oder in größerem Umfang in Zusammenarbeit mit anderen Energieversorgungsunternehmen oder weiteren Stellen, die für die Daseinsvorsorge zuständig sind (z. B. Behörden, andere Versorgungssparten, Katastrophenschutz) stattfinden.

Die Ausbildungs- und Trainingsveranstaltungen werden auf der Grundlage eines umfassenden Datenmodells des eigenen Übertragungsnetzes sowie mit den entsprechenden Daten mindestens der anderen Netze innerhalb der Observability Area (siehe Abschn. 2.2.4.1) durchgeführt. Die Trainingsszenarien basieren auf realen und simulierten Netzsituationen. Durch regelmäßige, mit benachbarten Übertragungsnetzbetreibern durchgeführte Trainingsmaßnahmen werden die Kenntnisse der Besonderheiten benachbarter Übertragungsnetze sowie die Kommunikation und Koordination zwischen den Systemführungen benachbarter Übertragungsnetzbetreiber verbessert [22].

Nachfolgend sind einige Themenschwerpunkte aufgeführt, die Gegenstand von Trainingsveranstaltungen sein können [25].

- **Kommunikationsübungen**
  Wesentlich für eine souveräne Systemführung ist die sichere Handhabung aller verfügbaren Kommunikationseinrichtungen (z. B. betriebseigene Funkgeräte, Satellitentelefone) sowie die Erreichbarkeit der zuständigen Ansprechpartner außerhalb des eigenen Unternehmens. Besonders wichtig sind diese Übungen für diejenigen Komponenten und Kommunikationswege, die nicht regelmäßig im täglichen Betriebsablauf genutzt werden. Neben der sicheren Beherrschung der technischen Kommunikationseinrichtungen ist die eindeutige Sprache und Wortwahl (Schaltsprache) [25] ein elementarer Aspekt einer sicheren Systemführung. Die korrekte Verwendung der Schaltsprache aller in der Systemführung aktiv handelnden Personen ist entscheidend für eine fehlerfreie Abwicklung von Schalthandlungen. Insbesondere bei Routinehandlungen, wie täglich stattfindenden, geplanten Schalthandlungen, kann die formalisierte Schaltsprache helfen, Fehler aus Unachtsamkeit und damit Personen- und Sachschäden zu vermeiden. Um einen gleichbleibend hohen Ausbildungslevel zu garantieren und um eine gewisse Routine herzustellen, sollten Kommunikationsübungen und auch die korrekte Anwendung der Schaltsprache in relativ kurzen Zeitabständen durchgeführt werden.
- **Krisenübungen**
  Um in besonderen Krisensituationen (besondere Wettersituationen (Sturm), großflächige Störereignisse, Blackouts) geprüfte und abgestimmte Arbeitsabläufe zu haben, werden vorsorglich entsprechende Notfallpläne erstellt. Diese Notfallpläne müssen natürlich regelmäßig mit dem Betriebspersonal in Krisenübungen (Planspiele) geübt werden. Neben der Weiterbildung des Betriebspersonals und dem Einüben von bestimmten, für die jeweilige Krisensituation erforderlichen Arbeitsschritten dienen diese Krisenübungen auch dazu, die Relevanz und Aktualität der Notfallpläne selbst zu überprüfen. Hierzu ist eine entsprechend sorgfältige Nachbereitung der Krisenübung erforderlich.
- **Übungen an einem internen Trainingssimulator**
  Für das Training des Betriebspersonals sind häufig Trainingsarbeitsplätze in das Netzleitsystem integriert, mit dem das Betriebsgeschehen auf der Basis des Echtzeitdatensatzes simuliert werden kann [26]. Ein aktiver Eingriff in das reale Netzgeschehen ist vom Trainingsplatz aus nicht möglich. Die Arbeit am Trainingsplatz dient hauptsächlich der Grundausbildung des Betriebspersonals und dem On-the-job-Training, um den

Abb. 5.17 Trainingsraum. (Quelle: DUtrain GmbH)

Mitarbeiter in die Arbeitsabläufe seines künftigen Arbeitsplatzes in der Warte einzuführen. Die Trainingsarbeitsplätze sind entweder direkt im Wartenraum oder in unmittelbarer Nähe angeordnet. Die Ausstattung eines Trainingsarbeitsplatzes entspricht dabei einem regulären Arbeitsplatz in der Netzwarte. Die zentrale Komponente des Trainingsarbeitsplatzes ist der Szenarieneditor, mit dem die zu trainierenden Netzsituationen nachgebildet werden können [25].

- **Übungen an einem externen Trainingssimulator**
  Für die Weiterbildung des Betriebspersonals und vor allem für die Ausbildung für besondere Betriebssituationen haben sich spezielle Trainingszentren oder Netzsimulatoren etabliert [27]. Hier können besondere Netzsituationen wie beispielsweise Großstörungen oder der Netzwiederaufbau nach Blackouts simuliert und deren Beherrschung abseits des Tagesgeschäfts eingeübt werden. Diese Trainingszentren eignen sich besonders für das interdisziplinäre Training (z. B. Netzwiederaufbau, Crossborder-Training, TSO-DSO-Training), an dem Mitarbeiter verschiedener ÜNB oder VNB teilnehmen, um gemeinsam eine alle betreffende Netzsituation zu bearbeiten [28].

Abb. 5.17 zeigt den Übungsraum eines unabhängigen Dienstleisters (DUtrain GmbH) zum Training des Systemführungspersonals von Betreibern elektrischer Energieversorgungssysteme [32].

Literatur

1. D. Rumpel und J. Sun, Netzleittechnik, Berlin: Springer, 1989.
2. E.-G. Tietze, Netzleittechnik Teil 1: Grundlagen, Berlin: VDE-Verlag, 2006.
3. TransnetBW, „TRANSPARENT – Ein Newsletter der TransnetBW,“ Ausgabe 01/2018.
4. C. Schneiders, „Visualisierung des Systemzustandes und Situationserfassung in großräumigen elektrischen Übertragungsnetzen,“ Dissertation, Bergische Universität Wuppertal, 2014.
5. A. Hauser, Integrale Netzzustandsanzeige zur Unterstützung der Betriebsführung elektrischer Energieversorgungssysteme, Dissertation, Bergische Universität Wuppertal, 2000.
6. A. Schwab, Elektroenergiesysteme, Berlin: Springer, 2017.
7. M. Linders, Aufgabeorientierte Visualisierungen in den Bedienoberflächen zur Führung von elektrischen Energieversorgungsnetzen, Dissertation, Universität Duisburg-Essen, 2004.
8. G. Johannsen, Mensch-Maschine Systeme, Berlin/Heidelberg: Springer, 1993.
9. T. Overbye, E. Rantanen, A. Meliopoulos und G. Cokkinides, „Effective power system control center visualization,“ PSERC, 2008.
10. M. Heine, „Netzführung per Autopilot,“ *50,2,* pp. 36–37, 2019.
11. Bundesnetzagentur, „Netzentwicklungsplan 2030 (2019),“ [Online]. Available: https://www.netzentwicklungsplan.de/de/netzentwicklungsplaene/netzentwicklungsplan-2030-2019. [Zugriff am 21.6.2024].
12. G. Krost, T. Papazoglou, Z. Malek und M. Linders, „Facilitating the Operation of Large Interconnected Systems by Means of Innovative Approaches in Human-Machine Interaction,“ in *Development and Operation of Interconnections in a Restructuring Context,* Ljubljana, 2004.
13. UCTE, „Final Report System Disturbance on 4 November 2006,“ 2007. [Online]. Available: https://www.entsoe.eu. [Zugriff am 24.10.2020].
14. U.S.-Canada Power System Outage Task Force, „Final Report on the August 14, 2003 Blackout in the United States and Canada: Causes and Recommendations,“ 2004. [Online]. Available: http://www.nerc.com. [Zugriff am 10.6.2024].
15. J. Vanzetta, „CIGRE Presentation in Workshop “Large Disturbances”,“ in *CIGRE Session,* 2010.
16. C. Norlander, D. Auguy, F. Nilsson, a. Nystad, J. Siltala und S. Hansen, „NOIS (Nordic Operational Information System) – A successful joint Nordic project in close co-operation,“ CIGRE Session, Paris, 2010.
17. R. Hoffmann, G. Krost und M. Rohner, „Displaying operational information to yield situation awareness in case of system splits of large interconnected grids,“ in *The electric power system of the future,* Bologna, 2011.
18. R. Hoffmann, F. Promel, F. Capitanescu, G. Krost und L. Wehenkel, „Situation Adapted Display of Information for Operating Very Large Interconnected Grids,“ in *The Power Technology for a Sustainable Society,* Trondheim, 2011.
19. W. Sprenger, P. Stelzner, K. Schäfer, J. Verstege und G. Schellstede, „Compact and Operation Oriented Visualization of Complex System States,“ in *CIGRE, Paper 39–107,* Paris, 1996.
20. A. Hetfeld, K. Schäfer und J. Verstege, „Aktueller Netzzustand auf einen Blick,“ *etz,* Bd. 119, Nr. 7–8, pp. 56–59, 1998.
21. M. Heine, „Gelassen durch die Energiewende – mit einem intelligenten Autopiloten für die Netzführung,“ PSI, 24.05.2019. [Online]. Available: https://www.psi.de/de/blog/psi-blog/post/gelassen-durch-die-energiewende-mit-einem-intelligenten-autopiloten-fuer-die-netzfuehrung/. [Zugriff am 21.6.2024].
22. Europäische Kommission, Verordnung (EU) 2017/1485 Festlegung einer Leitlinie für den Übertragungsnetzbetrieb, Brüssel, 2017.
23. E.-G. Tietze, Netzleittechnik Teil 2: Systemtechnik, Berlin: VDE-Verlag, 1995.

24. Europäisches Parlament, Verordnung (EG) 714/2009 des Europäischen Parlamentes und des Rates vom 13. Juli 2009 über die Netzzugangsbedingungen für den grenzüberschreitenden Stromhandel, Amtsblatt der Europäischen Union Nr. L211/15, 2009.
25. R. Schmaranz, Zuverlässigkeits- und sicherheitsorientierte Auslegung und Betriebsführung elektrischer Netze, Graz: Verlag der Technischen Universität Graz, 2015.
26. R. Eichler und M. Frischherz, „Operator Training for a Distribution System," in *CIRED*, Frankfurt, 2011.
27. Gridlab, „Netz-Simulationstrainings," [Online]. Available: https://gridlab.de/netz-simulations-training/. [Zugriff am 21.6.2024].
28. V. Crastan, Elektrische Energieversorgung 3, Berlin: Springer, 2011.
29. B. Buckow, Entwicklung von Modellen und Methoden zur Qualifizierung für die Netzbetriebsführung unter Einbeziehung eines neuartigen dynamischen Netzsimulators, Dissertation, Technische Universität Cottbus, 2020.
30. ZfK, „Modulares Netzleitsystem für die Systemführung", 27.09.2023. [Online]. Available: https://www.zfk.de/digitalisierung/smart-city-energy/modulares-netzleitsystem-fuer-die-systemfuehrung. [Zugriff am 5.3.2024].
31. 50komma2, „Vom Block zum Baukasten", 05.01.2024. [Online]. Available: https://www.50komma2.de/netze/vom-block-zum-baukasten/. [Zugriff am 5.3.2024].
32. DUtrain, „Independent Training Service Centre for Power System Control". [Online]. Available: https://dutrain.eu/. [Zugriff am 13.07.2024].

Strommarkt und Übertragungskapazität

6

6.1 Aufgabenstellung

Mit der Liberalisierung der europäischen Märkte in den 1990er-Jahren ist auch die elektrische Energie eine frei handelbare Ware geworden. Ein wesentlicher Teil des Energiemarktes ist der Markt für elektrische Energie, der *Strommarkt.* Auf diesem Markt werden die Energiemengen, an Unternehmen verkauft, die sie entweder selbst verbrauchen oder an ihre Kunden weiterverteilen. Ein besonderer Aspekt des Strommarktes im Vergleich zu anderen Energiemärkten ergibt sich daraus, dass elektrische Energie im Verhältnis zum Marktvolumen nur in sehr begrenztem Umfang speicherbar ist. Entsprechend muss die physikalische Erzeugung weitestgehend den zeitlichen Schwankungen des Stromverbrauchs folgen. Die Handelsaktivitäten erfolgen daher bevor die elektrische Energie tatsächlich erzeugt worden ist [1].

Der Kauf und Verkauf der Ware „elektrische Energie" am Großhandelsmarkt wird als Stromhandel bezeichnet. Vom Stromhandel ist die Vertriebstätigkeit am Endkundenmarkt, an dem die Produkte für Endverbraucher platziert werden, zu unterscheiden.

Die Vermarktung elektrischer Energie durch die Vertriebsabteilungen der Energieversorgungsunternehmen an die Endverbraucher wird meist in der Form von Vollversorgungsverträgen zusammen mit Netznutzung und Fahrplanmanagement gefasst.

Zu den gängigsten Handelsformaten des Stromhandels gehören der Terminmarkt, der Spotmarkt sowie der Regelenergiemarkt (Abb. 6.1). Eine besondere Rolle im Stromhandel spielt die Marktintegration erneuerbarer Energien, da in diesem Strommarktsegment die Parameter für einen Teil der Handelsprozesse durch das EEG vorgegeben sind, während für einen anderen Teil der Handelsaktivitäten die Spielregeln des freien Marktes an der Energiebörse EEX gelten.

K. F. Schäfer, *Systemführung*, https://doi.org/10.1007/978-3-658-47006-7_6

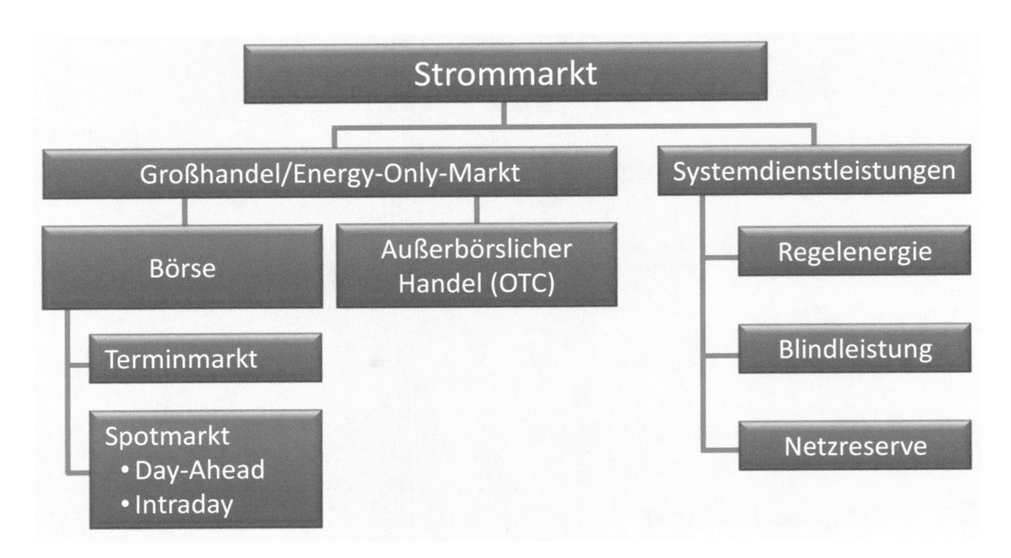

Abb. 6.1 Strommarktdesign

Eine Besonderheit des Stromhandels, die bei kaum einer anderen Handelsaktivität (außer vielleicht bei den im Finanzmarkt vorzufindenden Negativzinsen auf Guthaben) zu finden ist, ist das Auftreten negativer Preise für elektrische Energie (siehe Abschn. 6.3.4). Ebenfalls charakteristisch für den Strommarkt ist, dass das Volumen des Stromhandels in den letzten Jahren deutlich gestiegen ist und eine Energiemenge bereits mehrfach (auch in unterschiedlichen Stückelungen) bilanziell bzw. kommerziell gehandelt (ge- und verkauft) wurde, bevor diese Energie physikalisch erzeugt und transferiert wird (Abb. 3.46) Beispielsweise betrug im Jahr 2020 die gehandelte Menge elektrischer Energie fast das Achtfache der tatsächlichen Nettostromerzeugung.

Durch die enge Einbindung des deutschen Übertragungsnetzes in das europäische Verbundsystem sind auch die Stromhandelsaktivitäten auf dieser Ebene miteinander verknüpft. Dies wird in dem Bereich des Market Coupling berücksichtigt.

Der überwiegende Anteil des Stromhandels im Terminhandel wird als OTC (Over the Counter) durchgeführt. Dabei schließen Käufer und Verkäufer bilaterale Stromlieferverträge direkt, ohne die Nutzung von Börsenplätzen oder anderer Handelsplattformen ab. Parallel hierzu findet ein Stromhandel, insbesondere für kurzfristigere Produkte, an speziellen Strombörsen statt. Die für Deutschland wichtigsten Handelsplätze für elektrische Energie sind die Leipziger Energiebörse EEX (European Energy Exchange AG, Abb. 6.2) bei Lieferzeitpunkten in der weiteren Zukunft (bis zu sechs Jahren) und die Pariser EPEX SPOT (European Power Exchange SE) für die kurzfristigeren Kontrakte (bis zu einem Tag).

Die Systemführung der Übertragungsnetze verantwortet wesentliche Rahmenbedingungen für einen reibungslosen Ablauf des Stromhandels und ist zuständig für einen objektiven, transparenten und diskriminierungsfreien Netzzugang und damit letztendlich für den physikalischen Transport der gehandelten Energiemengen.

Abb. 6.2 Handelsraum der EEX in Leipzig. (Quelle: European Energy Exchange AG)

6.2 Rahmenbedingungen

6.2.1 Neuordnung des europäischen Elektrizitätsbinnenmarktes

Mit der Richtlinie zur Neuordnung des europäischen Elektrizitätsbinnenmarktes von 1996 und nachfolgender Fassungen wurde die Grundlage für einen freien Energiemarkt in Europa geschaffen. Zuvor war dieser Markt durch die Monopolstrukturen der Energiewirtschaft geprägt. Die Umsetzung der europäischen Richtlinie in nationales Recht wurde in Deutschland 1998 durch die Neufassung des Energiewirtschaftsgesetz (EnWG) [18] gestaltet. Ein Kernpunkt des neuen Energiewirtschaftsgesetzes ist, dass nun die Endkunden die freie Wahl ihres Energieversorgers haben.

Möglich wurde dies durch die im Gesetz festgelegte, strikte Trennung der Marktrollen des Stromhändlers (Erzeugungs- und Vertriebsunternehmen) und des Netzbetreibers. Als Stromhändler werden in diesem Zusammenhang alle mit der Erzeugung und dem Vertrieb befassten Unternehmen verstanden. Um keine unnötigen Mehrfachleitungen entstehen zu lassen, bleiben die Energieversorgungsnetze auch künftig als natürliche Monopole erhalten. Der Kunde bleibt damit auch weiterhin an dem Netz seines ortsansässigen Verteilnetzbetreibers angeschlossen. Während er früher ausschließlich nur von diesem ortsansässigen Verteilnetzbetreiber mit elektrischer Energie beliefert wurde, kann er jetzt seinen Energieversorger frei wählen. Der ortsansässige Verteilnetzbetreiber erbringt den Netzanschluss als Dienstleistung gegenüber dem angeschlossenen Kunden und erhält für die Unterhaltung und den Betrieb seines Netzes ein im Strompreis enthaltenes Netzentgelt. Jedes Stadtwerk und jeder Versorger kann den Bedarf für seine Endkunden ebenfalls bei beliebigen Händlern auf den Energiemärkten einzukaufen.

Der wesentliche Baustein dieses seit 1998 geltenden regulatorischen Marktdesigns ist das sogenannte Bilanzkreismanagement, mit dem ein so definierter freier Energiehandel möglich ist. Danach führt jeder Händler beim zuständigen Übertragungsnetzbetreiber ein virtuelles Konto, das als Bilanzkreiskonto bezeichnet wird. Der bilanzkreisverantwortliche Händler muss gegenüber dem Übertragungsnetzbetreiber täglich nachweisen, dass die Energiebilanz seines Bilanzkreises für den Folgetag ausgeglichen ist. Der prognostizierte Bedarf seiner Abnahmestellen muss also in Summe genau so groß sein wie die Erzeugungsenergie, die er für den gleichen Zeitraum auf den Energiemärkten kontrahiert hat. Treten dennoch ungeplante Abweichung ein, setzt der zuständige Übertragungsnetzbetreiber für diesen Bilanzkreis eine entsprechende Menge Ausgleichsenergie ein. Die dafür entstehenden Kosten hat der Energiehändler zu tragen.

Mit einer solchen Marktgestaltung kann elektrische Energie ähnlich wie Aktien beliebig und oft auch mehrfach gehandelt werden. Mit dem Konstrukt der Bilanzkreise wird dabei sichergestellt, dass gehandelte elektrische Energie dann auch um vorgesehenen Zeitpunkt tatsächlich physikalisch geliefert wird und die Systembilanz ausgeglichen bleibt [1].

6.2.2 Staatliche Überwachung

Ein freier Handel auf dem Energiemarkt kann grundsätzlich sehr effizient sein. Wegen der immensen Bedeutung der Energieversorgung für eine Volkswirtschaft ist allerdings unbedingt eine staatliche Überwachung erforderlich, um schwerere Missbräuche zu vermeiden, die Schäden in Milliardenhöhe zur Folge haben können und auch zu einer physikalischen Destabilisierung der Energieversorgung mit weitreichenden Folgen für die Daseinsvorsorge führen können.

Die Regeln für den Stromhandel an den Strombörsen werden von der Europäischen Union durch entsprechende Verordnungen erlassen. Neben der Überwachung der Einhaltung dieser Regeln werden mit diesen Verordnungen die Marktregeln weiterentwickelt und an die aktuellen Gegebenheiten angepasst. Längerfristig soll ein europäischer Energiebinnenmarkt realisiert werden.

Eine dieser europäischen Verordnungen ist die seit 2011 gültige „Verordnung über die Integrität und Transparenz des Energiegroßhandelsmarkts“ (englisch REMIT = Regulation on Wholesale Energy Market Integrity and Transparency). Mit dieser Verordnung sollen vor allem der Insiderhandel und mögliche Marktmanipulationen unterbunden werden [2].

In Deutschland übernimmt die Bundesnetzagentur (BNetzA) die in der europäischen Richtlinie für den Elektrizitätsbinnenmarkt [3] definierte Aufgabe, Streitigkeiten im Zusammenhang mit Verträgen und Verhandlungen sowie bei Zugangs- und Abnahmeverweigerungen beizulegen.

6.3 Märkte

6.3.1 Terminmarkt

Die Energiehandelsaktivitäten zur langfristigen Ergebnisabsicherung von Erzeugung und Vertrieb werden auf dem Terminmarkt durchgeführt. Hier wird Strom mit einem Vorlauf von bis zu sechs Jahren geordert oder verkauft. Die wichtigsten Kontrakte am Terminmarkt sind die standardisierten Monats-, Quartals- und Jahreskontrakte, die auch als Futures bezeichnet werden, sowie Base und Peak. Bei den Futures wird exakt die zu liefernde bzw. abzunehmende Strommenge, der Preis und der Zeitpunkt vereinbart. Mit den am Terminmarkt getätigten Handelsgeschäften können sich die Marktteilnehmer gegen die am Markt auftretenden Preisschwankungen absichern und langfristig planen. Bei einem Basekontrakt erfolgt eine Bandlieferung, bei der innerhalb des Lieferzeitraums in jeder Viertelstunde dieselbe Leistung geliefert wird. Mit Peak wird eine Lieferung der Nominalleistung bezeichnet, die ausschließlich von Montag bis Freitag jeweils von 8 bis 20 Uhr erfolgt und bei der sich Verkäufer und Abnehmer bereits bei Vertragsabschluss über den Preis einigen [1].

Beispielsweise kann es für einen Erzeuger vorteilhaft sein, zur Sicherung seiner Rohmarge die erst zu einem späteren Zeitpunkt erzeugte Energie über langfristige Terminmarktkontrakten zu dem heute bekannten Preis zu verkaufen. Auch Industrieunternehmen mit hohen Energienachfragen nutzen oft den Terminmarkt, um sich langfristig ihren Strombezug zu festen Preisen zu sichern.

Neben den Marktteilnehmern, die ein originäres Interesse an der gehandelten Energie als physische Position haben, gibt es auch Teilnehmer, deren Hauptanliegen nur der Handelsvorgang an sich ist. Diese spekulativen Akteure kaufen Energie zu niedrigen Preisen auf, wenn beispielsweise mehr Erzeugungsleistung als Nachfrage im Markt ist. Sie halten diese dann solange, bis sich am Markt aufgrund gestiegener Nachfrage ein höherer Preis ergibt [1].

Die gehandelte Energiemenge beträgt ein Vielfaches der tatsächlich gelieferten physikalischen Stromlieferungen. So wurden 2021 im Terminmarkt insgesamt 7443 TWh gehandelt, davon entfielen auf den börslichen Handel 3098 TWh und auf den außerbörslichen Handel 4245 TWh [19].

6.3.2 Spotmarkt

Der Spotmarkt gliedert sich in die beiden Teilmärkte *Day-Ahead-Markt* und *Intraday-Markt,* an denen elektrische Energie kurzfristig beschafft oder veräußert werden kann. Die am Spotmarkt gehandelten Energiemengen werden in der Regel zur Optimierung des Erzeugungs- oder Verbrauchs- bzw. Absatzportfolios des nächsten Tages eingesetzt. Erzeuger und Abnehmer können den tatsächlichen Strombedarf bzw. -verbrauch erst kurz vor dem Lieferzeitpunkt genau abschätzen. Mit den am Spotmarkt gehandelten Energiemengen können dann sie dann kurzfristig auf der Basis des dem aktuell geplanten Kraftwerkseinsatzes und aktueller Lastprognosen ihren jeweiligen Bilanzkreis für den Folgetag ausgleichen [1, 4].

An der EPEX-SPOT-Börse werden auf dem Day-Ahead-Markt die Stromlieferungen für jede Stunde des Folgetages bereits am Vortag gehandelt. Die Gebote und Verkaufsangebote dafür müssen bis um 12:00 Uhr des Vortages bei der Börse eingegangen sein. Daraus wird für die einzelnen Zeiträume des Folgetags der jeweilige Marktpreis bestimmt. Die Bekanntgabe der bezuschlagten Gebote erfolgt bereits um 12:55 Uhr durch die Börse [4].

Im Intraday-Markt wird Strom verhältnismäßig kleinteilig in Viertelstunden- bis zu Stundenblöcken gehandelt. Der Handel am Intraday-Markt wird um 15 Uhr des Vortages geöffnet und er erfolgt kontinuierlich. Danach kommt ein Geschäft zustande, sobald ein vorliegendes Verkaufsangebot und ein zuvor abgegebenes Gebot zusammenpassen. In Deutschland kann Strom noch bis zu fünf Minuten vor dem physikalischen Lieferbeginn gehandelt werden. Beim Intraday-Handel finden nur Teilnehmer zusammen, deren Preisvorstellungen sich decken. Daher gibt es hier im Gegensatz zum Day-Ahead-Markt keinen Preis, der sich aus dem gesamten Marktgeschehen ergibt. Ein Produkt kann hier also je nach Handelszeitpunkt unterschiedlich viel kosten [4, 5].

Auf den Teilmärkten des Intraday- und des Day-Ahead-Handels wird Strom, ebenso wie im langfristigen Terminhandelsgeschäft, zu unterschiedlichen Preisen gehandelt. Dies eröffnet den Marktteilnehmern die Option einer sogenannten Arbitrage, bei der Marktteilnehmer ein Produkt an einem Handelsplatz einkaufen und es an einem anderen wieder teurer verkaufen. Es ist damit also grundsätzlich möglich, auf dem Strommarkt bestehende Preisdifferenzen strategisch auszunutzen. Allerdings können bei einem ungünstigen Zusammentreffen von größeren Prognoseabweichungen und umfangreichen Arbitragegeschäften kritische Situationen im Übertragungssystem wie im Juni 2019 entstehen, in denen es an drei Tagen zu erheblichen Ungleichgewichten im deutschen Stromnetz kam und der Verlust der Systembalance drohte [5, 6].

6.3.3 Marktintegration der erneuerbaren Energien

Für die Vergütung erneuerbarer Energien sind nach dem Erneuerbare-Energien-Gesetz zwei alternative Modelle möglich, nach denen die erneuerbaren Energien am Spotmarkt vermarktet werden [7]. Das Modell der Fixpreisvergütung sieht vor, dass der jeweilige Verteilnetzbetreiber die erzeugten Strommengen aufnimmt und nach Bestimmungen des EEG [7] vergütet. Die Energie wird an zuständigen Übertragungsnetzbetreiber weitergeleitet, der sie dann an der Strombörse vermarktet. In der Regel liegt der Börsenpreis für die zu vermarktende Energie wesentlich tiefer liegt als die vom Verteilnetzbetreiber gezahlte Einspeisevergütung. Die entstandene Differenz wird durch die EEG-Umlage, die dann auf die Stromverbraucher umgelegt wird (siehe Abschn. 3.5.6.4). Dieses Modell wird vor allem von der großen Anzahl der kleineren Stromproduzenten genutzt, die keinen unmittelbaren Zugang zur Energiebörse haben [8].

Im alternativen Vergütungsmodell, das für ab dem 1. Januar 2016 in Betrieb genommene Anlagen mit einer installierten Leistung von mehr als 100 kW verpflichtend ist, werden die erneuerbaren Energien durch die jeweiligen Erzeuger direkt vermarktet. Die Differenz zwischen dem gesetzlichen Fixpreis und den am Spotmarkt erzielten Erlösen wird dem Betreiber der jeweiligen EEG-Anlage als sogenannte Marktprämie erstattet [7].

6.3.4 Negative Strompreise

Eine Besonderheit des Stromhandels ist das gelegentliche, bislang noch seltene Auftreten von negativen Strompreisen an der Strombörse. Dieses Phänomen kann auftreten, wenn beispielsweise bedingt durch gute Wetterbedingungen eine große Menge an erneuerbarer Energie aus Photovoltaik und Windkraftanlagen im Markt vorhanden ist, zugleich aber wegen eines Feiertags nur eine geringe Stromnachfrage besteht. Bei einer solchen Konstellation kann dann insgesamt ein Erzeugungsüberschuss bestehen bleiben, wenn die zur Deckung der Residuallast eingesetzten Kraftwerke ihre Leistung nicht in ausreichendem Umfang reduzieren können. Solche Situationen des Überangebots an Strom entstehen auch dann, wenn aufgrund der Kosten für das Herunter- und Wiederhochfahren konventionelle Kraftwerke ihre Produktion aus wirtschaftlichen Gründen nicht drosseln. An der Strombörse EPEX SPOT bildet sich dann ein negativer Strompreis. Bei einem negativen Strompreis entsteht die wirtschaftlich eigentlich groteske Situation, dass der Einspeiser von elektrischer Energie für seinen eingepreisten Strom zahlen muss und dem Abnehmer von elektrischer Energie der von ihm bezogene Strom vergütet wird. Das Auftreten von negativen Preisen ist nicht nur in wirtschaftlicher Sicht ein besonderes Phänomen. Da in diesen Phasen in der Regel ein Überangebot von Strom im System ist, führt dies dazu, dass die Netze instabil werden könnten. Durch den Einsatz von entsprechender Regelleistung versuchen die Systemführungen, die Netze auch in solchen Situationen stabil zu halten.

6.3.5 Market Coupling

Der Handel mit Strom hat sich aus den durch die Regelzonen definierten Bereichen und Marktgebieten heraus entwickelt und wurde bisher überwiegend innerhalb dieser Gebotszonen durchgeführt. Die europäische Binnenmarktrichtlinie [3] strebt allerdings einen zusammenhängenden europäischen Markt für Strom an. Der Prozess dieses Zusammenführens einzelner Stromhandelsgebiete wird mit dem Begriff Marktkopplung (Market Coupling) bezeichnet. Die betroffenen Regelzonen und Marktgebiete sollen miteinander verknüpft werden, um die verschiedenen Systeme, nach denen die Strombörsen organisiert sind, zu harmonisieren und damit evtl. bestehende Preisunterschiede zu reduzieren [9].

Die Verteilung der physischen und der vertraglichen Leistungsflüsse in einem überregionalen Netzgebiet unterscheidet sich im Allgemeinen sehr deutlich. Mit dem Market Coupling wird versucht, den Strommarkt der physikalischen Realität von Leistungsflüssen anzugleichen, da die benachbarten Übertragungsnetze ohnehin physisch miteinander verbunden sind. Die Verteilung der Leistungsflüsse in einem zusammenhängenden Netz wird durch die Impedanzverhältnisse der Leitungswege bestimmt. Die Leistungsflüsse verteilen sich unabhängig von den getroffenen Handelsvereinbarungen vom Produzenten zum Verbraucher auch über Marktgrenzen hinweg [9].

Seit einiger Zeit haben sich verschiedene Systeme zur Marktkopplung entwickelt, mit denen sowohl Day-Ahead- als auch Intraday-Auktionen europäischer Länder miteinander verbunden werden. Damit sollen die Preise zwischen verschiedenen Ländern durch bestmögliche Ausnutzung der grenzüberschreitenden Kapazitäten der Übertragungsnetze ausgeglichen werden. Zu diesen Marktkopplungssystemen gehören das Flow-Based Market Coupling (FBMC) und das Price Coupling of Regions (PCR) als Beispiele für den Day-Ahead-Handel sowie das Cross Border Intraday Project XBID für den Intraday-Handel [10].

Mit sogenannten impliziten Auktionen wird der Preis zwischen den verschiedenen Ländern angeglichen. Dabei beteiligen sich die Marktteilnehmer wie bisher nur an den Auktionen in ihrem eigenen Land. Zur Angleichung der aus den einzelnen Auktionen resultierenden Preise werden beim Market Coupling vom System im Rahmen des Auktionsverfahrens automatisch grenzübergreifende Liefer- und Kaufgebote generiert. Begrenzt werden diese gebietsüberschreitenden Gebote durch die verfügbaren Kuppelkapazitäten.

Falls beispielsweise bei in Deutschland und Frankreich getrennt durchgeführte Auktionen der Tagesenergiepreis in Frankreich geringer ist als in Deutschland, wird durch die betroffenen Börsen eine Energielieferung von Frankreich nach Deutschland generiert. Mit dieser Lieferung soll automatisch die entstandene Preisdifferenz vollständig angeglichen werden. Kann diese Energielieferung wegen der Beschränkung durch die Übertragungskapazitäten nicht vollständig ausgeführt werden, erfolgt eine Teillieferung bis zur vollständigen Auslastung der grenzüberschreitenden Kapazitäten von Frankreich nach Deutschland. In diesem Fall bleibt dann noch eine kleiner Preisdifferenz bestehen. Mit dieser Vorgehensweise wird immer die bestmögliche Angleichung kurzfristiger Preise erreicht.

Abb. 6.3 zeigt die innerhalb des Multi Regional Coupling (MRC) für den Day-Ahead-Handel miteinander gekoppelten europäischen Staaten (blau hinterlegt). Polen ist allerdings nur über das SWE-POL-Kabel in dieses System eingebunden. Mittlerweile sind im MRC zwanzig europäische Staaten und damit über 85 % des Stromverbrauchs in Europa in der vortägigen (Day Ahead) Marktkopplung miteinander verbunden [10].

6.3.6 Regelleistungsmarkt

Auch die Bereitstellung der zur Aufrechterhaltung der für die Netzstabilität erforderlichen Regelenergie wird über einen spezifischen Bereich des Stromhandels organisiert. Die Übertragungsnetzbetreiber haben hierzu eine Internet-Plattform zur Ausschreibung von Regelenergie geschaffen, die als Regelenergiemarkt bezeichnet wird.

Auf dieser Plattform werden täglich bzw. wöchentlich die von den Übertragungsnetzbetreibern bestimmten Mengen an benötigter Regelenergie in den drei Marktsegmenten

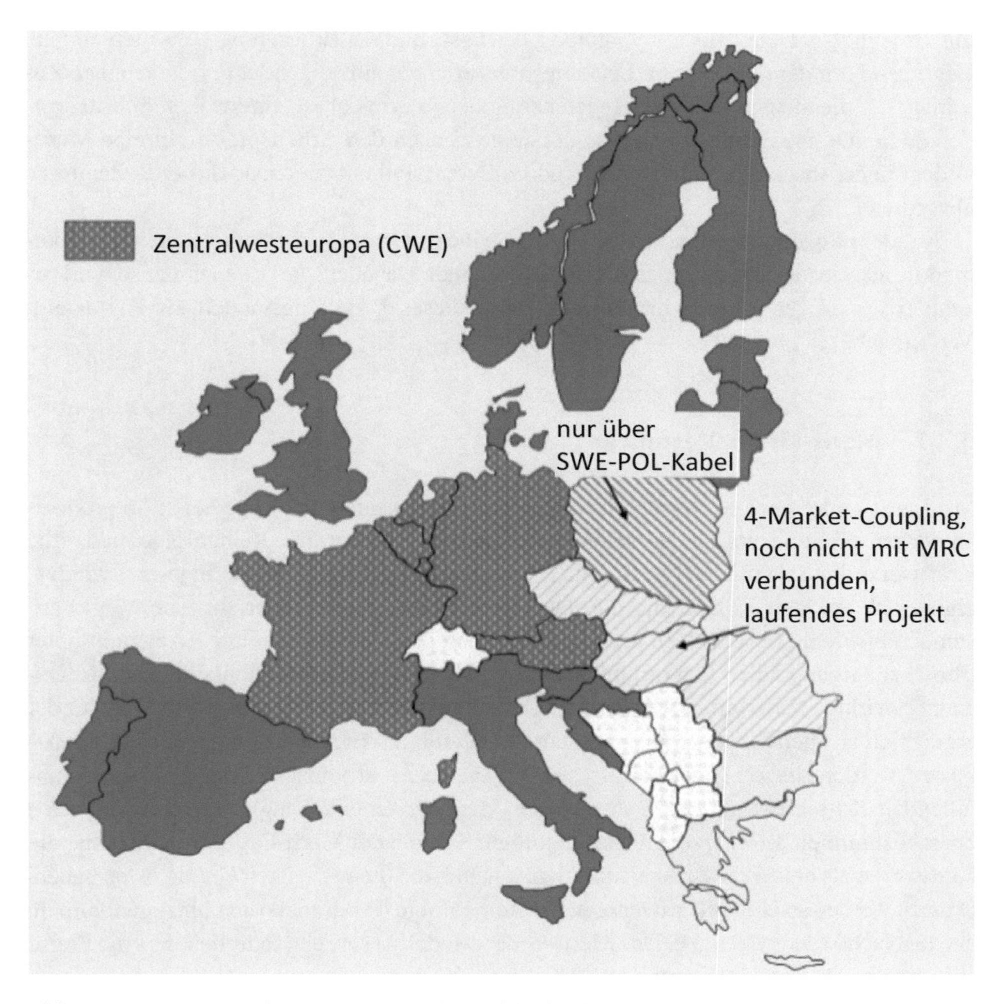

Abb. 6.3 Market Coupling im Day-Ahead-Handel. (Quelle: BNetzA)

für Primär- und Sekundärregelenergie sowie für Minutenreserve ausgeschrieben. Es erfolgen jeweils unterschiedliche Ausschreibungen für positive und negative Regelenergiemengen.

Interessierte Bieter müssen sich zunächst einem der Qualitätssicherung der angebotenen Energielieferung dienenden Präqualifikationsverfahren unterziehen. Nur Bieter, die dieses Prüf- und Zulassungsverfahren erfolgreich absolviert haben, sind berechtigt, Gebote für die ausgeschriebene Regelenergiemenge in dem jeweiligen Segment abzugeben und somit an der Ausschreibung teilzunehmen [11].

Eine Besonderheit des Regelenergiemarktes ist die Unterscheidung bei der Vergütung zwischen der Vorhaltung und der Erbringung von Regelenergie. Alle präqualifizierten Anbieter geben ein Gebot für die Vorhaltung ihrer Reservekapazität (Leistungspreis) sowie ein zusätzliches Gebot für die Vergütung der tatsächlichen Erbringung (Arbeitspreis) ab. Beginnend mit dem niedrigsten Leistungspreis erhalten aufsteigend alle Gebote einen Zuschlag, bis die ausgeschriebene Regelenergiemenge erreicht ist. Im zweiten Schritt werden dann alle bezuschlagten Gebote aufsteigend nach den Arbeitspreisen in eine Merit-Order (siehe Abschn. 6.3.7) gebracht und im Bedarfsfall entsprechend dieser Reihenfolge abgerufen [11].

Auf dem Regelenergiemarkt werden, im Gegensatz zum Markträumungspreis des Spotmarkts, nur die tatsächlich gebotenen Preise vergütet. Da jeder Marktteilnehmer so wird bezahlt (pay) wie er geboten hat (as bid), wird dieses Vergütungsmodell als Pay-as-bid-Verfahren bezeichnet [11].

6.3.7 Merit-Order-Verfahren

Mit Merit-Order wird ein Beschreibungsmodell zur Einsatzreihenfolge der stromproduzierenden Kraftwerke auf einem Stromhandelsplatz bezeichnet. Die Reihenfolge, in der die Kraftwerke im Stromhandel bezuschlagt und damit letztendlich auch eingesetzt werden, ergibt sich aus den Kosten, die die jeweiligen Kraftwerksbetreiber für eine Megawattstunde aufrufen. Diese Kosten orientieren sich an den Grenzkosten der Erzeugung unter Berücksichtigung aller Opportunitätskosten, wie etwa Erlösmöglichkeiten auf Regelenergiemärkten sowie erwartete An- und Abfahrkosten. Die Reihenfolge der Merit-Order ergibt sich aus der Höhe der Grenzkosten der beteiligten Erzeugungsanlagen. Mit Grenzkosten werden die bei einem Kraftwerk für die letzte produzierte Megawattstunde anfallenden Kosten bezeichnet. Daher ist die Merit-Order unabhängig von den Fixkosten einer bestimmten Stromerzeugungstechnologie. Gemäß der Merit-Order werden daher die Kraftwerke als erstes zur Einspeisung zugeschaltet, die die geringsten Grenzkosten haben. Danach werden so lange Kraftwerke in der Reihenfolge der Grenzkosten hinzugenommen, bis die Nachfrage gedeckt ist. Das Merit-Order-Modell beschreibt lediglich, wie die Preise am Strommarkt gebildet werden [12, 13].

Der tatsächliche Börsenpreis der elektrischen Energie ergibt sich nun aus der Schnittstelle zwischen dem Angebot, das entsprechend der Einsatzreihenfolge der Merit-Order sortiert ist, und der nachgefragten Energiemenge. Das Kraftwerk mit dem letzten (im Sinne der Merit-Order Reihenfolge) und damit teuersten Angebot, das erforderlich ist, um die Nachfrage vollständig zu decken, definiert somit den Börsenpreis für alle eingesetzten Kraftwerke. Der so bestimmte Börsenpreis wird als Market-Clearing-Price (MCP) bzw. Markträumungspreis bezeichnet. Alle eingesetzten Kraftwerke bekommen nach diesem Preisbildungsmechanismus denselben Preis für ihre Einspeisung ausgezahlt, auch wenn sie unterschiedliche Preise geboten haben (Uniform Pricing) [13].

Durch die wachsende Einspeisung erneuerbarer Energien (Photovoltaik, Windenergie, Biomasse) ergeben sich dauerhaft sinkende Stromproduktionskosten. Dadurch verschiebt sich innerhalb der Merit-Order die herkömmliche Kraftwerksreihenfolge. Die fluktuierend einspeisenden Photovoltaik- und Windkraftwerke können ihre produzierte Energie

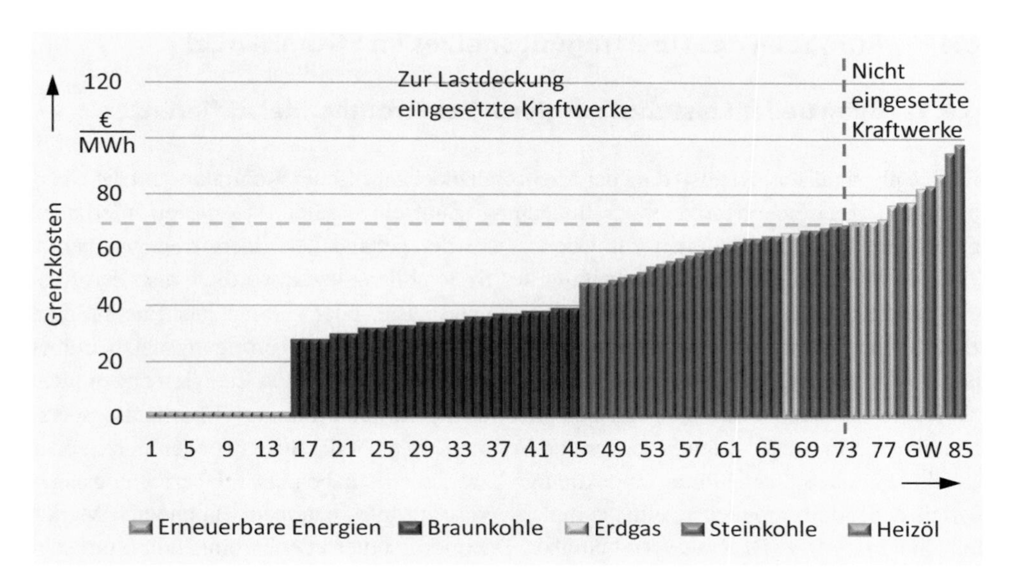

Abb. 6.4 Beispiel einer Merit-Order

mit Grenzkosten nahe null anbieten und verdrängen damit vergleichsweise teure Spitzenlastkraftwerke in der Merit-Order weit nach hinten. Dieses Phänomen wird als Merit-Order-Effekt (MOE) der erneuerbaren Energien bezeichnet. Im Extremfall können die konventionellen Kraftwerke nur noch die Residuallast, d. h. den verbleibenden Strombedarf, den die erneuerbaren Energien nicht decken können, ausgleichen [13].

Abb. 6.4 zeigt exemplarisch eine Merit-Order, wie sie in Deutschland auftreten könnte. In der betrachteten Situation besteht ein Leistungsbedarf von 73 GW. Die Grenzkosten des letzten Kraftwerkes, das zur Deckung der Leistungsnachfrage benötigt wird, betragen 69 €/MWh. Dieser Betrag wird nun allen an der Lastdeckung beteiligten Kraftwerken als Markträumungspreis vergütet.

Aufgrund ihrer in der Regel sehr geringen variablen Kosten und ihres gesetzlich definierten Einspeisevorrangs speisen zuerst die Anlagen aus erneuerbaren Energien ein. Anschließend folgen die Grundlastkraftwerke, die ebenfalls nur geringe variable Kosten haben. Danach reihen sich die Mittellast- und Spitzenlastkraftwerke entsprechend der Höhe ihrer variablen Kosten ein. Der Marktpreis für Strom bestimmt somit, wann der Einsatz welcher Kraftwerke profitabel möglich ist.

Die Nachfrage nach Strom ist aktuell weitgehend unelastisch, da sich elektrischer Strom nur in vergleichsweise geringem Umfang direkt speichern und oft nur schwer substituieren lässt. Die Abb. 6.4 zeigt, welcher Marktpreis sich einstellen würde, falls die Kraftwerke genau zu ihren Grenzkosten anbieten würden. Dabei ist jeweils genau ein Kraftwerk preisbestimmend, nämlich das sogenannte Grenzkraftwerk, das zum gegebenen Marktpreis gerade noch anbieten kann [12].

6.4 Aufgaben des Übertragungsnetzes im Stromhandel

6.4.1 Bilanzieller Leistungsausgleich bei Stromhandelsdifferenzen

Für die physikalische Realisierung der im Stromhandel getroffenen Kontrakte sind die Übertragungsnetzbetreiber von zentraler Bedeutung. Zum einen stellen sie die erforderlichen großräumigen Netzkapazitäten zur Übertragung der gehandelten Energiemengen bereit. Zum anderen sind sie für die Einhaltung der Systembilanz verantwortlich, also den Ausgleich von möglichen Differenzen zwischen eingespeister oder verbrauchter Energie oder zwischen tatsächlicher Energielieferung und Energiebezug. Der Übertragungsnetzbetreiber ist also unmittelbar betroffen, wenn die im Stromhandel vereinbarten Energiemengen nicht zu jedem Zeitaugenblick ausgeglichen sind. Beispielsweise hat der Übertragungsnetzbetreiber ein Problem, wenn Erzeuger und Verbraucher nicht die Strommengen liefern oder abnehmen, die sie am Vortag angekündigt bzw. bestellt haben. Der Übertragungsnetzbetreiber benötigt möglichst zeitnahe und zuverlässige Informationen von anderen Marktteilnehmern, wie z. B. Kraftwerksbetreiber, Energieversorger oder Stromhändler, um sein System stabil halten zu können [5].

Kein Problem mit einer möglichen Energiedifferenz besteht für den Übertragungsnetzbetreiber, solange der bilanzielle Handel noch läuft. Der Übertragungsnetzbetreiber übernimmt erst zu dem Zeitpunkt Verantwortung, in dem der Strom auch tatsächlich physisch geliefert wird. Denn dann müssen die an der Börse oder im OTC-Handel gehandelten Energiemengen mit der tatsächlichen Ein- und Ausspeisung übereinstimmen. Der Abgleich der Handelsgeschäfte mit den physischen Energiemengen findet in den sogenannten Bilanzkreisen (siehe Abschn. 3.5.6.2) statt. Bleibt zwischen Ein- und Ausspeisung trotz der Bemühungen des Bilanzkreisverantwortlichen um einen Leistungsausgleich eine Abweichung bestehen, muss der zuständige Übertragungsnetzbetreiber die Differenz mit Regelenergie ausgleichen und dem Bilanzkreisverantwortlichen über den sogenannten Ausgleichsenergiepreis in Rechnung stellen [5].

6.4.2 Begrenzungen des Stromhandels durch die Übertragungskapazitäten

Das Handelsvolumen für elektrische Energie ist theoretisch nicht begrenzt. Allerdings ist die Menge der elektrischen Energie, die tatsächlich physisch transportiert werden kann, durch die Übertragungskapazitäten der Netze limitiert. Insbesondere sind die Kuppelkapazitäten zwischen den Netzen verschiedener Staaten häufig limitiert. Dadurch kann also in jedem Moment nur ein kleiner Teil der am Strommarkt gehandelten Energiemengen auch tatsächlich übertragen werden. Dies ist einer der Gründe, weshalb in den verschiedenen europäischen Ländern separate Märkte etabliert sind. Wie in Deutschland kann es innerhalb der Länder sogar mehrere Regelzonen geben, in denen dann wiederum auf getrennten

Märkten gehandelt wird. Um den internationalen Stromaustausch zu ermöglichen, sind diese Märkte über geeignete Mechanismen miteinander gekoppelt. Die Preise der Übertragungskapazitäten werden über einen marktbasierten Preisfindungsmechanismus festgelegt [8].

Zur Bestimmung der verfügbaren Übertragungskapazität zwischen zwei, nicht notwendigerweise benachbarten Gebotszonen stehen prinzipiell das Net Transfer Capacity (NTC)-Verfahren und das Flow-Based-Verfahren zur Verfügung (siehe Abschn. 2.2.1.3).

Beim NTC-Verfahren werden für jede Grenze zwischen zwei benachbarten Gebotszonen richtungsabhängige Übertragungskapazitäten (NTC) bestimmt, die damit die maximal verfügbaren Handelskapazitäten zwischen den jeweiligen Gebotszonen definieren. Die physikalischen Abhängigkeiten zwischen den Übertragungskapazitäten der verschiedenen Grenzen werden bei diesem Verfahren allerdings nur über Annahmen berücksichtigt und entsprechend in den betreffenden NTC-Werten berücksichtigt [14].

Im Flow-Based-Verfahren werden die Übertragungskapazitäten mit einem leistungsflussbasierten Algorithmus bestimmt. Dazu wird das Netz mit den relevanten Restriktionen in einem vereinfachten Modell nachgebildet. Damit können die Abhängigkeiten zwischen den einzelnen Gebotszonen ausreichend gut berücksichtigt werden und es sind bei der Bestimmung der Übertragungskapazitäten keine Annahmen wie beim NTC-Verfahren erforderlich. Durch die genauere Abbildung der Netzrestriktionen im Marktmodell ist das Flow-Based-Verfahren allerdings intuitiv nicht so gut verständlich. Es wird daher nur zusammen mit dem Market-Coupling-Verfahren (siehe Abschn. 6.3.5), einem impliziten Allokationsverfahren, eingesetzt [10].

6.4.3 Kapazitätsberechnungsregionen

Die Mitglieder der Entso-E haben für ihre Übertragungsnetze koordinierte Verfahren zur Kapazitätsberechnung und -zuweisung eingerichtet, um das Funktionieren grenzüberschreitender Märkte in Europa zu harmonisieren, die Wettbewerbsfähigkeit zu steigern und die Erzeugung erneuerbarer Energien zu integrieren. Die Übergabekapazitäten auf den internationalen Verbundkupplungen werden für jedes Jahr, jeden Monat, und jeden Tag vergeben. Ziel dieses Verfahrens ist, dass Energiehandelsgeschäfte über die Grenzen hinweg diskriminierungsfrei abgewickelt werden können, ohne dass dadurch die Systemsicherheit gefährdet wird. Letztlich ist der einzelne Übertragungsnetzbetreiber berechtigt und verpflichtet Maßnahmen zu ergreifen, wenn er die Systemsicherheit seines Netzes gefährdet sieht. Problematisch ist allerdings, dass der einzelne Übertragungsnetzbetreiber die Handelsgeschäfte, die zur Belastung seines Netzes führen, oftmals gar nicht kennt.

Die Leistungsflüsse verteilen sich entsprechend den Ohm'schen und Kirchhoff'schen Gesetzen auf alle verfügbaren Leitungswege. Dabei werden auch die Netze der nicht unmittelbar am Handelsvorgang beteiligten Übertragungsnetze beansprucht. Beispielsweise wird der Leistungsfluss eines Handelsgeschäftes über 1000 MW von Belgien nach

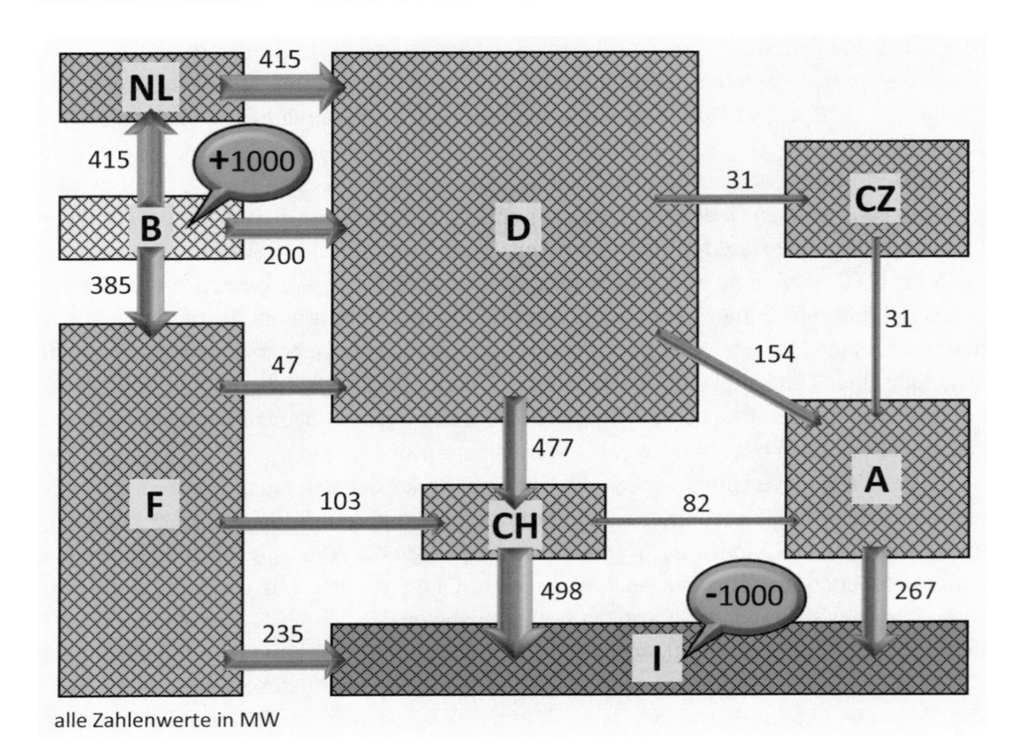

Abb. 6.5 Leistungflussaufteilung im vermaschten Netz

Italien seinen Weg teilweise auch über Deutschland, Frankreich und andere Länder nehmen (Abb. 6.5). Daher ist es auch schwierig, ein geplantes Energiehandelsgeschäft anteilig den verfügbaren Übertragungsleistungen zwischen den beteiligten Ländern zuzuordnen. Der Leistungsfluss ist ein nichtlineares Problem, sodass die Aufteilung der Leistungsflüsse eines Handelsgeschäftes auf die vorhandenen Verbundkupplungen u. a. von der jeweiligen Vorbelastung abhängt. Aus diesen Gründen können die physikalischen Energieflüsse nicht einfach aufaddiert werden, sondern müssen mit aufwändigen Berechnungsverfahren bestimmt werden.

Die jeweils verfügbare zonenübergreifende Handelskapazität wird von den zuständigen Übertragungsnetzbetreibern auf der Grundlage von Prognosen der Stromflüsse für alle Marktzeiträume innerhalb der acht bisher eingerichteten Kapazitätsberechnungsregionen (Capacity calculation region, CCR) Nordic, Hansa, Core, Italy North, Greece-Italy, South-West Europe, Baltic und South-West Europe bestimmt [16, 17]. Die Ermittlung der verfügbaren Übertragungskapazitäten erfolgt mit den Verfahren entsprechend Abschn. 2.2.1.3. Abb. 6.6 zeigt die aktuell eingerichteten Kapazitätsberechnungsregionen innerhalb der Entso-E [15].

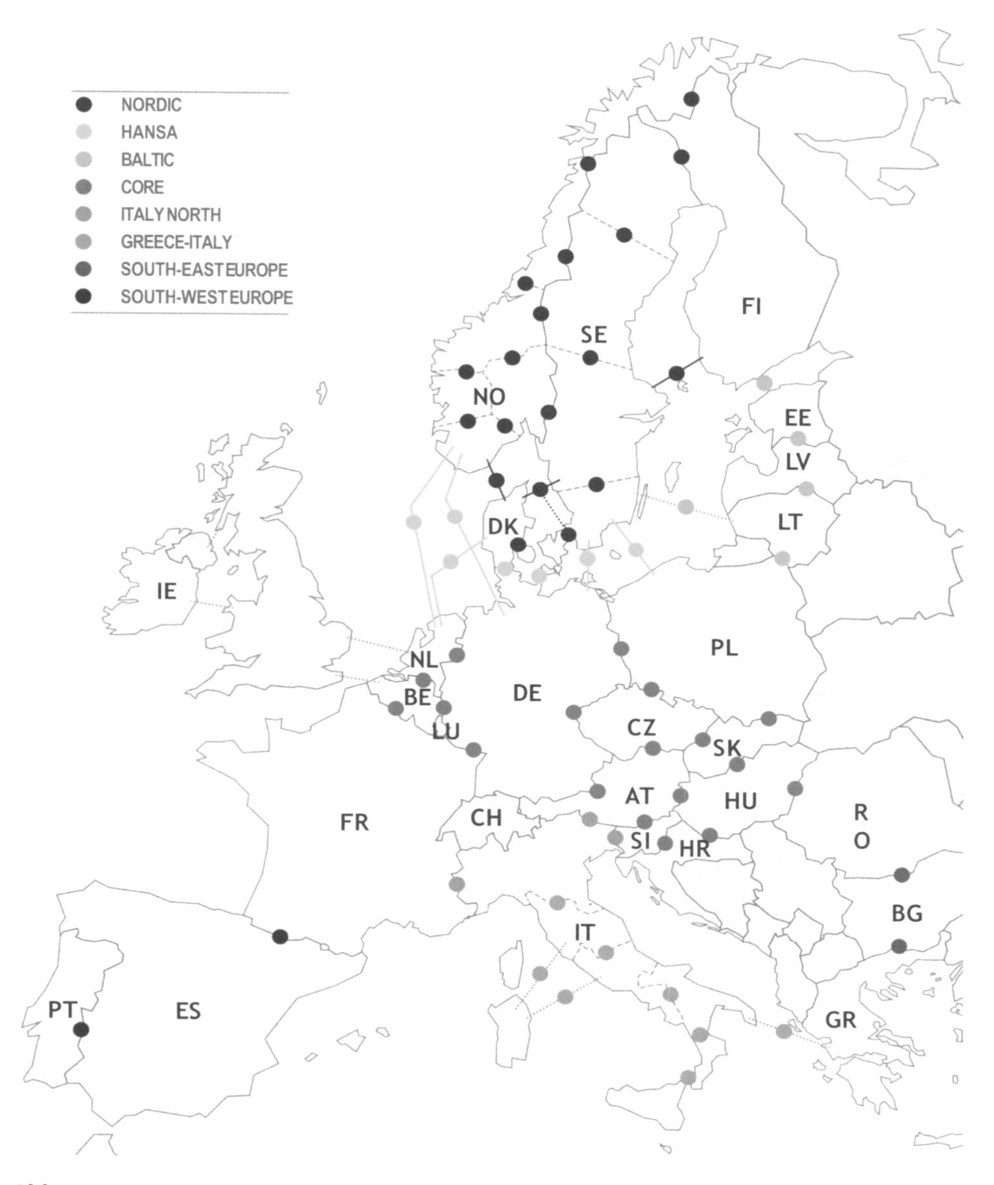

Abb. 6.6 Kapazitätsberechnungsregionen [15]

Exemplarisch sind in Tab. 6.1 die für das Jahr 2022 gültigen und von der Entso-E ermittelten Übertragungskapazitäten innerhalb der Kapazitätsberechnungsregion Core angegeben. Entso-E weist aber ausdrücklich darauf hin, dass die Werte nur indikativen Charakter haben [15].

Tab. 6.1 Übertragungskapazitäten (Leistung in MW) innerhalb der Region Core [15]

von\nach	AT	BE	CZ	DE	FR	HR	HU	NL	PL	RO	SI	SK
AT		6181	7564	6315	6453	4670	4887	5879	4658	3112	4724	5429
BE	6829		6631	9142	8368	5404	5342	6500	3621	3115	5405	5633
CZ	7006	7205		7304	7620	6014	6002	6232	4900	3106	5436	5989
DE	8080	8750	6502		12159	5518	5708	6500	3596	3111	5190	5582
FR	7226	10057	6963	12743		5293	5794	6500	3701	3124	5772	5869
HR	3998	3735	4623	3850	3628		5323	3552	3894	3343	3127	5325
HU	6119	7458	6875	7460	7311	5504		6500	5071	3125	4446	7895
NL	5750	5509	5750	6500	6385	4953	5544		3443	3113	4908	5497
PL	987	998	900	900	999	993	900	996		900	900	966
RO	3818	3730	4058	3770	3721	3518	3897	3734	3416		3343	3696
SI	5544	7112	6173	7780	7404	3962	5428	6087	4863	3199		6014
SK	5570	6301	6515	6956	6584	5692	6421	6071	5205	3179	4789	

Literatur

1. H.-P. Schwintowski, Handbuch Energiehandel, Berlin: Erich-Schmidt-Verlag, 2018.
2. Europäische Union, „Verordnung (EU) 1227/2011 des Europäischen Parlaments und des Rates über die Integrität und Transparenz des Energiegroßhandelsmarkts," 25 Oktober 2011. [Online]. Available: https://eur-lex.europa.eu/legal-content/DE/TXT/PDF/?uri=uriserv:OJ.L_.2011.326.01.0001.01.DEU. [Zugriff am 21.6.2024].
3. Europäische Union, „Richtlinie 96/92/EG des Europäischen Parlaments und des Rates betreffend gemeinsame Vorschriften für den Elektrizitätsbinnenmarkt," 19. Dezember 1996. [Online]. Available: http://www.gesmat.bundesgerichtshof.de/gesetzesmaterialien/15_wp/ErnEnerg_KWK_14_Wp/RL_96-92-EG.pdf.
4. A. Bolz, „Let's trade: Wie funktioniert eigentlich der Stromhandel?," RheinEnergie, 18.01.2017. [Online]. Available: https://blog.rheinenergie.com/index.php/detailseite-totallokal/lets-trade-wie-funktioniert-eigentlich-der-stromhandel.html. [Zugriff am 21.6.2024].
5. Amprion, „Die Ware Strom," [Online]. Available: https://www.amprion.net/Netzjournal/Beiträge-2019/Die-Ware-Strom.html. [Zugriff am 5.7.2020].
6. Amprion, „Die Lage war besorgniserregend," 2019. [Online]. Available: https://www.amprion.net/Netzjournal/Beitr%C3%A4ge-2019/Vanzetta-Interview.html. [Zugriff am 21.6.2024].
7. Deutscher Bundestag, Gesetz für den Ausbau erneuerbarer Energien (Erneuerbare-Energien-Gesetz – EEG), Berlin, 2017.
8. R. Paschotta, „Strommarkt," 28. April 2020. [Online]. Available: https://www.energie-lexikon.info/strommarkt.html. [Zugriff am 11.7.2021].
9. Next Kraftwerke, „Was ist Market Coupling?," [Online]. Available: https://www.next-kraftwerke.de/wissen/market-coupling. [Zugriff am 21.6.2024].
10. Bundesnetzagentur, „Kopplung der europäischen Stromgroßhandelsmärkte (Market Coupling) / Berechnung gebotszonenübergreifender Übertragungskapazitäten," 2021. [Online]. Available: https://www.bundesnetzagentur.de/DE/Sachgebiete/ElektrizitaetundGas/Unternehmen_Institutionen/HandelundVertrieb/EuropMarktkopplung/MarketCoupling_node.html. [Zugriff am 21.6.2024].
11. Next Kraftwerke, „Regelenergiemarkt: Wie entstehen die Preise?," [Online]. Available: https://www.next-kraftwerke.de/energie-blog/regelenergiemarkt-preisbildung. [Zugriff am 21.6.2024].

12. H. Hoch und J. Haucap, Praxishandbuch Energiekartellrecht, Berlin: DeGruyter, 2018.
13. Next Kraftwerke, „Was bedeutet Merit-Order?," [Online]. Available: https://www.next-kraftwerke.de/wissen/merit-order. [Zugriff am 21.6.2024].
14. K. F. Schäfer, Netzberechnung, 2. Aufl., Wiesbaden: Springer-Vieweg, 2023.
15. Entso-E, Capacity Calculation and Allocation Report 2023, Brüssel 2023.
16. Übertragungsnetzbetreiber, Methode der ÜNB der Kapazitätsberechnungsregion (CCR) Core für die Aufteilung langfristiger gebotszonenübergreifender Kapazität gemäß Artikel 16 der Verordnung der Kommission (EU) 2016/1719 vom 26. September 2016 zur Festlegung einer Leitlinie für die Vergabe langfristiger Kapazität, 2020.
17. Übertragungsnetzbetreiber, Kapazitätsberechnungsmethode für den Regelarbeit-Zeitbereich für die Kapazitätsberechnungsregion Hansa gemäß Artikel 37 Absatz 3 der Verordnung (EU) 2017/2195 der Kommission vom 23. November 2017 zur Festlegung einer Leitlinie über den Systemausgleich im Elektrizitätsversorgungssystem, 2022.
18. Deutscher Bundestag, Gesetz über die Elektrizitäts- und Gasversorgung (Energiewirtschaftsgesetz – EnWG), Berlin, 2023.
19. ZFK, Zeitung für kommunale Wirtschaft, Strommarkt in Deutschland, Ausgabe 3, März 2023.

Stichwortverzeichnis

K. F. Schäfer, *Systemführung*, https://doi.org/10.1007/978-3-658-47006-7